全国高等职业教育机电类“十二五”规划教材

机械制造基础

主　编　王德春　苗雅丽
副主编　王保华　陈留群　姚亚平
主　审　李新德

黄河水利出版社
·郑　州·

内 容 提 要

本书是全国高等职业教育机电类“十二五”规划教材，是为适应培养高技术应用型专门人才的需要，经过结构优化、整合而成的一本机械类专业基础课程教材。

本书强调学以致用，理论联系实际，不仅具有完整的理论性，而且具有很强的实用性。全书共分八章，主要内容包括工程材料、金属热加工基础、机械零件毛坯的选择、几何量公差、金属切削加工基础、机械加工工艺规程、机床夹具和先进制造技术简介。

本书可作为高等职业技术学校、五年制高职及中职相关学校、成人高校、民办高校及本科院校举办的二级职业技术部学院机械类或机电类各专业的教学用书，也可作为机械、机电类技术人员的参考书或机械制造企业的培训教材。

图书在版编目(CIP)数据

机械制造基础/王德春，苗雅丽主编. —郑州：黄河水利出版社，2011.6 （2017.10 修订重印）

全国高等职业教育机电类“十二五”规划教材

ISBN 978-7-5509-0036-3

Ⅰ.①机… Ⅱ.①王… ②苗… Ⅲ.①机械制造-高等职业教育-教材 Ⅳ.①TH

中国版本图书馆 CIP 数据核字(2011)第 109079 号

出 版 社：黄河水利出版社

地址：河南省郑州市顺河路黄委会综合楼 14 层　　邮政编码：450003

发行单位：黄河水利出版社

发行部电话：0371-66026940、66020550、66028024、66022620(传真)

E-mail：hhslcbs@126.com

承印单位：郑州龙洋印务有限公司

开本：787 mm×1 092 mm　1/16

印张：20.25

字数：493 千字　　　　印数：4 101—7 100

版次：2011 年 6 月第 1 版　　　　印次：2017 年 10 月第 2 次印刷

定价：39.00 元

前　言

机械制造基础是为了适应我国高等教育飞速发展和高职高专教学改革的需要而构建的一门课程，是机械类专业的主要基础课之一，是机械类或机电类专业的主干课程，在人才培养方案中起着连接其他技术基础课和专业课的桥梁作用，是培养机械制造业各职业岗位基础能力的核心课程。

本书的编写以教育部《关于加强高职高专人才培养工作的若干意见》等文件精神为指导，坚持以服务为宗旨，以就业为导向，教学与生产全面接轨的课程观，努力实践开发以职业岗位工作过程为课程设计基础的教学内容，建设突出职业能力和素质培养的课程标准，确立了以“机械工程材料的合理选用、机械工艺规程的编制和机械零件加工方法”为课程教学的三大主线。

本书是将以前的《工程材料》、《热加工基础》、《冷加工基础》、《互换与测量技术》和《机械加工工艺基础》等传统教学内容，经过分析取舍、结构优化，吸收了《先进制造技术》等相关内容整合而成的。通过本书的学习，不仅使学生在常用工程材料、毛坯与零件成型方法、公差与配合、切削加工和质量检测等方面获得必要的基础知识，而且使学生能编制简单零件的工艺规程，熟悉常用金属切削机床的操作、维修，培养学生在工程材料和工艺设计方面具有解决实际问题的能力，为学生就业打下坚实的基础。

本书内容丰富、涉及面广、适应性强，不同学校、不同专业使用本书时，可按自己的实际情况和具体教学需要进行调整或取舍。本书可供高职高专机械类或机电类专业使用，也可作为相关专业工程技术人员的参考读物。

参加本书编写的有：济源职业技术学院王德春（绪论、第一章），济源职业技术学院姚亚平（第二章），商丘科技职业学院陈留群（第三章、第四章），济源职业技术学院苗雅丽（第五章）和焦作大学王保华（第六章、第七章、第八章）。本书由王德春担任第一主编，苗雅丽担任第二主编，由王保华、陈留群和姚亚平担任副主编。

本书在编写过程中参考了相关教材及专著，在此对这些作者们表示衷心感谢！由于编者水平有限，书中不妥及错漏之处，恳请广大读者批评指正。

编　者

2011 年 1 月

目　录

绪　论

一、机械制造概述

机械制造是从事各种机械设备生产的工业部门的总称，它包括起重运输机械、农业机械、冶金矿山机械、化工机械、纺织机械、机床、工具、仪器、仪表及其他机械设备等生产部门。这些部门将原材料经过存储、运输、加工、检验等环节，最后变成符合要求的零件或产品。因此，机械制造业为整个国民经济提供技术装备，其发展水平是国家工业化程度的主要标志之一。

机械制造过程主要包括技术准备阶段、毛坯制造阶段、零件机械加工阶段和装配检验阶段等四个阶段。

（一）技术准备阶段

技术准备阶段的工作主要有零件图与装配图的绘制、工艺规程的制订及原材料的准备、刀具及夹具和量具的配备、热处理和检测仪器的准备等。零件或产品投产前，必须做上述各项技术准备工作。

（二）毛坯制造阶段

毛坯制造阶段的工作主要是通过铸造、锻压、焊接或轧材下料的方法把原材料加工成毛坯。具体讲就是根据零件的批量、尺寸、形状、性能要求等因素选用不同的毛坯成形方法。合理选择毛坯可提高生产率、降低成本。

（三）零件机械加工阶段

零件机械加工阶段的工作主要是把毛坯进行切削加工，逐步改变毛坯的形状和尺寸，得到所需要的零件。有时为了改善零件的性能，在零件的制造过程中，需要对零件进行一些热处理。金属切削加工是目前各种零件的主要加工方法，通用的加工设备有车床、铣床、钻床、刨床、镗床、磨床等，还有专用机床、特种加工机床、数控机床等。采用哪种加工方法，选用哪种加工设备，要根据零件批量、精度等诸多因素综合考虑，以达到既保证零件质量要求，又保证生产效率高、成本低。

（四）装配检验阶段

装配检验阶段的工作主要是将制成的各种合格的零件按要求、顺序加以装配，并检验其性能是否达到要求。调试合格后的产品，经包装即可出厂。

装配过程中必须严格遵守技术条件的规定，如零件装配顺序、工具的使用、润滑剂的施加等，只有这样才能生产出符合要求的产品。

二、机械制造的作用

机械制造业是所有与机械制造有关的各种工业部门的总称，机械制造业是国民经济的基础产业。机械制造业不仅对提高人民生活水平起着重要的保障作用，而且对科学技术的发展起着积极的推动作用。如果没有机械制造业提供质量优良、技术先进的技术设备，将直接影响工业、农业、交通、科研和国防各部门的生产技术和整体水平，进而影响一个国家的综合生产实力。因此，一个国家机械制造业的发展水平决定了这个国家在国际中的竞争力，机械制造业是国家经济实力和科技水平的重要标志之一。

三、本课程的内容

机械制造基础是为了适应我国高等教育飞速发展和高职高专教学改革的需要而构建的一门课程。它是将以前开设的《工程材料》、《热加工基础》、《冷加工基础》、《互换与测量技术》和《机械加工工艺基础》等传统教学内容，经过分析取舍、结构优化，吸收了《先进制造技术》等相关内容整合而成的。

本课程实践性很强，学习之前应具有一定的感性知识。本课程应在热加工实训和机加工实训之后进行讲授。

通过本课程的学习，不仅使学生在常用工程材料、毛坯与零件成型方法、公差与配合、切削加工和质量检测等方面获得必要的基础知识，要求学生能编制简单零件的工艺规程，熟悉常用金属切削机床的操作、维修，而且培养学生在工程材料和工艺设计方面解决实际问题的能力，为学生就业打下坚实的基础。

本课程实践性强，涉及面广，学习本课程时，除要重视基本概念、基本知识外，还要注意理论与实践的结合。只有在实践中加深对课程内容的理解，才能将所学的知识转为技术应用的能力。

第一章　工程材料

工程材料是机械制造业中所用材料的总称，各种机械零件和产品，大多都是由不同的工程材料通过加工制成的零件构成的。机械制造业中所用的工程材料分为金属材料和非金属材料，其中金属材料是应用最广泛的。本章主要介绍金属材料的力学性能、热处理工艺及常用的碳素钢、合金钢和有色金属等应用的基础知识。

学习任务

1. 了解金属材料的选材、力学性能。
2. 了解不同金属材料的热处理方式、热处理在图纸中的标注。
3. 掌握常用金属材料中的碳素钢、合金钢、有色金属等的牌号和应用。

第一节　金属材料的力学性能

金属材料的性能包括使用性能和工艺性能。使用性能是指金属材料在使用过程中具备的性能，它包括力学性能（强度、塑性、硬度、冲击韧性、疲劳强度等）、物理性能（密度、熔点、导电性、导热性等）和化学性能（耐蚀性、氧化性等）。工艺性能是指金属材料从冶炼到成品的生产过程中，适应各种加工工艺（冷热加工性、铸造、锻压、焊接、切削加工等）应具备的性能。

金属材料的力学性能是指金属材料在载荷作用时所表现的性能，这些性能是机械设计、材料选择、工艺评定及材料检验的主要依据。

材料的力学性能通常是在实验室内模拟生产条件来确定的，利用不同的试验方法来确定材料的力学行为特征及评定材料力学性能的指标。

一、强度

强度是指金属材料在外力作用下抵抗塑性变形（永久变形）和断裂的能力。抵抗塑性变形和断裂的能力越大，强度越高。金属材料的强度、塑性一般可以通过金属拉伸试验来测定。

（一）拉伸试验

拉伸试验用来测试金属材料在静止状态承受载荷或受到缓慢增加载荷时的抵抗能力。试验时，在拉伸试验机上夹紧试样的两端，缓慢对试样施加轴向拉伸力，使试样被逐渐拉长，最后被拉断，试验结束。

1. 拉伸试样

为了能合理比较不同金属材料之间力学性能的好坏，所有金属材料的拉伸试样都做成标准形状，有圆柱形和板状两类，其中以圆柱形试样应用较多，如图 1-1 所示。

在圆柱形拉伸试样中，d_0 为试样直径，L_0 为试样的标距长度，而 d_1 和 L_1 分别为试样拉断后的直径和长度。根据标距长度和直径之间的关系，试样可分为长试样（$L_0=10d_0$）和短试样（$L_0=5d_0$）两种。

2. 拉伸曲线

拉伸试验时，根据拉伸力 F 与试样伸长量 ΔL 之间的对应关系，可以绘制出拉力—伸长曲线图，即拉伸曲线，如图 1-2 所示。拉伸曲线图中，纵坐标表示拉伸力 F，单位为 N；横坐标表示绝对伸长量 ΔL，单位为 mm。拉伸曲线一般由拉伸试验机自动绘出。

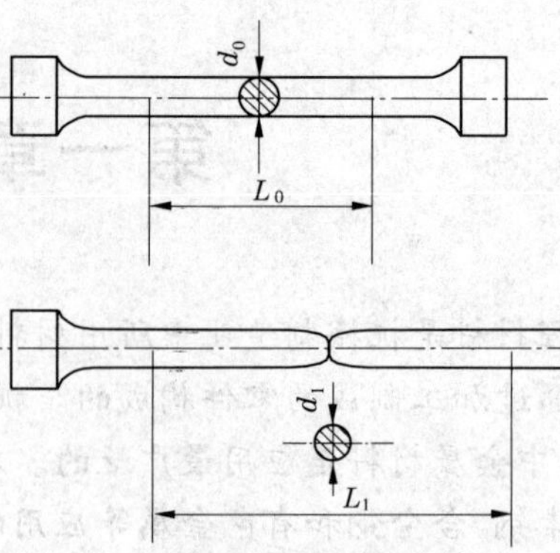

图 1-1　拉伸试样

拉伸曲线中，Oe 段为直线，即在拉力不超过

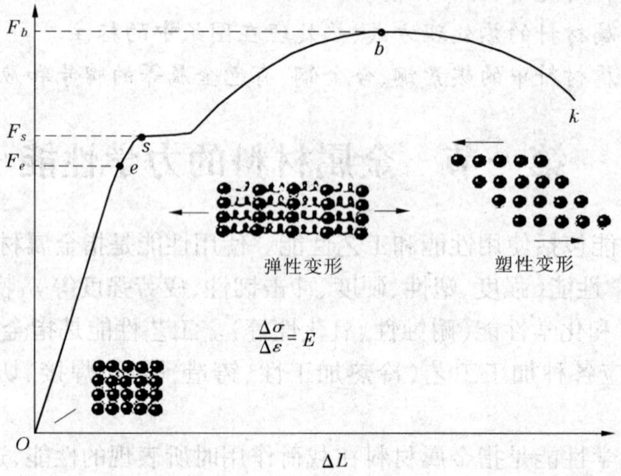

图 1-2　拉伸曲线

F_e 时，拉力与伸长量成正比关系，这时将外力去除后，试样将恢复到原来长度，这种能够完全恢复的变形称为弹性变形。当拉力超过 F_e 而没达到 F_s 时，试样的变形不能完全恢复而产生塑性变形（所谓塑性变形就是当外力去除后，试样有些变形不能恢复，将永久保留）。此时，es 段仍为直线，即变形与外力仍成正比关系。当拉力超过 F_s 时，曲线呈近似水平直线状，即拉力不增大而试样长度却在增加，这种现象称为屈服。屈服后，试样将产生明显的塑性变形。当拉力增大到 b 点后，试样在截面最薄弱处将发生直径变细的“颈缩”现象。至 k 点时，试样将在颈缩处被拉断。

通过拉伸曲线，可计算得出强度指标和塑性指标，这些指标是评定材料质量的主要依据。

（二）强度

强度是指金属材料在外力作用下抵抗塑性变形（永久变形）和断裂的能力，用字母 R 表示（旧国标用 σ 表示），单位为 MPa。

$$R = F/S_0 \tag{1-1}$$

式中　F——金属材料所受的外力，N；

S_0——金属材料原始截面面积，mm^2。

根据金属材料受载荷所产生的不同变形情况，有两个重要的强度参数，分别是屈服强度和抗拉强度。

1. 屈服强度

屈服强度是指材料在外力达到 F_e，呈现屈服现象时，达到塑性变形时的应力点，用 R_e 表示（旧标准用 σ_s 表示），单位为 MPa。

$$R_e = F_e / S_0 \tag{1-2}$$

式中 F_e——金属材料产生塑性变形时所能承受的最小外力，N；

S_0——金属材料原始截面面积，mm^2。

生产中使用的某些金属材料无明显的屈服现象时，国标中规定，以材料变形为试样标距长度的 0.2% 时，材料所能承受的应力作为屈服强度，用符号 $R_{0.2}$ 表示。

2. 抗拉强度

金属材料在断裂前所能承受的最大应力称为抗拉强度，即拉伸曲线上拉力达到 F_b 时的应力点，用符号 R_b 表示（旧国标用 σ_b 表示），单位为 MPa。

$$R_b = F_b / S_0 \tag{1-3}$$

式中 F_b——金属材料在拉伸试验时所能承受的最大外力，N；

S_0——金属材料原始截面面积，mm^2。

二、塑性

塑性是指金属材料在外力作用下产生塑性变形而不破坏的能力，常用的塑性指标有伸长率和断面收缩率。

（一）伸长率 A

材料拉断后，标距长度的增加量与标距原长度之比的百分比称为伸长率，用字母 A 表示（旧国标用 δ 表示），即

$$A = \frac{L_1 - L_0}{L_0} \times 100\% \tag{1-4}$$

式中 L_1——金属材料拉断后的标距长度，mm；

L_0——金属材料原始标距长度，mm。

（二）断面收缩率 Z

材料拉断后，标距横截面积的缩减量与原横截面面积的百分比称为断面收缩率，用字母 Z 表示（旧国标用 ψ 表示），即

$$Z = \frac{S_0 - S_1}{S_0} \times 100\% \tag{1-5}$$

式中 S_1——金属材料拉断处的最小横截面面积，mm^2；

S_0——金属材料原始横截面面积，mm^2。

伸长率 A 和断面收缩率 Z 是衡量金属材料塑性变形能力大小的指标，A 和 Z 越大，表示材料的塑性越好，既能保证压力加工的顺利进行，又能保证机件工作时的安全可靠。

三、硬度

硬度是金属材料表面抵抗局部塑性变形或破坏的能力，是衡量金属材料软硬程度的指

标，它表征材料抵抗表面局部弹性变形、塑性变形或抵抗破坏的能力。材料的硬度越高，其耐磨性越好。

目前，机械制造生产上常用的硬度试验方法有动态试验法和静态试验法两种，其中应用最多的是静态试验法。动态试验法中，试验力的施加是动态的、带有冲击性的，常用的有肖氏和里氏两种试验法，动态试验主要用于大型的、不可移动的零件或产品的检验。而静态试验法中试验力的施加是缓慢而无冲击的，常用的试验方法有布氏硬度、洛氏硬度和维氏硬度三种，静态试验法被广泛应用于机械零件或产品的检验。

(一)布氏硬度

布氏硬度的试验原理如图 1-3 所示。

用直径为 D 的钢球或硬质合金球，以相应的试验力 F 压入试样表面，经规定的保持时间后，卸除试验力，用读数显微镜测量试样表面的压痕直径 d，并以此计算出试样的压痕表面积 S。用试验力 F 除以压痕表面积 S 所得到的值，就是布氏硬度值，用字母 HB 表示(单位为 N/mm^2)，即

$$HB = F/S \tag{1-6}$$

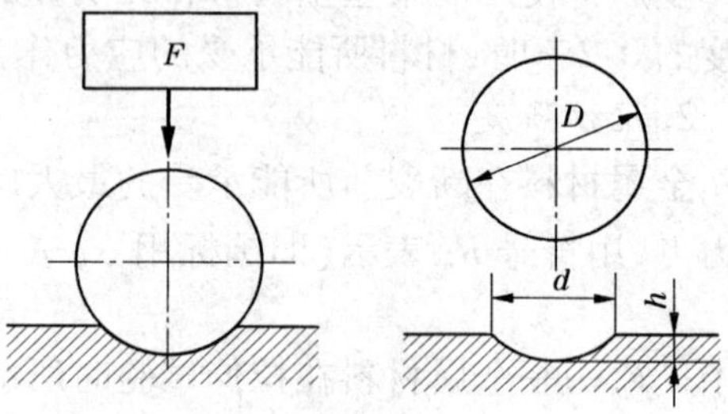

图 1-3　布氏硬度试验原理

式中　F——试验力，N；

S——压痕表面积，mm^2。

由于钢球压头有两种，为了便于理解，国标规定，当压头为淬火钢球时，用字母 HBS 表示，它适用于硬度值在 450 以下的材料；当压头为硬质合金时，用字母 HBW 表示，适用于硬度值在 650 以下的材料。

由于金属材料有硬有软，被测工件有厚有薄，有大有小，如果只采用一种标准的试验力 F 和压头直径 D，就会出现对某些工件和材料的不适应现象。因此，在生产中进行布氏硬度试验时，要求能使用不同大小的试验力和压头直径，对同一种材料采用不同的 F 和 D 进行试验时，能否得到一样的布氏硬度值，关键在于压痕几何形状的相似，即可建立 F 和 D 的某种选配关系，以保证布氏硬度的不变性。国家标准规定，在进行布氏硬度试验时，常用的 $0.102F/D^2$ 的比例为 30、10、2.5 三种，根据金属材料的种类、试样硬度范围和厚度的不同，选择合适的试验压头直径 D、试验力 F 及保持时间。

布氏硬度值一般不标单位，在硬度符号之前写出硬度值，符号后面用数字依次表示压头直径、试验力及试验力保持时间(保持时间为 10 ~ 15 s 时可不标出)等试验条件。如 120HBS10/1 000/30 表示直径为 10 mm 的淬火钢球在 1 000 kgf(9.807 kN)载荷作用下保持 30 s 测得的布氏硬度值为 120；500HBW5/750 表示用硬质合金球，压头直径 5 mm，加压 750 kgf，保持 10 ~ 15 s(保持时间为 10 ~ 15 s，可不标注)，测得布氏硬度值为 500。

布氏硬度的优点是测定数据准确、稳定；缺点是对不同材料需要更换压头和改变载荷，且压痕较大，压痕直径的测量也较麻烦，易损坏成品的表面，故不宜在太薄的试件和成品上进行试验。

布氏硬度试验常用来测定原材料、半成品及性能不均匀的材料，如退火、正火、调质钢、铸铁及有色金属等材料的硬度。

（二）洛氏硬度

洛氏硬度的试验是在初始试验力 F_0（10 kg）及主试验力 F（主试验力的大小视材料的软硬而定）先后作用下，将顶角为120°的金刚石圆锥体或一定直径的钢球（直径1.588 mm，即1/16 in）压入被测金属的表面，经规定保持一定时间后，卸除主试验力 F，根据反弹后剩余压痕深度 h_1 来确定金属的硬度值，如图1-4所示。

根据所测材料的不同和所加载荷、压头的不同，洛氏硬度有三种标尺，分别用字母 HRA、HRB 和 HRC 表示，其中 HRA 主要用于高硬度的表面、硬质合金的硬度测试，HRB 主要用于退火钢、铸铁、非铁金属的硬度测试，HRC 主要用于淬火钢的硬度测试。

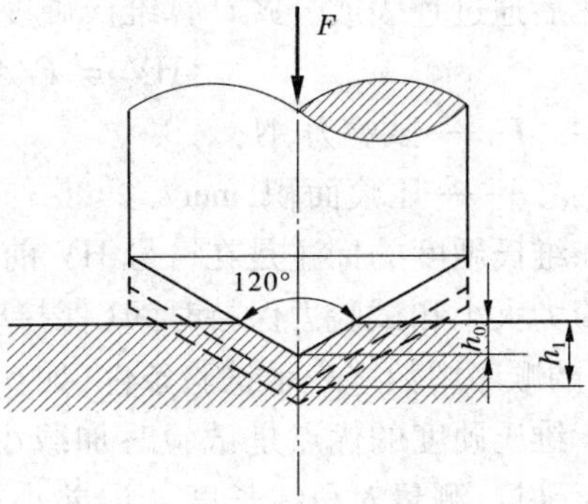

图1-4　洛氏硬度试验原理

由于卸除主载荷以后，表面变形中的弹性部分将回复，压头将回升一段距离，因此实际的压痕深度应为 h_1；此时 h_1 越大，材料越软。为符合人们的习惯性思维，即 h_1 数值越大材料越硬，用一个常数 K（对于 HRC 和 HRA，K 为0.2；对于 HRB，K 为0.26）减去 h_1，并规定每0.002 mm 深为一个硬度单位，因此洛氏硬度计算公式为

$$\mathrm{HRC(HRA)} = (0.2 - h_1)/0.002 = 100 - h_1/0.002 \tag{1-7}$$

$$\mathrm{HRB} = (0.26 - h_1)/0.002 = 130 - h_1/0.002 \tag{1-8}$$

式中　h_1——卸除主试验力后，在初始试验力下的压痕深度，mm。

洛氏硬度无单位，须标明硬度标尺符号，在符号前面写出硬度值，如58HRC、76HRA。

由于在实际生产中，洛氏硬度是在洛氏硬度试验机上进行测定的，故其硬度值可直接从表盘上读出。

1.优点

洛氏硬度优点如下：

（1）因为硬度值可从硬度试验机上的表盘直接读出，故测定洛氏硬度更为简便迅速，效率高。

（2）对试件表面造成的损伤较小，可用于成品零件的检验。

（3）因加有预载荷，可以消除表面轻微的不平度对试验结果的影响，测量结果比较准确。

2.缺点

洛氏硬度缺点如下：

（1）不同标尺的洛氏硬度值，即 HRA、HRB 和 HRC 之间无法相互比较。

（2）由于压痕小，所以洛氏硬度对材料组织不均匀性很敏感，测试结果比较分散，重复性差。

洛氏硬度是目前生产中应用最广泛的硬度试验方法，可用于成品检验和薄件表面硬度检验，不适用于测量组织不均匀的材料。

（三）维氏硬度

维氏硬度试验原理与布氏硬度相同，同样是根据压痕单位面积上所受的平均载荷计量硬度值，不同的是维氏硬度的压头采用金刚石制成的锥面夹角 α 为 136°的正四棱锥体，如图 1-5 所示，维氏硬度用字母 HV 表示。

维氏硬度试验通常是在维氏硬度试验机上进行的。试验时，根据试样的大小、厚薄选用不同的载荷压入试样表面，保持一定时间后去除载荷，用附在试验机上的测微计测量压痕对角线长度 d，然后通过查表或公式计算维氏硬度值，即

$$HV = F/A \tag{1-9}$$

式中 F——试验力，N；

A——压痕面积，mm^2。

维氏硬度的标注是在符号 HV 前标出硬度值，在 HV 后面按试验力大小和试验力保持时间（保持时间为 10 ~ 15 s 时，可不标注）的顺序用数字表示试验条件，如 640HV300。

维氏硬度的优点是试验时加载小，压痕浅，可测量零件表面淬火硬层，测量对角线长度 d 误差小；其缺点是生产率比洛氏硬度试验低，不宜于成批生产检验。

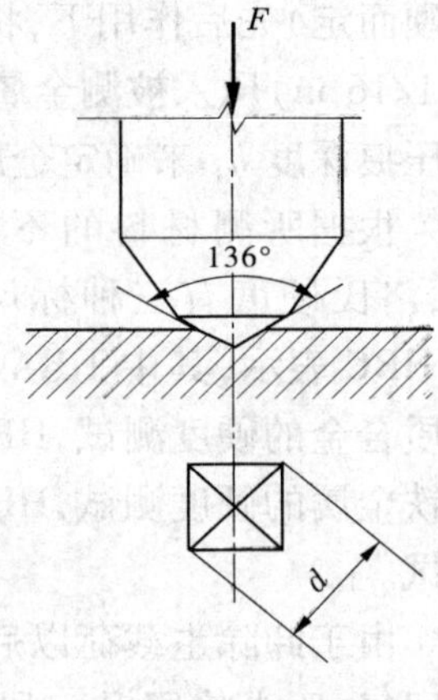

图 1-5　维氏硬度试验原理

各种硬度由于试验条件的不同，相互之间无理论上的换算关系，但可通过由试验得到的硬度换算表进行换算，以方便应用。

四、冲击韧度

很多零件都是在冲击载荷（载荷有一定的速度）作用下工作的，这时就不能用静载荷下的性能来衡量，而必须用冲击载荷即冲击韧度来衡量；此时，外力的瞬时冲击作用所引起的变形和应力比静载荷大得多，因此在设计承受冲击载荷的零件和工具时，不仅要满足强度、塑性、硬度等性能要求，还必须要有足够的韧性，即冲击韧度。

所谓冲击韧度，就是指金属材料抵抗冲击载荷而不破坏的能力，用字母 a_k 表示。目前测量金属材料的冲击韧度，应用最广的是一次摆锤弯曲冲击试验，原理如图 1-6 所示。

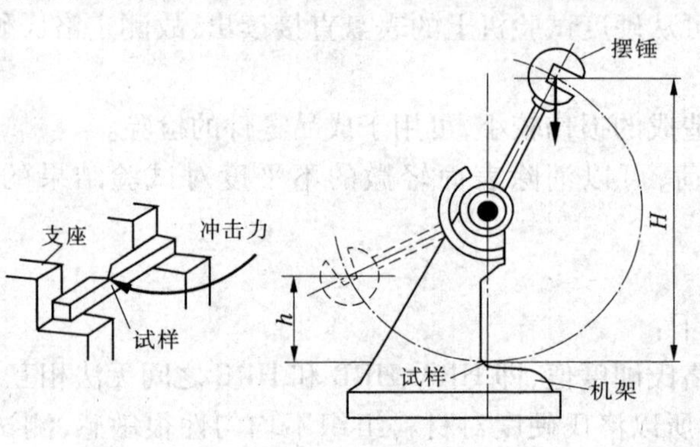

图 1-6　冲击试验原理

将被测的金属材料按国家标准做成标准试样放在冲击试验机的支座上，使试样缺口背向摆锤冲击方向，然后把质量为 m 的摆锤提到 H 高度上，此时摆锤的势能为 GH。然后释放摆锤，冲断试样后摆锤回升到 h 高度上，摆锤对试样所做的功为 $A_k = G(H - h)$，冲击韧度（单位为 J/cm^2）就是试样断口处单位面积所消耗的功，即

$$a_k = A_k/S \tag{1-10}$$

式中　A_k——冲断试样所消耗的功，也叫冲击吸收功，J；

S——试样缺口处原始截面面积，cm^2。

试验时，冲击吸收功 A_k 的值可从试验机的刻盘上直接读出，A_k 值的大小代表了材料的冲击韧度的高低。

五、疲劳强度

许多机械零件是在交变应力（循环应力）作用下工作的，此时，虽然零件所承受的应力数值小于材料的屈服强度，但在长时间运转后也会发生断裂，这种现象叫疲劳断裂。

交变应力的大小和断裂循环次数之间的关系通常用疲劳曲线来描述，如图 1-7 所示。

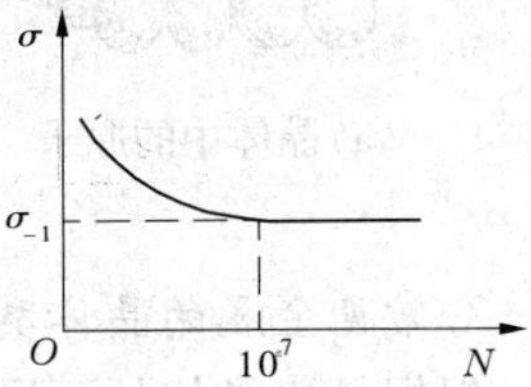

图 1-7　疲劳曲线

疲劳曲线表明，当应力低于某一值时，即使循环次数无穷多也不发生断裂，此应力值称为疲劳强度或疲劳极限，用符号 σ_{-1} 表示。在疲劳强度测定中，不可能把循环次数做到无穷大，而是规定一定的循环次数作为基数。

常用钢材的循环基数一般取 $N = 10^7$，有色金属的循环次数一般取 $N = 10^8$。

第二节　铁碳合金

钢铁是现代工业中应用最广泛的材料，其基本组成元素是铁和碳，故称为铁碳合金。普通碳钢和铸铁就属于铁碳合金的范畴，而合金钢则是冶炼时有意加入一些其他合金元素的铁碳合金。铁碳合金由于资源广泛、冶炼方便、价格低廉、性能优越，因此在工业生产中得到了广泛的应用。

一、金属的晶体结构

化学成分不同的金属材料具有不同的性能，但是即使是成分相同的金属，采用不同的加工工艺或在不同的状态下，它们的性能也有很大的差别。产生性能差异的原因，从根本上讲是金属材料内部的组织结构不同。

（一）晶体

自然界中的固态物质，都是由原子或分子堆积而成的。根据内部原子堆积的情况，固态物质通常可分为晶体和非晶体两大类。原子或分子在空间中按照一定的几何规则作周期性的重复排列，就是晶体。原子或分子在空间杂乱无章地堆积在一起，没有一定规律，就是非晶体。

晶体的特点是有固定的熔点而且性能呈各向异性（不同方向的性能不同），非晶体与此相反。自然界中包括金属和合金在内的绝大多数固体都是晶体，只有普通玻璃、松香和石蜡等少数物质是非晶体。

1. 晶格、晶胞

为了学习上的方便，我们通常把晶体中原子看成几何质点，用假想的直线连接后得到的三维空间几何点阵称为晶格。晶格中能全面反映原子排列规律的最小几何单元称为晶胞，用来描述晶胞大小与形状的几何参数称为晶格常数，晶格常数包括三个棱边和三个棱边夹角。晶格、晶胞和晶格常数如图 1-8 所示。

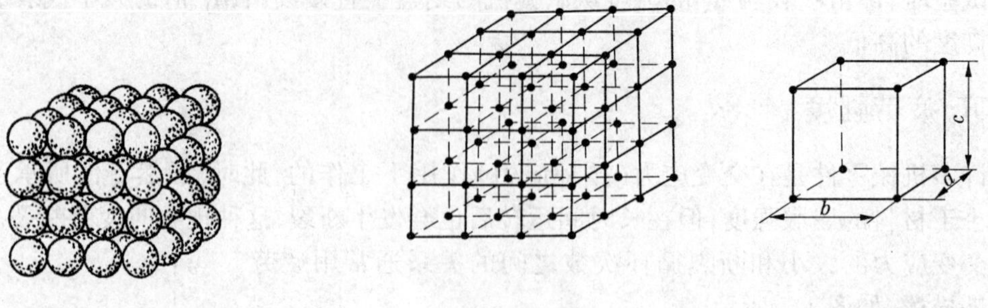

(a)晶体中的原子　　(b)晶格　　(c)晶胞

图 1-8　晶体结构示意

2. 常见金属的晶体类型

根据晶格结构的不同，常见金属的晶体结构有体心立方晶格、面心立方晶格和密排六方晶格三种，如图 1-9 所示。

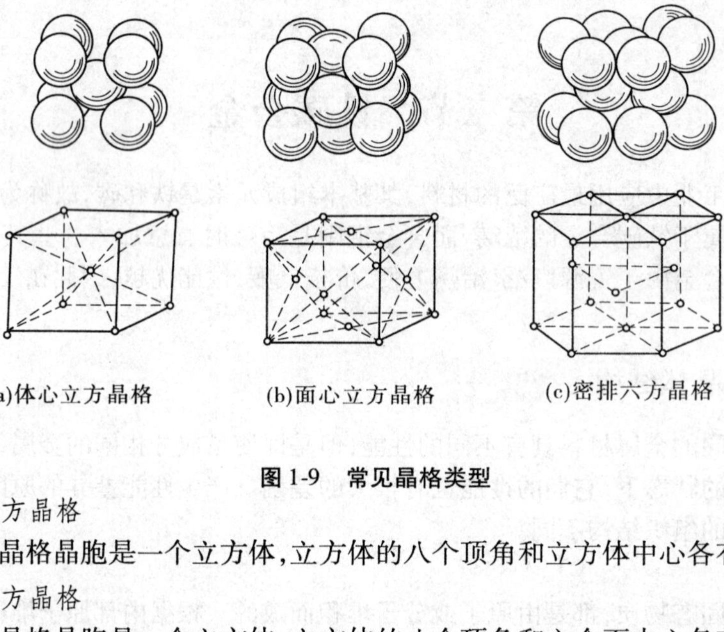

(a)体心立方晶格　　(b)面心立方晶格　　(c)密排六方晶格

图 1-9　常见晶格类型

1) 体心立方晶格

体心立方晶格晶胞是一个立方体，立方体的八个顶角和立方体中心各有一个原子。

2) 面心立方晶格

面心立方晶格晶胞是一个立方体，立方体的八个顶角和六个面中心各有一个原子。

3) 密排六方晶格

密排六方晶格晶胞是一个正六棱柱体，在柱体的各个角和上下底面中央各有一个原子，在顶面和底面的中间还有三个原子。

(二) 金属的实际晶体结构

1. 单晶体和多晶体

把晶体看成由原子按一定的几何规律作周期性排列而成，即晶体内部的晶格位向是完全一致的，叫单晶体。在工业生产中，只有经过特殊制作才能得到，实际上金属是由多晶体构成的。

多晶体就是由多晶粒组成的晶体结构。外形不规则的颗粒状小晶体通常称为晶粒，晶粒之间的界面称为晶界。

2. 晶体中的缺陷

晶体中的原子完全为规则排列时，为理想晶体。实际上金属由于多种原因的影响，内部存在大量的缺陷，这些缺陷按其几何特征可分为点缺陷、线缺陷和面缺陷三种。

晶体缺陷对金属的性能有很大影响，因为缺陷会引起金属的晶格畸变，造成金属强化，使金属的性能得到改变。如通过得到不同的缺陷，可以达到改变金属的强度、硬度和塑性变形等性能。

二、金属的结晶

结晶就是金属由液态金属转变为固态晶体的过程，以下以纯金属为例来研究金属的结晶过程。

（一）纯金属的冷却曲线和冷却现象

纯金属由液态向固态的冷却过程，可用热分析法表示，热分析法是冷却过程中所测得的温度与时间的关系曲线——冷却曲线，如图 1-10 所示。

纯金属的冷却曲线中所测得的结晶温度 T_0 称为理论结晶温度，即在无限缓慢的冷却条件下测得的结晶温度，这种情况只能在试验中得到。而实际结晶过程是在 T_1 温度下进行的，T_1 低于 T_0，这种现象称为过冷，它们之差 $\Delta T = T_0 - T_1$ 称为过冷度。

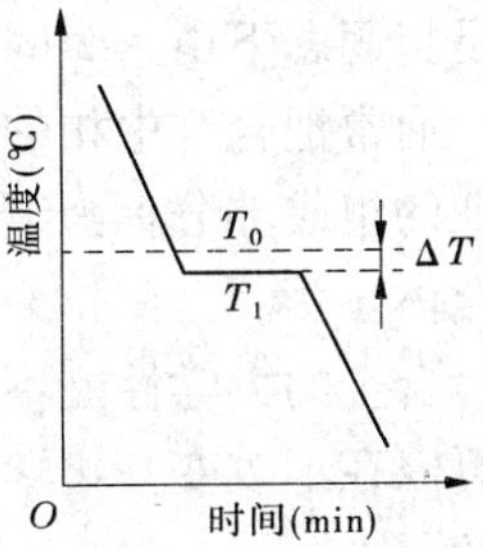

图 1-10　纯金属冷却曲线

实际金属总是在过冷情况下进行结晶的，所以过冷度是金属结晶的必要条件。

（二）纯金属的结晶过程

当液态纯金属冷却到结晶温度时，先在液体中产生一晶核，晶核不断长大，并继续产生新的晶核，直到全部液体转变成固体，最后形成由外形不规则的许多小晶体所组成的多晶体，如图 1-11 所示。

纯金属的结晶过程就是一个不断形成晶核和晶核不断长大的过程。晶核开始长大的初期，生长方式像树枝状，此时得到的晶体称为树枝状晶体，简称枝晶。

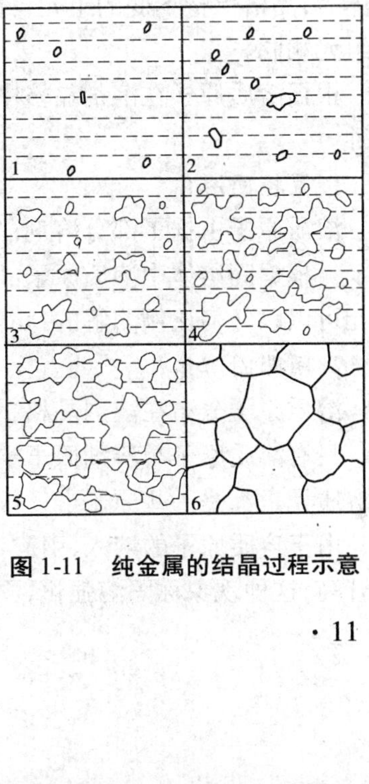

图 1-11　纯金属的结晶过程示意

（三）金属的晶粒

在常温下，细晶粒金属比粗晶粒金属具有较高的强度、硬度、塑性和韧性，所以金属结晶时得到的晶粒越细越好。

生产中，金属结晶时细化晶粒的方法有以下几种。

1. 增加过冷度

增加冷却速度会使结晶后晶粒变细。此种方法只适用于简单件和小型铸件，对于大型铸件或厚薄差别大的铸件，冷却速度过快会增加铸件的变形与开裂倾向。

2. 变质处理

结晶时加入一些细小的难熔物质，增加外来晶核，使结晶时晶核形核率增加，晶粒显著细化，此种方法常用于大型铸件。

3. 附加振动

金属结晶时，采用机械振动、超声波振动和电磁搅拌等方法，使枝晶熔断成碎晶而细化，同时细化的枝晶可以增大形核率。

三、合金的晶体结构

合金是由两种或两种以上的金属元素或金属与非金属元素组成的、通过熔炼后所获得的新的、仍然具有金属特性的物质。

组成合金的最基本、独立的元素称为组元；由两个组元组成的合金称为二元合金，此外还有三元合金和多元合金。

相是指合金中成分相同、结构相同并与其他部分有明显界面的均匀组成部分。单相合金是指固态下由一个固相组成的合金，多相合金是指固态下由两个以上固相组成的合金。

通常把合金中相的晶体结构称为相结构，而把在金相显微镜下看到的某种形态或形貌特征的组成部分称为组织。合金中各种相是组成合金的基本单元，而合金组织是各种相的综合体。

合金的力学性能不仅取决于它的化学成分，更取决于它的显微组织，通过对金属的热处理可以在不改变其化学成分的前提下改变其显微组织，从而达到调整金属材料力学性能的目的。

根据构成合金的各组元之间相互作用的不同，固态合金的相结构可分为固溶体和金属化合物两大类。

（一）固溶体

合金中，一种元素的原子溶入另一种元素的原子中形成的均匀相，称为固溶体。形成固溶体后，晶格保持不变的组元，称为溶剂，晶格消失的组元称为溶质，固溶体的晶格类型与溶剂组元相同。

根据溶质原子在溶剂晶格中占据位置的不同，固溶体可分为置换固溶体和间隙固溶体两种。

1. 置换固溶体

溶质原子占据了部分溶剂晶格结点位置而形成的固溶体称置换固溶体，如图 1-12(a)所示。根据固溶体中溶质原子的溶解情况，置换固溶体又可分为有限固溶体和无限固溶体，组元可以以任何比例溶解的，叫做无限固溶体，反之则为有限固溶体。

2. 间隙固溶体

溶质原子分布在溶剂晶格的间隙中形成的固溶体，叫做间隙固溶体，如图 1-12(b)所示。只有溶质原子与溶剂原子半径之比较小时才能形成间隙固溶体。一般组成间隙固溶体的溶质元素都是一些原子半径很小的非金属元素，间隙固溶体都是有限固溶体。

由于溶质原子的溶入，引起溶剂晶格的畸变，使塑性变形的抗力增大，使合金的强度、硬度升高，这种现象称固溶强化，固溶强化是提高金属材料力学性能的重要途径之一。

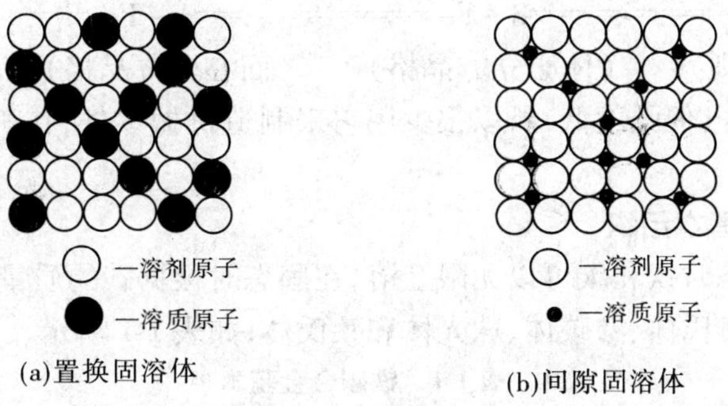

图 1-12　固溶体的两种类型

(二)金属化合物

在合金相中,各组元的原子按一定的比例相互作用生成的晶格类型和性能完全不同于任一组元,并且具有一定金属特性的新相,称为金属化合物。金属化合物可用分子式表示其组成,如钢中的渗碳体(Fe_3C)是铁原子和碳原子所组成的金属化合物。一般金属化合物熔点较高,性能硬而脆。当合金中出现金属化合物时,通常会提高合金的强度、硬度和耐磨性,但会降低合金的塑性和韧性。金属化合物是各类合金钢、硬质合金和许多有色金属的重要组成相,常作为强化相来发挥作用。

(三)合金的结晶

合金的结晶与纯金属相似,都是形核与核长大的规律,结晶过程都有潜热放出。不同的是,纯金属结晶是在某一恒温下进行,而合金通常是在某一温度范围内进行;此外,合金结晶过程中各组成相成分还发生变化,所以合金的结晶过程比纯金属复杂。

四、铁碳合金相图

为了研究铁碳合金的组织和性能及它们与成分、温度之间的关系,就必须学习铁碳合金相图,同时在研究和使用钢铁材料、制订其热加工和热处理工艺及分析工艺废品的原因时,也要用到铁碳合金相图。

(一)纯铁

纯铁就是含碳量 $\omega_C < 0.021\,8\%$ 的铁碳合金。钝铁的熔点是 1 538 ℃,当温度降低到 1 538 ℃以下时,纯铁开始结晶,钝铁的结晶过程如图 1-13 所示。

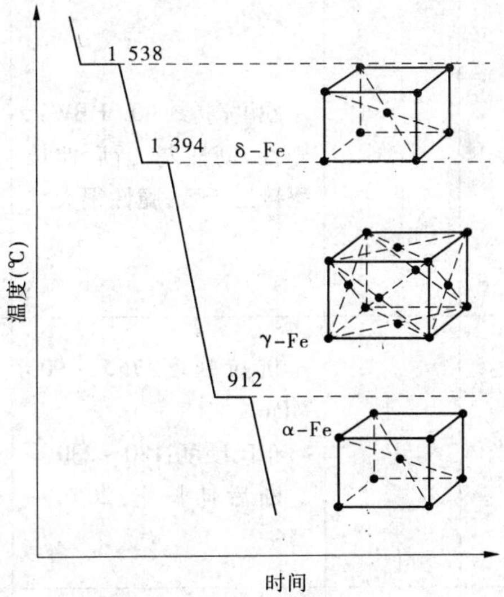

图 1-13　纯铁的结晶过程

由纯铁的结晶过程可以看出,在不同的温度范围,纯铁的晶格类型是不同的,因此纯铁在结晶过程中具有同素异构转变现象。金属在固态下由于温度的改变而发生晶格类型转变的现象称为同素异构转变,同素异构转变时有热效应产生,故在冷却曲线上有平台。

纯铁发生同素异构转变的过程,可以用下式表示:

$$\text{液态纯铁} \xrightleftharpoons{1\,538\ ℃} \delta-\text{Fe} \xrightleftharpoons{1\,394\ ℃} \gamma-\text{Fe} \xrightleftharpoons{912\ ℃} \alpha-\text{Fe}$$

（原子排列不规则）　（体心立方晶格）　（面心立方晶格）　（体心立方晶格）

纯铁虽然塑性好，但强度低，所以很少用它来制造机械零件，在工业上应用最广的还是铁碳合金。

（二）铁碳合金基本组织

铁碳合金在液态时铁和碳可以无限互溶，在固态时根据碳的质量分数不同，可以形成下述基本相：铁素体、奥氏体、渗碳体、珠光体和莱氏体，如表 1-1 所示。

表 1-1　铁碳合金基本相

名称	符号	性能	说明
铁素体	F 或 α	抗拉强度：180 ~ 280 MPa 布氏硬度：50 ~ 80 断后伸长率：30% ~ 50% 冲击功：128 ~ 160 J	铁素体是碳溶入 α - Fe 中的间隙固溶体，体心立方晶格。碳在 α - Fe 中溶解度很小，在 727 ℃时溶解度最大，为 0.021 8%，室温时为 0.000 8%，几乎为零。铁素体的力学性能与工业纯铁接近，其强度和硬度较低，塑性、韧性良好。其显微组织呈明亮白色的多边形晶粒
奥氏体	A 或 γ	抗拉强度：400 MPa 布氏硬度：160 ~ 220 断后伸长率：40% ~ 50%	奥氏体是碳溶入 γ - Fe 中的间隙固溶体，面心立方晶格。碳在 γ - Fe 中的溶解度相对较高，在 1 148 ℃时其溶解度最大，达 2.11%，在 727 ℃时为 0.77%。奥氏体的强度和硬度比铁素体高，具有良好的塑性和低的变形能力，生产中常将钢材加热到奥氏体状态进行压力加工。其显微组织为明亮的多边形晶粒，晶界较铁素体平直
渗碳体	Fe_3C	硬度高（约 800 HBW），塑性、韧性差，断后伸长率接近于零，脆性很大	渗碳体是钢与碳组成的金属化合物，含碳量 ω_C = 6.69%，熔点为 1 227 ℃，具有复杂的晶体结构，是铁碳合金重要的强化相。渗碳体在铁碳合金中的形态可呈片状、粒状、网状、板条状。它的数量和形态对铁碳合金的力学性能有很大影响。渗碳体越细小，并均匀地分布在固溶体基体中，合金的力学性能越好；反之，越粗大或呈网状分布，则脆性越大
珠光体	P	抗拉强度：750 ~ 900 MPa 布氏硬度：180 ~ 280 断后伸长率：20% ~ 25%	珠光体是由铁素体和渗碳体组成的机械混合物。它是奥氏体冷却时，在 727 ℃恒温下发生共析转变的产物，平均碳含量 ω_C = 0.77%，性能介于铁素体和渗碳体之间，强度较高，硬度适中，有一定的塑性。显微组织为铁素体和渗碳体片层状交替排列
莱氏体	L_d （L_d'）	硬度高（约 700 HBW）、塑性很差	莱氏体是由奥氏体和渗碳体组成的机械混合物，是铁碳合金在 1 148 ℃时发生共晶转变的产物。存于 1 148 ~ 727 ℃的莱氏体称高温莱氏体（L_d），存于 727 ℃以下的莱氏体称低温莱氏体（L_d'）。其硬度很高，塑性很差

（三）铁碳合金相图分析

含碳量 $\omega_C>6.69\%$ 的铁碳合金脆性极大，没有使用价值；另外，Fe_3C 中的含碳量 $\omega_C=6.69\%$，是一个稳定的金属化合物，可以作为一个组元。实际使用的铁碳合金其含碳量多在 6.69% 以下，因此所谓的铁碳合金相图实际上就是 $Fe-Fe_3C$ 相图，横轴表示含碳量，$\omega_C=0\sim6.69\%$，纵轴表示温度，如图 1-14 所示。

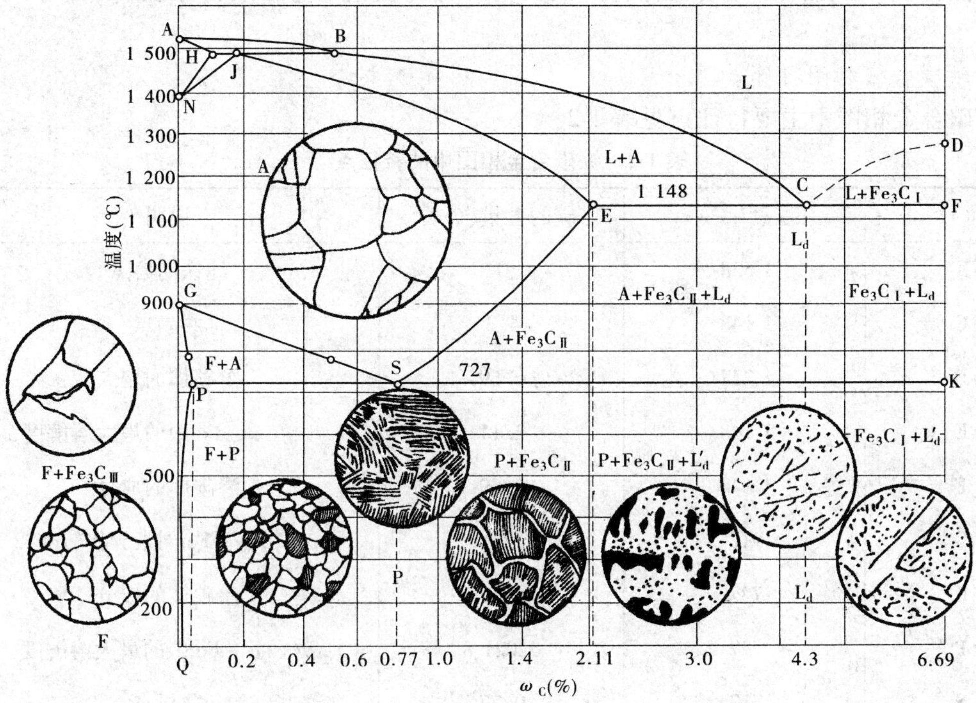

图 1-14　铁碳合金相

1. 铁碳合金相图分析

铁碳合金相图中的 AC 和 CD 线为液相线，AE 和 ECF 线为固相线。相图中有四个单相区：液相区（L）、奥氏体区（A）、铁素体区（F）和渗碳体区（Fe_3C）。

1）铁碳合金相图特性线

铁碳合金相图中重要的特征线如下：

ACD——液相线，在 AC 线以下结晶出奥氏体，在 CD 线以下结晶出一次渗碳体。

AECF——固相线，合金溶液冷却到此线时凝固完毕。在此线以下均为固态。

GS——亦称 A_3 线，奥氏体转变成铁素体的开始线，或铁素体转变成奥氏体的终止线。

ES——又叫 A_{cm} 线，碳在奥氏体中的溶解度线，奥氏体冷却到此线时，将开始从奥氏体中析出二次渗碳体。

PSK——亦称 A_1 线或共析反应线。共析反应温度为 727 ℃，各种成分的铁碳合金冷却到此线时，其中奥氏体的含碳量均变成 0.77% 而发生共析反应生成珠光体，珠光体是铁素体和渗碳体的机械混合物。

ECF——共晶反应线，共晶反应温度为 1 148 ℃，当含碳量为 4.3% 的液态合金冷却到此线时，将发生共晶反应而形成莱氏体，它是奥氏体和渗碳体的机械混合物。

PQ——碳在铁素体中的溶解度线,铁素体冷却到此线时,将析出三次渗碳体。

(1)共析反应。一定成分的固相在一定的温度下同时析出两种成分和结构均不相同的新的固相过程称为共析反应,转变产物是铁素体和渗碳体的机械混合物,称为珠光体,用字母P表示。

(2)共晶反应。通常把在一定温度下,由一定成分的液相同时结晶出两个固相的过程称为共晶转变,转变的产物是奥氏体和渗碳体的机械混合物,称为莱氏体,用字母 L_d 表示。

2)铁碳合金相图特性点

铁碳合金相图中主要特征点见表1-2。

表1-2 铁碳合金相图中的特征点

符号	温度(℃)	碳的含量(%)	说明
A	1 538	0	纯铁的熔点
C	1 148	4.3	共晶点
D	1 227	6.69	渗碳体的熔点
E	1 148	2.11	碳在 $\gamma-Fe$ 中的最大溶解度
F	1 148	6.69	渗碳体的成分
G	912	0	$\alpha-Fe$、$\gamma-Fe$ 同素异构转变点
K	727	6.69	渗碳体的成分
P	727	0.021 8	碳在 $\alpha-Fe$ 中的最大溶解度
S	727	0.77	共析点
Q	室温	0.000 8	碳在 $\alpha-Fe$ 中的最小溶解度

$Fe-Fe_3C$ 相图表示了铁碳合金系中不同含碳量的合金在冷却过程中所发生的相变。各温度时合金的相组成物和组织组成物,可以由合金的室温组织了解它们的力学性能,确定其应用范围,这对零件的选材、加工工艺的制定有直接的指导意义。

2.铁碳合金分类

根据铁碳合金的含碳量及显微组织的不同,铁碳合金可以分为纯铁、钢和白口铸铁三大类。

1)工业纯铁

工业纯铁的含碳量 $\omega_C<0.021\,8\%$。

2)钢

钢的含碳量 $0.021\,8\%<\omega_C<2.11\%$,钢又分为:

(1)亚共析钢——$0.021\,8\%<\omega_C<0.77\%$;

(2)共析钢——$\omega_C=0.77\%$;

(3)过共析钢——$0.77\%<\omega_C<2.11\%$。

3）白口铸铁

白口铸铁的含碳量 2.11% $<\omega_C<$ 6.69%，白口铸铁又分为：

（1）亚共晶白口铸铁——2.11% $<\omega_C<$ 4.3%；

（2）共晶白口铸铁——$\omega_C=$ 4.3%；

（3）过共晶白口铸铁——4.3% $<\omega_C<$ 6.69%。

（四）碳的含量对铁碳合金组织、性能的影响

一般来说，铁碳合金的成分决定其组织，而组织（包括数量、形态和分布等）又决定了铁碳合金的性能。

1. 碳的含量对平衡组织的影响

所有 $Fe-Fe_3C$ 合金的室温组织都是由铁素体 F 和渗碳体 Fe_3C 两相组成的，因此把铁素体和渗碳体称为 $Fe-Fe_3C$ 合金的相组成物。含碳量越高，合金中 Fe_3C 的相对量越多，铁素体 F 的相对量越少。

当含碳量增高时，组织中不仅 Fe_3C 的数量增加，而且 Fe_3C 的存在形式也在变化，由分布在 F 晶界上，变为分布在 F 的基体内，进而变为分布在 A 的晶界，最后当形成 L_d' 时，Fe_3C 已作为基体出现。可见，不同含碳量的铁碳合金具有不同的组织，而这也正是决定它们具有不同性能的原因。

2. 碳的含量对力学性能的影响

碳的含量对钢的力学性能的影响如图 1-15 所示。

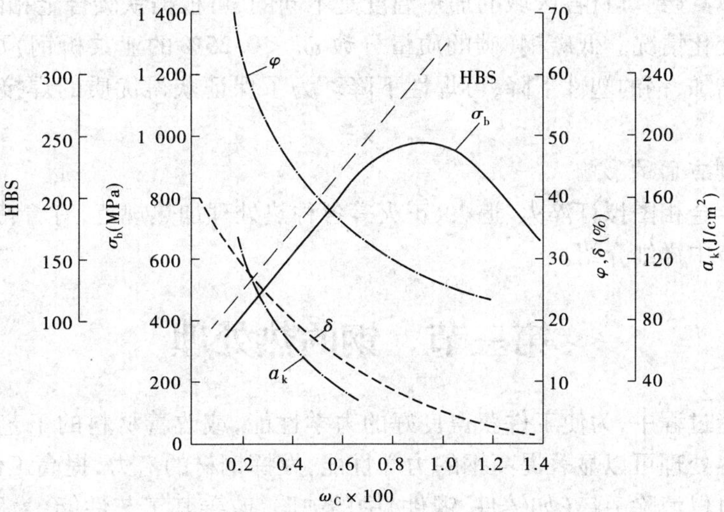

图 1-15　碳的含量对钢的力学性能的影响

由前面的分析可见，铁碳合金室温平衡组织均由 F 和 Fe_3C 两相组成，其中 F 是软韧相，而 Fe_3C 是硬脆相。由于硬度对组织形态不敏感，所以钢中随着含碳量增加，高硬度的 Fe_3C 增加，低硬度的 F 减少，故钢的硬度呈直线增加，而塑性、韧性不断下降。又由于强度对组织形态很敏感，在亚共析钢中，随着含碳量的增加，强度高的 P 增加，强度低的 F 减少，因此强度随含碳量的增加而升高。当碳含量为 0.77% 时，钢的组织全部为 P，P 的组织越细密，则强度越高。但当含碳量为0.77% $<\omega_C<$ 0.9%时，由于强度很低的、少量的、一般未连成网状的FeC_{II}沿晶界出现，所以合金的强度增加变慢，当$\omega_C>$ 0.9%时，FeC_{II}数量增加且呈网状分布在晶界处，导致钢的强度明显下降。

3. 碳的含量对工艺性能的影响

1）对切削加工性能的影响

切削加工性能是指切削加工工件的难易程度。低碳钢中F较多，塑性好，切削加工时产生切削热大，易粘刀，不易断屑，表面粗糙度差，故切削加工性差。高碳钢的Fe_3C多，刀具磨损严重，故切削加工性也差。中碳钢中F和Fe_3C的比例适当，切削加工性较好。在高碳钢Fe_3C呈球状时，可改善切削加工性。

2）对锻造性能的影响

可锻性是指金属在压力加工时，能改变形状而不产生裂纹的性能。钢材在锻造时必须选择在奥氏体区的适当温度范围内进行，因为奥氏体单相变形均匀，强度较低，塑性较好，便于塑性变形。低碳钢中的铁素体多可锻性好，随着含碳量的增加，金属可锻性下降。白口铸铁无论在高温还是低温条件下，因组织是以硬而脆的Fe_3C为基体，所以不能锻造。

3）对铸造性能的影响

根据铁碳合金相图确定浇铸温度，一般应在液相线以上的150 ℃左右，并且可选择流动性好的合金，即接近共晶成分的合金应用最广泛。因其熔点低，结晶温度的间隔小，流动性好，组织致密。

4）对可焊性能的影响

焊接时，从焊缝到母材各区域的加热温度是不同的，可根据铁碳合金相图分析低碳钢焊接接头的组织变化情况。低碳钢（碳的质量分数$\omega_C<$ 0.25%的亚共析钢）可焊性好。随着钢中碳含量的增加，钢的塑性下降，可焊性下降。为了保证获得优质的焊接性能，应优先选用低碳钢。

5）在热处理方面的影响

根据铁碳合金相图拟订淬火、退火、正火等各种热处理加热规范，有着特别重要的意义，这将在以后章节中详细介绍。

第三节　钢的热处理

在机器制造过程中，为使工件获得良好的力学性能，或改善材料的工艺性能，常采用热处理的方法。热处理可以显著提高钢的力学性能，发挥钢材的潜力，提高工件的使用性能和寿命；另外，还可以消除毛坯（如铸件、锻件）中的缺陷，改善其工艺性能，为后续工序做好组织准备。总之，热处理是强化金属材料、提高产品质量和寿命的主要途径之一，通常重要的机器零件大多数要进行热处理。

热处理就是将固态金属或合金，采用适当方式进行加热、保温和冷却，改变其内部组织，从而获得所需组织结构与性能的一种工艺方法。

改变加热温度、保温时间和冷却速度等参数，都会在一定程度上产生相应的组织转变，进而影响材料的性能。

热处理的工艺过程包括加热、保温和冷却三个阶段，它可用温度—时间坐标曲线来表示，称为热处理工艺曲线，如图1-16所示。

热处理工艺的特点是不改变金属零件的外形尺寸，只改变材料内部的组织与零件的性能。根据热处理加热和冷却方式的不同，热处理可分为普通热处理和表面热处理两大类：其中普通热处理包括退火、正火、淬火和回火，表面热处理包括表面淬火和化学热处理。

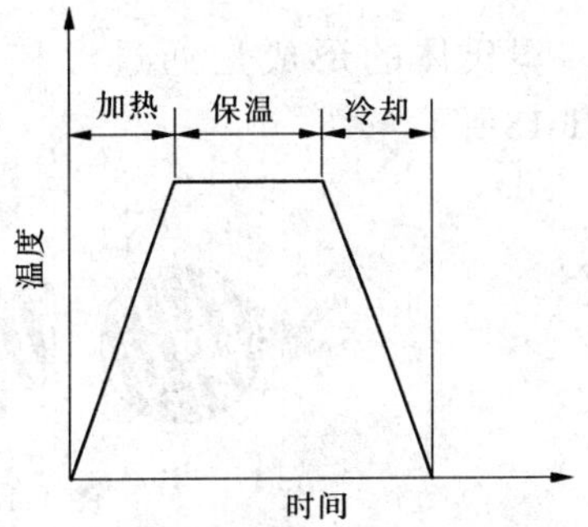

图1-16 热处理工艺曲线

一、钢在热处理时组织的变化

(一)钢在加热时组织的变化

在 $Fe-Fe_3C$ 相图中，共析钢加热超过PSK线(A_1)时，其组织完全转变为奥氏体。而亚共析钢和过共析钢必须加热到GS线(A_3)和ES线(A_{cm})以上才能全部转变为奥氏体。

由于相图中的平衡线 A_1、A_3 和 A_{cm} 是反映不同含碳量的钢在缓慢加热和冷却时的相变温度，是理想相变，而实际生产中，是不可能在理想状态下来完成，即加热和冷却速度不可能很缓慢，总有过冷和过热现象，即加热和冷却速度越大，相变温度偏离平衡临界点的程度也越大，即过冷度和过热度越大。因此，实际上加热时的相变温度总要比平衡临界温度高些，一般把加热时的临界点加注脚标"c"；冷却时的相变温度总要比平衡临界点低，一般把奥氏体冷却时的实际相变温度加注脚标"r"。因此，通常用 A_{c1}、A_{c3} 和 A_{ccm} 表示加热时偏离后的相变温度，用 A_{r1}、A_{r3} 和 A_{rcm} 表示冷却时偏离后的相变温度，如图1-17所示。

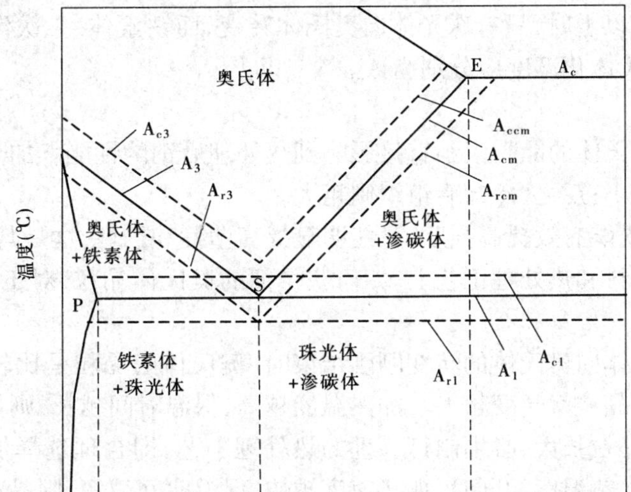

图1-17 钢在加热和冷却时 $Fe-Fe_3C$ 相图上各临界点的位置

由 $Fe-Fe_3C$ 相图可知，任何成分的碳钢加热到相变线 A_{c1} 以上都会由珠光体向奥氏体转变，通常这种转变过程称为奥氏体化。

1. 奥氏体的形成

以共析钢为例，说明钢在加热时的组织转变。共析钢在室温时具有珠光体组织，将其加

热到 A_{c1} 以上时，珠光体将全部转为奥氏体，这一转变可表示为

$$P(F+Fe_3C)\longrightarrow A$$

奥氏体的形成是通过形核与长大过程来实现的，其转变过程主要有三个阶段，如图 1-18所示。

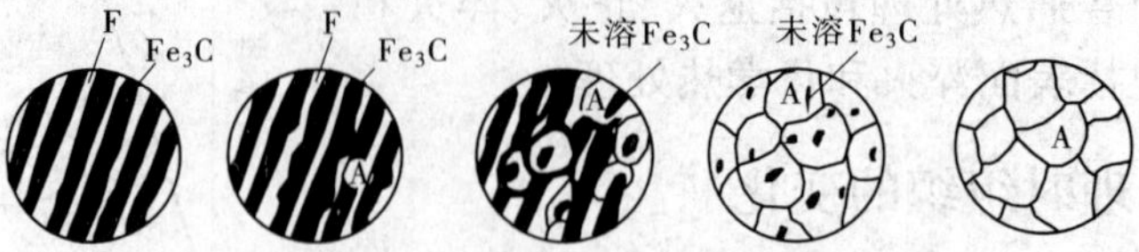

图 1-18　珠光体向奥氏体转变过程示意图

1）奥氏体晶核的形成和长大

晶核易于在 F 和 Fe_3C 相界面形成，晶核形成后会逐渐长大。

2）残余渗碳体的溶解

渗碳体（Fe_3C）比铁素体（F）的溶解要慢，因此 F 先溶解完，随着保温时间的延长，Fe_3C 完全溶解。

3）奥氏体成分均匀化

因为渗碳体的碳含量高于铁素体的碳含量，随着保温时间的进一步延长，碳原子充分扩散，使奥氏体（A）中的含碳原子成分趋于均匀。

共析钢的奥氏体化就是晶核不断形成和长大的过程。

亚共析钢和过共析钢的奥氏体形成过程与共析钢基本相同，不同之处在亚共析钢、过共析钢加热温度在 A_{c1} 以上时，只有珠光体向奥氏体转变，而铁素体、二次渗碳体还不能转变，所以它们的完全奥氏体化温度应分别为 A_{c3}、A_{ccm} 以上。

2. 奥氏体晶粒

钢在加热时，奥氏体的晶粒大小直接影响到热处理后钢的性能。加热时，奥氏体晶粒细小，冷却后组织也细小；反之，冷却后组织则粗大。

钢材晶粒细化既能有效提高强度，又能明显提高塑性和韧性，这是其他强化方法所不及的。因此，在选用材料和热处理工艺上，如何获得细的奥氏体晶粒，对工件使用性能和质量都具有重要的意义。

钢加热后，珠光体向奥氏体的转变刚刚结束时，奥氏体的晶粒是比较细小的，如果继续加热或保温，奥氏体晶粒就会变粗大。加热温度越高，保温时间越长，则奥氏体晶粒越粗大。

为控制奥氏体晶粒长大，必须制订合理的热处理工艺，即合理选择加热温度、保温时间和加热速度等。当加热温度相同时，加热速度越快，保温时间越短，则晶粒越细，所以生产中常采用快速加热、短时保温的方法来细化晶粒。此外，有些合金元素也可以阻碍奥氏体晶粒长大，如钨、钛、钒、铌等，都能抑制奥氏体晶粒长大；而锰和磷是促进奥氏体晶粒长大的元素，必须严格控制热处理时锰和磷的含量，以免晶粒长大而导致工件的性能下降。

（二）钢在冷却时组织的变化

冷却过程是热处理的关键工序，它决定着钢热处理后的组织与性能。钢经加热变成奥氏体以后，可以采用不同的方式冷却，以获得所需要的组织和性能。

在实际生产中，奥氏体冷却速度较快，必须过冷到 A_1 温度以下才开始转变，而在相变温

度 A_1 以下还没有发生转变而处于不稳定状态的奥氏体称为过冷奥氏体。

过冷奥氏体的冷却方式通常有两种:一种是等温冷却,另一种是连续冷却,如图 1-19 所示。

1. 等温冷却

等温冷却就是将加热后组织全部为奥氏体的钢,先以较快的冷却速度冷却到 A_{r1} 线以下某一温度,这时奥氏体尚未来得及转变,但已成为过冷奥氏体。然后进行保温,使奥氏体在等温下发生组织转变,再继续冷却到室温。

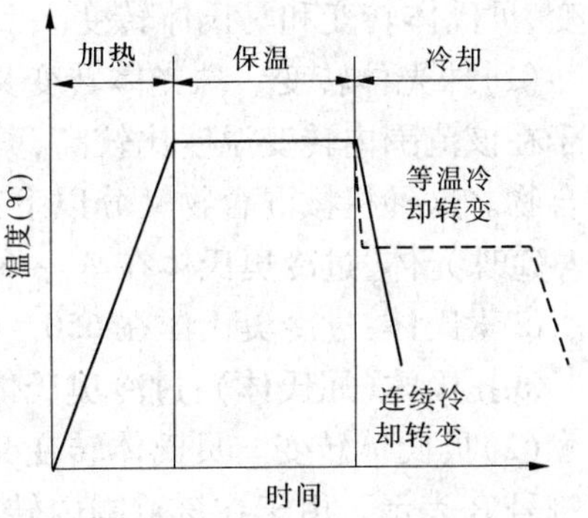

图 1-19　等温冷却与连续冷却示意

1) 过冷奥氏体的等温转变曲线

以共析钢为例,介绍等温转变曲线及转变产物。由过冷奥氏体转变开始点连接起来的曲线称为等温转变开始线,由转变终了点连接起来的曲线称为等温转变终了线。由于曲线形状颇似字母"C",故又称为 C 曲线,如图 1-20 所示。

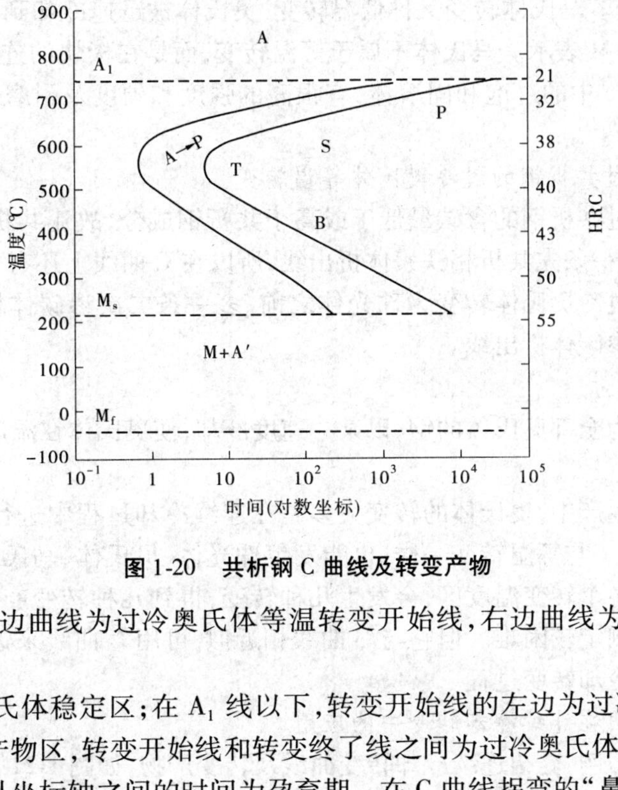

图 1-20　共析钢 C 曲线及转变产物

在 C 曲线上,左边曲线为过冷奥氏体等温转变开始线,右边曲线为过冷奥氏体等温转变终了线。

A_1 线以上是奥氏体稳定区;在 A_1 线以下,转变开始线的左边为过冷奥氏体区,转变终了线的右边是转变产物区,转变开始线和转变终了线之间为过冷奥氏体和转变产物共存区。

转变开始线与纵坐标轴之间的时间为孕育期。在 C 曲线拐弯的"鼻尖处"(约 550 ℃),孕育期最短,过冷奥氏体最不稳定。

水平线 M_s 为马氏体转变开始线(约 230 ℃),水平线 M_f 为马氏体转变终了线(约 −50 ℃)。A′为残余奥氏体,即淬火冷却到室温后残留的奥氏体。

2) 过冷奥氏体等温转变产物的组织与性能

共析钢的奥氏体在 A_1 温度以下不同温度范围内会发生三种不同类型的转变,即珠光体转变、贝氏体转变和马氏体转变。

(1)珠光体转变。珠光体转变又称高温转变,是过冷奥氏体在 A_1 ~ 550 ℃之间的转变。由于在该范围内转变温度比较高,奥氏体能全部分解,最后得到铁素体和渗碳体组成的机械混合物。这种机械混合物又分以下三种:

①珠光体:过冷奥氏体在 A_1 ~ 650 ℃之间的等温转变,用符号 P 表示。

②索氏体:过冷奥氏体在 650 ~ 600 ℃之间的等温转变,用符号 S 表示。

③托氏体(屈氏体):过冷奥氏体在 600 ~ 550 ℃之间的等温转变,用符号 T 表示。

(2)贝氏体转变。贝氏体转变又称中温转变,是过冷奥氏体在 550 ℃ ~ M_s 之间的转变,用符号 B 表示。由于在该范围内转变温度比较低,过冷度比较大,因而形成过饱和碳的铁素体与碳化物组成的两相机械混合物,即贝氏体。根据等温转变温度和产物的组织形态的不同,它分为以下两种:

①上贝氏体:过冷奥氏体在 550 ~ 350 ℃的转变产物,用符号 $B_{上}$ 表示。

②下贝氏体:过冷奥氏体在 350 ℃ ~ M_s 的转变产物,用符号 $B_{下}$ 表示。M_s 和 M_f 线分别为马氏体转变开始线和转变终了线。

(3)马氏体转变。马氏体转变又称低温转变,奥氏体被迅速冷却到 M_s 温度以下便发生马氏体转变,用符号 M 表示。马氏体不属于等温转变,而是在极快的连续冷却过程中形成。马氏体是 C 在 $\alpha-Fe$ 中的过饱和固溶体,有很高的强度和硬度及耐磨性,属于连续冷却转变的产物。

3)亚共析钢和过共析钢的过冷奥氏体等温转变

因亚共析钢和过共析钢的含碳量低于或高于共析钢成分,故亚共析钢在过冷奥氏体转变为珠光体之前,多一条先共析相铁素体析出线,所以在 C 曲线上还有一条铁素体析出线。

而过共析钢在过冷奥氏体转变为珠光体之前,多一条二次渗碳体析出线,所以在 C 曲线上还有一条二次渗碳体析出线。

2. 连续冷却

将加热后组织为全部奥氏体的钢,以某一速度冷却,使奥氏体在温度连续下降过程中发生组织转变。

在实际热处理生产中,奥氏体的转变大多是在连续冷却过程中进行的,常在炉内、空气中、油中或水中冷却。与等温转变一样,也能发生珠光体、贝氏体、马氏体等转变,但不同的是冷却过程要经过各个转变温度区,会发生几种转变,得到几种转变产物的复合组织,因此其冷却转变曲线的测定较困难。但它与 C 曲线相近似,可用 C 曲线来近似地分析同一种钢的过冷奥氏体连续冷却转变过程。

1)等温转变曲线在连续冷却转变中的应用

下面以共析钢为例,介绍连续冷却转变曲线及转变产物,如图 1-21 所示。

共析钢连续冷却时,根据冷却速度曲线 V_1、V_2、V_3、V_4 与 C 曲线相交的位置,可估计连续冷却转变的产物。

马氏体临界冷却速度 V_k:与冷却曲线相切,称临界冷却速度,是获得全部马氏体转变的最小冷却速度。

2)马氏体转变(M_s ~ M_f)

马氏体的组织形态有板条状和片状两种类型,主要取决于奥氏体中的碳含量。

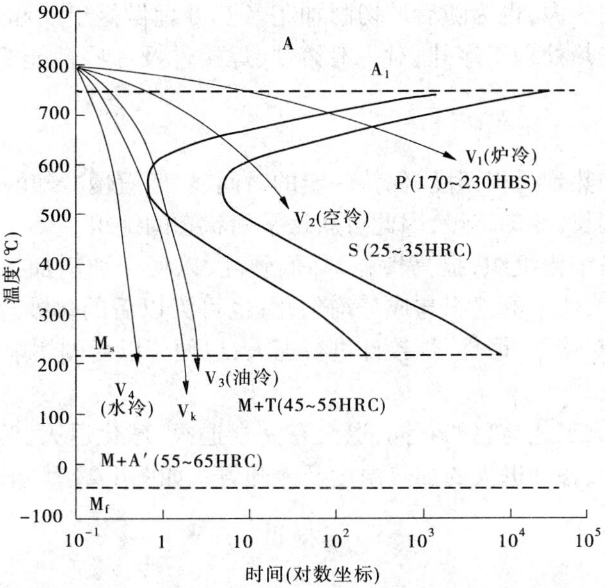

图 1-21　在共析钢等温转变曲线上分析奥氏体连续冷却转变产物

(1)当 $\omega_C < 0.20\%$ 时,形成板条状低碳马氏体,有较好的韧性。

(2)当 $\omega_C > 1.0\%$ 时,形成片状(针状)高碳马氏体,性能硬而脆。

(3)当 $\omega_C = 0.20\% \sim 1.0\%$ 时,形成片状和板条状马氏体的混合组织。

强度、硬度随含碳量增加而增大,当含碳量超过 0.6% 时,强度和硬度增加不明显。马氏体转变不能进行到底。

残余奥氏体的存在,会降低淬火钢的硬度和耐磨性,并且在工件长期使用过程中残余奥氏体会逐步转变为马氏体,使工件变形而引起尺寸的不稳定。可以用冷处理来减少残余奥氏体,冷处理就是把淬火后的工件继续冷却到室温以下 −80 ~ −50 ℃,以减少残余奥氏体的含量。

二、普通热处理

根据热处理在零件加工中的顺序,常用热处理工艺可分为两类:预先热处理和最终热处理。预先热处理一般是安排在零件切削加工之前,作用是消除坯料、半成品中的某些缺陷,为后续的冷加工和最终热处理做准备。最终热处理一般是安排在零件切削加工之后,作用是使零件加工完后获得所要求的性能。

热处理由于加热温度、保温时间和冷却速度不同,因而构成了不同的热处理工艺方法。通常钢的热处理分为普通(整体)热处理和表面热处理两大类。

普通热处理是对工件整体加热,然后以适当的速度冷却,以改变其整体力学性能的金属热处理工艺。普通热处理常用的有退火、正火、淬火和回火。

表面热处理是只对工件表层进行热处理以改变其组织和性能的热处理工艺,表面热处理常用的是表面淬火化学热处理等。

(一)退火与正火

退火与正火主要用于钢的预先热处理,目的是消除和改善前一道工序(铸、锻、焊)所造成的某些组织缺陷及内应力,也为随后的切削加工及热处理做好组织和性能上的准备。退火与正火除经常作预先热处理工序外,对一般铸件、焊接件及一些性能要求不高的工件,也可作最终热处理。

1. 退火

退火就是将工件加热到适当温度,保持一定的时间,然后缓慢冷却的热处理工艺。退火工艺的特点是保温时间长,冷却缓慢,因此可获得平衡状态的组织。

退火的主要目的是细化组织,提高性能,降低硬度,以便于切削加工;同时可消除内应力,提高韧性,稳定尺寸,使钢的组织与成分均匀化;也可为以后的热处理工艺做组织准备。在零件制造过程中,常对铸件、锻件、焊接件进行退火,以便于以后的切削加工或为淬火做组织准备。

根据钢的成分、退火工艺与目的不同,退火有完全退火、球化退火、等温退火、均匀化退火和去应力退火等几种,各种退火的加热温度及冷却方式如图 1-22 所示。

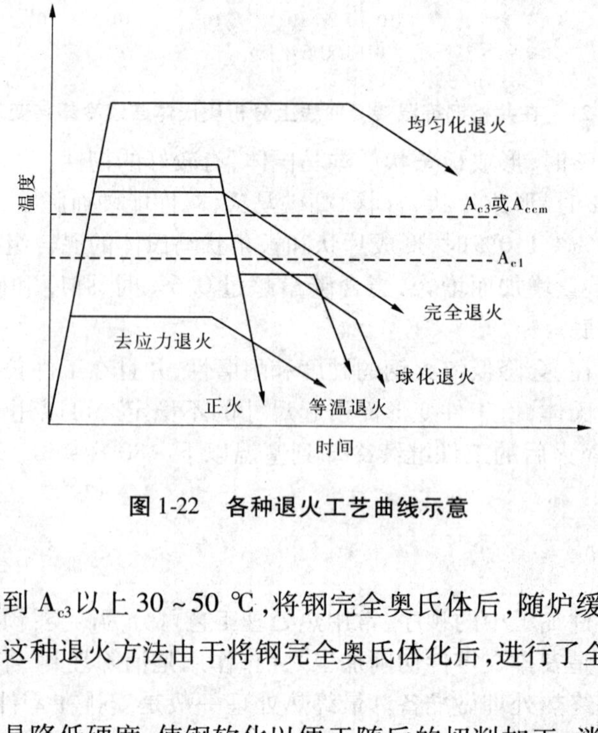

图 1-22　各种退火工艺曲线示意

1) 完全退火

将亚共析钢加热到 A_{c3} 以上 30 ~ 50 ℃,将钢完全奥氏体后,随炉缓慢冷却,获得接近平衡组织的退火工艺。这种退火方法由于将钢完全奥氏体化后,进行了全部的重结晶,故称完全退火。

完全退火的目的是降低硬度,使钢软化以便于随后的切削加工;消除应力,稳定工件的尺寸,防止变形和开裂;细化晶粒,改善组织,为最终热处理做好组织上的准备。

完全退火主要用于亚共析碳钢和合金钢的铸件、锻件等。

2) 球化退火

球化退火是将共析钢或过共析钢加热到 A_{c1} 以上 10 ~ 20 ℃,保温一定时间后缓慢冷却到 600 ℃以下,再出炉在空气中冷却的一种热处理工艺。这种退火方法使钢中的碳化物球化了,故称球化退火。

球化退火的目的是消除钢中网状二次渗碳体或片状二次渗碳体,降低硬度,并为淬火做好组织准备。若钢原始组织中存在严重渗碳体网,应采用正火将其消除后再进行球化退火。

球化退火适用于共析钢、过共析钢和合金工具钢、轴承钢等。

3）等温退火

等温退火是将钢加热到 A_{c3} 或 A_{c1} 以上 20 ~ 40 ℃，保温适当时间后，以较快的速度冷却到稍低于 A_{r1} 的珠光体温度区间的某一温度，保温一段时间后，使奥氏体转变为珠光体组织，然后空冷至室温的退火工艺。

对于奥氏体比较稳定的钢，完全退火所需的时间较长，有时长达数十小时，为缩短时间，可采用等温退火。

等温退火的目的与完全退火相同，但等温退火能得到更均匀的组织与硬度，而且可显著缩短生产周期，比完全退火缩短约 1/3。

等温退火主要用于高碳钢、合金工具钢和高合金钢。

4）均匀化退火

均匀化退火又称扩散退火，它是将工件加热到高温（一般为 A_{c3} 以上 150 ~ 200 ℃）并长时间保温（一般为 10 ~ 15 h），然后缓慢冷却的热处理工艺。

均匀化退火的目的是消除铸造结晶过程中产生的枝晶偏析，使其成分均匀化、改善性能。

均匀化退火主要用于质量要求高的合金钢铸锭或铸件等。

由于均匀化退火加热温度高、保温时间长，会引起奥氏体晶粒的严重粗化，因此均匀化退火后一般还需要进行一次完全退火或正火。

5）去应力退火

去应力退火又称低温退火，是将工件随炉缓慢加热到 A_{c1} 以下 100 ~ 2 000 ℃（一般为 500 ~ 650 ℃），保温一定时间后，随炉缓慢冷却到 200 ℃，再出炉冷却。这种退火方法因加热温度低于 A_1，不发生组织转变，只消除内应力，故称去应力退火。

去应力退火主要用于消除铸件、锻件、焊接件、冷冲压件及机加工件中的残余应力。

2. 正火

将钢件加热到 A_{c3} 或 A_{ccm} 以上 30 ~ 50 ℃，保温适当时间后，出炉在空气中冷却的热处理工艺称为正火。

正火与退火的应用基本相同，一般作为预备热处理，安排在毛坯生产之后、粗加工（或半精加工）之前。

正火与退火工艺不同之处在于，正火是将加热后的工件从炉中取出置于空气中冷却，而退火是将加热后的工件随炉缓慢冷却，因此二者的主要区别是正火的冷却速度稍快，所以正火热处理的生产周期短，同时操作简单，生产效率高，成本也较低，故退火与正火同样能达到零件性能要求时，尽可能选用正火。

正火在生产中的应用如下。

1）对于要求不高的结构零件，可作最终热处理

正火可细化晶粒，正火后组织的力学性能较高，而大型或复杂零件淬火时，可能有开裂危险，所以正火可作为普通结构零件或大型、复杂零件的最终热处理。

2）改善低碳钢的切削加工性

正火能减少低碳钢中先共析相铁素铁，提高珠光体的能量和细化晶粒，所以能提高低碳

钢的硬度,改善其切削加工性。

3)作为中碳结构钢的较重要工件的预先热处理

对于性能要求较高的中碳结构钢,正火可消除热加工造成的组织缺陷,使其具有良好的切削加工性,并能减少工件在淬火时的变形与开裂,提高工件质量。因此,正火常作为较重要工件的预先热处理。

4)消除过共析钢中二次渗碳体网

正火可消除过共析钢中二次渗碳体网,为球化退火作组织准备。

退火与正火热处理工艺曲线如图 1-23 所示。

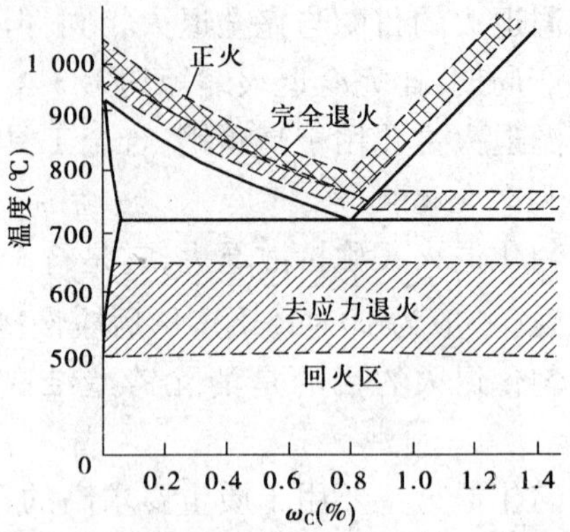

图 1-23　退火与正火工艺曲线示意

正火的目的虽然和退火的目的基本相同,但由于冷却速度不同,正火的冷却速度要较快些,因而过冷度较大,得到的晶粒较细,其强度、硬度比退火高一些。同一种材料经正火和退火热处理后得到的强度、硬度和塑性稍有些不同。

(二)淬火与回火

淬火与回火常是紧密相连的两个工艺过程,因为淬火后的钢件一般不能直接使用,必须进行回火处理后才能使用,因此淬火与回火只有相互配合才能收到良好的热处理效果。回火是紧接淬火之后的热处理工序,淬火与回火常作为零件的最终热处理。

1. 淬火

淬火就是将钢件加热至 A_{c3} 或 A_{c1} 以上 30 ~ 50 ℃,保温一定时间,然后以大于临界冷却速度冷却,以获得马氏体或贝氏体组织的热处理工艺。

淬火与退火、正火在工艺上的主要区别是冷却速度快,目的是获得马氏体(或贝氏体)组织,提高钢的硬度、强度和耐磨性,并与适当的回火工艺相配合,使工件获得良好的使用性能,以充分发挥材料的潜力。

但是要获得马氏体组织,钢的冷却速度必须大于钢的临界速度,所谓临界速度就是获得马氏体组织的最小冷却速度,因此淬火冷却速度较快。

1)钢的淬火工艺

A. 加热温度

钢的含碳量是决定其淬火加热温度的主要因素。碳素钢的淬火加热温度由 $Fe-Fe_3C$ 相图来确定。亚共析钢淬火加热温度为 A_{c3} 以上 30 ~ 50 ℃。共析钢和过共析钢的淬火加热温度为 A_{c1} 以上 30 ~ 50 ℃。对于低合金钢,淬火加热温度也根据临界点 A_{c1} 或 A_{c3} 来确定,一般为 A_{c1} 或 A_{c3} 以上 50 ~ 100 ℃。高合金工具钢中含有较多的强碳化物形成元素,奥氏体晶粒粗化温度高,故淬火温度亦高。

碳素钢的淬火加热温度如图 1-24 所示。

钢的淬火加热时间包括升温时间和保温时间两部分。加热时间长短与加热介质、加热速度、钢的种类、工件形状和尺寸、装炉方式及装炉量有关。具体加热时间可通过经验公式

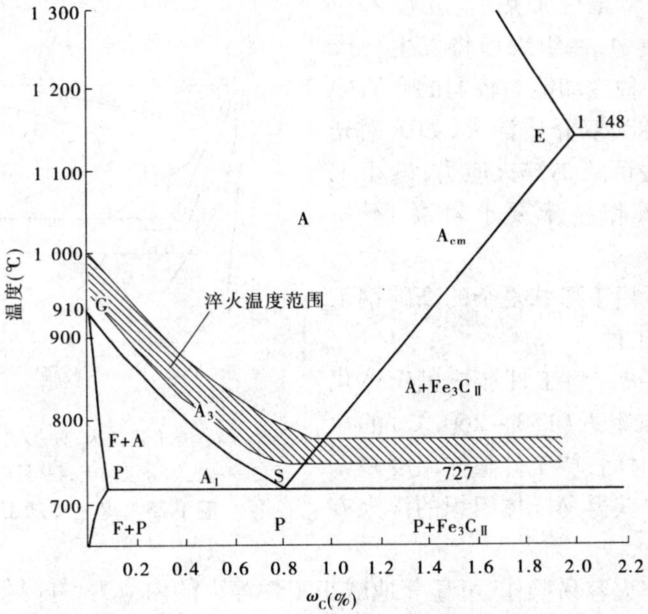

图 1-24　碳素钢淬火加热温度示意

计算,再用实际经验修正后决定。

B. 淬火冷却介质

为了保证良好的淬火效果,针对不同钢种,淬火介质有空气、油、盐水和水,其冷却能力按上述顺序递增,上述介质中最常用的是水和油。

(1)水。水是最常用的冷却介质,它具有冷却能力快、使用方便、价格低廉等特点。但是在 300 ~ 200 ℃冷却速度仍然很快,易造成工件变形和开裂,因此仅适用于形状简单的碳钢工件,常用的水温一般低于 40 ℃。

(2)油。油也是常用的淬火介质,生产中多用矿物质油等,油在 300 ~ 200 ℃的冷却能力比水小,对减少工件的变形和开裂很有利,但油在 650 ~ 550 ℃的冷却能力也比水小,故只能用于淬透性较好的低合金钢和合金钢的淬火。

碳钢一般在水和盐水中淬火,合金钢导热性能比碳钢差,一般在油中淬火。

有时为了减少工件淬火时变形,在水中加入少量(5% ~ 10%)的盐或碱,即可得到盐水或碱水,盐水或碱水主要用于形状简单的中、低碳钢零件。

C. 淬火方法

目前,常用的淬火方法有单介质淬火、双介质淬火、马氏体分级淬火、贝氏体等温淬火和局部淬火,各种淬火冷却工艺曲线如图 1-25 所示。

(1)单介质淬火。将工件加热奥氏体化后放入一种介质中进行冷却的淬火方法称为单介质淬火。此方法是最常用、最简便的淬火方法,其优点是操作简单,易实现机械化、自动化;不足之处是水中淬火易产生变形和裂纹,油中淬火易产生硬度不足或硬度不均匀等现象。

单介质淬火主要用于形状简单的碳钢件在水中淬火,合金钢件及尺寸较小的碳钢件在油中淬火。

(2)双介质淬火。将工件加热后，先浸入一种冷却能力较强的介质中，在组织即将发生马氏体转变时立即转入另一种冷却能力较弱的介质中缓慢冷却的淬火方法称为双介质淬火，如碳钢先水冷后油冷。这种方法可减小淬火应力，减小工件变形和开裂，但对操作技术要求较高，不易掌握。

双介质淬火主要适用于形状复杂的高碳钢工件、尺寸较大的合金钢工件。

(3)马氏体分级淬火。将工件加热奥氏体化后，先浸入温度在 M_s 点附近(150～260 ℃)的盐浴或碱浴中，保温一定时间，待工件整体温度趋于一致后，再取出空冷，以获得马氏体组织的淬火方法，称为马氏体分级淬火。

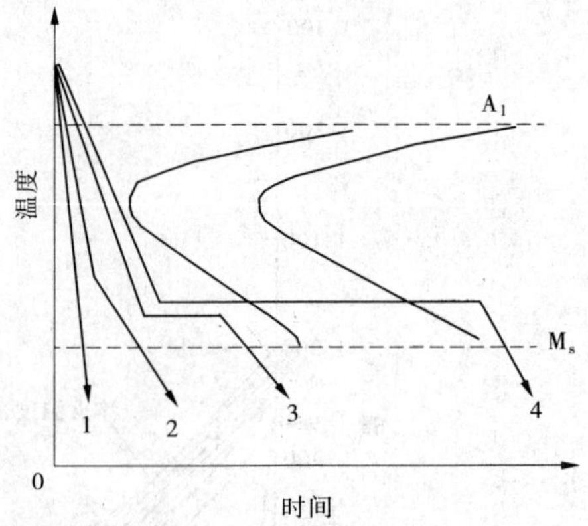

1—单介质淬火；2—双介质淬火；
3—马氏体分级淬火；4—贝氏体等温淬火

图 1-25　淬火冷却工艺曲线

此方法比双介质淬火容易操作，可显著地减小工件淬火的内应力，并降低工件变形和开裂，主要适用于尺寸较小的工件。

(4)贝氏体等温淬火。工件加热后，快速冷却到贝氏体转变温度区间(260～240 ℃)等温保持，使奥氏体转变为下贝氏体的淬火工艺称为贝氏体等温淬火。

此方法可显著地减小淬火应力和变形，工件经贝氏体等温淬火，强度、韧性和耐磨性较好，但生产率较低。适用于形状复杂、尺寸精度要求较高，并且硬度和韧性都要求较高的工件。

2)钢的淬透性和淬硬性

(1)钢的淬透性。钢的淬透性是指在规定条件下钢试样淬硬深度和硬度分布的特性。

淬硬深度是从淬硬的工件表面到规定硬度值(一般为 550 HV)处的垂直距离。淬硬深度越深，淬透性越好。

(2)钢的淬硬性。钢的淬硬性是指钢试样在规定条件下淬火硬化所能达到的最高硬度的能力，其含义是钢试样在规定条件下淬火时马氏体组织所能达到的硬度。钢的淬硬性主要取决于钢中含碳量，钢中含碳量越高，淬硬性越好。

2. 回火

淬火后的钢件一般不能直接使用，必须进行回火处理后才能使用。因为淬火钢的硬度高、脆性大，直接使用常发生脆断。通过回火可以消除或减小内应力、降低脆性，提高韧性；另一方面可以调整淬火钢的力学性能，达到钢的使用性能。淬火与回火常是紧密相连的两个工艺过程，只有相互配合才能收到良好的热处理效果。回火是紧接淬火之后的热处理工序，淬火与回火常作为零件的最终热处理。

回火是将淬硬后的工件加热到 A_{c1} 点以下某一温度，保温一定时间，然后冷却到室温的热处理工艺。钢经淬火后，获得的马氏体与残余奥氏体是亚稳定相，在回火的加热、保温中会向稳定的组织转变。

1)回火的目的

(1)获得工件所要求的力学性能。工件淬火后得到马氏体组织硬度高、脆性大，为了满足各种工件的性能要求，可以通过回火调整硬度、强度、塑性和韧性。

(2)稳定工件组织和尺寸,保证精度。淬火马氏体和残余奥氏体都是不稳定组织,它们具有自发的向稳定组织转变的趋势,因而将引起工件形状与尺寸的改变。通过回火使淬火组织转变为稳定组织,从而保证在使用过程中不再发生形状与尺寸的改变。

(3)消除或减小内应力,降低脆性。工件在淬火后存在很大应力,如不及时通过回火消除,会引起工件进一步的变形与开裂。

2)回火的种类

按回火温度范围的不同,回火可分为低温回火、中温回火和高温回火。

(1)低温回火。加热温度在250 ℃以下进行的回火。其目的是保持淬火工件高硬度和高耐磨性的情况下,降低淬火残留应力和脆性。

回火后的组织为回火马氏体,硬度为58HRC~64HRC,主要适用于各种刃具、模具、滚动轴承及渗碳与表面淬火等要求硬而耐磨的零件。

(2)中温回火。加热温度为350~500 ℃进行的回火。其目的是使工件获得较高的弹性和强度,适当的韧性和硬度。

回火后的组织为回火托氏体,硬度为35HRC~50HRC,主要适用于处理各种弹簧及热锻模等。

(3)高温回火。加热温度在500 ℃以上进行的回火。其目的是使工件获得强度、塑性和韧性都较好的综合力学性能。

回火后的组织为回火索氏体,硬度为200HBS~350HBS,主要适用于各种较重要的受力结构件,如连杆、螺栓、齿轮及轴类零件等。

工件淬火后高温回火的复合热处理工艺又称调质处理。调质处理不仅可作为某些重要零件,如轴、齿轮、连杆、螺栓等零件的最终热处理,而且也作为一些精密零件,如丝杠、量具、模具等的预先热处理,使其获得均匀细小的组织,以减少最终热处理过程中的变形。

在抗拉强度、硬度大致相同的情况下,调质后的塑性、韧性均显著高于正火,这是因为钢经调质处理后的组织为回火索氏体,其渗碳体呈粒状,而正火得到的组织为层片状索氏体。

除以上三种常用回火方法外,某些精密的工件,为了保持淬火后的硬度及尺寸的稳定性,常进行低温(100~150 ℃)、长时间(10~50 h)保温的回火,称为时效处理。

3)回火脆性

淬火钢在某些温度区间或回火后缓冷通过该温度区间时,出现脆化的现象称回火脆性。回火脆性有以下两种:

(1)低温回火脆性。在250~350 ℃出现的回火脆性称第一类回火脆性,又称低温回火脆性或不可逆回火脆性,不管是碳素钢还是合金钢,都应避免这种回火脆性。

(2)高温回火脆性。含铬、镍、锰等元素的合金钢淬火后,在450~650 ℃回火,缓冷易产生第二类回火脆性,又称高温回火脆性或可逆回火脆性。为防止第二类回火脆性的出现,小零件可采用回火时快冷,大零件可选用含钨或钼的合金钢。

三、表面热处理

在实际生产中,有很多零件是在磨擦、冲击和交变载荷作用下工作,要求表面和心部具有不同的性能。一般是表面硬度高,有较高的耐磨性和疲劳强度;而心部要求有较好的塑性和韧性。

例如,齿轮工作时表面接触应力大,摩擦严重,要求表层高硬度,而齿轮心部通过轴传递动力、冲击力,即心部要求有较高的塑性和韧性。而低碳钢可满足心部要求,表面要求不能满足;高碳钢可满足表面要求,心部要求不能满足。

在这种情况下,单从材料选择入手或采用普通热处理方法,都不能满足其要求,解决这一问题的根本方法就是进行钢的表面热处理。表面热处理是只对工件表层进行热处理以改变其组织和性能的热处理工艺,其中最常用的是表面淬火和表面化学热处理。

(一)表面淬火

表面淬火是仅对工件表层进行淬火的热处理工艺。表面淬火不改变零件表层的化学成分,只改变表层的组织,并且心部仍保留原来退火、正火或调质状态的组织。

表面淬火的目的是使工件表层具有高硬度、耐磨性,而心部具有足够的强度和韧性。表面淬火后,一般需进行低温回火,以减少淬火应力和降低脆性。

生产上常用的表面淬火方法有感应加热表面淬火和火焰加热表面淬火。

1. *感应加热表面淬火*

感应加热表面淬火是指利用感应电流通过工件所产生的热效应,使工件表层、局部或整体加热,并快速冷却的淬火工艺,如图 1-26 所示。

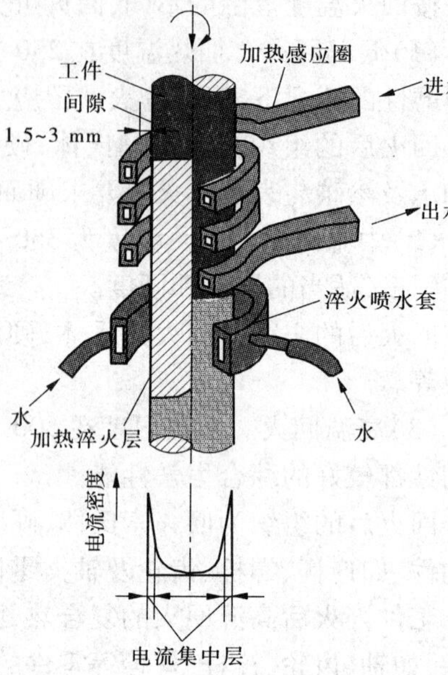

图 1-26　感应加热表面淬火

当感应线圈中通以交流电时,产生交变磁场,在工件中便产生相同频率的感应电流,由于工件本身具有电阻,因而集中于工件表面的电流可使表层迅速加热到淬火温度,而工件的心部温度仍接近室温。

感应加热后,采用水、乳化液或聚乙烯醇水溶液喷射淬火(合金钢浸油),淬火后进行 180 ~ 200 ℃低温回火,以降低淬火应力,并保持高硬度和高耐磨性。

感应电流透入工件表层的深度主要取决于交流电频率的高低,频率越高,淬硬层深度越小。

由于电源频率不同,感应加热表面淬火分高频感应淬火、中频感应淬火和工频感应淬火,此外还有 20 世纪 60 年代后发展起来的超音频感应加热,它的频率为 30 ~ 40 kHz,适用于硬化层略深于高频且要求硬化层沿表面均匀分布的零件,如中、小模数齿轮、链轮、轴、机床导轨等。

生产中常用的电流频率与淬硬层深度的关系如表 1-3 所示。

由于感应加热速度极快,时间很短,仅为几秒钟,加热淬火有如下特点:

(1)表面性能好,硬度比普通淬火高 2HRC ~ 3HRC。疲劳强度较高,一般工件可提高 20% ~ 30%。

(2)工件表面质量高,不易氧化脱碳,淬火变形小。

(3)淬硬层深度易于控制,操作易于实现机械化、自动化,生产率高。

感应加热表面淬火主要用于中碳钢或中碳低合金钢，也可用于工具钢，不宜用于形状复杂的零件及单件生产。

表 1-3　电流频率与淬硬层深度的关系

名称	频率	淬硬层深度(mm)	适用零件
高频感应加热	200～300 kHz	0.5～2.5	淬硬层较薄的中、小型零件，如小模数齿轮、小的轴
中频感应加热	2 500～3 000 Hz	2～10	承受较大载荷和磨损零件，如大模数齿轮、较大凸轮等
工频感应加热	50 Hz	10～20	要求硬层深的大型零件和钢材的穿透加热，如轧辊、火车车轮等

2. 火焰加热表面淬火

火焰加热表面淬火是应用可燃气体氧－乙炔(或其他可燃气体)产生的火焰，对零件表面进行加热，然后快速冷却的淬火方法，如图 1-27 所示。

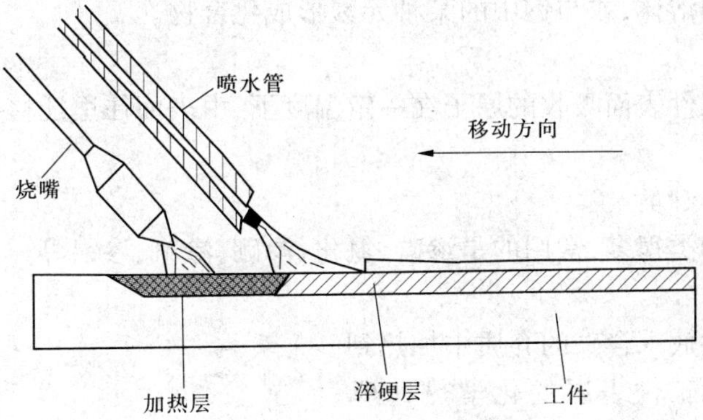

图 1-27　火焰加热表面淬火

火焰加热表面淬火其淬硬层深度一般为 2～6 mm。火焰加热表面淬火设备简单，成本低，使用方便灵活。但生产效率低，淬火质量较难控制。

火焰加热表面淬火适用于单件、小批量生产或中碳钢、中碳低合金钢制造的大型工件，如大齿轮、轴等零件的表面淬火。

3. 电接触加热表面淬火

电接触加热表面淬火可显著提高工件表面的耐磨性和抗擦伤能力。设备及工艺简单易行，硬化层薄，一般为 0.15～0.35 mm。电接触加热表面淬火适用于表面形状简单的零件，目前广泛用于机床导轨、汽缸套等表面淬火。

4. 激光加热表面淬火

激光加热表面淬火是用激光束扫描工件表面，使工件表面迅速加热到钢的临界点以上，而当激光束离开工件表面时，由于基体金属的大量吸热，使表面获得急速冷却而自淬火，故无需冷却介质。

激光加热表面淬火特点如下：

（1）激光淬火硬化层深度与宽度一般为：深度 <0.75 mm，宽度小于 1.2 mm。

（2）激光淬火后，表层可获得极细马氏体组织，硬度高且耐磨性好。

激光淬火适用于形状复杂，特别是某些部位用其他表面淬火方法极难处理的（如拐角、沟槽、盲孔底部或深孔）工件。

（二）化学热处理

化学热处理是将工件放入一定温度的活性介质中加热并保温，使一种或几种元素渗入它的表层，以改变其化学成分、组织和性能的热处理工艺。其特点是既改变工件表面层的组织，又改变化学成分。它可比表面淬火获得更高的硬度、耐磨性和疲劳强度，并可提高工件表层的耐蚀性和高温抗氧化性。

1. 化学热处理基本过程

各种化学热处理都是由分解、吸收和扩散这三个基本过程组成的。

1）分解

分解是指由介质中分解出渗入元素的活性原子。

2）吸收

吸收是指工件表面对活性原子进行吸收。吸收的方式有两种，即活性原子由钢的表面进入铁的晶格形成固溶体，或与钢中的某种元素形成化合物。

3）扩散

扩散是指已被工件表面吸收的原子在一定温度下，由表面往里迁移，形成一定厚度的扩散层。

2. 化学热处理的种类

化学热处理的种类很多，常用的是渗碳、氮化、渗硼、渗铬、渗铝等。

1）钢的渗碳

渗碳就是将工件放入含碳的介质中加热到高温，使碳原子渗入工件表层的化学热处理工艺。

渗碳的目的是使工件表面获得高碳浓度，从而提高工件表面的硬度和耐磨性，而心部仍保持原有的低碳钢成分，即心部保持良好的韧性。

渗碳一般采用含碳量 ω_C 为 0.15% ~ 0.20% 的低碳钢或低碳合金钢。渗碳后要进行淬火和低温回火，在工件的表面和心部分别得到高碳和低碳组织。

根据渗碳介质的不同，渗碳法可分为气体渗碳、固体渗碳和液体渗碳三种，其中气体渗碳应用最广泛。

气体渗碳是在专用的井式渗碳炉中进行的，如图 1-28 所示。

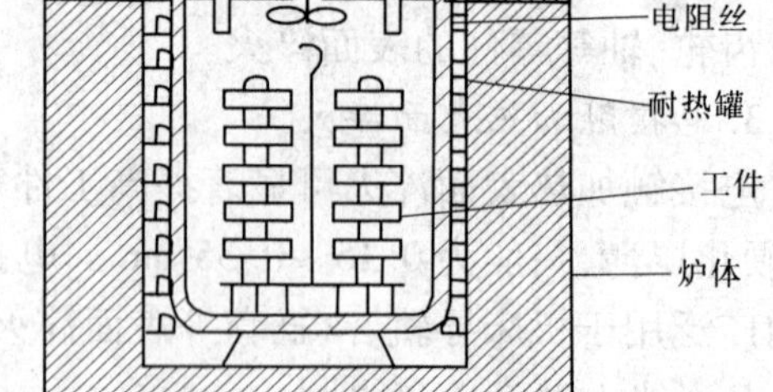

图 1-28　气体渗碳示意

气体渗碳时，将工件装挂在密闭的渗碳炉中，加热到900～950 ℃，通入渗碳气体(如煤气、石油液化气、丙烷等)或易分解的有机液体(如煤油、丙酮等)，保温一段时间，渗碳气体或有机液体在高温下分解产生活性碳原子，活性碳原子逐渐渗入工件表面，并向心部扩散，形成一定深度的渗碳层。渗碳层深度可通过控制保温时间来达到，一般为0.5～2.5 mm。

工件渗碳后必须进行淬火和低温回火，最终表层为细小片状的回火高碳马氏体及少量的渗碳体，这样表面可获得高的硬度(60HRC～64HRC)、耐磨性及疲劳强度；而心部组织取决于钢的淬透性，一般低碳钢心部组织为铁素体和珠光体，硬度为110HBS～150HBS，低合金钢(20CrMnTi钢)通常心部组织为回火低碳马氏体和少量铁素体，硬度为35HRC～45HRC，具有较高的强韧性和塑性。

气体渗碳的渗碳层质量高，渗碳过程易于控制，生产率高，劳动条件好，易于实现机械化和自动化，适于成批或大量生产。气体渗碳主要适用于受磨损和有较大冲击载荷的零件，如齿轮、活塞销、凸轮、轴类等。

2)钢的氮化

钢的氮化又称渗氮，渗氮是在一定温度下使活性氮原子渗入工件表面的化学热处理工艺。渗氮能使零件获得比渗碳更高的表面硬度、耐磨性及提高其耐腐蚀性和疲劳强度。常用的渗氮有气体渗氮、离子氮化、碳氮共渗和氮碳共渗等。

A. 气体渗氮

钢的渗氮应用最广的是气体渗氮，气体渗氮又称气体氮化，它是将工件置于通有氨气(NH_3)的密闭炉内，加热到500～560 ℃，氨分解产生的活性氮离子被工件表面吸收，并逐渐向心部扩散，从而形成渗氮层。渗氮层的深度一般为0.1～0.6 mm。

渗氮最常用的钢是38CrMoAl，渗氮前应进行调质处理。因渗氮后表面形成一层坚硬的氮化物，渗氮层硬度高达1 000HV～1 200HV，耐磨性好；渗氮温度低，工件变形小；渗氮层存在压应力，耐疲劳性好；渗氮层致密，耐蚀性较好。所以，渗氮主要用于耐磨性和精度要求高的精密零件、承受交变载荷的重要零件及较高温度下工作的耐磨零件，如精密丝杠、镗床主轴、汽轮机阀门、高精度传动齿轮、高速柴油机曲轴等。但渗氮生产周期长，成本高，渗氮层薄而脆，因而不宜承受集中的重载荷。

为克服渗氮工艺时间长、成本高等缺点，出现了离子氮化、碳氮共渗等新方法。

B. 离子氮化

离子氮化是将工件放在低于一个大气压的真空容器内，通入氨气或氮、氢混合气体，以真空容器为阳极，工件为阴极，在两极间加直流高压，迫使电离后的氮正离子高速冲击工件(阴极)并渗入工件表面，最终向内扩散形成氮化层。

离子氮化的优点是氮化时间短，仅为气体氮化的1/3～1/2，易于控制操作，氮化层质量好，脆性低一些，此外离子氮化省电、省气、无公害。缺点是工件形状复杂或截面相差悬殊时，由于温度均匀性不够，很难达到同一硬度和渗层深度。

C. 碳氮共渗与氮碳共渗

气体碳氮共渗：在一定温度下，同时将碳、氮渗入工件表层奥氏体中，并以渗碳为主的化学热处理工艺称碳氮共渗。

由于共渗温度(850～880 ℃)较高，它是以渗碳为主的碳氮共渗过程，因此处理后要进行淬火和低温回火。共渗深度一般为0.3～0.8 mm。

气体碳氮共渗与渗碳相比，处理温度低且便于直接淬火，因而变形小、共渗速度快、时间短、生产率高、耐磨性高。

气体碳氮共渗所用的钢大多为低碳钢或中碳钢和合金钢。

气体氮碳共渗：工件表面渗入氮和碳，并以渗氮为主的化学热处理，称为氮碳共渗。常用的共渗温度为560～570 ℃，由于共渗温度较低，共渗1～3 h，渗层可达0.02～0.03 mm，又称低温氮碳共渗。与气体氮化相比，氮碳共渗产渗层硬度较低，故又称软氮化。

氮碳共渗具有处理温度低、时间短、工件变形小的特点，而且不受钢种限制，碳钢、合金钢及粉末冶金材料均可进行氮碳共渗，以达到提高耐磨性、疲劳强度和耐蚀性的目的。由于氮碳共渗层很薄，不宜在重载下工作，目前广泛应用于模具、量具、刃具及耐磨、承受弯曲疲劳的结构件。

四、热处理工艺

在机械零件制造过程中，确定零件热处理方法和合理安排零件加工工艺路线中的热处理工序位置，直接关系到产品质量和经济效益。因此，掌握热处理技术条件的相关内容、正确制订和实施热处理工艺规范是非常重要的。

（一）热处理技术条件的标注

设计者根据零件的性能要求，提出热处理技术条件，并标注在零件图上。其内容包括最终热处理方法及热处理后应达到的力学性能，供热处理生产及检验时用。

热处理技术条件可用国家标准规定的热处理代号来标注，也可用简单的文字和数字来说明。一般零件只标出硬度值。对于化学热处理零件，还应标注渗层部位和渗层深度。标定的硬度值允许有一定的波动范围，布氏硬度值一般为30～40个单位左右，洛氏硬度值为5个单位左右。如“调质230HBS～250HBS”、“表面淬火、回火42HRC～47HRC”等，热处理技术条件一般标注在零件图标题栏上方的技术要求中。

热处理技术条件所标的内容应合理，不需规定具体的热处理工艺，热处理工作者可根据材料成分及技术要求等，结合实际情况和操作水平等因素决定。

（二）热处理的工艺位置

根据热处理的目的和工艺位置的不同，热处理可分为预先热处理和最终热处理两大类。

其工艺位置安排为：锻造→退火（正火）→粗加工→调质处理→半精加工→淬火、回火→精加工→检验。

1. 预先热处理

预先热处理包括退火、正火和调质等。退火、正火工艺位置一般安排在毛坯生产之后，切削加工之前。

调质处理的工艺位置一般安排在粗加工之后，半精加工或精加工之前。

2. 最终热处理

最终热处理包括各种淬火、回火及化学热处理，零件经这类热处理后硬度较高或处理层较浅，除磨削外，一般不再进行其他切削加工，所以其工艺位置一般安排在半精加工之后，磨削之前。

（三）热处理零件的结构工艺性

热处理零件的结构工艺性是指在设计需要进行热处理的零件时，特别是需淬火的零件时，既要考虑保证零件的使用性能要求，又要考虑热处理工艺对零件结构的要求。如果零件结构工艺性不合理，则可能造成淬火变形、开裂等热处理缺陷，从而使零件报废，造成不必要的损失。一般应注意以下几点。

1. 避免尖角与棱角

零件的尖角与棱角是淬火应力集中的地方，容易成为淬火裂纹源，一般尽量将其设计成圆角、倒角，如图 1-29 所示。

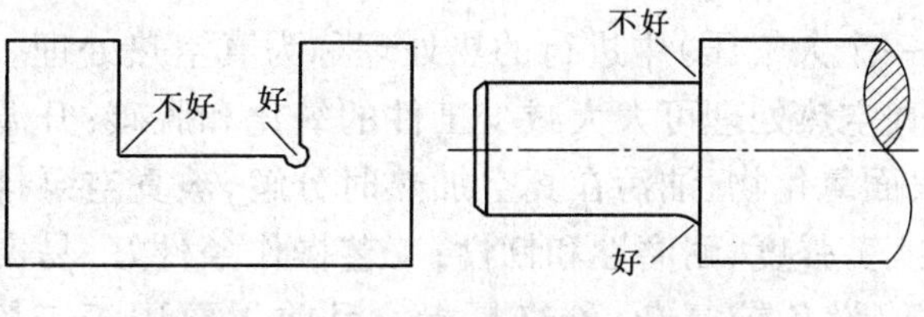

图 1-29　避免尖角与棱角的设计

2. 避免截面厚薄悬殊，合理安排空洞和键槽

截面厚薄悬殊的零件，淬火冷却时，冷却不均匀易造成零件变形和开裂。为避免这种情况出现，一般采用将零件薄处加厚，或开工艺孔、变不通孔为通孔等方法，如图 1-30 和图 1-31所示。

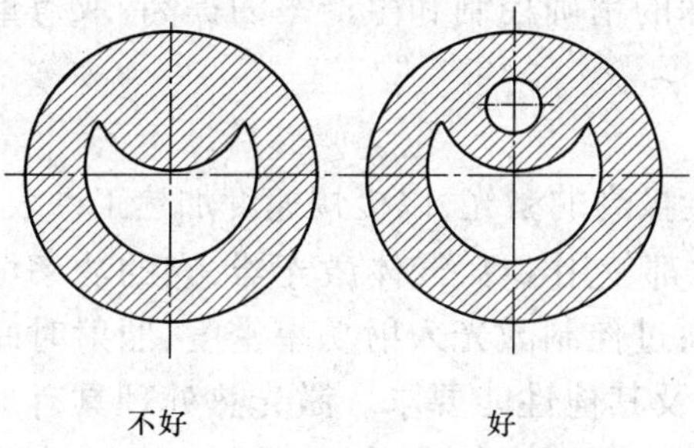

图 1-30　开工艺孔示意

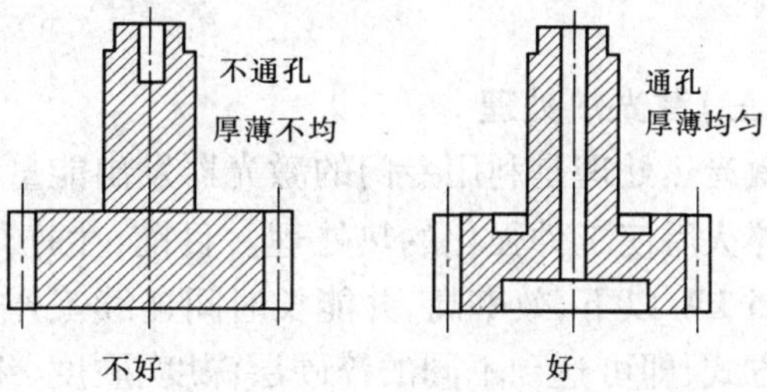

图 1-31　变不通孔为通孔示意

3. 采用封闭、对称结构

由于开口或不对称结构零件淬火时应力分布不均匀，容易引起变形，故应改为封闭或对称结构，如图 1-32 所示。

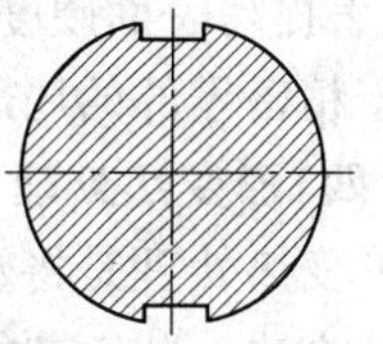

图 1-32　采用封闭、对称结构的设计

4. 采用组合结构

对某些有淬裂倾向而各部分工作条件要求不同的零件或形状复杂的零件，尽可能采用组合结构或镶拼结构，如图 1-33 所示。

五、热处理新技术简介

近年来，随着热处理新工艺、新设备、新技术的不断创新及计算机的应用，热处理生产的机械化、自动化水平不断提高，其产品的质量和性能不断改进。目前，热处理技术一方面是对常规热处理方法进行工艺改进，另一方面是在新能源、新工艺方面的突破，从而达到既节约能源，提高经济效益，减少或防止环境污染，又能获得优异的性能。

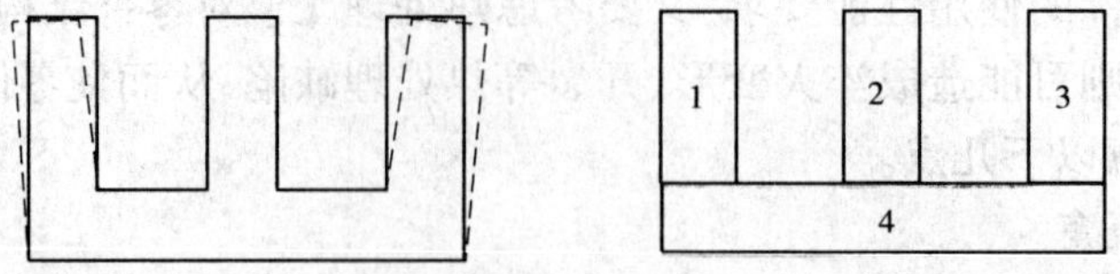

图 1-33　采用组合设计

(一)真空热处理

在真空环境(低于一个大气压)中进行的热处理称为真空热处理。主要有真空淬火、真空退火、真空回火等。真空热处理可大大减少工件的氧化和脱碳;升温速度慢,工件截面温差小,热处理变形小;表面氧化物、油污在真空加热时分解,被真空泵排出,使得工件表面光洁美观,提高了工件的疲劳强度、耐磨性和韧性;工艺操作条件好,易实现机械化和自动化,节约能源,减少污染。但设备较复杂,价格昂贵。目前主要用于工模具和精密零件的热处理。

(二)可控气氛热处理

可控气氛热处理是指在成分可控的炉气中进行的热处理。其目的是防止工件加热时产生氧化、脱碳等现象,提高工件表面质量;有效地进行渗碳、碳氮共渗等化学热处理;对脱碳的工件施行复碳等。通过建立气体渗碳数学模型和计算机碳势优化控制及碳势动态控制,在气体渗碳中实现渗层浓度分布的优化控制、层深的精确控制和生产率的提高,取得重大效益。

(三)激光热处理

激光热处理是利用专门的激光器发出能量密度极高的激光,以极快速度加热工件表面,自冷淬火后使工件强化的热处理。目前,生产中大都使用 CO_2 气体激光器,它的功率可达 10 ~ 15 kW 以下,效率高,并能长时间连续工作。通过控制激光入射功率密度、照射时间及照射方式,即可达到不同的淬硬层深度、硬度、组织及其他性能要求。激光热处理具有加热速度快,加热到相变温度以上仅需要百分之几秒;淬火不用冷却介质,而是靠工件自身的热传导自冷淬火;光斑小,能量集中,可控性好,可对复杂的零件进行选择加热淬火;能细化晶粒,显著提高表面硬度和耐磨性;淬火后,几乎无变形且表面质量好等优点。激光热处理主要用于精密零件的局部表面淬火,也可对微孔、沟槽、盲孔等部位进行淬火。

(四)形变热处理

形变热处理是将塑性变形和热处理有机结合起来,获得形变强化和相变强化综合效果的工艺方法。此工艺能获得单一强化方法所不能得到的优异性能(强韧性),此外还能简化工艺,节约能源、设备,减少工件氧化和脱碳,提高经济效益和产品质量。形变热处理的方式很多,有低温形变热处理、高温形变热处理、等温形变热处理、形变化学热处理等。以低温形变热处理为例,将工件加热至奥氏体状态,保温一定时间后,迅速冷至 A_{r1} 至 M_s 点之间的某一温度进行形变,然后立即淬火、回火。与普通热处理相比,形变热处理可以显著提高钢的强度和疲劳强度,提高钢的抗磨损和抗回火的能力。它主要用于强度要求极高的工件,如高速钢刀具、模具、轴承、飞机起落架及重要弹簧等。

(五)计算机在热处理中的应用

计算机首先用于热处理工艺基本参数(如炉温、时间和真空度等)及设备动作的程序控制,而后扩展到整条生产线(如包括渗碳、淬火、清洗及回火的整条生产线)的控制,进而发展到计算机辅助热处理工艺最优化设计和在线控制,以及建立热处理数据库,为热处理计算机辅助设计及性能预测提供重要支持。

第四节 常用金属材料

机械制造业中所用的工程材料分为金属材料和非金属材料,其中金属材料是应用最广泛的,金属材料通常又分黑色金属和有色金属两种,而黑色金属材料按化学成分又划分为碳素钢和合金钢两大类。其中,碳素钢冶炼方便,价格低廉,且具有优良的锻造性、焊接性和切削加工性能,能满足许多场合机械加工用钢的要求,故在工业中应用非常广泛。

一、碳素钢

碳素钢实际上就是含碳量为0.02%~2.11%的铁碳合金,又称碳钢和非合金钢。碳素钢的性能与含碳量有关,含碳量越多的碳素钢强度、硬度越大,含碳量越低的碳素钢韧性越好。

(一)碳素钢的分类

生产上,常根据含碳量进行分类,一般把含碳量低于0.25%的叫低碳钢,含碳量为0.25%~0.6%的叫中碳钢,含碳量在0.6%以上的叫高碳钢。低碳钢和中碳钢用来制造机器零件、管子等,高碳钢用来制造刀具、量具和冲压模具等。

按钢的冶金质量和钢中有害杂质元素硫、磷的含量多少,碳素钢又可分为普通质量碳钢、优质碳钢和高级优质碳钢。

按用途又可分为碳素结构钢和碳素工具钢,其中碳素结构钢又分为普通碳素结构钢和优质碳素结构钢。

碳素钢在冶炼过程中不可避免地会残存一些杂质元素,如硅、锰、硫、磷等,其中有些杂质元素是有益的,如硅和锰等,也有一些是有害的,如硫和磷等。

(二)碳素钢的牌号和用途

由于碳素钢种类很多,为了便于生产、选用和管理,不致造成混乱,需要对各种碳素钢进行合理的命名和编号。

1. 碳素结构钢

根据国家标准规定,碳素结构钢的牌号由字母Q+屈服点数值+质量等级符号+脱氧方法符号四部分组成,其含义如下:

(1)字母Q是“屈”字的汉语拼音字首,表示钢的屈服强度。

(2)屈服点强度数值,用阿拉伯数字表示,单位为MPa。

(3)质量等级符号分A、B、C、D四级;从A到D质量依次提高,它反映了碳素钢结构中有害杂质(S、P)质量分数的多少。C、D级硫、磷质量分数最低,质量比较好,可做重要的焊接构件。

(4)脱氧方法符号:其中F代表沸腾钢、b代表半镇静钢、Z代表镇静钢、TZ代表特殊镇静钢,若为Z和TZ,则可以省略不标。

例如,牌号Q235AF,表示屈服强度为235 MPa的A级沸腾钢。

碳素结构钢的硫、磷含量较多，但由于冶炼容易，工艺性好，价格便宜，在力学性能上一般能满足普通机械零件及工程结构件的要求，因此用量很大，一般占钢材总量的70% ~ 80%。碳素结构钢广泛地应用于工程建筑、车辆、船舶，以及一般的桥梁、容器等金属结构。碳素结构钢属于工程结构钢，由于价格低廉，所以也常用于制造要求不高的机器零件，如螺钉、螺栓、螺母、垫圈及手柄、小轴等。

目前，机械制造中常用的碳素结构钢的牌号有Q195、Q215、Q235、Q255和Q275。

2. 优质碳素结构钢

优质碳素结构钢的牌号用两位数字表示，其中数字表示平均碳质量分数的万倍，如45钢表示碳含量 $\omega_C = 0.45\%$ 的优质碳素结构钢，08表示碳含量 $\omega_C = 0.08\%$ 的优质碳素结构钢。

优质碳素结构钢根据含锰量的不同，将含锰量为0.25% ~0.80%的优质碳素结构钢称为普通锰钢，将含锰量为0.70% ~1.20%的优质碳素结构钢称为较高含锰钢，较高含锰钢牌号数字后面加"Mn"，如45Mn。

优质碳素结构钢S、P的含量较低，非金属夹杂物的含量也较少，因此力学性能比碳素结构钢优良，被广泛用于制造机械产品中较重要的结构钢零件。为了充分发挥其性能潜力，一般都是在热处理后使用。

目前，机械制造中常用的碳素结构钢的牌号有10、20、40、45、55、60、65等，其中牌号为30、35、40、45、50的钢属于调质钢，经热处理（淬火+高温回火）后具有良好的综合机械性能，即具有较高的强度和较高的塑性、韧性，用于制作轴类零件。这类钢在机械制造中应用较广，尤以45钢应用最广。

3. 碳素工具钢

碳素工具钢的牌号用"碳"字汉语拼音字首"T"+数字表示，数字表示平均含碳量的千分数，若为高级优质碳素工具钢，则在其牌号后加符号"A"字。锰含量较高的碳素工具钢，则在数字后加"Mn"，如T12A表示平均含碳量为1.2%的高级优质碳素工具钢。

碳素工具钢主要用于制造刀具、量具和模具，它具有较高的硬度和耐磨性，其平均含碳量为0.7% ~1.3%，属于高碳钢。这类钢的质量较高，要求S、P等杂质的含量特别低，是经过精炼的优质钢。所有碳素工具钢都要经过热处理后，才能进一步提高硬度和耐磨性。

碳素工具钢在机械加工前一般进行球化退火，同时作为刃具钢，还要经过最终热处理，最终热处理常为淬火+低温回火，其硬度可达60HRC ~65HRC，耐磨性和加工性都较好，价格又便宜，在生产中得到广泛应用。

碳素工具钢的缺点是硬性差，当刃部温度高于250 ℃时，其硬度和耐磨性会显著降低，此外钢的淬透性也低，且容易产生淬火变形和开裂。

4. 铸造碳钢

铸造碳钢简称铸钢，牌号由"ZG"+两组数字组成，其中"ZG"是"铸钢"两字的汉语拼音字首，两组数字中前一组数字表示铸件屈服强度的最低值，后一组数字表示抗拉强度的最低值，例如，ZG200 -400表示屈服强度≥200 MPa，抗拉强度≥400 MPa的铸钢。

铸钢主要用于受冲击负荷作用的形状复杂件，如轧钢机机架，重载大型齿轮、飞轮等。这是因为，对于许多形状复杂的工件，很难用锻压等方法成形，用铸铁又难以满足性能要求，这时就需选用铸钢件，铸钢中碳含量 $\omega_C = 0.15\% \sim 0.6\%$，若碳的质量分数过高，则塑性差，易产生裂纹。

目前,常用铸钢的牌号有 ZG230－500、ZG270－500 和 ZG310－570。上述几种铸钢中,ZG270－500 是生产中最常用的材料,多用于大箱体的制造。为了削除铸造内应力,铸完后要进行清沙和热处理,同时为了防止生锈,还要涂上防锈漆。

二、合金钢

随着现代工业和科学技术的不断发展,对设备零件的强度、硬度、韧性、塑性、耐磨性及物理、化学性能的要求也愈来愈高,碳钢已不能完全满足需要。

尽管碳钢冶炼、加工简单,价格低廉,并且通过改变碳的含量和采用相应的热处理,能改善其性能从而满足很多生产上的要求,但现代工业和科学技术的发展对钢的要求越来越高,而碳钢在许多方面不能满足使用要求等。

合金钢正是为了弥补碳钢的缺点发展起来的。所谓合金钢,就是为了得到或改善某些性能,在碳钢的基础上,有意识地加入一种或多种合金元素所制成的钢。常加入的元素有锰(Mn)、硅(Si)、铬(Cr)、镍(Ni)等。根据添加元素的不同,并采取适当的加工工艺,可获得高强度、高韧性、耐磨、耐腐蚀、耐低温、耐高温、无磁性等特殊性能。目前,世界上的合金钢已有数千种。

(一)合金钢的分类

合金钢种类繁多,分类方法也较多,常用的有两种:一是按合金钢中合金元素总含量分,分为低合金钢(合金元素总含量 $\omega_{Me}<5\%$)、中合金钢(合金元素总含量 $\omega_{Me}=5\%\sim10\%$)和高合金钢(合金元素总含量 $\omega_{Me}>10\%$);二是按合金钢的用途分,分为合金结构钢、合金工具钢和特殊性能钢,合金结构钢又分为建筑工程用合金结构钢和机械制造用合金结构钢两类。

合金钢性能优点虽多,但也存在不足之处,如钢中加入合金元素往往使其冶炼、铸造、锻造、焊接及热处理等工艺比碳钢复杂,成本也较高。因此,当碳钢能满足要求时,应尽量选用碳钢,以符合节约原则。

(二)合金钢的牌号和用途

1. 合金结构钢的牌号和用途

1)建筑工程用合金结构钢的牌号和用途

建筑工程用合金结构钢的牌号表示方法与碳素结构钢相同,用字母 Q＋数字＋质量等级符号(A、B、C、D,从 A 到 D 质量依次提高)表示。例如,Q390A 表示屈服强度≥390 MPa、质量等级为 A 的低合金高强度结构钢。

建筑工程用合金结构钢是结合我国资源条件发展起来的钢种,它是低碳结构钢,合金元素总含量 $\omega_{Me}<3\%$。与碳素结构钢相比具有较高强度,足够的塑性、韧性,良好的焊接工艺性能和较好的耐腐蚀性。钢中加入的主要元素有锰、硅、铬、镍、钒、铌等。

建筑工程用合金结构钢大多数是在热轧、正火状态下使用,以便获得良好的力学性能。常用建筑工程用合金结构钢牌号有 Q295、Q345、Q390、Q420 和 Q460 等。

2)机器制造用合金结构钢的牌号和用途

机器制造用合金结构钢常用的有合金渗碳钢、合金调质钢、合金弹簧钢和滚动轴承钢。

A. 合金渗碳钢的牌号和用途

合金结构钢的牌号用两位数字+元素符号+数字表示。前面两位数字表示钢中碳含量的万分数，其后的元素符号表示钢中所含的合金元素的百倍，最后的数字表示该合金元素含量的百分数，若 $\omega_{Me}<1.5\%$，其后不标出数字；若 $1.5\%\leqslant\omega_{Me}<2.5\%$，其后标注 2；若 $2.5\%\leqslant\omega_{Me}<3.5\%$，其后标注 3……。如果硫、磷含量少，钢的质量高，则属于高级优质钢，则在牌号的末尾加 A。

例如，$18Cr_2Ni_4WA$ 表示 $\omega_C=0.18\%$、$1.5\%\leqslant\omega_{Cr}<2.5\%$、$3.5\%\leqslant\omega_{Ni}<4.5\%$、$\omega_{WA}<1.5\%$ 的合金渗碳钢。

合金渗碳钢含碳量一般很低，通常为 0.1% ~0.25%，经渗碳、淬火和低温回火后，表面具有高硬度、高耐磨性而心部具有足够的塑性和韧性。钢中加入的主要元素有铬、镍、锰、硼、钛、钒等。

合金渗碳钢主要用于制造受冲击载荷和在强烈摩擦和磨损条件下工作的零件，如汽车、拖拉机的变速齿轮，内燃机上的凸轮轴、活塞销等。

常用的合金渗碳钢有 20Cr、20MnV、20CrMnTi、$18Cr_2Ni_4WA$ 等。

B. 合金调质钢的牌号和用途

合金调质钢的牌号和合金渗碳钢的牌号含义相似，也是用两位数字+元素符号+数字表示。为首的两位数字表示碳含量的万分数，其后的元素符号表示钢中所含的合金元素的百倍，最后的数字表示该合金元素含量的百分数，若 $\omega_{Me}<1.5\%$，其后不标出数字；若 $1.5\%\leqslant\omega_{Me}<2.5\%$，其后标注 2；若 $2.5\%\leqslant\omega_{Me}<3.5\%$，其后标注 3……。如果硫、磷含量少，钢的质量高，则属于高级优质钢，则在牌号的末尾加 A。

例如，40Cr 表示 $\omega_C=0.4\%$，$\omega_{Cr}<1.5\%$ 的合金调质钢。

合金调质钢指调质处理后使用的合金结构钢，也就是在中碳钢的基础上加入合金元素经调质处理后获得良好的综合机械性能的钢。

调质钢的含碳量一般为 0.25% ~0.5%，含碳量太低，调质处理后强度不足；含碳量过高，则塑性和韧性较差，所以调质钢都是典型的中碳钢。钢中加入的主要元素有铬、镍、锰、硼、硅、钒、钛等。

调质钢广泛用于制造各种负荷较大的、受冲击的重要机器零件，如齿轮、轴类件、连杆、高强度螺栓等。

常用的合金调质钢有 40Cr、35CrMo、38CrMoAl、40CrNiMo 和 40CrMnMo 等。

C. 合金弹簧钢的牌号和用途

合金弹簧钢的牌号和上述两种合金钢的牌号含义相似，也是用两位数字+元素符号+数字表示。为首的两位数字表示碳含量的万分数，其后的元素符号表示钢中所含的合金元素的百倍，最后的数字表示该合金元素含量的百分数，若 $\omega_{Me}<1.5\%$，其后不标数字；若 $1.5\%\leqslant\omega_{Me}<2.5\%$，其后标注 2；若 $2.5\%\leqslant\omega_{Me}<3.5\%$，其后标注 3……。如果硫、磷含量少，钢的质量高，则属于高级优质钢，则在牌号的末尾加 A。

例如，60Si2Mn 表示 $\omega_C=0.6\%$，$1.5\%\leqslant\omega_{Si}<2.5\%$，$\omega_{Mn}<1.5\%$ 的合金弹簧钢。

合金弹簧钢含碳量一般为 0.45% ~0.7%，钢中加入的主要元素有硅、锰等。根据弹簧尺寸的不同，弹簧的成型与热处理方法也有不同。

(1)热成型弹簧。大型弹簧也就是弹簧直径或弹簧钢板厚度大于 8 ~ 10 mm 的螺旋弹簧或板弹簧，要经热成型后进行淬火和中温回火以提高弹性极限与屈服强度，如解放汽车板弹簧、火车缓冲弹簧等。

(2)冷成型弹簧。小型弹簧,即钢丝直径小于8~10 mm的弹簧,经冷拔弹簧钢丝冷卷成型,成型后不再淬火,只在200~300 ℃进行一次去应力退火,以消除在冷拉、冷卷过程中产生的内应力,稳定尺寸。

合金弹簧钢主要用于制造各种重要的弹性元件,特别是制造各种机器、仪表中的弹簧。它主要是利用弹性变形来储存弹性能的零件,可以缓和震动和冲击。这类零件要求弹簧钢应具有高的弹性极限和屈强比、较高的疲劳强度、足够的塑性和韧性。

常用的合金弹簧钢有50CrVA、60Si2Mn和60Si2CrVA等。

D. 滚动轴承钢的牌号和用途

滚动轴承钢的牌号用G+Cr+数字表示,式中"G"是"滚"的汉语拼音字首,铬后面的数字表示平均含铬量的千分数,其碳的质量分数不标出。

例如,GCr15表示$\omega_{Cr}=1.5\%$的轴承钢,若还含其他元素,表示方法和合金结构钢相同。例如,GCr15SiMn表示$\omega_{Cr}=1.5\%$、$\omega_{Si}<1.5\%$、$\omega_{Mn}<1.5\%$的轴承钢。滚动轴承钢都是高级优质钢,但其牌号后面不加A。

滚动轴承钢的$\omega_C=0.95\%\sim1.15\%$,属高碳钢,含碳量高是保证淬火后有高硬度、高耐磨性必不可少的条件。钢中加入的合金元素主要有铬、硅、锰、钼、钒等,以提高钢的淬透性、耐磨性和接触疲劳强度。

滚动轴承钢主要用来制造各种滚动轴承的元件,如滚珠、滚柱和内外套圈等。滚动轴承是在高速转动和强烈摩擦的情况下工作的,同时承受很大的局部交变应力,要求轴承钢具有很高的强度、硬度、耐磨性,以及很高的接触疲劳强度、一定的韧性和耐润滑剂腐蚀的能力。滚动轴承钢现已不限于用做滚动轴承,在量具、模具、刀具等方面也有广泛应用。

常用的滚动轴承钢有GCr9、GCr15和GCr15-SiMn等。

2. 合金工具钢的牌号和用途

合金工具钢的牌号表示方法与合金结构钢类似,差别在于若钢中的$\omega_C<1\%$,牌号前的数字表示平均含碳量的千分数;若钢中的$\omega_C\geq1\%$,牌号前不标出含碳量。

例如,Cr12MoV表示$\omega_C\geq1\%$,$\omega_{Cr}=12\%$,ω_{Mo}和ω_V均小于1.5%的合金工具钢;又如,9SiCr表示$\omega_C=0.9\%$、ω_{Si}、ω_{Cr}均小于1.5%的合金工具钢。

而合金工具钢中的高速工具钢例外,无论其碳的质量分数是多少均不标出。因合金工具钢和高速工具钢都是高级优质钢,其牌号后面不必再加A。

合金工具钢比碳素工具钢具有更高的硬度和耐磨性,特别是具有更好的淬透性、热硬性和回火稳定性等,因而可以制做形状复杂、性能要求高的刃具、模具、量具和其他工具。

合金工具钢按用途分为合金刃具钢、合金模具钢、合金量具钢。

1)合金刃具钢

合金刃具钢用于制造各种刀具,主要指车刀、铣刀、钻头、丝锥、扳手等切削刀具的钢种。刀具的工作任务就是将钢材或坯料通过切削加工成为工件。在切削时,刀具受到工件的压力,刃部与切屑之间产生摩擦热与磨损,切削速度愈大,温度愈高,有时可达500~600 ℃,此外,还承受一定的冲击和震动。因此,要求刃具钢具有高硬度、高耐磨性和高的热硬性。

热硬性指刃部受热升温时仍能维持高硬度的一种特性,又称红硬性。

合金刃具钢又分为低合金工具钢和高速钢两种。

A. 低合金工具钢

低合金工具钢是在碳素工具钢的基础上，加入合金元素铬、锰、硅、钨等，以提高钢的淬透性和回火稳定性，以及钢的强度和耐磨性，使其在 230 ~ 260 ℃ 回火后硬度仍保持在 60HRC 以上，从而保证一定的热硬性。

常用低合金工具钢的牌号有 Cr06、Cr2、9SiCr、8MnSi 和 9Cr2 等。

B. 高速钢

高速钢又称锋钢，是一种高碳合金工具钢。用高速钢制的刀具，可以进行高速切削，其主要特性是具有良好的热硬性。当切削温度高达 600 ℃ 左右时硬度仍无明显下降，因此而得名高速钢，钢中加入的合金元素主要有钨、钼、钒等。

高速钢分钨系、钨钼系和超硬系三种。常用的高速钢牌号有 W18Cr4V、CW6Mo5Cr4V2、W6Mo5Cr4V2、CW6Mo5Cr4V3、W18Cr4V2Co8 和 W6Mo5Cr4V2Al 等。

2）合金模具钢

根据工作条件的不同，合金模具钢又可分为冷作模具钢和热作模具钢两种。

A. 冷作模具钢

冷作模具钢用于制造在室温下使金属变形的模具，如冷冲模、冷镦模、拉丝模等，属于接近室温状态下对金属进行变形加工的一种模具。要求有高的硬度和良好的耐磨性，以及足够的强度和韧性，热处理变形要小，钢中加入的合金元素主要有钨、锰、铬、钼、钒等。

常用冷作模具钢牌号有 CrWMn、9CrWMn、9Mn2、V9SiCr 和 9Cr2 等。

B. 热作模具钢

热作模具钢常用来制作加热的固态金属或液态金属在压力下成型的模具，前者称为热锻模具钢，后者称为压铸模具钢。

由于模具要承受很大的载荷，要求强度高，模具在工作时往往还承受很大冲击，所以要求韧性好，即要求综合力学性能好，同时也要求有良好的淬透性和抗热疲劳性，钢中加入的合金元素主要有锰、铬、钨、钼、钒等。

热作模具钢常用的牌号有 5CrMnMo、5CrNiMo、3Cr2W8V、4CrMnSiMoV 和 4Cr5MoSiV 等。

3）合金量具钢

合金量具钢用于制造各种测量工具，如卡尺、千分尺、量规、块规、测量工件尺寸的工具用钢。

量具在使用过程中与工件接触，受到磨损与碰撞，因此要求工作部分应有高的硬度（58HRC ~ 64HRC）、耐磨性、尺寸稳定性和足够的韧性。

为了保证量具的精确度，制造量具的钢应具有良好的尺寸稳定性、较高的硬度及耐磨性，钢中加入的合金元素主要有锰、钨、铬、钒等。

3. 特殊性能钢牌号和用途

特殊性能钢是指具有特殊的物理和化学性能的钢，简称特殊钢。特殊性能钢种类较多，但常用的有不锈钢、耐热钢和耐磨钢三种。

1）不锈钢的牌号和用途

不锈钢牌号前面的数字表示碳质量分数的千倍，例如 3Cr13 表示 $\omega_C = 0.3\%$、$\omega_{Cr} = 13\%$ 的不锈钢。当 $\omega_C \leqslant 0.03\%$ 或 $\omega_C \leqslant 0.08\%$ 时，其牌号前的数字分别用“00”或“0”代替。例

如，00Cr17Ni14Mo2 表示平均 $\omega_C \leq 0.03\%$、$\omega_{Cr}=17\%$、$\omega_{Ni}=14\%$、$\omega_{Mo}=2\%$ 的不锈钢。

不锈钢是指在大气和一般介质中具有高耐蚀性能的钢。在生产实践和科学试验中，发现加 Cr 大于 12% 时，就会使钢表面形成致密的氧化膜（Cr_2O_3），防止继续氧化。铬含量越高，钢的耐蚀性越好。

钢中含碳量越多，铬和碳形成的碳化物越多，减少了固溶体中的含铬量，结果降低了钢的耐蚀性。因此，一般不锈钢中的含碳量较低，只有要求高硬度和耐磨性的不锈钢才能适当地提高含碳量，钢中加入的合金元素主要有锰、铬、铌、硅等。

不锈钢按组织状态分为铁素体不锈钢、马氏体不锈钢和奥氏体不锈钢。

2）耐热钢的牌号和用途

耐热钢牌号与不锈钢牌号相似，前面的数字表示碳质量分数的千倍，例如 1Cr13 表示 $\omega_C=0.1\%$、$\omega_{Cr}=13\%$ 的耐热钢。当 $\omega_C \leq 0.03\%$ 或 $\omega_C \leq 0.08\%$ 时，其牌号前的数字分别用“00”或“0”代替，如 0Cr19Ni9。

耐热钢是抗氧化钢和热强钢的总称。金属材料的耐热性包含高温抗氧化性和高温强度两方面性能，钢中加入的合金元素主要有铬、钼、锰、铌、钛、钨、铝、硼等。

A. 抗氧化钢

在高温下有较好的抗氧化性又有一定强度的钢称为抗氧化钢，又称不起皮钢。

B. 热强钢

高温下有一定抗氧化能力和较高强度及良好组织稳定性的钢称为热强钢。

耐热钢主要用在高压锅炉、汽轮机、内燃机、热处理炉等设备上。

耐热钢常用的牌号有 15CrMo、12CrMoV、1Cr13、1Cr11MoV、1Cr13Mo、1Cr12WMoV、4Cr9Si2、0Cr18Ni11Ti 和 0Cr19Ni9 等。

3）耐磨钢的牌号和用途

耐磨钢通常是指在冲击和磨损条件下使用的高锰钢，它的牌号是用符号 ZG + 元素符号 Mn + 两组数字表示，ZG 是“铸钢”二字汉语拼音字首，Mn 后第一组数字表示所加入锰元素含量的百分数，第二组数字 1、2、3、4 表示顺序号，如 1 表示 1 号铸造高锰钢，4 表示 4 号铸造高锰钢等。例如，ZGMn13－1 表示锰元素含量 $\omega_{Mn}=13\%$、1 号铸造的高锰耐磨钢。

高锰耐磨钢是指在巨大压力作用下和强烈冲击下才发生硬化的钢，主要用于制造受强烈冲击和巨大压力，并要求耐磨的零件，而在一般机器工作条件下高锰钢并不耐磨。钢中加入的合金元素主要有锰、硅等。

高锰钢常用来制造破碎机齿板、大型球磨机衬板、挖掘机铲齿、坦克和拖拉机履带、破碎机鄂板及铁轨道岔等。又由于它在受力变形时吸收大量能量，不易被击穿，因此可制造防弹装甲车板、保险箱等。

高锰耐磨钢常用的牌号有 ZGMn13－1、ZGMn13－2、ZGMn13－3 和 ZGMn13－4。

三、铸铁

铸铁是含碳量为 2.1%～6.69% 的铁碳合金，铸铁具有优良的铸造性能、减震性、耐磨性。铸铁生产工艺简单、成本低，应用广泛。特别是球墨铸铁和合金铸铁的应用，提高了铸铁的机械性能，形成了以铁代钢的趋势。目前在汽车生产上，50%～70% 的金属材料为铸铁，如气缸体、气缸盖、活塞环、变速箱外壳、后桥壳等。

铸铁含有较多的硅、锰等元素，使碳在铸铁中大多数以石墨形式存在。根据铸铁中石墨的形态，铸铁可分为灰口铸铁（石墨以片状的形式存在）、球墨铸铁（石墨以球状的形式存在）、可锻铸铁（石墨以团絮状的形式存在）、蠕墨铸铁（石墨以蠕虫状的形式存在）。

（一）灰口铸铁

灰口铸铁用符号 HT + 数字表示，HT 是“灰铁”二字的汉语拼音字首，后面数字表示最小抗拉强度值。例如，HT200 是最小抗拉强度为 200 MPa 的灰口铸铁。

灰口铸铁中的碳大部或全部以自由状态片状石墨存在，断口呈灰色。它具有良好的铸造性能，切削加工性好，减磨性、耐磨性好，加上它熔化配料简单、成本低，被广泛用于制造结构复杂铸件和耐磨件。

灰口铸铁按基体组织不同，分为铁素体基灰口铸铁、珠光体－铁素体基灰口铸铁和珠光体基灰口铸铁三类。

由于灰口铸铁内存在片状石墨，而石墨是一种密度小、强度低、硬度低、塑性和韧性趋于零的组分。它的存在如同在钢的基体上存在大量小缺口，既减少承载面积，又增加裂纹源，所以灰口铸铁强度低、韧性差，不能进行压力加工。为改善其性能，浇注前在铁水中加入一定量的硅铁、硅钙等孕育剂，使珠光体基体细化，石墨变细小而均匀分布，经过这种孕育处理的铸铁，称为孕育铸铁。

常用灰口铸铁的牌号有 HT150、HT200、HT250 和 HT300 等。

（二）球墨铸铁

球墨铸铁的牌号由符号 QT + 两组数字组成，其中 QT 是“球铁”二字汉语拼音的字首，第一组数字代表最低抗拉强度值，第二组数字代表最低伸长率。例如，QT500－07 表示最小抗拉强度为 500 MPa、最低伸长率为 7% 的球墨铸铁。

在球墨生铁冶炼时，通常要加一定量的球化剂，常用的球化剂有硅铁、镁等，目的是使铸铁中的石墨球化。由于碳（石墨）以球状存在于铸铁基体中，改善了其对基体的割裂作用，使球墨铸铁的抗拉强度、屈服强度、塑性、冲击韧性大大提高，并具有耐磨、减震、工艺性能好、成本低等优点，现已广泛替代可锻铸铁及部分铸钢、锻钢件，如曲轴、连杆、轧辊、汽车后桥等零件常用球墨铸铁制造。

常用球墨铸铁的牌号有 QT400－15、QT500－07、QT500－03 和 QT700－02 等。

（三）可锻铸铁

可锻铸铁又称马铁，它具有一定的塑性和韧性，但它是不能锻造的。可锻铸铁按热处理后显微组织的不同分为两类：一类是黑心可锻铸铁（铁素体可锻铸铁），另一类是珠光体可锻铸铁。

可锻铸铁的牌号由符号 KTH 或 KTZ + 两组数字表示，其中 KT 是“可、铁”二字的汉语拼音字首，H 和 Z 分别是“黑”和“珠”的汉语拼音的字首，牌号后边第一组数字表示最小抗拉强度值，第二组数字表示最小伸长率。例如，KTH300－06 表示最小抗拉强度值为 300 MPa、最低伸长率为 6% 的黑心可锻铸铁。

可锻铸铁是用碳、硅含量较低的铁碳合金铸成白口铸铁坯件，再经过长时间高温退火处理，使渗碳体分解出团絮状石墨。

常用可锻铸铁的牌号有 KTH300－06、KTH350－10、KTZ450－06 和 KTZ550－04 等。

（四）蠕墨铸铁

蠕墨铸铁的牌号由 RuT + 一组数字表示，其中 RuT 表示“蠕铁”二字汉语拼音的字首，后面三位数字表示其最小抗拉强度值。例如，RuT－300 表示最小抗拉强度值为 300 MPa 的蠕墨铸铁。

蠕墨铸铁是 20 世纪 70 年代发展起来的一种新型铸铁，因其石墨很象蠕虫而命名。蠕墨铸铁的力学性能介于相同基体组织的灰口铸铁和球墨铸铁之间，同时兼有球墨铸铁和灰口铸铁的性能，因此它具有独特的用途，在钢锭模、汽车发动机、排气管、玻璃模具、柴油机缸盖、制动零件等方面的应用均取得了良好的效果。特别是我国第二汽车厂蠕墨铸铁排气管流水线的投产，标志着我国蠕墨铸铁生产已达到高水平。

常用蠕墨铸铁的牌号有 RuT260、RuT300、RuT340、RuT380 和 RuT420 等。

我国在蠕墨铸铁形成机制研究方面处于领先地位。另外，在蠕墨铸铁的处理工艺、铁液熔炼及炉前质量控制、蠕墨铸铁常温和高温性能方面均进行了广泛、深入的研究。特别要指出的是，在我国冲天炉条件下，不少工厂能稳定地生产蠕墨铸铁，取得了显著的经济效益。可以预期，蠕墨铸铁具有良好的综合性能、力学性能较高，在高温下有较高的强度，氧化生长较小、组织致密、热导率高及断面敏感性小等特点，取代一部分高牌号灰口铸铁、球墨铸铁和可锻铸铁，将取得良好的技术经济效果。

四、有色金属

金属通常分为两大类，一类是黑色金属，另一类是有色金属。但习惯上，人们常常把钢铁通称为黑色金属，除钢铁以外的，如铝、铜、镁、锌等金属及合金称为有色金属。与黑色金属相比，有色金属的产量和使用量都很低，价格也昂贵。但由于它们与黑色金属相比具有某些独特的性能，因而成为现代工艺技术中不可缺少的重要材料。

有色金属具有许多优良的性能，如密度小、耐热、耐腐蚀，以及良好的导电性和导热性。同时，许多有色金属又是制造各种优质合金钢和耐热钢所必需的合金元素，因此有色金属在金属材料中占有重要的地位，是现代航天、航空、原子能、计算机、电子、汽车、船舶、石油化工等工业必不可少的材料。例如，铝、镁、钛等金属及其合金，在运载火箭、卫星、飞机、汽车、船舶上获得广泛应用，是制造其中许多结构件和零、部件的主要材料；再如，银、铜、铝等有色金属，导电性和导热性优良，是电力、电器工业和仪表工业不可缺少的材料；又如，铜和钛具有良好的抗蚀性，是石油化工和航海工业所必需的优良耐蚀材料。

目前，工程上应用广泛的有色金属有铝、镁、铜、钛及其合金和轴承合金等。

（一）铝及铝合金

铝及其合金是航空工业中的主要结构材料，是有色金属中应用最广泛的材料之一。

1. 工业纯铝

工业纯铝是指铝元素含量 ω_{Al} 不低于 99% 的纯材，钝铝是面心立方晶格，无同素异构转变。纯铝的特点是密度小，仅为铁或铜密度的 1/3 左右。纯铝的导电、导热性能好，仅次于银和铜。铝的化学性质很活泼，在空气中铝表面能与氧结合而形成一层致密保护膜，阻止铝进一步被氧化。因此，纯铝在空气和水中有较好的耐蚀性，但纯铝不能耐酸、碱、盐的腐蚀。

工业纯铝分未加压力加工产品（铝锭）和压力加工产品（铝材）两种。国家标准规定，铝锭的牌号有 A199.7、A199.6、A199.5、A199 和 A198 五种，铝材的牌号有 1070A、1060、

1050A、1035、和1200等，牌号中数字越大，表示杂质的含量越高。

工业纯铝一般不能作为结构材料使用，可通过冷或热的压力加工制成线、板、带、管等型材，但强度不高；纯铝也可用来制作散热器等要求不锈、耐蚀而强度要求不高的日用品或配制合金。

2. 铝合金

纯铝的强度很低，不宜做受力的结构零件和结构材料。为提高其强度，通常在纯铝中加入一些合金元素，制成铝合金。常加的元素有硅、铜、镁、锌、锰等。

铝合金虽然强度较高，但仍具有密度小，特别是比强度（即强度极限与密度的比值）很高及导热性和耐蚀性好等特点，并且可用变形或热处理的方法，进一步提高强度。

1）铝合金的热处理

铝合金热处理的主要方法是固溶热处理，固溶热处理是将能热处理强化的铝合金加热至高温单相区，经保温溶解，形成单相固溶体后，迅速水冷至室温的热处理工艺。

经固溶热处理后的铝合金，在室温或加热到一定的温度，其性能随时间发生变化，即强度和硬度显著升高、塑性下降的现象称时效，时效有时又称时效强化或时效硬化。在室温下所进行的时效称为自然时效，在加热的条件下所进行的时效称为人工时效。时效温度过高，合金会出现软化现象，称为过时效处理。

2）铝合金的分类

根据铝合金的成分及工艺特点，通常把铝合金分为变形铝合金和铸造铝合金两种。根据相图上合金元素的最大溶解度 D 点，在 D 点以左的合金，塑性好，宜于进行压力加工，称为变形（形变）铝合金。在 D 点以右的合金，由于有共晶组织存在，流动性好，适于铸造，称为铸造铝合金，如图1-34所示。

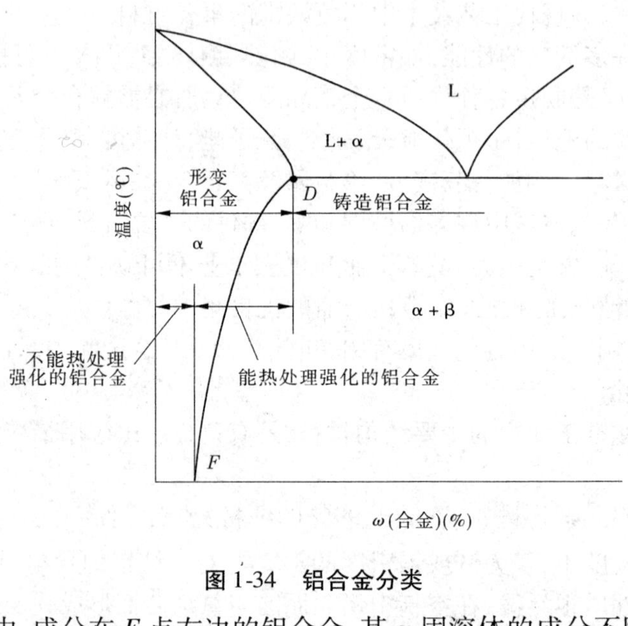

图1-34　铝合金分类

在变形铝合金中，成分在 F 点左边的铝合金，其 α 固溶体的成分不随温度而变化，不能热处理强化，称为不能热处理强化的铝合金；成分在 F 点右边的铝合金，其 α 固溶体成分随温度而变化，能热处理强化，称为能热处理强化的铝合金。

A. 变形铝合金

变形铝合金牌号用2××××~8××××系列表示,牌号第一位数字表示组别,按铜、锰、硅、镁和锌等元素的顺序来确定合金组别;牌号第二位的字母表示原始合金的改型情况,如字母为A表示为原始合金,如字母B~Y表示为原始合金改型合金;牌号最后两位数字无特殊意义,仅用来区分同一组中不同的铝合金。

变形铝合金按照其主要的性能特点分为防锈铝合金、硬铝合金、超硬铝合金及锻铝合金等四种。

(1)防锈铝合金。防锈铝合金中的主要合金元素是镁或锰,其作用是提高抗蚀能力,起固溶强化作用,镁还可降低合金比重。这类合金不能热处理强化,可通过冷变形强化,主要用于制作焊接容器、铆钉、导管或需用深延伸、弯曲等方法制造的低载荷零件等。

防锈铝合金典型牌号有5A05和3A21。

(2)硬铝合金。硬铝合金中的主要合金元素是铜和镁,其主要作用是形成强化相,提高热处理强化效果。这类合金能热处理强化,也能通过冷变形强化,主要用于制作中、高强度的结构件,如大型铆钉、螺旋桨叶片、骨架、梁等。

硬铝合金的不足之处是耐蚀性较差、固溶处理的加热温度范围很窄,在使用或加工时必须予以注意。

硬铝合金典型牌号有2A11和2A12。

(3)超硬铝合金。超硬铝合金的主要合金元素是铜、镁、锌,其主要作用是形成多种复杂的强化相,经固溶处理和人工时效后,可获得很高的强度和硬度,主要用于制作飞机的大梁、桁架、起落架等高强度零件。

超硬铝合金的抗蚀性差,高温下软化快,使用时应注意。

超硬铝合金典型牌号有7A04。

(4)锻铝合金。锻铝合金的主要合金元素是铜、硅、镁,每种元素用量少。这类合金的力学性能与硬铝相近,还具有较好的耐蚀性和良好的热塑性,适于锻造,主要用于制作承受较重载荷的锻件和模锻件,如内燃机活塞、风扇轮等。锻铝合金通常都要进行固溶处理和人工时效。

锻铝合金典型牌号有2A50和2A70。

B. 铸造铝合金

铸造铝合金中有一定数量的共晶组织,故具有良好的铸造性能,但塑性差,常用变质处理和热处理的办法提高力学性能,常加入的元素有硅、铜、镁、锌、钛等。

铸造铝合金按主加元素不同,分为铝-硅(Al-Si)系铸造铝合金、铝-铜(Al-Cu)系铸造铝合金、铝-镁(Al-Mg)系铸造铝合金及铝-锌(Al-Zn)系铸造铝合金四种,其中以铝-硅系应用最广泛。仅含硅元素的铝-硅合金通常又称硅铝明。

铸造铝合金的代号用ZL+三组数字表示,ZL是“铸铝”二字汉语拼音的字首,第一组数表示合金类别(1为铝-硅系,2为铝-铜系,3为铝-镁系,4为铝-锌系),第二、第三组数字为顺序号,顺序号不同,则化学成分不同,例如ZL102表示顺序为2号的铝-硅系铸造铝合金。

(二)铜及铜合金

1. 工业纯铜

铜是人类最早开发利用、在地壳中储量较少的金属元素。纯铜是玫瑰色或红色的金属,表面形成氧化铜膜后,外观呈紫红色,故又称紫铜。

工业纯铜按含杂质的量可分为四种：T1、T2、T3、T4，T 是“铜”的汉语拼音字首，数字为编号，数字愈大则纯度愈低。

纯铜密度在固态时具有面心立方晶格，无同素异构转变，具有许多优良的性能。纯铜的突出优点是导电及导热性好，广泛地应用在电气工业方面，如制作电线、电缆、电刷、散热器、冷却器等。其导电性在各种元素中仅次于银而居第二位，故纯铜的主要用途就是制作电工导体。此外，它还具有较高的抗蚀性和抗磁性。

在力学性能和工艺性能方面，纯铜的特点是具有极好的塑性，可以承受各种形式的冷、热压力加工，可碾压成极薄的板，拉成极细的铜线，压力加工成线材、管材、棒材及板材。铜的抗拉强度较低，不宜作结构材料，铸造性能差，熔化时易吸收一氧化碳和二氧化硫等气体，形成气孔。

2. 铜合金

在纯铜中加入合金元素制成的铜叫铜合金。按照化学成分的不同，铜分为黄铜、青铜和白铜。

1）黄铜

以锌为主加合金元素的铜合金称为黄铜，普通黄铜是铜锌二元合金。按照化学成分的不同，黄铜又分普通黄铜和特殊黄铜。

黄铜的牌号用 H + 数字表示。字母“H”是“黄”字的汉语拼音字首，数字代表铜的百分含量，如 H68 表示 $\omega_{Cu}=68\%$ 的普通黄铜。

黄铜色泽美观，对海水和大气的腐蚀有很好的抗力，常用来制造装饰品、弹壳、散热器、垫片及热压、热轧零件等。

黄铜常用的牌号有 H80、H60 和 H59 等。

为改善黄铜的性能，在普通黄铜中加入其他合金元素，可形成特殊黄铜。加入的合金元素可以改善铜的切削加工性，提高耐蚀性、铸造性能和力学性能等。

特殊黄铜的牌号用 H + 主加合金元素符号 + 铜的百分含量 + 合金元素的百分含量表示，例如 HPb59 – 1 表示平均 $\omega_{Cu}=59\%$、$\omega_{Pb}=1\%$，其余为锌的铅黄铜。

2）白铜

以镍为主加合金元素的铜合金称为白铜，主要用来制作精密机械和仪表中的耐蚀零件、热电偶等，由于价格高，很少用于一般机械零件。

3）青铜

除黄铜和白铜外的其他铜合金是青铜，青铜按化学成分不同可分为锡青铜和无锡青铜。青铜加入的主要元素有锡、铝、铍等。

青铜的牌号用 Q + 主加元素符号及其平均含量的百分数 + 其他元素平均含量的百分数表示，字母 Q 是“青”字汉语拼音字首。例如，QSn4 – 3 表示 $\omega_{Sn}=4\%$、其他元素 $\omega_{Zn}=3\%$、余量为铜的锡青铜。铸造青铜的牌号表示方法是在其牌号前加 ZCU。

青铜主要有锡青铜、铝青铜、铍青铜等。

A. 锡青铜

锡青铜是以锡元素为主加元素的铜合金，我国古代遗留下来的钟、鼎、剑等都是这种合金制成的，至今已有几千年的历史，仍完好无损。

锡青铜的耐腐蚀性比纯铜和黄铜都高，特别是在大气、海水等环境中，耐磨性能也高，常用来制造轴瓦、轴套等耐磨零件。

锡青铜常用的牌号有 QSn4-3、QSn6.5-0.1 和 ZcuSn10P1 等。

B. 铝青铜

铝青铜是以铝为主加元素的铜合金，它不仅价格低廉，而且强度、耐磨性、耐蚀性及耐热性比黄铜和锡青铜都高，还可进行热处理强化。

铝青铜在大气、海水、碳酸及大多数有机酸中具有比黄铜和锡青铜更高的耐蚀性，因此铝青铜是无锡青铜中应用最广的一种，也是锡青铜的重要代用品。其缺点是焊接性较差，常用来制造强度及耐磨性要求较高的摩擦零件，如齿轮、轴套和蜗轮等。

铝青铜常用的牌号有 QA17 等。

C. 铍青铜

铍青铜的含铍量其实很低，但它具有较高的耐蚀性和导电、导热性、无磁性，此外还有良好的工艺性，可进行冷、热加工及铸造成形，通常用来制作弹性元件、钟表、仪表、罗盘仪器中的零件及电焊机中的电极等。

（三）钛及钛合金

钛及其合金具有质量轻、强度高及耐蚀性好的特点。钛及其合金还有很高的耐热性，工作温度可达 400～500 ℃，因而钛及其合金已成为航天、航空、机械工程、化工、冶金工业中不可缺少的材料。但由于钛在高温中异常活泼，熔点高，熔炼、浇注工艺复杂且价格昂贵，成本较高，因此使用受到一定限制。

1. 纯钛

纯钛按其杂质含量不同，分为 TA0、TA1、TA2、TA3 四个牌号。数字增大，杂质含量增加，其中 TA0 为高纯钛，仅在科学研究中应用，其余三种均含有一定量的杂质，又称工业纯钛。

纯钛是灰白色轻金属，焊接性能好、低温韧性好、强度低、塑性好，易于冷压力加工。

2. 钛合金

钛合金按其退火组织可分为 α、β 和 α+β 三大类，分别称为 α 钛合金、β 钛合金和 α+β 钛合金。牌号分别以“钛”字汉语拼音字首 T 后跟 A、B、C 和顺序数字表示。例如，TA4～TA8 表示 α 钛合金，TB1～TB2 表示 β 钛合金，TC1～TC10 表示 α+β 钛合金。

1）α 钛合金

由于 α 钛合金的组织全部为 α 固溶体，该合金组织稳定，抗氧化性和抗蠕变性好，焊接性也很好，因此 α 钛合金具有较高的室温强度、高温强度和优良的抗氧化性及耐蚀性，并具有很好的低温性能，适宜制作使用温度不超过 500 ℃的零件，如导弹的燃料罐、超音速飞机的涡轮机匣等。

α 钛合金常用的牌号有 TA4、TA5、TA6 和 TA7 等。

2）β 钛合金

β 钛合金具有较高的强度、优良的冲压性，但耐热性差，抗氧化性能低。当温度超过 700 ℃时，该合金很容易受到大气中的杂质污染。缺点是生产工艺复杂且性能不太稳定，因而限制了使用。

β 钛合金可进行热处理强化，一般可进行淬火和时效强化。

β 钛合金多用于制造飞机上的结构件和紧固件等。

β 钛合金常用的牌号有 TB1 和 TB2 等。

3)α+β 钛合金

α+β 钛合金室温组织为 α+β,它兼有 α 钛合金和 β 钛合金两者的优点,强度高,塑性好,耐热性高,耐蚀性和冷、热加工性及低温性能都好,并可通过淬火和时效进行强化,是钛合金中应用最广的合金。

α+β 钛合金常用于制造在 400 ℃以下工作的零件,如飞机发动机压气机盘和叶片、压力容器等。

α+β 钛合金常用的牌号有 TC1、TC2、TC3、TC4、TC6 和 TC9 等。

(四)滑动轴承合金

目前的机械制造业中,在相对运动的机械构件中常使用轴承来起减摩作用,轴承分滚动轴承和滑动轴承两类。虽然滚动轴承有很多优点,但滑动轴承具有承压面积大,承载能力强,工作平稳无噪声及检修方便等优点,所以滑动轴承仍占有相当重要的地位。

1. 对轴承合金的性能要求

在滑动轴承中,制造轴瓦及内衬的合金称为轴承合金。通常,滑动轴承与轴直接配合使用,当轴承支撑着轴进行工作时,由于轴的旋转,使轴和轴瓦之间产生强烈的摩擦,因轴价格较贵,且更换困难,为了减少轴承对轴颈的磨损,确保机器的正常运转,对轴承合金应有一定的要求,如:

(1)具有足够的强度和硬度,以承受较高的周期性载荷。

(2)塑性和韧性好,以保证轴承的配合良好,并耐冲击和振动。

(3)与轴之间有良好的磨合能力及较小的摩擦系数,并能保留润滑油,减少磨损。

(4)有良好的导热性和抗蚀性。

(5)有良好的工艺性,容易制造且价格低廉。

根据上述要求,轴承合金既要求有较高的强度,又要求有较好的减摩性,针对这两个对立的性能要求,合金组织应同时存在两类不同的组织组成物。轴承合金组织最好是在软基体上分布着硬质点,这样轴承跑合后,软的基体被磨损而压凹,可以储存润滑油,以便能形成连续的油膜,同时软的基体还能承受冲击和震动,并使轴和轴承能很好的磨合。软的基体还能起嵌藏外来硬质点的作用,以保证轴颈不被擦伤。这类组织承受高负荷能力差。属于这类组织的有锡基和铅基轴承合金,又称为巴氏合金。

反过来采用硬基体上分布软质点的组织形式也可以达到同样的目的。这类组织有较大的承载能力,但磨合能力较差,属于这类组织的有铝基和铜基轴承合金。

2. 轴承合金分类

常用的轴承合金有锡基、铅基、铝基轴承合金和铜基轴承合金。

1)锡基轴承合金(锡基巴氏合金)

锡基轴承合金是以锡为基础,加入锑、铜等其他元素组成的合金。锡基轴承合金牌号以 Z(即"铸"的汉语拼音字首)+基体元素与主加元素的化学符号并标明主加元素与辅加元素的含量(%)表示。

如 ZSnSb11Cu6 表示锡基轴承合金,基体元素为 Sn,主加元素为 Sb,其含量为 11%,辅加元素为 Cu,含量为 6%,其余为 Sn。

锡基轴承的组织特点是软基体分布有硬质点,这类合金具有较好的塑性和韧性、适中的硬度，具有膨胀系数小、热导性和耐蚀性优良的特点，但疲劳强度低，工作温度小于 150 ℃，主要用于重要的轴承，如汽车、汽轮机等机械的高速轴承。

锡基轴承合金常用的牌号有 ZSnSb12Pb10Cu4、ZSnSb11Cu6、ZSnSb8Cu4 和 ZSnSb4Cu4 等。

2）铅基轴承合金（铅基巴氏合金）

铅基轴承合金是以铅为基础，加入锑、锡、铜等元素组成的合金。其显微组织是硬基体上大量均匀分布软的质点。

这类合金的强度、硬度、韧性、热导性、耐蚀性均低于锡基轴承合金，但价格低，主要用于中低载荷的中速滑动轴承，如汽车和拖拉机的曲轴、连杆轴承及电动机轴承。

铅基轴承合金常用的牌号有 ZPbSb16Sn16Cu2、ZPbSb15Sn5Cu3Cd2、ZPbSb15Sn10、ZPbSb15Sn5 和 ZPbSb15Sn6 等。

3）铜基轴承合金

铜基轴承合金有锡青铜、铅青铜等，尤以铅青铜最适于制作轴承。其显微组织是硬基体（铜）上大量均匀分布软的质点（铅）。与巴氏轴承合金相比，具有高的疲劳强度、承载能力，同时还具有高的热导性和低的摩擦系数，能在低于 250 ℃的环境下工作。主要用做高速、高压下工作的轴承，如高速柴油机、航空发动机的主轴承。

铜基轴承合金常用的牌号是 ZCuPb30 和 ZCuSn10Pb1 等。

4）铝基轴承合金

铝基轴承合金是以铝为基本元素，加入锡、铜、镁等合金元素制成的合金，其组织特点是硬基体（铝）上均匀分布软质点（球状锡晶粒）。

铝基轴承合金的性能特点是原料丰富、价格低、导热性好、疲劳强度及高温硬度高，能承受较大压力和速度。缺点是线膨胀系数大，抗咬合性不如巴氏合金。

常用的铝基轴承合金有铝锑镁轴承合金和铝锡轴承合金两类。

A. 铝锑镁轴承合金

铝锑镁轴承合金与 08 钢板一起热轧成双金属轴承，生产工艺简单，成本低廉，并具有良好的疲劳强度和耐磨性，但承载能力不大。

B. 铝锡轴承合金

铝锡轴承合金与以 08 钢为衬背轧制成合金带，它具有较高的疲劳强度和较好的耐热性、耐磨性及耐蚀性，生产工艺也简单，成本低。目前，用它代替其他轴承合金，广泛应用于汽车、拖拉机和内燃机车等。

第五节　其他材料

一、粉末冶金材料

粉末冶金是以金属粉末或掺入少量非金属粉末为原料，经混合后压制成形，并在低于金属熔点的温度下进行烧结，利用粉末间原子扩散使其结合，制成金属材料和零件的方法。

粉末冶金与一般的熔炼铸造相比，在技术上和经济上具有以下两个特点：一是粉末冶金能生产具有特殊性能的材料和制品，二是粉末冶金可用于无切屑或少切屑的精密加工。

粉末冶金生产工艺由于在技术和经济上的优势，近 30 年得到迅速发展，在机械、电子、化工、宇航等工业部门得到越来越广泛的应用。但是，粉末成本高，模具费用高，制品的大小、形状受到一定限制，制品的强度和韧性较差。

粉末冶金材料应用较多的是硬质合金、烧结减摩材料和烧结铁基结构材料。

(一)硬质合金

硬质合金就是采用高硬度、高熔点的难熔碳化物粉末(如碳化钨、碳化钛等)和黏结剂混合、加压成形、烧结而成的一种粉末冶金材料。

硬质合金具有硬度高、耐磨性好、热硬性及抗压强度好等优点，此外硬质合金还具有良好的耐蚀性和抗氧化性。但硬质合金抗拉强度低，难以切削加工制成形状复杂的整体刀具，通常制成不同形状的刀片，采用焊接、黏接、机械夹持等方法安装在刀体上或模具体上使用。硬质合金是重要的工具材料。

常用的硬质合金按成分特点分为钨钴类硬质合金、钨钛钴类硬质合金和通用硬质合金。

1. 钨钴类硬质合金

钨钴类硬质合金的主要成分是碳化钨和黏结剂钴，其牌号用 YG + 数字表示，YG 是“硬、钴”两字的汉语拼音字首，数字是钴的平均百分含量。例如，YG15 表示钴的含量 ω_{Co} = 15%，其余为碳化钨的钨钴类硬质合金。这类合金也可以用代号 K 表示，并采用红色标记。

钨钴类硬质合金中钴含量越多，合金的强度、韧性越好，钴含量越低，合金的硬度越高、耐热性越好，因此钨钴类硬质合金适合加工塑性材料。当钴的含量较高时，适宜加工制造粗加工的刃具，反之则适宜于制造精加工的刃具。

钨钴类硬质合金常用的牌号有 YG3X、YG6、YG8、YG15、YG4C、YG11C 和 YG6A 等。

2. 钨钛钴类硬质合金

钨钛钴类硬质合金的主要成分是碳化钨、碳化钛和黏结剂钴，其牌号用 YT + 数字表示，YT 是“硬、钛”两字的汉语拼音字首，数字是碳化钛的平均百分含量。例如，YT15 表示 ω_{TiC} = 15%，其余为碳化钨和钴的钨钛钴类硬质合金。这类合金也可用代号 P 表示，并采用蓝色标记。

钨钛钴类硬质合金由于加入了碳化钨，因此具有较高的硬度与耐磨性，同时由于这类合金表面会形成一层氧化钛薄膜，切削时不易粘刀，故有较高的红硬性，但强度和韧性比钨钴类硬质合金低，因此适合加工脆性材料，如铸铁等。

钨钛钴类硬质合金常用的牌号有 YT5、YT15 和 YT30 等。

3. 通用硬质合金

通用硬质合金是以碳化钽或碳化铌取代 YT 类硬质合金的一部分制成的合金。其牌号用 YW + 数字表示，YW 是“硬、万”两字的汉语拼音字首，数字是顺序号，无特殊意义，仅表示该合金的序号，如 YW1。它也可以用代号 M 表示，并采用黄色标记。

通用硬质合金兼有上述两类合金的优点，应用广泛，因此又称为万能硬质合金。

通用硬质合金常用的牌号有 YW1 和 YW2。

(二)烧结减摩材料

1. 多孔轴承

机械行业广泛使用的多孔轴承有铁基和铜基两种，前者可取代部分铜合金，价格低廉，后者减摩性好。

多孔轴承具有较高的减摩性，这种材料压制成轴承后再浸入润滑油中，因成分中含有石墨,其本身具有一定的孔隙度,在毛细现象作用下可吸附大量润滑油,故称为多孔轴承。多孔轴承具有自润滑功能,可用于制作中速、轻载的轴承,特别是不能经常加油的轴承,如纺织机械、电影机械、食品机械、家用电器等的轴承。另外,多孔轴承使用时还能消除因润滑油的漏落而造成产品的污染。

2. 金属塑料减摩材料

金属塑料减摩材料是用烧结好的多孔铜合金做骨架,在真空下浸渍聚四氟乙烯乳液,使聚四氟乙烯乳液浸入其孔隙中,获得金属与塑料成为一体的金属塑料减摩材料。

聚四氟乙烯具有一定的减摩性、耐蚀性及较宽的工作温度范围(-26~+250 ℃),而铜合金骨架具有较高的强度和较好的导热性。因此,金属塑料减摩材料性能特点是耐磨性高、摩擦系数大、热导性好、抗咬合性好、强度合适,主要用于制动,如飞机、汽车的刹车片,船舶、机床的离合器摩擦片等。

(三)烧结铁基结构材料

烧结铁基结构零件的材料,又称烧结钢。用粉末冶金方法生产结构零件的最大特点是发挥了冶金工艺无切削或少切削加工的优点,使零件精度及表面光洁,零件还可通过热处理强化提高其耐磨性。

用碳钢粉末烧结的合金,其碳含量较低时,可制造承受载荷小的零件、渗碳件及焊接件;其碳含量较高时,淬火后可制造要求一定强度或耐磨的零件。用合金钢粉末烧制的合金,其中常有铜、镍、钼硼等合金元素,它们可强化基体,提高淬透性,加入铜元素还可提高耐蚀性,合金粉末冶金淬火后抗拉强度可达 500~800 MPa,硬度为 40HRC~45HRC,可制造承受载荷较大的烧结结构件,如油泵、汽车差速齿轮等。

二、陶瓷材料

(一)概述

陶瓷是陶器与瓷器的总称。它是一种既古老而又现代的工程材料,亦称无机非金属材料,具有耐高温、耐腐蚀、硬度高、绝缘等优点。

现代陶瓷充分利用了各不同组成物质的特点及特定的力学性能和物理化学性能。从性能上看,现代陶瓷不仅能够充分利用无机非金属物质的高熔点、高硬度、高化学稳定性,得到一系列耐高温、高耐磨和高耐蚀的新型陶瓷,而且充分利用无机非金属材料优异的物理性能,制得了大量的不同功能的特种陶瓷,适应了航天、能源、电子等新技术发展的需求,也是目前材料开发的热点之一。

(二)陶瓷材料的分类

陶瓷材料及产品种类繁多,而且在不断扩大和增多。按其原料的来源不同可分为普通陶瓷(传统陶瓷)和特种陶瓷(先进陶瓷)两类。

普通陶瓷是以天然硅酸盐矿物为原料(黏土、长石、石英),经过原料加工、成型、烧结而成,因此又称传统陶瓷或硅酸盐陶瓷。这类陶瓷质地坚硬,不会氧化生锈,不导电,能耐 1 200 ℃高温,加工成型性好,成本低廉;其缺点是强度较低。这类材料可用于制作工作温度低于 200 ℃的耐腐蚀器皿和容器、管道、供电系统的绝缘子等。

特种陶瓷又称近代陶瓷,是采用纯度较高的人工合成化合物,经配料、成型、烧结而制得的。如氧化铝(Al_2O_3)陶瓷强度比普通陶瓷高 2~3 倍,有的甚至高 5~6 倍;硬度高,有很好的耐磨性、耐高温性、耐蚀性及绝缘性好等优点。缺点是脆性大，抗热振性差，不能承受环境温度的突然变化。特种陶瓷主要用于生产内燃机的火花塞、火箭和导弹流罩、轴承、切削刀具及密封环等。

陶瓷的分类及常用陶瓷的性能与应用如表1-4和表1-5所示。

表1-4 陶瓷的分类

普通陶瓷	特种陶瓷					
	按性能分类	按化学组成分类				
		氧化物陶瓷	氮化物陶瓷	碳化物陶瓷	复合瓷	金属陶瓷
日用陶瓷	高强度陶瓷	氧化铝瓷	氮化硅瓷	碳化硅瓷	氧氮化硅铝瓷	
建筑陶瓷	高温陶瓷	氧化锆瓷	氮化铝瓷	碳化硼瓷	镁铝尖晶石瓷	
绝缘陶瓷	耐磨陶瓷	氧化镁瓷	氮化硼瓷		锆钛酸铅镧瓷	
化工陶瓷	耐酸陶瓷	氧化铍瓷				
多孔陶瓷（过滤陶瓷）	压电陶瓷					
	电介质陶瓷					
	光学陶瓷					
	半导体陶瓷					
	磁性陶瓷					
	生物陶瓷					

表1-5 常用陶瓷的性能与应用

名称	性能特点	用途举例
普通陶瓷	硬度高、耐腐蚀、绝缘性好，有一定的耐高温能力，成本低、加工成形性好	可用于受力不大、工作温度一般在200 ℃以下的酸碱介质中工作的容器、反应塔管道及供电系统中的绝缘子等绝缘材料
氧化铝陶瓷	强度高于普通陶瓷，具有很好的耐高温性能，优良的电绝缘性能、耐蚀能力，但脆性大、抗热振性差	制作高温试验的容器、热电偶套管、内燃机火花塞、刀具、火箭导流罩等
氮化硅陶瓷	有自润滑性，摩擦系数小、强度高、硬度高、耐磨性好，抗热振性好、耐蚀性好	耐蚀水泵密封件、高温轴承、电磁泵的管道、阀门、刀具、燃气轮机叶片等
碳化硅陶瓷	高温强度高、热导性好、热稳定性好、耐蚀、耐磨、硬度高	可用于1 500 ℃以上工作的结构件，如火箭尾喷嘴、浇注金属用的喉嘴、热电偶套管、燃气轮机的叶片、耐磨密封圈等
氮化硼陶瓷	高温绝缘性好、化学性能稳定、有自润滑性、耐热性好、硬度低，可进行切削加工	制作热电偶套管、高温容器、半导体散热绝缘零件、高温轴承等

陶瓷的种类很多，其所具有的性能也是十分广泛的，在所有的工业领域都有这一类材料

的应用天地。随着科学技术的发展，其应用必将越来越广泛。

三、塑料

塑料是以树脂为主要组分，加入一些能改善使用性能和工艺性能的添加剂而制成的一种高分子材料，其通常在加热、加压条件下塑制成型，故称为塑料。

（一）塑料的组成

工程上所用的塑料，都是以有机合成树脂为主要成分，加入其他添加剂制成的，其大致组成如下。

1. 合成树脂

树脂是塑料的主要组分，工程上所用塑料的合成树脂胶黏着塑料中的其他一切组成部分，并使其具有成型性能，绝大多数塑料就是以所用树脂命名的。

2. 添加剂

为改善塑料的某些性能而必须加入的物质称添加剂。添加剂的作用和类型主要包括以下几个方面。

1）改善塑料的工艺性能

为改善塑料的工艺性能，常加入增塑剂、固化剂、发泡剂和催化剂等。如增塑剂能提高树脂的可塑性与柔顺性。

2）改善塑料的使用性能

为改善塑料的使用性能，常加入稳定剂、填料、润滑剂、着色剂、阻燃剂、静电剂等。如稳定剂可以提高树脂在受热和光作用时的稳定性，防止过早老化，延长使用寿命；润滑剂可防止塑料在成型过程中粘在模具或其他设备上，同时可使制品表面光亮美观；着色剂可使塑料制品具有美观的颜色。

（二）塑料的性能特点

与金属相比，塑料具有以下优点。

1. 质轻、比强度高

一般塑料的密度只有 1.0～2.0，只有钢的 1/8～1/4，比强度比金属高。这对于汽车、船舶、飞机、航天飞行器有着十分重要的意义。

2. 化学稳定性好

塑料对一般的酸、碱、油、海水等具有良好的耐腐蚀能力，特别是塑料能耐“王水”的腐蚀。这种性能特别适用于在腐蚀性介质中工作的零件、管道。

3. 良好的电绝缘性能

塑料的电绝缘性能与陶瓷、橡胶相近，这对于有绝缘性能要求的机械零件和电器开关十分重要。

4. 优良的减摩性、耐磨性和自润滑性

工程塑料的这种性能可制作在无润滑条件下工作的零件。

5. 消声、减振性好

工程塑料的消声、减振性能可以降低机械振动，减少噪声。

6. 成形加工性好、方法简单、成本低、生产率高

上述优点是塑料工业在近 50 年来得以迅速发展的重要原因，但塑料也有一些缺点大大

限制了它的使用范围,例如,塑料的强度、硬度不及金属材料高,耐热性和热导性差,膨胀变形大、蠕变大、易老化等。

(三)塑料的分类

1. 按树脂在加热和冷却时所表现的性能分

按树脂在加热和冷却时所表现的性能分为热塑性塑料和热固性塑料。

(1)热塑性塑料。它是指能重复加热成形的塑料,其特点是成形加工简单,但是刚度和耐热性差。

(2)热固性塑料。它是指不能重复加热成形的塑料,其特点是耐热性高、受压不易变形,但强度不高、韧性差、成形加工复杂、生产率低。

2. 按使用性能分

按使用性能分为通用塑料、工程塑料和特种塑料三大类。

(1)通用塑料。通用塑料占塑料总产量的3/4以上,大多数用于生活制品。其产量大、成本低、用途广。

(2)工程塑料。工程塑料是作为结构材料在机械设备和工程结构中使用的塑料。其力学性能较高,耐热、耐蚀性也较好,是当前大力发展的塑料。

常用的工程塑料有聚乙烯(PE)、聚氯乙烯(PVC)、聚苯乙烯(PS)、聚丙烯(PP)和ABS塑料等。

(3)特种塑料。特种塑料是指具有某些特殊性能的塑料,如耐高温、耐蚀、耐光化学反应等。

常用塑料的性能与应用如表1-6所示。

表1-6 常用塑料的性能与应用

类别	名称	性能特点	用途举例
热塑性塑料	聚乙烯(PE)	高压聚乙烯:化学稳定性好、抗拉强度较低、塑性和韧性较好,质地柔软,最高使用温度80 ℃ 低压聚乙烯:质地坚硬、耐磨性、耐蚀性和绝缘性好,最高使用温度100 ℃	高压聚乙烯:塑料薄膜、软管、电线包皮、日用品、玩具等 低压聚乙烯:可制作承载较小的齿轮、轴承等结构件、耐蚀管道等
	聚氯乙烯(PVC)	硬质聚氯乙烯:强度较高、刚性好、塑性低,耐蚀性和绝缘性好,耐热性差,使用温度为-15~55 ℃ 软质聚氯乙烯:质地柔软、高弹性、耐蚀性好、绝缘性好、耐热性差 泡沫聚氯乙烯:隔热、隔音性能好	硬质聚氯乙烯:各种上下水管、接头和化工耐蚀结构件,如输油管、容器、阀门等,用途广泛 软质聚氯乙烯:农用薄膜、人造革、电线包皮等,因有毒,不能包装食品 泡沫聚氯乙烯:用于隔热、隔音和包装之用
	聚酰胺(尼龙)(PA)	耐冲击、耐磨、耐蚀,有较好的自润滑性能,摩擦系数小,但热稳定性差,导热性差,使用温度低于100 ℃;吸水性大,成形收缩率大,影响零件的尺寸精度	多用于小型零件的制造,如齿轮、螺母、轴承、密封圈等,不适于制作精密零件

续表 1-6

类别	名称	性能特点	用途举例
热塑性塑料	聚甲基丙烯酸甲酯(有机玻璃)(PMMA)	透光性好、耐紫外线和耐大气老化,耐蚀性和绝缘性好,但硬度低、不耐磨、脆性大,使用温度为 -60 ~ 100 ℃	仪器和设备的防护罩、光学镜片、飞机的座舱、风挡、玄窗等
	苯乙烯 - 丁二烯 - 丙烯腈共聚物(ABS 塑料)	综合力学性能好,尺寸稳定、绝缘性好、耐腐蚀,易于成型、能机械加工,表面还可进行电镀,但耐热性差、耐候性差	齿轮、轴承、叶轮、仪表盘及仪表、家用电器的外壳等
	聚四氟乙烯(塑料王)(F-4)	具有优越的化学稳定性和热稳定性,绝缘性好、自润滑性好,但强度低、刚性差、加工成型性差,可在 -195 ~ 250 ℃使用	减摩密封零件,化工机械中的耐蚀零件、管道,高频或潮湿条件下的绝缘材料
热固性塑料	酚醛塑料(电木)(PF)	较高的抗拉强度,硬度高,耐磨、耐腐蚀、耐热性好,但脆性大、加工性差、不耐碱、着色性差	广泛用于电器开关、插座、灯头,也可用于刹车片、风扇皮带轮、耐酸泵、整流罩等
	氨基塑料(电玉)(UF)	力学性能、耐热性和绝缘性与电木相近,颜色鲜艳、半透明,耐水性差,长期使用温度低于 80 ℃	电器开关、装饰件、钟表外壳等
	环氧树脂塑料(EP)	强度高、耐热、耐蚀、绝缘性好,易于成形,化学稳定性好,可在 -80 ~ 155 ℃长期使用,但有一定毒性	可制成玻璃纤维增强塑料、塑料模具、量具、灌封电子元件等

(四)塑料产品的成型与加工

1. 塑料的成型

塑料的成型工艺形式多样,主要有注射成型、压制成型、浇注成型、抗压成型、吹塑成型、真空成型等。

2. 塑料的加工

塑料加工即是塑料成型后的再加工,亦称二次加工。塑料的加工常用的有机械加工(切削加工)、塑料的连接(热熔接、溶剂黏结、胶黏剂黏结等)和塑料制品的表面处理(涂漆、镀金)等。

四、橡胶

橡胶是一种具有高弹性的高分子材料,橡胶最显著的性能特点是具有高弹性,此外还具有优良的伸缩性和可贵的积储能量的能力,良好的耐磨性、绝缘性、隔音性和阻尼性。它是常用的弹性材料、密封材料、减震防震材料和传动材料。

(一)橡胶的组成

工业用橡胶是以生胶为原料加入适量的配合剂而形成的高分子弹性体。

1. 生胶

生胶(或纯橡胶)是橡胶制品的主要成分,也是形成橡胶特性的主要因素。其来源可以是天然的，也可以是合成的。生胶性能随温度和环境变化很大，且容易被溶剂溶解，因此必须加入各种不同的橡胶配合剂，以提高橡胶制品的使用性能和加工工艺性能。

2. 配合剂

配合剂是用来提高和改善橡胶制品的各种性能而加入的物质，主要有硫化剂、防老剂、着色剂等，如硫化剂的作用是提高橡胶的弹性、强度、耐磨性和抗老化能力。

(二)橡胶的分类

按生胶来源可分天然橡胶和合成橡胶两类，合成橡胶按用途又分通用橡胶和特种橡胶。

1. 天然橡胶

这类橡胶是橡胶树的乳胶，经过凝固、干燥、加压等工序制成的片状生胶，其综合性能好，具有较好的弹性，适用于制造轮胎、胶带、胶管、胶鞋等。

2. 合成橡胶

为了弥补天然橡胶的产量和性能的不足，发明了合成橡胶。这类橡胶是用石油、天然气、煤和农副产品为原料，提炼制得的类似天然橡胶的高分子材料。

常用的合成橡胶有用于制造轮胎、胶布、胶鞋和胶管的丁苯橡胶，用于制造三角胶带的顺丁橡胶和用于制造密封件的氟橡胶等。

常用橡胶的性能与应用如表 1-7 所示。

表 1-7　常用橡胶的性能与应用

类别	名称	σ_b(MPa)	δ(%)	使用温度 t(℃)	性能特点	用途举例
通用橡胶	天然橡胶(NR)	17 ~ 35	650 ~ 900	−70 ~ 110	高强度、绝缘、防震	轮胎、胶带、胶管及不要求耐热、耐油的垫圈、衬垫等
	丁苯橡胶(SBR)	15 ~ 25	500 ~ 600	−50 ~ 140	与天然橡胶比，有较好的耐磨性、耐热性、耐油性及耐老化性，但弹性和强度差	轮胎、胶带、胶布、胶管及各种工业用橡胶密封件等
	顺丁橡胶(BR)	18 ~ 25	450 ~ 800	−70 ~ 120	耐磨性和弹性优于天然橡胶，耐寒，但加工性能差、抗撕裂性差	轮胎、胶管、胶辊、刹车皮碗、橡胶弹簧、鞋底等
	氯丁橡胶(CR)	25 ~ 27	800 ~ 1 000	−35 ~ 130	耐油性、耐磨性、耐热性、耐燃性、耐蚀性和气密性均优于天然橡胶，特别是耐老化性	海底电线、电缆的包皮、化工防腐蚀材料、地下采矿用的耐燃安全橡胶制品及垫圈、油罐衬里、运输皮带等

续表 1-7

类别	名称	σ_b(MPa)	δ(%)	使用温度 t(℃)	性能特点	用途举例
通用橡胶	丁腈橡胶(NBR)	15~30	300~800	-35~175	耐油性、耐磨性和耐热性优于天然橡胶,但耐低温性差、弹性低、绝缘性差	耐油密封圈、输油管、油槽衬里、耐油运输带及各种耐油减震制品
特种橡胶	聚氨酯橡胶(UR)	20~35	300~800	-30~80	强度、耐磨性优于其他橡胶,耐油性好,但耐蚀性差,最高使用温度为80℃	胶辊、实心轮胎、耐磨制品及特种垫圈等
	氟橡胶(FPM)	20~22	100~500	-50~300	耐蚀性优于其他橡胶,耐热,但耐寒性差	高耐蚀密封件、高真空橡胶件及特种电线电缆的护套等
	硅橡胶	4~10	50~500	-100~300	绝缘性好,耐热、耐寒、抗老化、无毒	耐高、低温的橡胶制品,绝缘件等

五、复合材料

复合材料是指用人工的方法将一种或几种材料均匀地与另一种材料结合而成的多相材料。在其组成相中,一类为基体材料,起黏结作用;另一类为增强材料,起提高强度或韧性的作用。

复合材料最大的特点是能根据人们的要求来设计材料,来改善材料的使用性能,克服单一材料的某些缺点,充分发挥各组成材料的最佳特性,以取长补短,有效地利用材料。

现代复合材料则是在充分利用材料科学理论和材料制作工艺的基础上发展起来的一类新型材料,在不同的材料之间,如金属之间、非金属之间、金属与非金属之间进行复合,既保持了各组成部分的性能,又有组合的新功能,充分发挥了材料的性能潜力。

(一)复合材料的分类

复合材料常见的分类方法有以下三种:

1. 按材料的用途(复合效果)分

按材料的用途分类,复合材料可分为结构复合材料和功能复合材料,后者还处于研制阶段,已经大量研究和应用的主要是结构复合材料。

1)结构复合材料

材料通过复合,显著改善材料的机械性能,主要用于工程结构,以承受各种载荷的材料,主要是利用其优良的力学性能。

2)功能复合材料

材料通过复合,显著改善材料的物理和化学性能,形成优异的功能特性,如吸波、超导、屏蔽等。

2. 按基体材料类型分

复合材料按基体的不同可分为金属基和非金属基两类。金属基复合材料有纤维增强金属材料,非金属复合材料又有树脂基复合材料(玻璃钢)、橡胶基复合材料(轮胎)、陶瓷基复合材料(钢筋混凝土、纤维增强陶瓷)等。

3. 按增强体特性分

复合材料按增强体的种类和形状可分为纤维增强复合材料、颗粒增强复合材料、层状增强复合材料和填充骨架型复合材料。其中,发展最快、应用最广的是各种纤维(玻璃纤维、碳纤维、硼纤维、SiC 纤维等)增强的复合材料。

复合材料的结构就是基体+增强体。

(二)常用复合材料

1. 纤维增强树脂基复合材料

纤维增强树脂基复合材料基体材料是树脂,增强体是纤维。按增强纤维的不同,主要有以下几类:玻璃纤维、碳纤维、硼纤维、碳化硅纤维、有机物纤维等。

2. 颗粒增强复合材料

颗粒增强复合材料是由一种或多种颗粒均匀地分布在基体中所组成的材料。一般粒子的尺寸越小,增强效果越明显。颗粒直径小于 0.01 ~0.1 μm 的称为弥散强化材料。

常见的颗粒复合材料有金属颗粒与塑料复合和陶瓷颗粒与金属复合两类。

3. 叠层或夹层复合材料

叠层或夹层复合材料是由两层或两层以上的不同材料经热压胶合而成,其目的是充分利用各组成部分的最佳性能,这样不但可减轻结构的质量,提高强度和刚度,还可获得各种各样的特殊性能,如耐磨、耐蚀、绝热隔音等。

常用复合材料的性能与应用如表 1-8 所示。

表 1-8　常用复合材料的性能与应用

种类	名称	性能特点	用途举例
纤维增强复合材料	玻璃纤维增强塑料(玻璃钢)	热塑性玻璃钢:与未增强的塑料相比,具有更高的强度和韧性及抗蠕变的能力,其中以尼龙的增强效果最好,聚碳酸酯、聚乙烯、聚丙烯的增强效果较好	轴承、轴承座、齿轮、仪表盘、电器的外壳等
		热固性玻璃钢:强度高、比强度高、耐蚀性好、绝缘性能好、成形性好、价格低,但弹性模量低、刚度差、耐热性差、易老化和蠕变	主要用于制作要求自重轻的受力构件,如直升飞机的旋翼、汽车车身、氧气瓶。也可用于耐腐蚀的结构件,如轻型船体、耐海水腐蚀的结构件、耐蚀容器、管道、阀门等
	碳纤维增强塑料	保持了玻璃钢的许多优点,强度和刚度超过玻璃钢,碳纤维-环氧复合材料的强度和刚度接近于高强度钢。此外,还具有耐蚀性、耐热性、减摩性和耐疲劳性	飞机机身、螺旋桨、涡轮叶片、连杆、齿轮、活塞、密封环、轴承、容器、管道等

续表 1-8

种类	名称	性能特点	用途举例
叠层复合材料	夹层结构复合材料	由两层薄而强的面板、中间夹一层轻而弱的芯子组成，比重小，刚度好，绝热、隔音、绝缘	飞机上的天线罩隔板、机翼、火车车厢、运输容器等
	塑料－金属多层复合材料	例如，SF 型三层复合材料，表面层是塑料（自润滑材料），中间层是多孔性的青铜，基体是钢，自润滑性好、耐磨性好、承载能力和热导性比单一塑料大幅提高、热膨胀系数降低 75%	无润滑条件下的各种轴承
颗粒复合材料	金属陶瓷	陶瓷微粒分散于金属基体中，硬度高、耐磨性高、耐高温、耐腐蚀、膨胀系数小	做工具材料

第六节　零件材料的选用

在机械制造中，由于材料种类繁多，因此合理选择每一个零件的材料，正确拟定热处理工艺及加工工艺路线，对产品质量特别是使用寿命、生产成本影响重大。

一、零件的失效分析

零件不能正常和安全的工作，或零件在使用过程中丧失或达不到原来设计的效能，这就是零件失效。零件失效一般来说有三种：一是零件虽然能工作，但不能满意地起到预期的作用；二是零件严重受损，继续工作不安全；三是零件完全破坏，不能继续工作。

零件失效，特别是无明显预兆的失效，往往会带来很大的危害，甚至会影响到人身安全，造成重大事故。失效分析还为我们正确选材、改进结构设计、修订加工工艺提供依据。

（一）零件的失效形式

机械零件和工具、模具的失效形式主要有以下三种类型。

1. 断裂失效

断裂失效是指零件完全断裂而无法工作的失效，常见的断裂失效形式主要有塑性断裂、疲劳断裂、应力腐蚀性断裂、低应力脆性断裂和蠕变断裂等。

2. 过量变形失效

过量变形失效是指零件的变形量超过了允许的范围，主要有过量弹性变形、过量塑性变形和高温蠕变等。

3. 表面损伤失效

表面损伤失效是指零件在工作中，因机械和化学作用，使其表面损伤而造成的失效，主要有表面磨损失效、表面腐蚀失效和表面疲劳失效等。

应当指出，一个零件的失效可能有几种形式，也可能是相互组合而成的联合失效形式，但只有一种起决定性作用。

(二)零件的失效原因

零件的失效原因很多,主要有以下几个方面。

1. 设计原因

对零件工作条件(受力性质、大小、温度、湿度、环境等)估计错误,安全系数过小,计算错误等,容易使零件的性能满足不了要求而失效;零件的结构形状、尺寸等设计不合理,容易造成应力集中,局部超载而造成失效。

2. 选材原因

选择材料错误,容易造成所选材料的性能不能满足使用要求,所选材料质量不合格等引起零件失效。

3. 加工工艺不当

零件在加工过程中,由于采用的工艺方法、工艺参数、技术措施不正确,可能产生铸造缺陷、焊接缺陷、切削加工缺陷和热处理缺陷,造成零件失效。

4. 安装使用不正确

零件在安装过程中不按技术要求,使用过程中不按规程操作、保养、维修,超载使用等均可能造成零件的失效。

总之,分析失效原因是一项复杂、细致的工作,必须从多方面综合分析来确定失效原因,为正确设计、合理选材、改进工艺提供可行的依据。

二、选材的原则、方法和步骤

(一)选材的基本原则

选材必须使选用的材料保证零件在使用过程中具有良好的工作能力,保证零件便于加工制造,同时保证零件的总成本尽可能低。

优异的使用性能、良好的加工工艺性能和便宜的价格是机械零件选材的最基本原则,即选材的基本原则是,首先满足使用性能要求,同时要考虑材料的工艺性和经济性。

1. 使用性能

材料的使用性能通常包括力学性能、物理性能和化学性能。对于一般的机械零件,主要是力学性能,它决定了材料的使用价值和工作寿命,是选材的主要依据。

1)按力学性能选材的基本原则

选材时,首先分析零件的工作条件及常见的失效形式,并通过力学计算确定零件应具有的主要力学性能,作为选材的依据。

表1-9列出了一些零件、工具的工作条件,常见的失效形式及要求的力学性能。

2)按力学性能选材时应注意的问题

(1)综合考虑材料强度、塑性、韧性的合理配合。

(2)合理地选定硬度值。

(3)选用材料的力学性能判据数值时应注意这几个问题:①注意手册中各性能数据的测试条件与零件实际情况的差异;②实际零件材料的成分、热处理工艺参数等与标准试样相比可能存在一定的偏差,从而导致零件的力学性能波动;③同种材料采用的工艺不同,其性能数据也会不同。

总之,应根据所选材料的具体情况对手册中的数据作一定的修正,必要时可进行零件的强度和寿命模拟试验,确保提供的数据可靠。

表 1-9 一些零件、工具的工作条件、失效形式及要求的力学性能

名称	工作条件			常见失效形式	要求的主要力学性能
	应力状态	载荷性质	其他		
普通紧固螺栓	拉应力、剪应力	静载	—	过量变形、断裂	强度、塑性
传动轴	弯曲应力、扭转应力	交变及冲击载荷	轴颈处摩擦	疲劳断裂、过量变形、轴颈处磨损	综合力学性能,轴颈处硬耐磨
传动齿轮	接触压应力、弯曲应力	交变及冲击载荷	振动、齿部摩擦	齿折断、过量磨损、疲劳麻点	表面硬耐磨、接触疲劳强度,心部强而韧
弹簧	扭应力(螺旋弹簧)、弯应力(板簧)	交变及冲击载荷	振动	疲劳断裂、弹性丧失	弹性极限、屈强比、疲劳强度
滚动轴承	压应力、滚动摩擦	交变载荷	润滑剂的腐蚀	过量磨损、疲劳破裂	高硬度、高耐磨性,抗压强度、接触疲劳强度、一定的韧性
冷作模具	复杂应力	交变及冲击载荷	强烈摩擦	过量磨损、脆性断裂	高硬度、高耐磨性,足够的强度和冲击韧性
压铸模	复杂应力	交变及冲击载荷	热循环、摩擦	热疲劳、磨损、脆断	较高的强度和韧性,高的耐热疲劳性、高温耐磨性、热硬性和高温强度

2. 工艺性能

材料的工艺性能表示材料加工的难易程度。在选材中,同使用性能比较,工艺性能常处于次要地位。在某些特殊情况下,工艺性能也可成为选材考虑的主要依据。

工艺性能是指零件在各种加工过程中所表现出来的性能,它决定了所选材料能否顺利加工制造成所需的零件。

材料的工艺性能主要包括以下几个方面。

1)铸造性能

材料的铸造性能一般用流动性、收缩性和偏析来综合评定,通常铸造铝合金、铸造铜合金、铸铁的铸造性能优于铸钢。铸铁中,灰口铸铁的铸造性能最好。

2）锻压性能

材料的锻压性能一般用塑性和变形抗力来评定，通常碳钢的锻压性能优于合金钢，低碳钢优于高碳钢。

3）焊接性能

材料的焊接性能一般用焊缝处出现裂纹、气孔的倾向和焊缝强度来衡量。低碳钢和低合金高强度结构钢的焊接性良好，含碳量和合金元素含量越高，焊接性越差。铜合金和铝合金的焊接性较差，灰口铸铁基本上不能焊接。

4）切削加工性

材料的切削加工性常用切削抗力、最高切削速度、切削时切屑排除的难易程度、刀具磨损量、切削后零件表面粗糙度等来衡量。一般，材料的硬度为170HBS～230HBS，切削加工性良好。

5）热处理工艺性

材料的热处理工艺性常用淬透性、淬硬性、淬火变形与开裂倾向、氧化、脱碳、耐回火性和回火脆性等来衡量。

3. 经济性

经济性是指所选材料加工成零件后的成本高低，主要包括材料费用、加工费用、管理费用、运输费、安装费、维修保养费用等。对一些重要、精密、加工复杂的零件和使用周期长的工模具，还应考虑使用寿命。

总之，零件总成本的高低需考虑多项因素，进行综合分析比较，切不可只单纯考虑材料的价格。

（二）选材的方法和步骤

1. 按力学性能选材的基本方法

1）以综合力学性能为主时的选材

机器中大多数轴、杆、套类零件，承受静、动载荷的作用，主要失效形式是过量变形，要求材料具有较好的综合力学性能，一般可选用中碳钢或中碳合金钢，采用调质处理或正火处理。

2）以疲劳强度为主时的选材

发动机的曲轴、齿轮、弹簧、滚动轴承等零件承受交变载荷作用，主要失效形式是疲劳破坏。这类零件的选材及热处理应充分考虑提高疲劳性能。对承载较大的零件可选用淬透性要求较高的材料。调质钢进行表面淬火、渗碳钢进行渗碳淬火、氮化钢进行氮化及喷丸、滚压等处理均有利于提高疲劳强度。

3）以磨损为主时的选材

（1）承载不大，摩擦较大。这类零件有量规、钻套、顶尖、冷冲模、刀具等，主要失效形式是磨损，要求材料具有高硬度和高耐磨性，可选用高碳钢和高碳合金钢，进行淬火和低温回火，获得高硬度的回火马氏体和碳化物，满足高耐磨性的要求。

（2）承受交变载荷、冲击载荷，且摩擦较大。这类零件有汽车变速箱的齿轮、重要的轴等，主要失效形式是磨损、过量变形和疲劳破坏，要求材料表面硬耐磨、心部强而韧（或综合性能好），应根据零件具体承受冲击载荷和摩擦的情况选择适于表面淬火、渗碳的材料（中碳或中碳合金钢、低碳或低碳合金钢）或氮化用钢，进行适当的热处理。

此外，高应力和很大冲击载荷作用下的零件，如坦克履带、铁路道岔等，既要求材料具有高硬度，又要求有很好的韧性，可选用高锰耐磨钢。

2. 选材的基本步骤

（1）分析零件的工作条件、失效形式，确定零件的使用性能和工艺性能等相关性能。

（2）从使用性能、加工工艺、原材料工艺等各方面，对同类产品进行调研，分析选材的合理性。

（3）找出关键的性能要求，通过力学计算或试验，确定零件应具有的力学性能判据或理化性能指标。

（4）结合材料的工艺性和经济性，根据力学性能判据，选择合适的材料，确定热处理方法或其他强化方法。

（5）对重要零件或大批生产的零件，应进行试验，以检验所选材料及热处理方法能否达到各项性能的要求。试验结果符合要求后，方可批量生产。

上述步骤仅供练习选材时参考，并非一成不变，实际选材时应结合零件的具体情况有所侧重。

三、典型零件的选材

（一）轴类零件

1. 轴类零件的作用

轴类零件的主要作用是支承传动零件、传递运动和动力。

2. 工作条件

轴类零件的主要工作条件如下：

（1）承受较大的交变弯曲应力、扭转应力。

（2）轴颈和花键部位承受较大的摩擦。

（3）承受一定的冲击载荷。

3. 失效形式

轴类零件常见的失效形式有疲劳断裂、过量的弯曲变形和扭转变形、过量磨损等。

4. 力学性能要求

（1）良好的综合力学性能。

（2）轴颈等部位应具有高的硬度和良好的耐磨性。

（3）高的疲劳强度。

5. 轴类零件常用材料及热处理

（1）中碳钢和中碳合金钢。考虑到轴类零件的综合力学性能要求，主要选用经过轧制或锻造的35、40、45、50、40Cr、40CrNi、40MnB钢等，一般应进行正火或调质；若轴颈处耐磨性要求高，可对轴颈处进行表面淬火。具体的钢种应根据载荷的类型、零件的尺寸和淬透性的大小决定。承受弯曲载荷和扭转载荷的轴类，应力的分布是由表面向中心递减的，对淬透性要求不高；承受拉、压载荷的轴类，应力沿轴的截面均匀分布，应选用淬透性较高的钢。

（2）当承受冲击载荷较大，对强韧性要求高或要求进一步提高轴颈的耐磨性时，可选用

20Cr、20CrMnTi 等合金渗碳钢并进行渗碳、淬火、低温回火处理。

(3)对于受力较小、不太重要的轴可选用 Q235～Q275 等普通质量碳钢。

(4)球墨铸铁和高强度灰铸铁可用来制作形状复杂、难以锻造成形的轴类零件，如曲轴等。

(二)齿轮

1. 齿轮的作用

齿轮的主要作用是传递扭矩、调节速度、改变运动方向。

2. 工作条件

(1)一对相互啮合的齿轮，是通过齿面的接触、滑动传递动力，所以齿根受很大交变弯曲应力作用，齿面受较大接触应力并有强烈的摩擦和磨损。

(2)在换挡、启动、啮合不良时，承受一定的冲击载荷。

3. 失效形式

齿轮常见的失效形式有轮齿折断、齿面磨损、齿面剥落、齿面点蚀、过载断裂等。

4. 力学性能要求

(1)高的弯曲疲劳强度。

(2)齿面应具有高的接触疲劳强度、高的硬度和耐磨性。

(3)齿轮心部应具有良好的综合力学性能或较好的强韧性。

5. 齿轮零件常用材料及热处理

(1)中碳钢和中碳合金钢。一般承载不大的低、中速传动齿轮，常选用 40、45、40Cr、40MnB 钢等，经调质处理或正火(要求不高时)达到性能要求(较好的综合力学性能)。经表面淬火、低温回火，表面硬度可达 52HRC～58HRC，具有较高的耐磨性。这类齿轮不能承受较大的冲击载荷。

(2)低碳钢和低碳合金钢。承受较大冲击载荷重载高速齿轮一般选用 20Cr、20CrMnTi、20MnVB、18Cr2Ni4WA 钢等，个别要求不高的也可选用 20 钢。经渗碳、淬火、低温回火，可使齿面获得很高的硬度(58HRC～62HRC)和耐磨性，心部具有较高的强度和韧性。

(3)对直径较大($\Phi>400\sim600$ mm)、形状复杂的齿轮毛坯，难以锻造成形时，可采用铸钢，如 ZG270－500、ZG310－570 等。

(4)对一些轻载、低速、不受冲击、精度要求不高的不太重要的齿轮，可采用灰口铸铁，如 HT200、HT250、HT300 等。灰口铸铁多用于开式传动；在闭式传动中，可用球墨铸铁代替铸钢制造齿轮，如 QT600－3、QT500－7 等。

(5)对仪表中某些在腐蚀介质中工作的轻载齿轮，可采用黄铜、铝青铜、锡青铜、硅青铜等有色金属；对受力不大的仪器、仪表齿轮，在无润滑条件下工作的小齿轮，可采用尼龙、ABS、聚甲醛等工程塑料制造。

(三)丝锥和板牙

1. 丝锥和板牙的作用

丝锥的作用是加工内螺纹，板牙的作用是加工外螺纹。

2. 工作条件

柄部和心部承受较大的扭转应力，齿刃部承受较大的摩擦和磨损，高速切削时齿刃部还要承受较高的工作温度。

3. 失效形式

主要失效形式是磨损和扭断。

4. 力学性能要求

齿刃部应具有高硬度(59HRC ~ 64HRC)和高耐磨性,一定的热硬性(视切削速度而定);柄部和心部应具有足够的强度与韧性,硬度为35HRC ~45HRC。

5. 丝锥和板牙的常用材料及热处理

(1)手用丝锥和板牙,切削速度低,热硬性不作要求,可选用T10A和T12A钢制造,并经淬火和低温回火。

(2)机用丝锥和板牙,因切削速度较高,对热硬性有要求。较高的切削速度(8 ~ 10 m/min),要求有较高的热硬性,可选用9SiCr、9Mn2V、CrWMn钢制造;切削速度达到25 ~ 55 m/min时,要求有高的热硬性,可选用W18Cr4V钢制造,并经适当的热处理。

复习与思考题

1. 有一低碳钢试样,原标距长度为100 mm,原直径为10 mm,在屈服期间最低试验力为21 000 N,试样断裂前的最大试验力为30 000 N,拉断后的长度为133 mm,断裂处最小直径为6 mm,试计算试样的屈服强度、抗拉强度、断后伸长率和断面收缩率。

2. 液态金属发生结晶的必要条件是什么?可采用哪些方法获得细晶粒组织?

3. 说明下列现象的原因。

(1)$\omega_C = 1.0\%$的钢比$\omega_C = 0.5\%$的钢硬度高。

(2)钢适用于压力加工成形,而铸铁适用于铸造成形。

(3)钢铆钉一般用低碳钢制成。

(4)在退火状态下,$\omega_C = 0.77\%$的钢比$\omega_C = 1.2\%$的钢强度高。

(5)在相同条件下,$\omega_C = 1.0\%$的钢切削后,其表面粗糙度的值不如$\omega_C = 0.45\%$的钢低。

4. 什么是钢的热处理?热处理的目的是什么?热处理有哪些基本类型?

5. 正火与退火的主要区别是什么?生产中如何选择正火与退火?

6. 淬火的目的是什么?回火有哪几种类型?

7. 有低碳钢齿轮和中碳钢齿轮各一只,为了使齿面具有高的硬度和耐磨性,问各应采取怎样的热处理?并比较热处理后它们在组织与性能上的差别。

8. 一碳钢支架刚性不足,采用以下哪种方法处理比较合理?请说明原因。

(1)改用合金钢。

(2)进行热处理强化。

(3)改变支架的截面形状或结构尺寸。

9. 根据碳在铸铁中存在的形态不同,铸铁可分为几种?

10. 为什么调质钢的碳含量均为中碳?合金调质钢中常含哪些元素?它们在调质钢中起什么作用?

11. 为什么常用弹簧钢在淬火后一定要中温回火？回火后的硬度大致是多少？

12. 常用的铜合金分几类？各有什么特点？

13. 硬质合金的主要组成是什么？常用的硬质合金分为几类？它们各有什么主要作用？

14. 塑料有什么特点？塑料按使用性能分几类？

15. 什么是复合材料？纤维增强树脂基复合材料有哪几种类型？各有什么特点？

16. 什么是零件的失效？常见的失效形式有哪些？其失效原因是什么？

17. 机械工程材料选用的一般原则是什么？

第二章　金属热加工基础

金属热加工工艺是金属零件毛坯成形的主要加工方法，包括铸造、锻压和焊接。本章主要介绍：铸造的特点、分类及应用；砂型铸造工艺与铸件的结构工艺性分析；自由锻特点、工序及应用；板料冲压特点、工序及应用；焊接的分类、特点及应用；焊条电弧焊和其他焊接方法的原理、设备、特点与应用。

学习任务

1. 熟悉铸造生产的特点、分类及应用。
2. 熟悉砂型铸造及各种手工造型方法的特点、铸造工艺图和绘制方法。
3. 了解一般熟悉铸件的结构工艺性，了解金属的铸造性能和特种铸造。
4. 掌握锻压生产的特点、分类及应用。
5. 掌握自由锻的特点、基本工序及应用。
6. 掌握自由锻件的结构工艺性，了解模锻及胎模锻。
7. 掌握板料冲压的特点、基本工序及应用
8. 熟悉焊条电弧焊、常用金属材料的焊接。
9. 了解其他焊接方法和常见的焊接缺陷及其产生原因、预防和补救措施。

第一节　铸　造

把熔化的金属液浇注到具有和零件形状相适应的铸型空腔中，待其凝固、冷却后获得毛坯（或零件）的方法称为铸造。所得到的金属零件或零件毛坯，称为铸件。铸件通常作为毛坯，经过机械加工制成零件。但是，随着铸造生产过程不断地完善及新工艺、新技术不断被采用，铸件的精度及表面质量得到提高，使少余量和无余量铸造新工艺得到迅速发展，精密铸件可直接作为零件。

铸造是毛坯成型的主要工艺之一，在机械制造业中占有很重要的地位。按重量计算，在一般机械设备中铸件占 40% ~90%，在农业机械中占 40% ~70%，在重型机械、矿山机械中占 85%以上，在汽车行业中占 20% ~30%。在国民经济的其他部门中，也广泛采用各种铸件。

一、概述

铸造工艺可分为三个基本部分，即铸造金属准备、铸型准备和铸件处理。铸造金属是指铸造生产中用于浇注铸件的金属材料，它是以一种金属元素为主要成分，加入其他金属或非金属元素而组成的合金，习惯上称为铸造合金，主要有铸铁、铸钢和铸造有色合金。

铸造的成形是由液态凝结成固态的过程，是制造机械零件毛坯或零件的一种重要工艺方法，具有以下优点：

(1)能制造各种尺寸和形状复杂的铸件,特别是内腔复杂的铸件。如各种箱体、床身、机架等零件的毛坯。铸件的轮廓尺寸可小至几毫米,大至几十米;质量从几克至数百吨。可以说,铸造不受零件大小、形状和结构复杂程度的限制。

(2)常用的金属材料均可用铸造方法制成铸件,有些材料(如铸铁、青铜)只能用铸造方法来制造零件。

(3)铸造所用的原材料来源广泛,价格低廉,并可回收利用,铸造生产工艺设备费用小,因此铸件生产成本低。

(4)铸件与零件的形状、尺寸很接近,因而铸件的加工余量小,可以节约金属材料,减少切削加工费用。

(5)铸造既可用于单件生产,也可用于批量生产,适应性广。

随着对铸造合金基础理论的深入研究,铸件的质量和性能均有了很大的提高。过去一些重要的承受交变载荷的零件多采用锻件,现在由于铸件性能得到提高,出现了以铸件代替锻件的趋势,如球墨铸铁曲轴在内燃机方面得到了广泛的应用。

但是,铸造生产工艺过程复杂,工序较多,常因铸型材料、模具、铸造合金、合金的熔炼与浇注等工艺过程难以综合控制,而出现缩孔、缩松、砂眼、冷隔、裂纹等铸造缺陷,因此铸件质量不够稳定,废品率较高;铸件内部组织粗大、不均匀,使其力学性能不及同类材料的锻件高,因此铸件多用于受力不大的零件。此外,目前铸造生产还存在劳动强度大、劳动条件差等问题。不过,随着铸造技术的迅速发展,新技术、新工艺、新设备的推广与使用实现了机械化、自动化生产,铸造生产的面貌将大大改观,铸件质量和铸造生产率得到了很大程度的提高,劳动条件也会逐步改善。

二、合金的铸造性能简介

铸造生产中很少采用纯金属,而是使用各种合金。铸造合金除应符合要求的机械性能和物理、化学性能外,还必须考虑其铸造性能。合金的铸造性能是指铸造成形的难易程度,容易获得外形准确、内部健全铸件的合金,其铸造能力就好。影响铸造性能的因素主要有合金的流动性、收缩性、偏析、吸气性、氧化性等。其中,流动性和收缩性对合金的铸造性能影响最大,对于是否容易获得健全的铸件是非常重要的。

(一)流动性

1.流动性对铸件质量的影响

合金的流动性是指熔融金属的流动能力。合金流动性的好坏,通常以螺旋形流动性试样的长度来衡量,如图 2-1 所示。将金属液体浇入螺旋形试样铸型中,在相同的浇注条件下,合金的流动性愈好,所浇出的试样愈长。不同种类的合金流动性差别较大,如表 2-1 所示。铸铁和硅黄铜的流动性最好,铝硅合金次之,铸钢最差。在铸铁中,流动性随碳、硅含量的提高而增加。同类合金的结晶温度范围越小,结晶时固液两相区越窄,合金的流动性越好。

流动性好的金属,充型能力强,能铸出形状复杂、轮廓清晰、尺寸精确、薄壁的铸件,避免出现冷隔、浇不到等缺陷;有利于金属液中夹杂物和气体的上浮与排除,减少气孔、夹渣等缺陷;有利于发挥冒口的补缩作用,防止铸件产生缩孔、缩松缺陷。因此,在进行铸件设计和制定铸造工艺时,必须考虑合金的流动性。

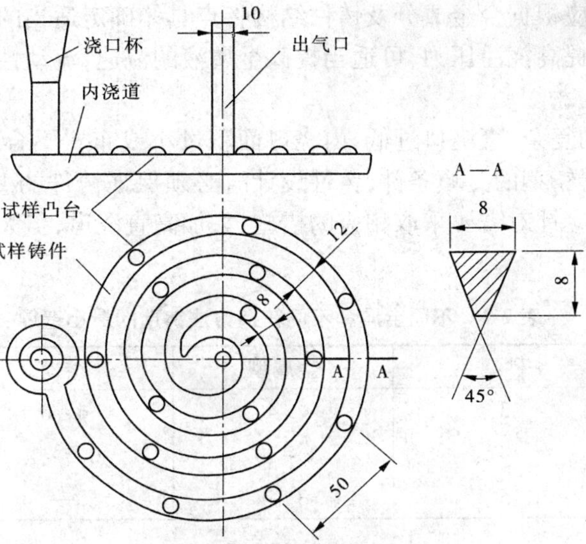

图 2-1　螺旋形试样

表 2-1　常用金属合金的流动性比较

合金	造型材料	浇注温度(℃)	螺旋线长度(mm)
铸铁($\omega_{C+Si}=6.2\%$)	砂型	1 300	1 800
($\omega_{C+Si}=5.9\%$)		1 300	1 300
($\omega_{C+Si}=5.2\%$)		1 300	1 000
($\omega_{C+Si}=4.2\%$)		1 300	600
铸钢($\omega_{C}=0.4\%$)	砂型	1 600	100
		1 640	200
铝硅合金	金属型(300°)	690 ~ 720	100 ~ 800
锡青铜($\omega_{Sn}=9\%\sim11\%$) ($\omega_{Zn}=2\%\sim4\%$)	砂型	1 040	420
硅黄铜($\omega_{Si}=1.5\%\sim4.5\%$)		1 100	1 000

2. 影响流动性的因素

影响流动性的因素很多，除合金本身的化学成分外，还有工艺条件，如浇注温度、铸型种类、铸件的复杂程度等。凡是能使液态合金在铸型中流动速度加快，保持液态时间延长的因素，都有利于提高合金的流动性。

1) 铸型条件

铸型材料导热性过大或对金属液流动阻力越大，金属液流动时间就短，合金流动性就差。如砂型铸造时，型砂含水过多或透气性不足，铸型排气不畅，浇注时会产生大量气体，增加金属液流动阻力，流动性就差，充型能力变差。

2) 浇注温度

浇注温度高，过热度大，熔液的流动时间延长，黏度也降低，流速增大。如铸铁的浇注温度每提高 10 ℃，流动性指标增长 100 mm。但浇注温度过高，会使收缩量增大、铸件易产生粘砂等缺陷。因此,应根据合金成分及铸件结构特点具体确定适当的浇注温度,以便全面保证铸件质量。另外,提高浇注压力,可适当提高金属液的流速,流动性好,充型能力强。

3)型腔和浇道结构

型腔过窄或结构复杂,直浇口过低,内浇口面积过小或布置不合理,都会使金属液流动产生困难。为了改善铸型的充填条件,铸件设计时必须保证铸件的壁厚大于规定的最小壁厚,并在铸造工艺上应针对需要采取相应的措施,如加高直浇道,扩大内浇口截面面积,增加出气口等。

表 2-2 不同金属和不同铸造方法铸造的最小壁厚 (单位:mm)

类别	砂型	金属型	熔模	压铸
灰铸铁	3	>4	0.4~0.8	—
铸钢	4	8~10	0.5~1	—
铝合金	5	3~4	—	0.6~0.8

(二)收缩性

合金的收缩性是铸造合金从液态凝固和冷却至室温过程中产生的体积与尺寸的缩减。包括液态收缩、凝固收缩和固态收缩三个阶段。液态收缩是从浇注到开始凝固期间的收缩,凝固收缩是从开始凝固到完全凝固期间的收缩,固态收缩是从完全凝固到室温期间的收缩。

1.收缩对铸件质量的影响

液态收缩和凝固收缩表现为合金的体积缩小,如果铸件的液态收缩和凝固收缩得不到合金液体的补充,在铸件最后凝固的某些部位会出现孔洞,大而集中的孔洞称为缩孔,细小而分散的孔洞称为缩松。固态收缩表现为铸件尺寸的缩小,是铸件变形、产生内应力和裂纹的主要原因。

常用金属材料中,铸钢收缩最大,有色金属次之,灰铸铁最小。

2.影响合金收缩的因素

影响收缩的因素有合金的化学成分、浇注温度、铸件结构与铸型材料等。

1)化学成分

不同合金的收缩率不同,比如碳素钢随含碳量增加,凝固收缩增加,而固态收缩略减。灰口铸铁中,碳是形成石墨的元素,硅促进石墨化,硫阻碍石墨化。因此,碳硅量越多,硫越少,石墨析出越多,凝固收缩越小。铁碳合金中灰铸铁的收缩率小,铸钢的收缩率大。这是因为灰铸铁在结晶过程中析出比体积大的石墨,产生的体积膨胀抵消了部分收缩。在灰口铸铁中,提高碳、硅含量和减少硫含量均可减小收缩。

2)浇注温度

浇注温度越高,过热度越大,液态收缩越大。为减少收缩,浇注温度不宜过高。兼顾流动性,浇注温度一般控制在高于液相线 50~150 ℃。

3)铸件结构与铸型材料

合金在铸型中并不是自由收缩,而是受阻收缩。其阻力来源于两个方面:

(1)铸件的各个部分冷却速度不同,因而相互制约而对收缩产生的阻力。

(2)铸型和型芯对收缩的机械阻力。型腔形状越复杂,型芯的数量越多,铸型材料的退让性越差,对铸件固态收缩的阻碍越大,产生的铸造收缩应力越大,也越容易产生裂纹。

三、铸造方法

(一)铸造的分类

铸造按铸型方法不同,分为砂型铸造和特种铸造。砂型铸造包括湿砂型、干砂型、化学硬化砂型三类。特种铸造按造型材料的不同,又可分为两大类:一类以天然矿产砂石作为主要造型材料,如熔模铸造、壳型铸造、负压铸造、泥型铸造、实型铸造、陶瓷型铸造等;另一类以金属作为主要造型材料,如金属型铸造、离心铸造、连续铸造、压力铸造、低压铸造等。

(二)砂型铸造

当直接形成铸型的原材料主要为砂子,且液态金属完全靠重力充满整个铸型型腔,在砂型中生产铸件的铸造方法,称为砂型铸造。铸型包括外型和型芯两大部分。外型用以形成铸件的外部轮廓,型芯主要用来形成铸件的内腔。

砂型铸造原料来源丰富,生产批量和铸件尺寸不受限制、成本低廉,是最常用、最基本的铸造方法,砂型铸件目前约占铸件总产量的90%。

1. 砂型铸造的工艺过程

砂型铸造的工艺过程如图2-2所示。

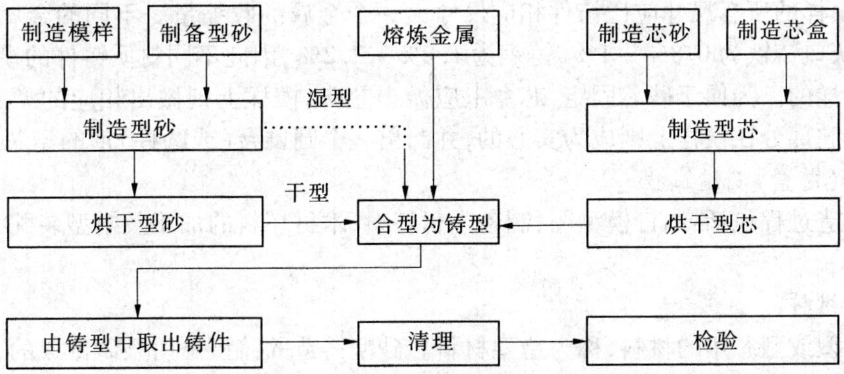

图2-2 砂型铸造的工艺过程

图2-3所示为砂型铸造生产套筒铸件的工艺流程示意图。首先根据零件图制成模型,并由模型和配制的型砂制成砂型,然后把熔化好的金属液浇入型腔。待金属液在型腔内凝固后,将砂型破坏,取出铸件。最后清理铸件上的附着物,经过检验合格,就可获得所需要的铸件。

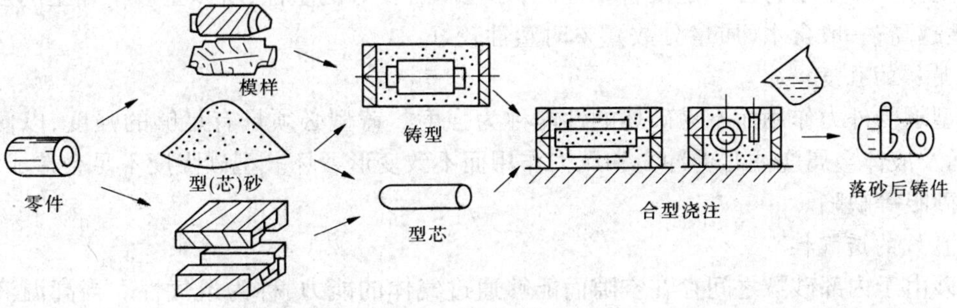

图2-3 套筒的砂型铸造工艺流程示意

2. 模样和芯盒

模样是用来形成铸型型腔的工艺装备，按组合形式，可分为整体模和分开模。芯盒是制造砂芯或其他种类耐火材料芯所用的装备。模样与芯盒对保证铸件质量、提高生产率具有重要的作用。

1）模样材料

模样材料可根据铸件结构、造型方法和生产批量来选用。单件、成批生产中广泛地使用木材制造模样和芯盒，因为木材质轻、易加工、有一定的强度、成本低廉。但木材的强度和硬度较低，容易变形和损坏，寿命较短。成批、大量生产中都采用强度高、尺寸精确、表面光洁、寿命长的金属模，其中铸铝合金用的最多，但制造较困难，生产周期长，成本高。对成批生产的形状复杂、机械加工困难的模样多采用塑料模，制造较简单，易于修复。

2）模样的结构特点

模样的结构特点取决于铸造工艺特点。分型面是决定模样结构的首要因素，分型面确定后，就决定了造型方法及模样的形式（整体的、分开的或带活块的等）。考虑模样易于从砂型中取出，其侧壁要做出起模斜度，壁和壁之间应为圆角连接。考虑零件加工面的要求，该处铸件尺寸应加上一个加工余量，因此模样尺寸也随之加大。考虑金属冷却凝固时有较大的收缩，模样的所有尺寸应比铸件相应尺寸大一个金属的收缩量。不同的金属具有不同的收缩率，灰口铸铁为0.8% ~1%，铸钢为1.8% ~2.2%，因此不同材质铸件的模样的实际尺寸是不一样的。为便于砂芯固定，芯盒上应做出芯头，模样上则做出相应的型芯座，因此铸件上的空腔部分在模样上则成为实心的，并凸出一个圆锥台（或圆柱）形的型芯座。

3）木模（芯盒）制造过程

木模制造过程包括：制订模型图，制备木材坯料，木材坯料的加工及模型装配，木模标记和涂漆。

3. 造型材料

制造铸型或型芯用的材料，称为造型材料。砂型铸造的铸型是由型砂做成的，型砂是由原砂、黏结剂、附加材料、旧砂和水混合搅拌而成的。合理选用和配制造型材料，对提高铸件质量，降低成本具有重要的意义。为此，应合理地选用和配制造型材料。

造型材料应具备以下性能。

1）良好的可塑性

造型材料在外力作用下容易获得清晰的型腔轮廓，外力去除后仍能保持其形状的性能称为可塑性。砂子本身几乎是没有塑性的，黏土却有良好的塑性，所以型砂中黏土的含量越多，塑性越高；一般含水（质量分数）8%时塑性较好。

2）足够的强度

砂型承受外力作用而不易破坏的性能称为强度。铸型必须具有足够的强度，以便在修整、搬运及液体金属浇注时受冲力和压力作用而不致变形毁坏。型砂强度不足会造成塌箱、冲砂和砂眼等缺陷。

3）良好的透气性

型砂由于内部砂粒之间存在空隙而能够通过气体的能力，称为透气性。当高温液体金属注入铸型后，会产生气体；砂型和型芯中也会产生大量气体。透气性差，部分气体留在铸件内部不能排出，于是造成气孔等缺陷。

4) 高的耐火度

在高温液体金属作用下，型砂、芯砂不软化、不烧结的性能，称为耐火度。型砂耐火度不足会造成铸件粘砂，给切削加工带来困难。粘砂严重而难以清理的铸件可能成为废品。

5) 良好的退让性

铸件凝固后，冷却收缩时砂型和型芯的体积可以被压缩的性能，称为退让性。退让性差，阻碍金属收缩，使铸件产生内应力，甚至造成裂纹等缺陷。为了提高退让性，可在型砂中加入附加物，如草灰和木屑等，使砂粒间的空隙增加。

由于型芯工作时四周被高温金属液包围，工作条件比型砂更为恶劣，所以对芯砂除应具有更高的强度、耐火性、透气性和退让性外，还应具有较小的发气性、较低的吸湿性和较好的出砂性。

4. 造型和制芯

造型是指用型砂、模样、砂箱等工艺装备制造砂型的过程。制芯是将芯砂制成符合芯盒内部形状的砂芯的过程。

1) 造型

造型是砂型铸造的主要工艺过程之一，一般可分为手工造型和机器造型两大类。

(1) 手工造型。

手工造型和制芯是传统方法，然而现代手工造型、制芯已不像古老的操作那样，一切都凭人的体力去完成，像砂箱的搬运、翻转及向砂箱中填砂等笨重劳动，都可借助机械来完成。因而，现代手工造型，是指用手工完成紧砂、起模、修型及合箱等主要操作的造型过程。

手工造型操作灵活，模样、芯盒等工艺装备可以简化，同时无论铸件大小、结构复杂程度如何，都能适应。因此，在单件、小批量生产中，特别是重型的复杂铸件，手工造型应用较广，如表 2-3 所示。

表 2-3　常用手工造型方法特点及应用

造型方法	造型简图	特点	应用
整体模造型	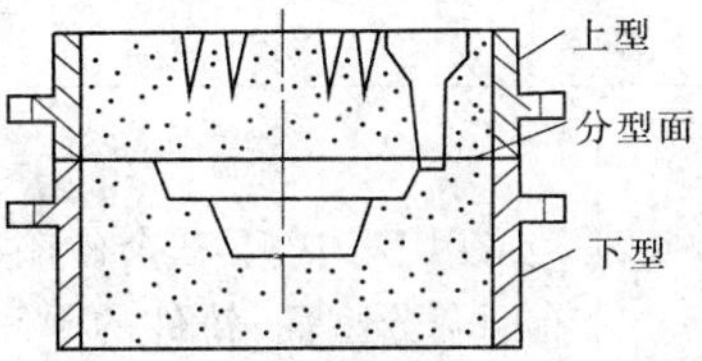	模样为一整体，分型面为一平面，型腔在同一砂箱中，不会产生错型缺陷，操作简单	最大截面在端部且为一平面的铸件，应用较广
分块模造型	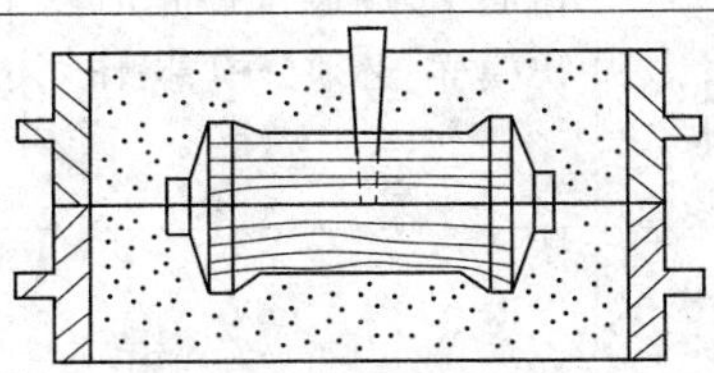	模样在最大截面处分开，型腔位于上型、下型中，操作较简单	最大截面在中部的铸件，常用于回转体类铸件
挖砂造型	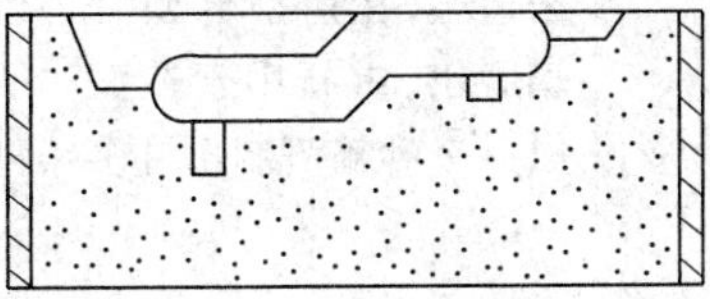	整体模样，分型面为一曲面，需挖去阻碍起模的型砂才能取出模样，对工人的操作技能要求高，生产率低	适宜中小型、分型面不平的铸件单件，小批生产

续表 2-3

造型方法	造型简图	特点	应用
假箱造型	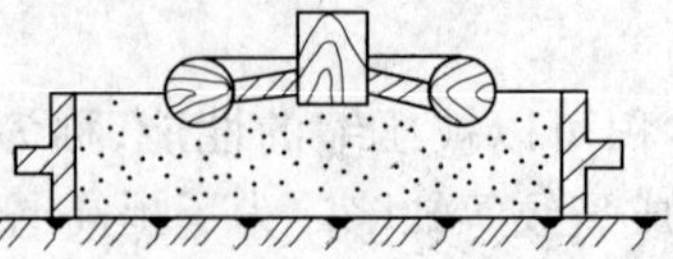	将模型置于预先做好的假箱或成型底板上,可直接造出曲面分型面,代替挖砂造型,操作较简单	用于小批或成批生产、分型面不平的铸件
活块造型	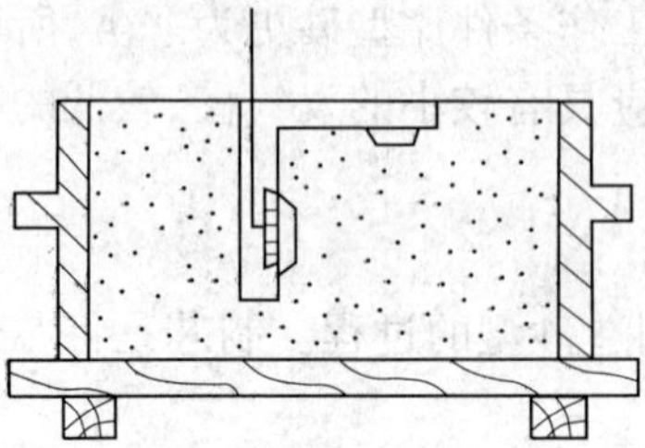	将模样上阻碍起模的部分做成活动的,取出模样主体部分后,小心将活块取出	造型较复杂,用于单件小批生产、带有凸台、难以起模的铸件
刮板造型	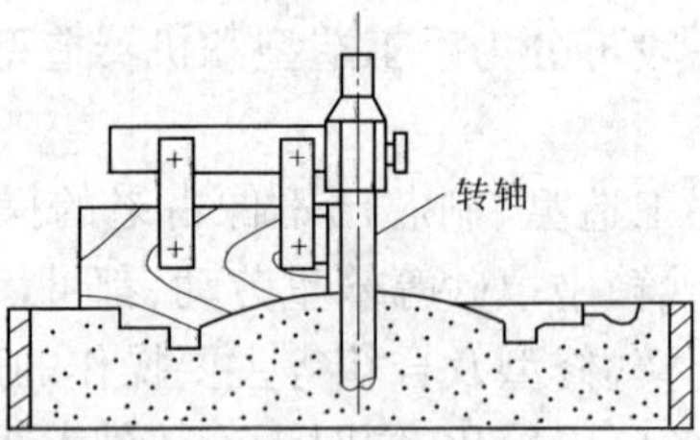	刮板形状和铸件截面相适应,代替实体模样,可省去制模的工序	单件小批生产,大、中型轮类,管类铸件
两箱造型	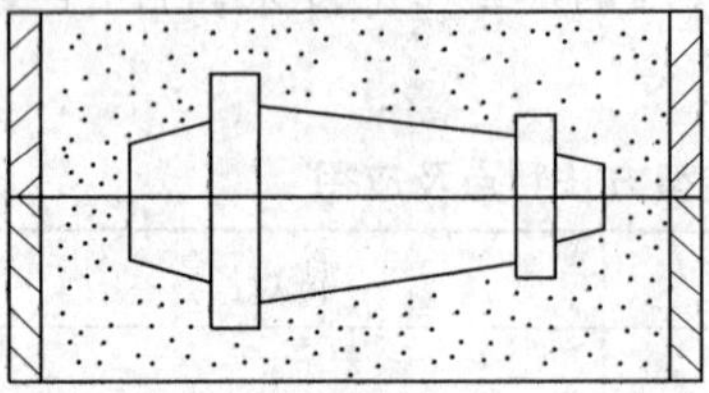	采用两个砂箱,只有一个分型面,操作简单	是应用最广泛的造型方法
三箱造型	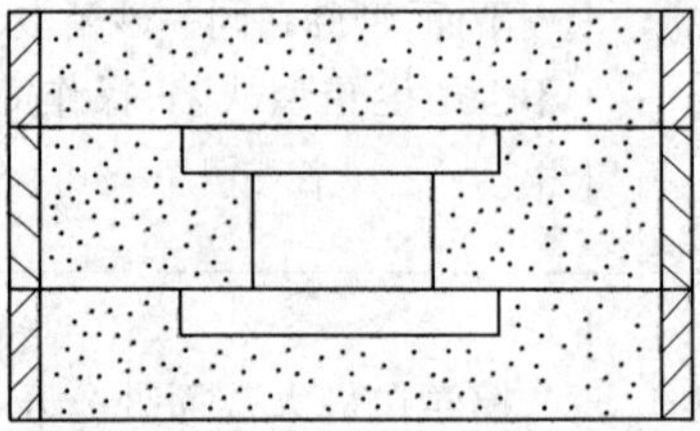	采用上、中、下三个砂箱,有两个分型面,铸件的中间截面小,用两个砂箱时取不出模样,必须分模,操作复杂	单件小批生产,适合于中间截面小、两端截面大的铸件
脱箱造型	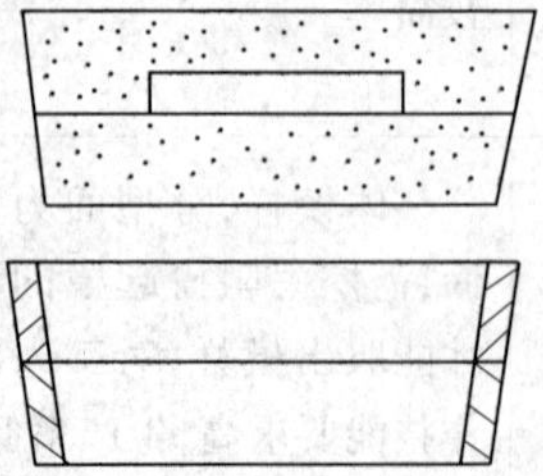	它是采用带有锥度的砂箱来造型,在铸型合型后将砂箱脱出,重新用于造型。所以一个砂箱可制出许多铸型	可用手工造型,也可用机器造型。用于大量、成批或单件生产的小件

续表 2-3

造型方法	造型简图	特点	应用
地坑造型	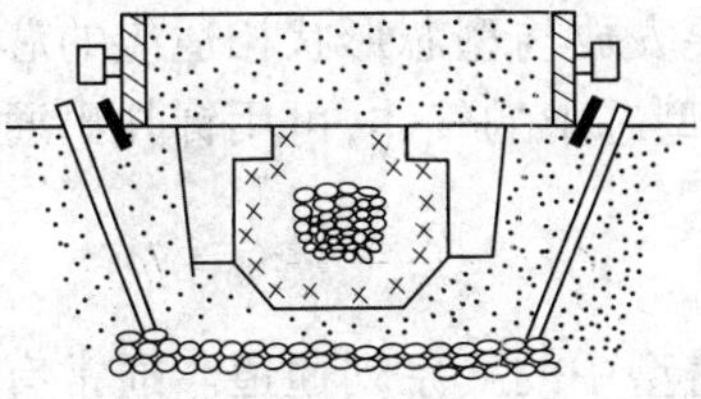	节省下砂箱，但造型费工	单件生产，大、中型铸件

(2)机器造型。

机器造型使紧砂和起模两个重要工序实现了机械化。同手工造型相比，机器造型生产率高，质量稳定，工人劳动强度低，在大批量生产中已代替大部分手工造型。但设备和工艺装备费用高，生产准备周期长。适用于大量和成批生产的铸件。机器造型有震实造型、压实造型、震压造型、抛砂造型、射砂造型等。以震压造型最常用，如图 2-4 所示。

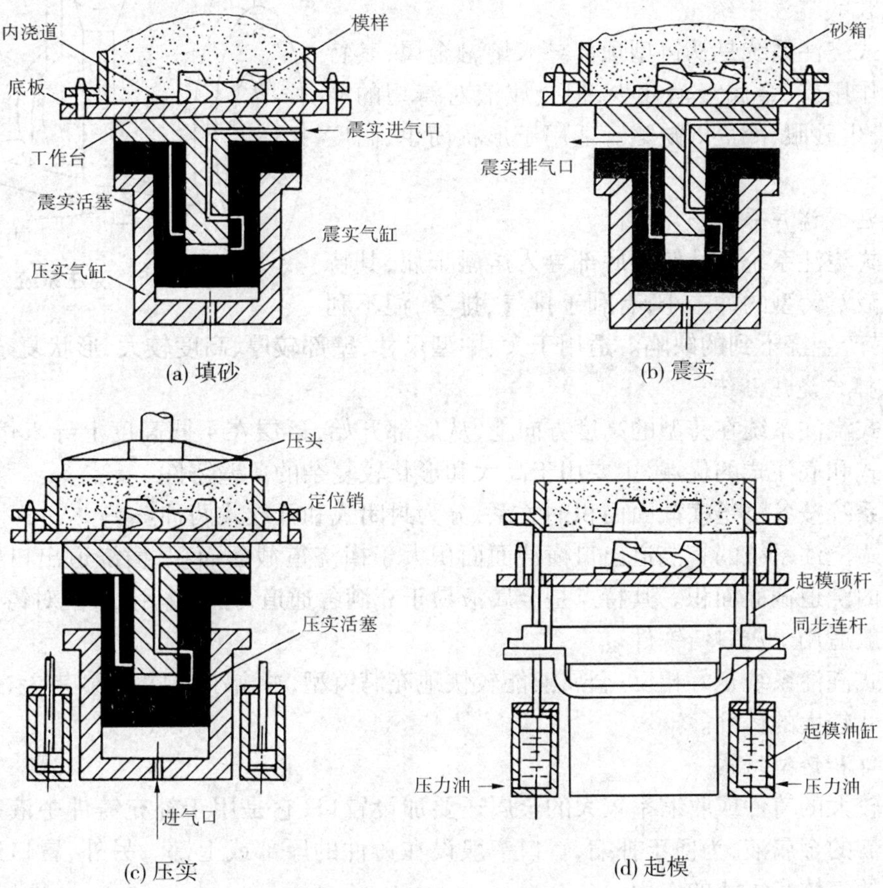

图 2-4　震压式造型机工作示意

2)制芯

型芯是铸型的重要组元之一，它的主要作用是形成铸件的内腔，有时也用它形成铸件的外形。制芯方法与造型方法相同,单件、小批生产时采用手工制芯,大批生产时采用机器制芯。制芯可用芯盒,也可用刮板,其中芯盒制芯是最常用的方法。型芯特别是水平放置的型芯在浇注过程中要受到金属液的浮力,大型芯在下芯合箱中要靠起吊装置吊运,因此为提高型芯的强度和便于吊运、装配型芯,在型芯中要安放与型芯形状相适应的芯骨。芯骨可用铁丝制成,也可用铸铁浇注而成。为了顺利排出型芯中的气体,可用针扎出通气孔或埋入蜡线形成通气孔。

5. 浇注系统

浇注系统是为填充型腔和冒口而开设于铸型中的一系列通道。通常有浇口杯、直浇道、横浇道、内浇道和冒口组成,如图 2-5 所示。其作用是承接和导入金属液,控制金属液的流动方向和速度,使金属液平稳地充满型腔;调节铸件各部分的温度分布;阻挡夹杂物进入型腔。合理的浇注系统对保证铸件质量,降低金属消耗有重要的意义。若浇注系统设置得不合理,易产生冲砂、砂眼、渣眼、浇不足、气孔和缩孔等缺陷。

浇注系统按熔融金属导入铸型的位置分为以下三种。

1)顶注式浇注系统

顶注式浇注系统是从铸型顶部导入熔融金属,其特点是补缩作用好、金属液消耗少,但金属液对铸型的冲击大,易产生砂眼、冷豆等缺陷。适用于形状简单、高度小的铸件。

2)底注式浇注系统

底注式浇注系统是从铸型底部导入熔融金属,其特点是金属液对铸型的冲击小,有利于排气、排渣,但不利于补缩,易产生浇不到的缺陷。适用于大、中型尺寸,壁部较厚、高度较大、形状复杂的铸件。

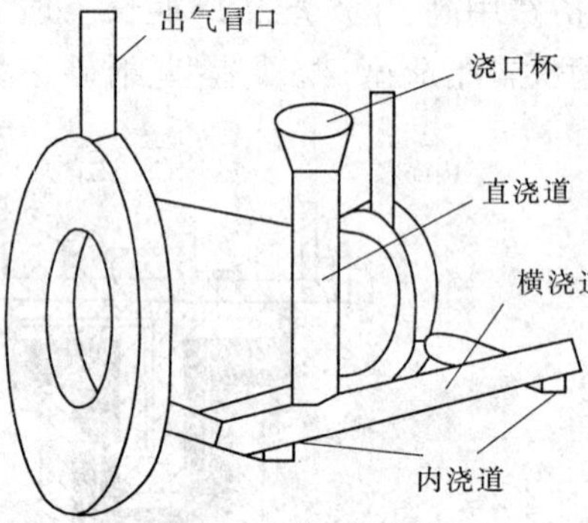

图 2-5　浇注系统

3)阶梯式浇注系统

阶梯式浇注系统在铸型的高度方向上,从底部开始,逐层在不同高度上导入熔融金属,具有顶注式和底注式的优点,主要用于高大和形状较复杂的薄壁铸件。

浇注系统按各浇道横截面面积的关系,分为封闭式和开放式两种。

封闭式浇注系统的直浇道出口横截面面积大于横浇道截面面积,横浇道出口横截面面积又大于内浇道截面面积。其特点是金属液易于充满各通道,挡渣作用好,但对铸型的冲击力大。一般适用于灰口铸铁件。

开放式浇注系统正好相反,金属液能较快地充满铸型,冲击小,但挡渣效果差,一般用于薄壁和尺寸较大的铸件。

6. 冒口和铸型结构

尺寸较大的铸件或收缩率较大的金属还要加设冒口,它是用于补充铸件中液态金属凝固收缩所需的金属液,为便于补缩,冒口一般设在铸件的厚部或上部。另外,冒口还兼有排除型腔中的气体和集渣的作用。

将铸型的各组元(上型、下型、芯、浇口杯等)组合成一个完整铸型的过程称为合型。合型时,应检查铸型内腔是否清洁,芯是否完好无损;芯的安放要准确、牢固,防止偏芯;砂箱的定位应当准确,以防错型。

7. 铸铁的熔炼和浇注

1）铸铁的熔炼

铸铁熔炼不仅仅是单纯的熔化，还包括冶炼过程，使浇进铸型的铁液在温度、化学成分和纯净度方面都符合预期要求。为此，在熔炼过程中要进行以控制质量为目的的各种检查测试，液态铁在达到各项规定指标后方能允许浇注。有时，为了达到更高的要求，铁液在出炉后还要经炉外处理，如脱硫、真空脱气、炉外精炼、孕育或变质处理等。熔炼铸铁常用的设备有冲天炉、电弧炉、感应炉、电阻炉、反射炉等。

冲天炉熔炼的铁液质量不及电炉好，但操作方便，可连续熔炼，生产率高，设备投资少，成本仅为电炉的十分之一，是目前常用且经济的熔炼方法。冲天炉炉料主要有金属料、燃料和熔剂三部分。金属料一般采用高炉生铁、回炉料、废钢和铁合金；燃料采用焦炭；熔剂采用石灰石和萤石，其主要作用是造渣。

电炉熔炼能准确调整铸铁液成分、温度，能保证铸件的质量，适合于过热和精炼，但耗电量大。冲天炉－感应电炉双联熔炼是采用冲天炉熔化铸铁，利用电炉进行过热、保温、储存、精炼，以确保铸铁液的质量。

2）浇注

浇注是指将熔融金属从浇包中浇入铸型的操作。为保证铸件质量，应对浇注温度和速度加以控制。

铸铁的浇注温度为液相线以上 200 ℃（一般为 1 250 ~ 1 470 ℃）。若浇注温度过高，金属液吸气多、体收缩大，铸件容易产生气孔、缩孔、粘砂等缺陷；若浇注温度过低，金属液流动性差，铸件易产生浇不到、冷隔等缺陷。

浇注速度过快会使铸型中的气体来不及排出而产生气孔，并易造成冲砂；浇注速度过慢，使型腔表面烘烤时间长，导致砂层翘起脱落，易产生夹砂结疤、夹砂等缺陷。

3）落砂、清理与检验

落砂是指用手工或机械方法使铸件与型（芯）砂分离的操作。落砂应在铸件充分冷却后进行，若落砂过早，铸件的冷速过快，会使灰铸铁表层出现白口组织，导致切削困难；若落砂过晚，收缩应力大，会使铸件产生裂纹，且影响生产率，因此浇注后应及时进行落砂。一般 10 kg 左右的铸件需冷却 1 ~ 2 h 才能开箱，上百吨的大型铸件需冷却十几天之久。

清理是指对落砂后的铸件清除表面粘砂、型砂、多余金属（包括浇冒口、飞翅和氧化皮）等过程。灰铸铁件上的浇注系统、冒口可用铁锤打掉；钢铸件上的浇注系统、冒口可用气割除去，但不能损伤铸件；有色金属铸件的浇冒口可用锯锯去。粘附在铸件表面的砂粒可用压缩空气吹掉，如属粘砂不能清除，需用砂轮打磨。

清理后应对铸件进行检验，并将合格铸件进行去应力退火。

（三）特种铸造

特种铸造是指与砂型铸造不同的其他铸造方法。特种铸造有近 20 种，常用的有熔模铸造、金属型铸造、压力铸造、离心铸造、壳型铸造、陶瓷型铸造等。各种特种铸造方法均有突出的特点和一定的局限性，下面简单介绍几种常用的特种铸造方法。

1. 金属型铸造

将液体金属注入金属（铸铁或耐热钢）制成的铸型内而获得铸件的过程，称为金属型铸造。金属型可以重复使用多次，又称为永久型。

根据分型面位置不同,金属型分为整体式、垂直分型式、水平分型式和复合分型式。垂直分型式金属型如图 2-6 所示,便于开设内浇道和取出铸件,易于实现机械化,应用较多。它由底座、定型、动型等组成,浇注系统在垂直的分型面上。为预防铸造缺陷、延长金属型寿命,浇注前应将金属型预热,并在内腔喷刷一层厚 0.3 ~0.4 mm 的涂料。浇注后待铸件凝固应适时开型取出铸件,以防铸件开裂或取出困难。浇注温度比砂型铸造高 20 ~30 ℃,以改善金属液的流动性。

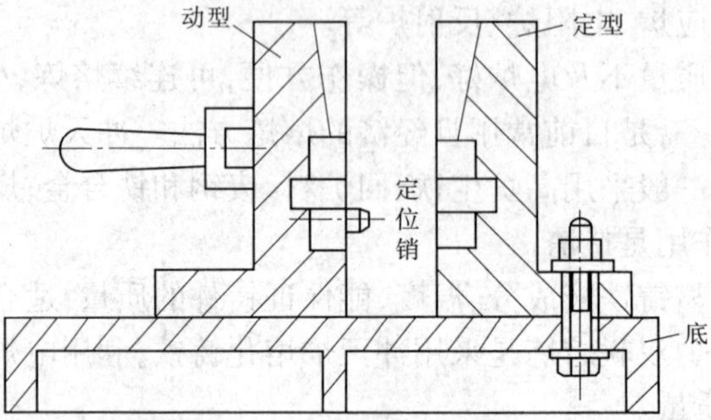

图 2-6　垂直分型式金属型

金属型铸造与砂型铸造比较,在技术上与经济上有许多优点:

(1)金属型导热快,铸件冷却迅速,晶粒细小,其力学性能比砂型铸件高。

(2)铸件的精度和表面质量比砂型铸件高,而且质量和尺寸稳定。金属铸件的尺寸精度为 CT6,表面粗糙度值 $R_a = 12.5 \sim 6.3\ \mu m$,加工余量小。

(3)实现了"一型多铸",工序简单,生产率高,劳动条件好。

金属型铸造虽有很多优点,但也有不足之处:

(1)金属型制造成本高、生产周期长。

(2)金属型不透气,而且无退让性,易造成铸件浇不足、气孔、开裂或铸铁件产生白口等缺陷。

(3)金属型铸造时,铸型的工作温度、合金的浇注温度和浇注速度,铸件在铸型中停留的时间及所用的涂料等,对铸件质量的影响甚为敏感,需要严格控制。

金属型铸造主要用于大批生产形状简单的有色合金(铝合金、铜合金或镁合金)铸件。如飞机、汽车、拖拉机、摩托车的铝合金活塞、泵体、铜合金轴瓦、轴套等。

2. 压力铸造

将熔融金属在一定压力下快速压入金属铸型中,并在压力下凝固而获得铸件的方法,称为压力铸造。常用压射比压为 5 ~100 m/s,冲型时间为 0.01 ~0.2 s。压铸工艺过程是:向型腔喷射涂料、闭合压型、压射金属、打开压型顶出铸件。

压铸机是压铸生产专用机器,主要由开合型、压射、抽芯、顶出铸件等机构组成,分为热压室式和冷压室式两类。热压室式以储存金属液体的坩埚作为压射机构的一部分,压室在液体金属中工作,常压制低熔点金属。冷压室式则不在压铸机内储存金属。冷压室式有立式和卧式两种,卧式冷室压铸机工作过程如图 2-7 所示,将金属液定量浇入压室中,压射冲头(活塞)以 40 ~100 MPa 的压力将其压入型腔。保压、冷凝后,用顶杆把铸件顶出。

压力铸造保留了金属型铸造的一些特点。金属型是依靠金属液体的重力充填铸型的,浇注薄壁件较为困难。为了保护型壁,需涂上较厚的涂料,影响了铸件精度。而压铸法是以

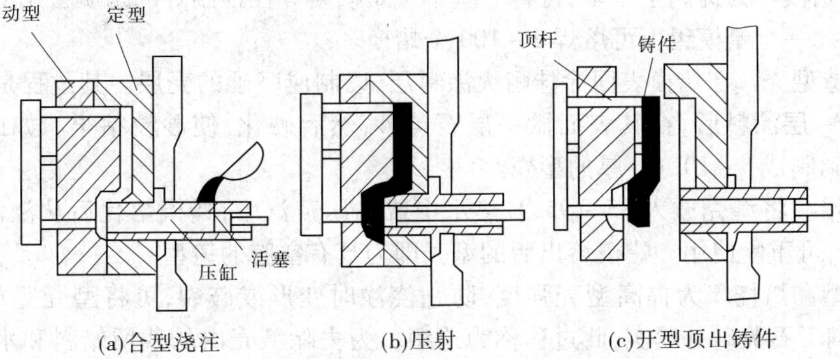

图 2-7　卧式冷室压铸机工作过程

高压高速金属液体注入铸型,故可得到形状复杂的薄壁件。高的压力保证了液体金属的流动性,因而可以适当降低浇注温度,不必使用涂料(或涂得很薄),即可提高零件的精度。各种孔眼、螺纹、精细的花纹图案,都可用压力铸造直接得到。

压力铸造具有如下特点:

(1)设备和压铸型费用高,压铸型制造周期长,所以只适应大批量生产。

(2)压铸件尺寸精度高,表面质量好。大多数压铸件不需要切削加工即可直接进行装配,可实现少、无切削加工,省料、省工、成本低。

(3)可铸出结构复杂、轮廓清晰的薄壁、深腔、精密铸件。铝合金铸件最小壁厚可达 0.5 mm,最小孔径为 0.7 mm。

(4)压铸件组织细密,强度、硬度比砂型铸件提高 25% ~40%。

(5)因金属液在高压高速下充型,在压力下凝固成形,铸件内常有小气孔存在于表皮下面,故压铸件的切削加工余量不能过大,以防气孔露出表面。压铸件不能进行热处理,因加热时气体膨胀会造成表面鼓泡或变形。

压力铸造主要用于大批量生产低熔点合金的中小铸件,如汽车、拖拉机、摩托车、仪表中的化油器、离合器、喇叭、各类薄型壳体等。另外,压力铸造已扩大到铸铁、碳钢和合金钢等铸件的生产,压铸件重量从几克到数十千克,是实现少切削和无切削加工的有效途径之一。

3. 熔模铸造

如图 2-8 所示,熔模铸造就是先用母模制造压型,然后用易熔材料制成模样,再用造型材料将其包覆,经过硬化后将模样熔去,从而制成无分型面的铸型壳,最后经浇注而获得铸件。由于熔模广泛使用蜡料制造,所以又称“失蜡铸造”。

1)熔模铸造的工艺过程

(1)制造母模。母模是用钢或铜合金制成的标准件,用其制造压型。

(2)制造压型。压型是用于压制模样的型。为保证蜡模质量,压型的尺寸精度和表面质量要求很高。当铸件精度高或大批量生产时,压型用钢、铝合金或锡青铜制成;铸件精度不高或生产批量不大时,可用易熔合金(锡、铅等)直接浇注出来;单件小批生产,也可用环氧树脂、石膏等制成。

(3)制造熔模。熔模是指可以在热水或蒸汽中熔化的模样,其制作过程是:将熔融(糊状)蜡料(常用 50% 石蜡和 50% 硬脂酸组成)压入压型,冷凝后取出,用水冷却,经修整检验后得到单个蜡模。为提高生产率,可将一些单个蜡模熔焊在预制好的蜡质公用浇注系统上,构成蜡模组。一个蜡模组上可熔焊 2 ~ 100 个蜡模。

(4)制造型壳。在蜡模表面涂挂耐火涂料层,以制成坚硬的壳层。其过程是:在蜡模表面均匀挂上一层涂料后,在其表面撒一层石英砂,然后硬化,使砂粒粘牢。如此重复进行 4 ~ 5 次,直到制成 5 ~ 10 mm 厚的型壳。

(5)脱蜡。将型壳放入 85 ~ 95 ℃ 热水中或高压蒸汽中,蜡模熔化后从浇注系统中流出,收取蜡料可重复使用。蜡模熔出后的型壳即为具有空腔的铸型。

(6)造型和焙烧。为提高型壳强度,防止浇注时变形或破裂,可将型壳竖放在耐热箱中,周围填满干石英砂并紧实,此过程称为造型。为去除型壳内的残留蜡料和水分,提高型壳质量,需将装好型壳的耐热箱在 900 ~ 950 ℃ 下焙烧。

(7)浇注、落砂和清理。为提高金属液充型能力,防止产生浇不到、冷隔,焙烧后趁热(型壳温度为 600 ~ 700 ℃)进行浇注。

铸件冷凝后毁掉铸型,切去浇注系统,放入 150 ℃、浓度为 45% 的苛性钠水溶液中进行化学处理,以彻底清洗铸件。化学处理后用水洗净并烘干,对其进行热处理和成品检验。

熔模铸造的工艺过程所图 2-8 所示。

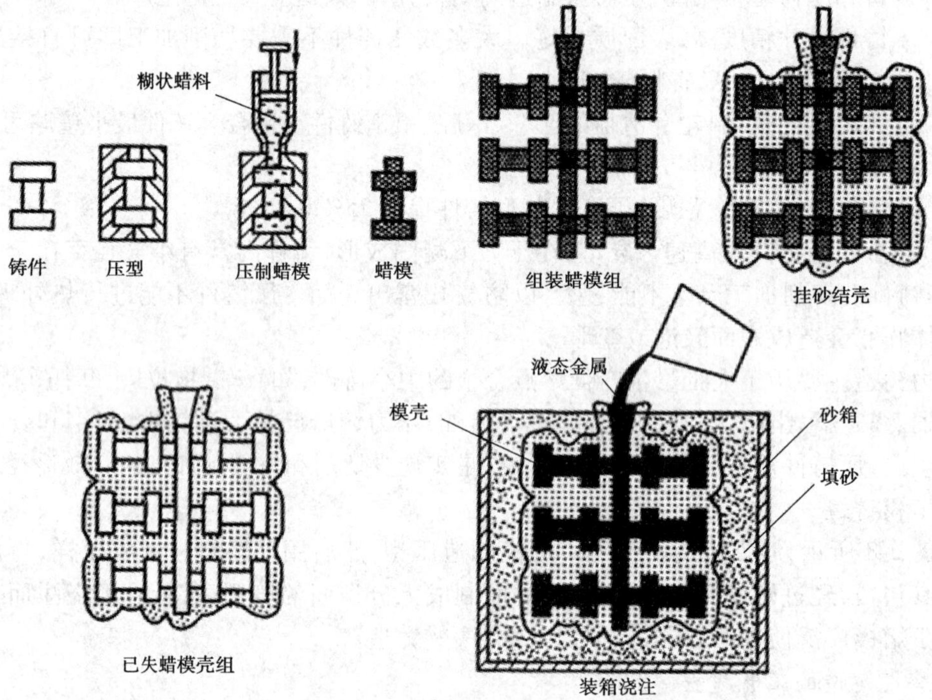

图 2-8　熔模铸造的工艺过程

2)熔模铸造特点和应用范围

(1)可生产形状复杂、轮廓清晰、薄壁(最小为 0.7 mm)且无分型面的铸件。

(2)熔模铸造的尺寸精度高,表面粗糙度值低,可实现少(无)切削加工。

(3)能铸造各种合金铸件,尤其适于铸造高熔点、难切削加工和利用其他加工方法难以成形的合金,如耐热合金、磁钢和不锈钢等。

(4)生产批量不受限制,可实现机械化流水线生产。

(5)工艺过程复杂、生产周期较长(4～15 d),生产成本较高。

(6)因蜡模易变形,型壳强度不高等,铸件质量一般不超过25 kg。

熔模铸造主要用于生产各种复杂形状的小型零件,如各种汽轮机、发动机的叶片,汽车、拖拉机、风动工具、机床上的小型零件及刀具等。

4. 离心铸造

将熔融金属浇入绕水平、倾斜或立轴旋转的铸型中,使金属在离心力作用下充填铸型并结晶凝固获得铸件的方法,称为离心铸造。离心铸造是在离心铸造机上用金属或砂型进行的。铸件轴线与旋转铸型的轴线重合。

离心铸造在离心铸造机上进行,按铸型旋转空间位置不同,分为立式和卧式两种类型,图2-9为立式和卧式离心铸造法。立式离心铸造机主要用于生产直径大于高度的圆环类铸件,卧式机主要用于生产长度大于直径的套类和管类铸件。

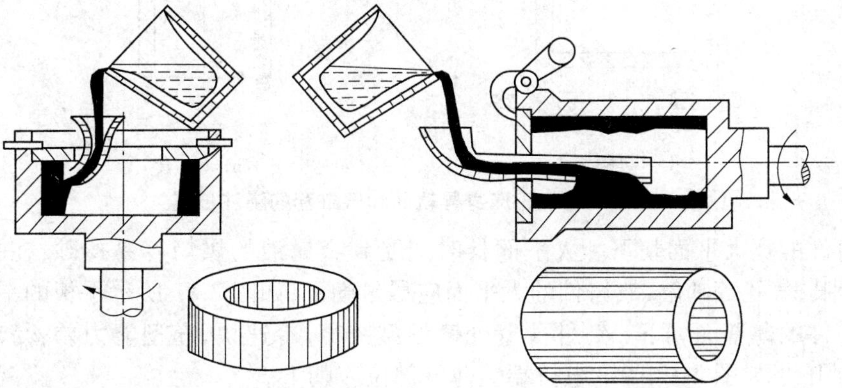

(a)立式　　(b)卧式

图2-9　离心铸造法

离心铸造时,金属液在离心力作用下,结晶从外向内顺序进行,铸件组织细密,无缩孔、缩松、气孔、夹渣,力学性能好;铸造圆形中空铸件不用型芯;不用浇注系统,减少了金属消耗,生产率高,成本低;可铸造双金属铸件,如钢套内镶铜,其结合面牢固、耐磨,可节约贵重金属材料,铸件表面R_a值为12.5～6.3 μm。其缺点是铸件的比重偏析大,金属液中的气体、熔渣等密度小的夹杂物,集中在内表面;铸件的内表面粗糙、尺寸误差大,所以易产生偏析的合金(如铅青铜),不宜采用离心铸造。

离心铸造适用于制造空心旋转体铸件,如各种管道、汽车和拖拉机缸套等。还可以进行双层金属离心铸造,如用于机床主轴的封闭式钢套离心挂铜结构轴承等。

四、铸造工艺

铸造工艺设计就是根据铸件结构特点、技术要求、生产批量、生产条件等,确定铸造方案和工艺参数,绘制图样和标注符号、编制工艺和工艺规程等。其主要内容是绘制铸造工艺图和铸件图。

(一)铸造工艺图

铸造工艺图是直接在零件图上用规定的红蓝色工艺符号表示出铸件的浇注位置、分型面、型芯的形状、数量和芯头大小,机械加工余量,起模斜度和收缩率,浇注系统及冒口、冷铁等的工程图样。铸造工艺图是制造模样、模板、铸型、生产准备和验收最基本的工艺文件。

1. 浇注位置的确定

浇注位置是浇注时铸件在铸型中所处的位置。浇注位置对铸件的质量影响很大,确定浇注位置时应考虑以下原则。

(1)主要工作面和重要面应朝下或置于侧壁。气孔、夹渣等缺陷多出现在铸件上表面,而底部或侧面组织致密,缺陷少,质量好。图 2-10 所示为机床床身导轨面和气缸套的浇注位置。

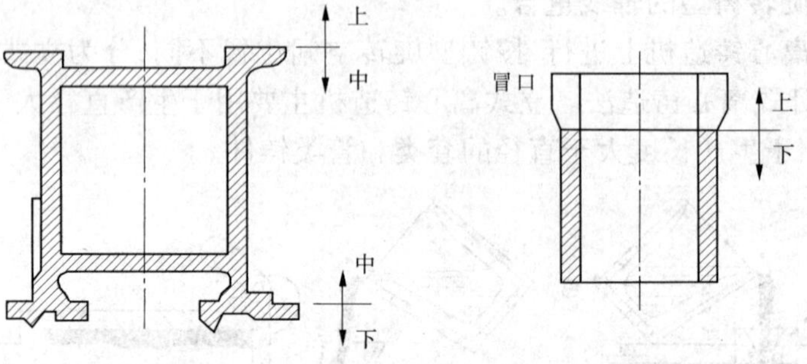

(a)机床床身　(b)气缸套

图 2-10　机床床身导轨面和气缸套的浇注位置

(2)铸件的宽大平面朝下。大平面长时间受到金属液的烘烤容易掉砂,在平面上易产生夹砂、砂眼、气孔等缺陷,故铸件的大平面应尽量朝下,如图 2-11 所示平板的平面应朝下。

(3)铸件的薄壁面朝下。铸件薄壁处铸型型腔窄,冷速快,充型能力差,易出现浇不到和冷隔的缺陷。如图 2-12 所示电机端盖薄壁部位应朝下。

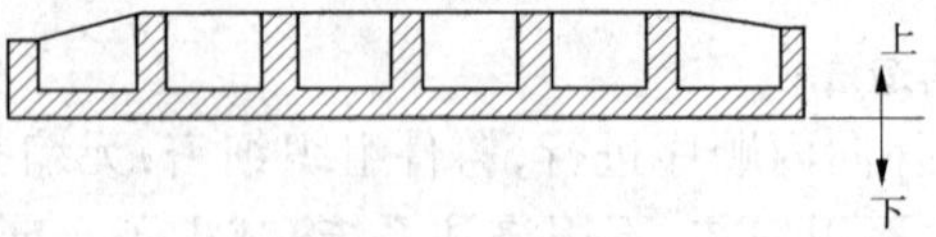

图 2-11　平板

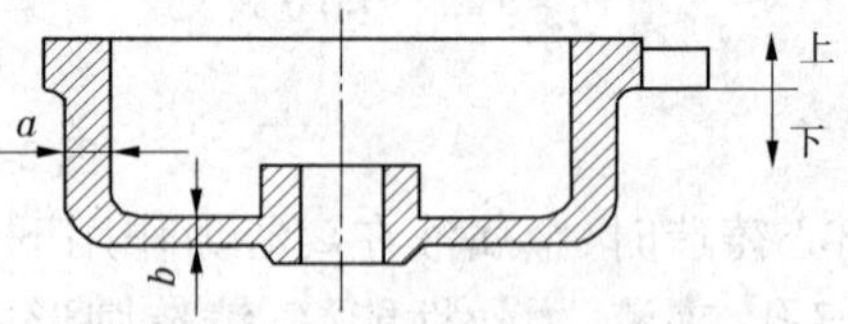

图 2-12　电机端盖

(4)铸件的厚大部分朝上,便于补缩。将厚大部分放于上部,可使金属液按自下而上的顺序凝固,在最后凝固部分便于采用冒口补缩,以防止缩孔的产生。

(5)浇注位置应利于减少型芯,便于安装型芯。通常型芯用来获得内孔和内腔,有时也为了获得局部的外形。采用型芯会使造型工艺复杂,增加成本,因此选择浇注位置应有利于减少型芯数目。

2. 分型面的确定

铸型的分型面是指铸型间相互接触的表面。分型面选择是否恰当,对铸件质量、制模、制芯、合型等工序的复杂程度及切削加工等均有很大的影响。选择铸型分型面时应在保证铸件质量的前提下,尽量简化造型工艺,便于起模。如表 2-4 所示为确定分型面的基本原则、图例及说明。

上述几项原则,对于具体铸件来说,往往彼此矛盾,难以全面符合。因此,在确定浇注位置和选择分型面时,要作全面分析,抓住主要矛盾。至于次要矛盾,可从工艺措施上设法解决。如对质量要求高的铸件来说,浇注位置的选择是主要的,分型面的选择处于从属地位;

而对质量要求不高的铸件，则应主要从简化造型工艺出发，合理选择分型面，浇注位置的选择则退居次要地位。

表 2-4　分型面确定原则及图例

分型面确定原则	图例	说明
尽可能使铸件全部或主要部分置于同一砂箱中，以避免错型而造成尺寸偏差	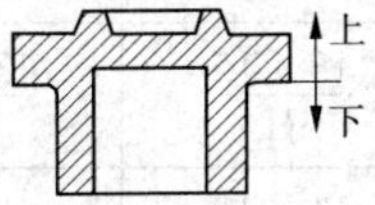 (a)不合理 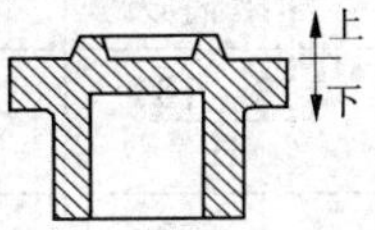 (b)合理	(a)不合理，铸件分别处于两个砂箱中 (b)合理，铸件处于同一砂箱中，既便于合型，又可避免错型
尽可能使分型面平直	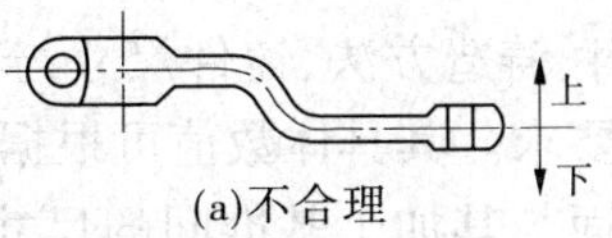 (a)不合理 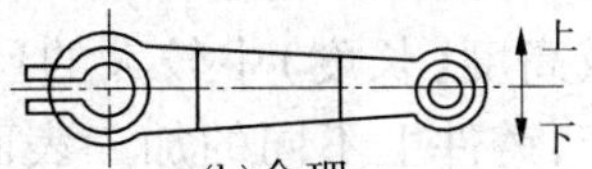 (b)合理	(a)若采用俯视图弯曲对称面作为分型面，则需要采用挖砂或假箱造型，使铸造工艺复杂化 (b)起重臂按图中所示分型面为一平面可用分模造型、起模方便
尽量减少分型面	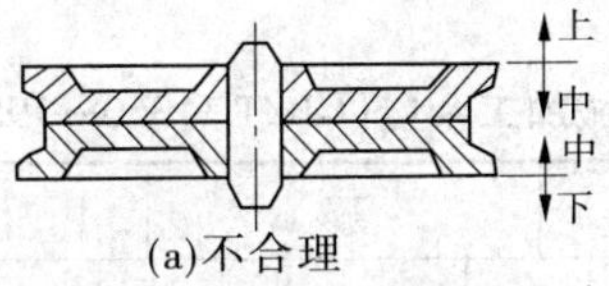 (a)不合理 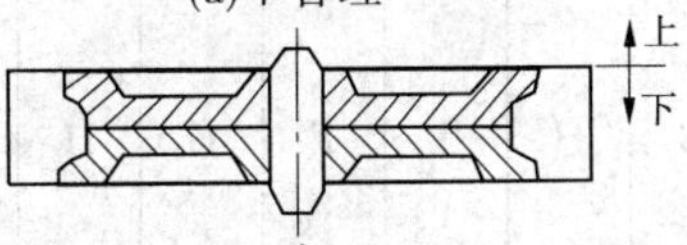 (b)合理	(a)槽轮部分用三箱手工造型，操作复杂 (b)若槽轮部分用环形芯来形成，可用二箱造型，简化造型过程，又保证铸件质量，提高生产率

3. 铸造主要工艺参数的确定

铸造工艺参数是指铸造工艺设计时需要确定的某些数据。主要指加工余量、起模斜度、铸造收缩率、型芯头尺寸、铸造圆角等。

在铸造过程中，为了便于制作模样和简化造型操作，一般在确定工艺参数前要根据零件的形状特征简化铸件结构。如零件上的小凸台、小凹槽、小孔等可以不铸出，留待以后切削加工。在单件小批生产条件下铸件的孔径小于 30 mm、凸台高度和凹槽深度小于 10 mm 时，可以不铸出。

1)加工余量和尺寸公差

加工余量是铸件加工面上，在铸造工艺设计时预先增加的，在机械加工时需切除的金属层厚度。尺寸公差是指铸件基本尺寸允许的最大极限尺寸和最小极限尺寸之差值。根据《铸件机械加工余量》(GB/T 11350—1989)的规定，确定尺寸公差和加工余量前，必须先确定铸件的尺寸公差等级和加工余量等级。

铸件公差等级用代号 CT 表示，分 1 ~ 16 级，精度依次降低。加工余量等级用代号 MA 表示，其等级由精到粗分为 A、B、C、D、E、F、G、H、J 共 9 个。铸件的公差等级和加工余量等级是根据生产批量、铸造合金种类、铸件大小、铸造方法等确定的。如表 2-5 所示为砂型铸造常用铸造合金单件和小批量生产时公差等级及与之配套的加工余量等级。

表 2-5　单件和小批量生产时铸件公差等级及与之配套的加工余量等级

造型材料	CT/MA					
	铸钢	灰铸铁	球墨铸铁	可锻铸铁	铜合金	轻金属合金
干、湿砂型	13 ~ 15 / J	13 ~ 15 / H	13 ~ 15 / H	13 ~ 15 / H	13 ~ 15 / H	12 ~ 14 / H
自硬砂	12 ~ 14 / J	11 ~ 13 / H	11 ~ 13 / H	11 ~ 13 / H	10 ~ 12 / H	9 ~ 11 / H

注：表中分子上的数字表示尺寸公差等级，分母上的字母表示加工余量等级。

（1）加工余量的大小取决于铸件材料、铸造方法、铸件尺寸与形状复杂程度、生产批量、加工面在铸型中的位置及加工面的质量要求。其具体数值可根据表 2-6 选取。表中基本尺寸是指加工表面的最大基本尺寸或该表面与其加工基准间的尺寸二者中较大的尺寸；确定旋转体加工余量时，基本尺寸取其直径或高度（长度）中较大的尺寸。使用表 2-6 确定加工余量值时的几条规则：单件和小批量生产，铸件上不同的加工表面，允许采用相同的加工余量值；砂型铸件顶面的加工余量等级应比底、侧面的加工余量等级降一级选取；孔的加工余量等级，可采用与顶面相同的等级。

表 2-6　铸件的机械加工余量（GB/T 11350—1989）

尺寸公差等级 CT	11				12				13				14		15	
加工余量等级 MA	E	F	G	H	F	G	H	J	F	G	H	J	H	J	H	J
基本尺寸	加工余量数值															
~100	3.0 2.0	3.5 2.5	4.0 3.0	4.5 3.5	4.0 2.5	4.5 3.0	5.0 3.5	6.0 4.0	5.5 3.5	6.0 4.0	6.5 4.5	7.5 5.5	7.5 5.0	8.5 6.0	9.0 5.5	10 6.5
>100 ~ 160	3.5 2.5	4.0 3.0	4.5 3.5	5.5 4.5	5.0 3.5	5.5 4.0	6.5 5.0	7.5 6.0	6.5 4.0	7.0 4.5	8.0 5.5	9.0 6.5	9.0 6.0	10 7.0	11 7.0	12 8.0
>160 ~ 250	4.5 3.5	5.0 3.5	6.0 4.5	7.0 5.5	6.0 4.0	7.0 5.0	8.0 6.0	9.5 7.5	7.5 5.0	8.5 6.0	9.5 7.0	11 8.5	11 7.5	13 9.0	13 8.5	15 10
>250 ~ 400	5.0 4.0	6.0 4.5	7.0 5.5	8.5 7.0	7.0 5.0	8.0 6.0	9.5 7.5	11 9.0	8.5 5.5	9.5 6.5	11 8.0	13 10	13 9.0	15 11	15 10	17 12
>400 ~ 630	5.5 4.0	6.5 5.0	7.5 6.0	9.5 8.0	8.0 5.5	9.0 6.5	11 8.5	14 11	10 6.5	11 7.5	13 9.5	16 12	15 11	18 13	17 12	20 14
>630 ~ 1 000	6.5 4.5	7.5 5.5	9.0 7.0	11 9.0	9.0 6.5	11 8.0	13 10	16 13	12 7.5	13 9.0	15 11	18 14	17 12	20 15	20 14	23 17

注：表中每栏有两个加工余量数值，上面的数值为以一侧为基准进行单侧加工的加工余量值，下面的数值为进行双侧加工时每侧的加工余量值。

(2)铸件尺寸公差数值按《铸件　尺寸公差与机械加工余量》(GB 6414—1999)确定。铸件尺寸公差在图样上的标注方法有两种:其一是采用公差等级代号标注,如 GB 6414—1986CT10;其二是将公差直接在铸件基本尺寸后面标注,如 95 ±3.2。

2)起模斜度

为使模样从铸型中取出或型芯从芯盒中脱出,平行于起模方向在模样(或芯盒)壁上所增加的斜度称为起模斜度。

模样的起模斜度有三种取法,如图 2-13 所示。壁厚小于 8 mm 的铸件可采用增厚法;壁厚为 8 ~ 12 mm 的铸件可采用加减壁厚法,壁厚大于 12 mm 的铸件可采用减厚法。对于需要机械加工的壁必须采用增加壁厚法。起模斜度需要增减的数值可按表 2-7 确定。当铸件上的孔高度与直径之比小于 1($H/D<1$)时,可用自带芯子的方法铸孔,用自带芯子的起模斜度一般应大于外壁斜度。

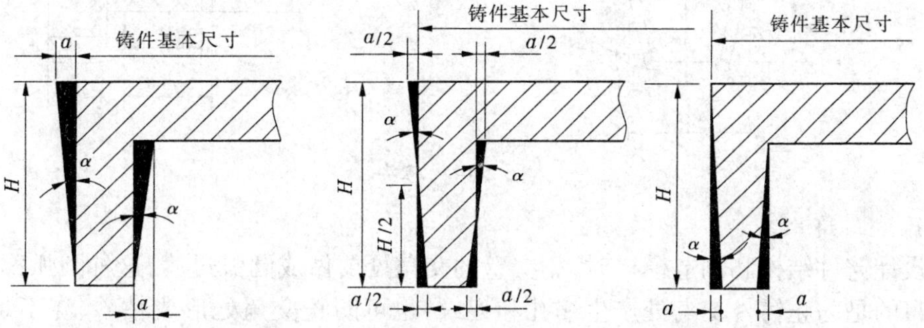

(a)增加铸件厚度　(b)加减铸件厚度　(c)减少铸件厚度

图 2-13　起模斜度的取法

表 2-7　黏土砂造型时模样外表面的起模斜度(JB/T 5105—1991)

测量高度 H(mm)	起模斜度≤			
	金属模样、塑料模样		木模样	
	α	a(mm)	α	a(mm)
≤10	2°20′	0.4	2°55′	0.6
>10 ~ 40	1°10′	0.8	1°25′	1.0
>40 ~ 100	0°30′	1.0	0°40′	1.2
>100 ~ 160	0°25′	1.2	0°30′	1.4
>160 ~ 250	0°20′	1.6	0°25′	1.8
>250 ~ 400	0°20′	2.4	0°25′	3.0

3)收缩

为补偿铸件在冷却过程中产生的收缩,模样比铸件图样尺寸增大的数值大小,主要与合金种类及型砂的退让性等因素有关。通常,中小型灰铸铁件线收缩率约取 1%,有色金属约取 1.5%,铸钢件约取 2%。

4)芯头设计

芯头是砂芯的外伸部分,它不形成铸件的轮廓,只是落入芯座内,对砂芯进行定位和支承,芯头有垂直芯头和水平芯头两种,如图 2-14 所示。芯头设计的原则是使型芯定位准确,安放牢固,排气通畅,合箱与清砂方便。芯头的长度、斜度、间隙大小可以查阅有关手册。

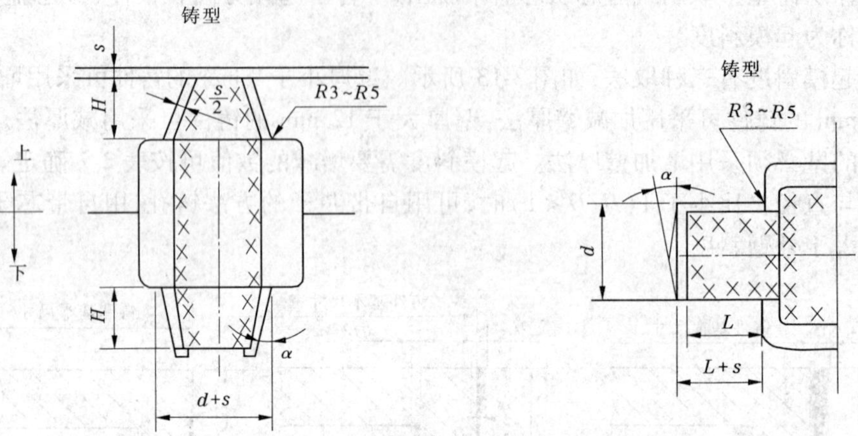

图 2-14 芯头

5)铸造圆角

在设计铸件结构和制造模样时,相交壁的交角处要做成圆弧过渡,这种圆弧称为铸造圆角。其目的是防止铸件交角处产生缩孔和裂纹,也可防止交角处形成粘砂、浇不足等缺陷。但分型面的转角处不能有圆角。一般内圆角半径可按相邻两壁平均厚度的 1/5 ~ 1/3 选取,外圆角半径可取内圆角半径的一半。一般小型铸件内圆角半径取 2 ~ 8 mm。

4.铸造工艺图绘制

在确定了铸件浇注位置、分型面、型芯结构、浇注系统及有关参数等内容后,即可绘制铸造工艺图,铸造工艺符号及绘制方法参阅铸件工艺符号及表示方法(JB/T 2435—1978)。

铸造工艺图有两种绘法。单件、小批生产时,可直接在零件图上绘制,供制造模样、造型和检验使用;在大批量生产时,可另绘铸造工艺图。

下面主要介绍在零件图上绘制铸造工艺图的方法。

例如,图 2-15(a)为连接盘零件图,材料为 HT200,采用砂型铸造,年生产量为 200 件,试绘出铸造工艺图。

(1)该零件属小批量生产,零件上ϕ60 mm 的孔要铸出,因此需采用一个型芯。而四个ϕ12 mm 的小孔可不铸出,铸后采用机械加工的方法加工出该孔,铸造工艺图上的不铸出孔可用红线打叉,见图 2-15(b)。

(2)因铸件各面全要机械加工,为使造型工艺简单、方便,选ϕ200 mm 端面为分型面,采用两箱整体模造型。分型面用红线按图 2-15(b)所示方法表示,并写出“上、下”。

(3)铸件基本尺寸取最大尺寸ϕ200 mm。查表 2-6,砂型铸造灰口铸铁的公差及配套的加工余量等级为 14/H。按规定,顶面和孔的加工余量等级应降一级,由 H 级降为 J 级。

铸件各加工面上的加工余量数值查表 2-5 得:ϕ200 mm 顶面的单侧加工余量为 9 mm;ϕ200 mm 与ϕ20 mm 相邻的台阶面可视为底面,得单侧加工余量为 7.5 mm;ϕ200 mm 外圆单侧的加工余量为 7.5 mm;ϕ120 mm 外圆的单侧加工余量为 6.0 mm;ϕ120 mm 端面是底

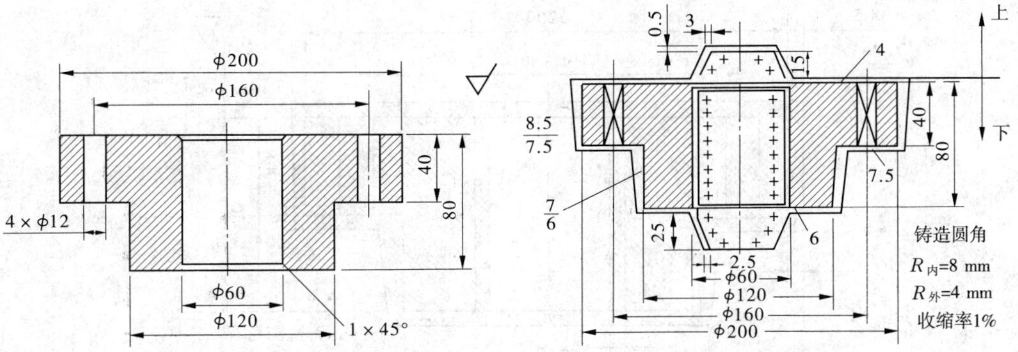

(a)零件图　　(b)铸造工艺图

图 2-15　连接盘的零件图和铸造工艺图

面,单侧加工余量为 6.0 mm;φ60 mm 孔的单侧加工余量为 6.0 mm。

加工余量可用红色线在加工符号附近注明加工余量的数值,凡带起模斜度的加工余量应注明斜度,见图 2-15(b)。

(4)铸件各面全要机械加工,起模斜度按零件图尺寸采用增厚法。两处平行于起模方向的侧壁高度均为 40 mm,查表 2-7 得起模斜度 a 为 1.0 mm。图 2-15(b)中“8.5/7.5”和“7/6”表示考虑了加工余量和起模斜度后,上端分别加 8.5 mm 和 7 mm,下端分别加7.5 mm 和 6.0 mm。

(5)由于是小批生产,铸件各尺寸方向的铸造收缩率可取相同的数值 1%。

(6)该芯头为垂直芯头。查有关手册得芯头尺寸,见图 2-15(b)。

(7)铸造圆角按 1/5 ~ 1/3 壁厚的方法,取 R 内为 8 mm;R 外为 4 mm。

(8)绘出铸造工艺图,见图 2-15(b)。

铸件图是反映铸件实际尺寸、形状和技术要求的图样,是铸造生产、铸件检验与验收的主要依据,也是机械加工工艺装备设计的依据。铸件图应在完成了铸造工艺图的基础上画出,用图形、工艺符号和文字标注。内容包括:切削加工余量、零件实际尺寸、不铸出的孔槽、铸件尺寸公差、硬度、不允许出现的铸造缺陷、检验方法及相关的铸造工艺符号等。图 2-16 是根据图 2-15(b)的铸造工艺图绘制而成的铸件图。

(二)铸件结构的工艺性

铸件结构的工艺性是指所设计的铸件结构应在满足使用要求的前提下,符合铸造性能和铸造工艺对铸件结构的要求与经济性。合理地设计铸件结构,可达到工艺简单、经济、快速生产出合格铸件的目的。因此,铸件结构设计中应注意以下几方面。

1. 铸件的外形

1)外形力求简单平直

尽量采用规则的易加工平面、圆柱面等,避免不必要的曲面、内凹等,以便于制模和造型,简化铸造生产的各个工序。

2)避免或减少活块

合理设计零件上的凸台、肋板,厚度应适当,分布应合理,以方便起模。图 2-17(a)上的凸台一般要用活块才能取出模样;若采用图 2-17(b)所示结构,将凸台延伸,可采用简单的两箱造型,避免了活块。

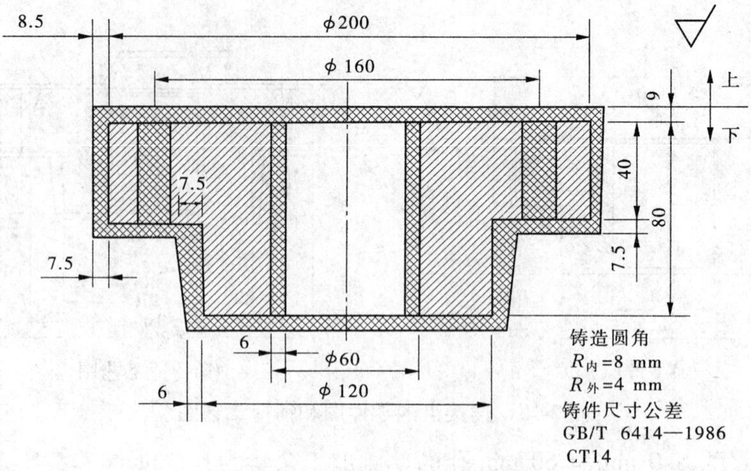

图 2-16　连接盘铸件图

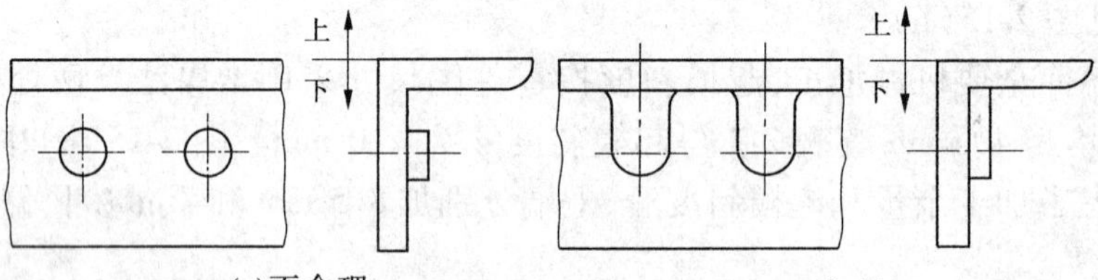

(a)不合理　　(b)合理

图 2-17　避免活块示例

3)尽量减少分型面的数量

分型面少且为平面可避免多箱造型和不必要的型芯,不仅可简化造型工艺,还能减少错型和偏芯,提高铸件精度。图 2-18 为底座铸件,若采用 2-18(a)结构,需采用三箱造型或外芯辅助造型,工艺复杂;若将其外形改进为 2-18(b)结构,则可采用简单的两箱造型。

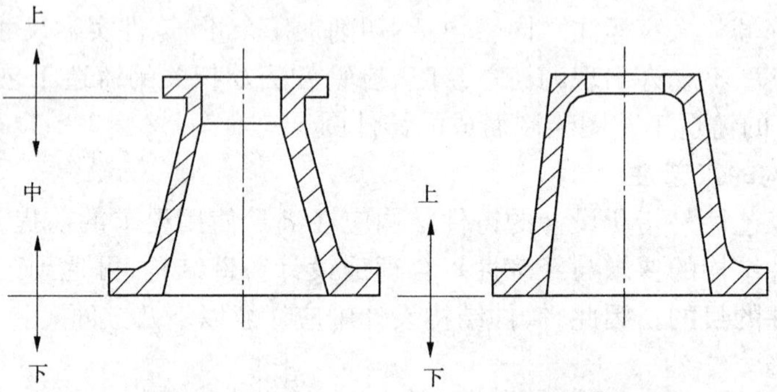

(a)原设计　　(b)改进后设计

图 2-18　底座铸件减少分型面设计

4)应设计结构斜度

在垂直于分型面的非加工面应设计适当的结构斜度,以便于起模,提高铸件精度,避免在起模时损坏型腔。一般手工造型木模的结构斜度为 1°~3°。铸件垂直壁的高度增加,结构斜度减小;内壁的斜度大于外壁的斜度;木模或手工造型的斜度大于金属模或机器造型,有结构斜度的内腔,有时可采用吊砂或自带芯子。如图 2-19 所示为结构斜度示例。

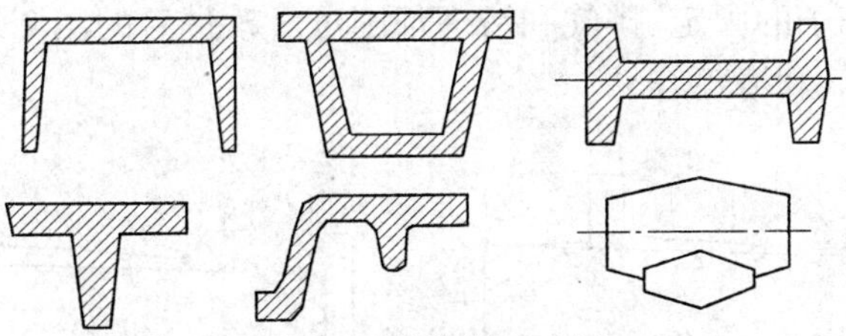

图 2-19　结构斜度示例

5）避免收缩受阻

铸件的结构应利于自由收缩，以免产生较大的铸造内应力，防止铸件开裂。图 2-20 为轮辐设计方案，图 2-20（a）所示方案采用偶数直轮辐，虽然制模方便，但铸件收缩受阻，易在轮辐处产生裂纹；若改为图 2-20（b）或图 2-20（c）所示方案，收缩时可借弯曲轮辐或奇数轮辐轮缘的微量变形减少铸造内应力，防止开裂。

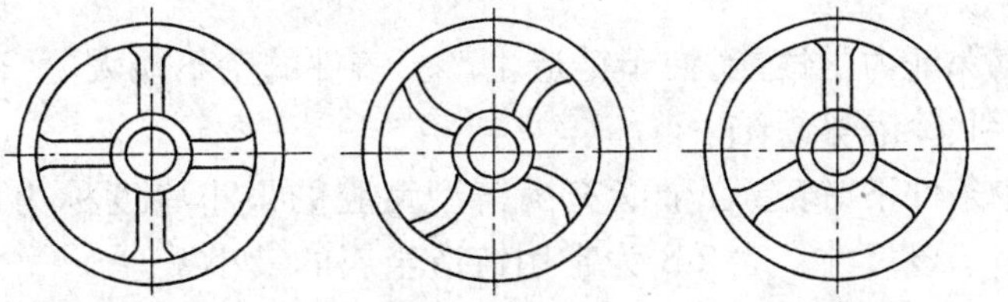

(a)不合理　(b)合理　(c)合理

图 2-20　轮辐设计方案

6）避免过大水平面

过大的水平面不利于金属液的填充，易产生浇不到和冷隔；不利于排除气体和夹杂物；在大的水平面上方，铸型受金属液的烘烤，易开裂使铸件产生夹砂缺陷。将大的水平面改为倾斜面，可防止产生上述缺陷。

2. 铸件的孔和内腔

1）尽量少用或不用芯

铸件上的孔和内腔是用型芯来形成的，其数量的增加会使生产周期延长，成本增高，并使合型装配困难，降低铸件的精度，容易引起各种铸造缺陷。图 2-21 为悬臂支架的设计，图 2-21（a）是中空结构，需要用一芯来铸出，改进后图 2-21（b）为开式结构，可不用芯子，这样就简化了铸造工艺。

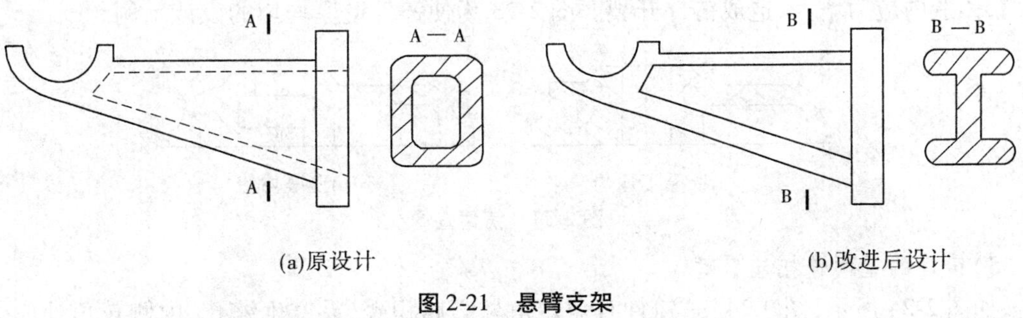

(a)原设计　(b)改进后设计

图 2-21　悬臂支架

2）有利于芯的固定、排气和清理，防止产生偏芯、气孔等缺陷

图 2-22（a）为轴承支架铸件，结构的内腔要用两个芯形成，其中较大的为悬臂芯，装配

时要用芯撑来支承,芯子的固定、排气和清理都困难。改进后的图2-22(b)结构只用一个整体芯,下芯方便,且排气和清理容易。

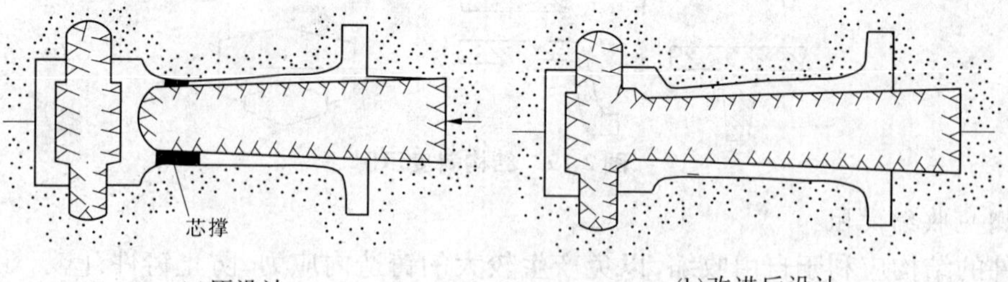

(a)原设计　　(b)改进后设计

图2-22　轴承支架铸件

3. 铸件的壁厚及壁间连接

1)铸件的壁厚应合理

铸件的壁厚应保证力学性能,便于铸造生产。铸件的壁不能太薄,否则会受金属流动性的影响,产生浇不到、冷隔等缺陷。

在一定的铸造条件下,铸造合金能充满铸型型腔的最小厚度称为该合金的最小壁厚。铸件的厚度不能小于该尺寸。表2-8为常用铸造金属的最小壁厚。

表2-8　砂型铸造条件下各类铸件的最小允许壁厚　　(单位:mm)

铸件最大轮廓尺寸	灰口铸铁	球墨铸铁	可锻铸铁	铸造碳钢	铸铝合金	铸钢合金
<200	3~4	3~4	2.5~4.5	8	3~5	3~6
200~400	4~5	4~8	4~5	9	5~6	6~8
400~800	5~6	8~10	5~7	11	6~8	—

铸件的壁厚也不宜过大,否则会在壁的中心处形成粗大晶粒,产生缩孔、缩松等缺陷。每一种合金都有一个临界壁厚,当铸件的壁厚超过这个尺寸后,铸件的承载能力并不是按比例随之增加。铸造合金的临界壁厚可按其最小壁厚的3倍来考虑。为保证铸件强度和刚度,可在铸件的脆弱处增设加强筋。

2)铸件的壁厚应均匀

铸件各部分壁厚相差过大,不仅容易在较厚处产生缩孔、缩松缺陷,还会使各部位冷速不均,铸造内应力增大,造成铸件开裂。图2-23为使铸件壁厚均匀的设计示例。

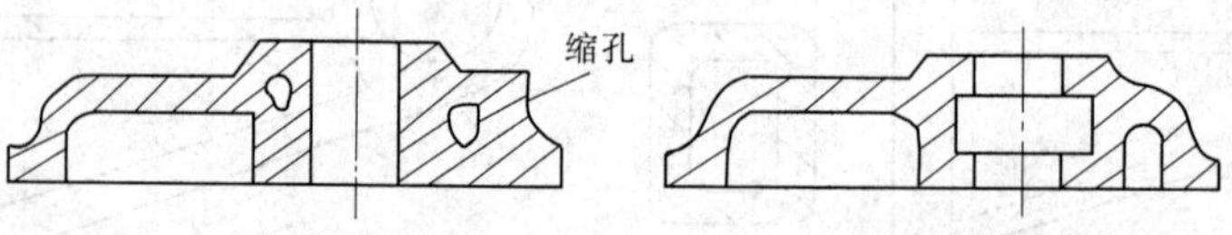

(a)壁厚不均匀　　(b)壁厚均匀

图2-23　铸件壁厚

3)铸件的壁间连接应合理

如图2-24所示,图2-24(a)铸件直角转角处金属积聚,易产生缩孔,内侧转角处应力集中严重,易产生裂纹。图2-24(b)采用结构圆角过渡可避免上述缺陷。

铸件壁的交叉处热量蓄积较多,易形成缩孔和缩松,因此要避免交叉。对中小型铸件可

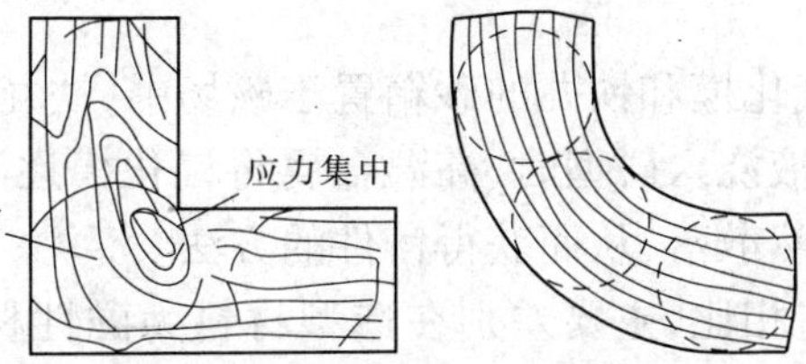

(a)不合理　　(b)合理

图 2-24　铸件的结构圆角

采用交错接头,大型铸件可用环状接头。铸件壁间连接如出现小于 90°的锐角,可采用过渡形式。如图 2-25 所示,图 2-25(a)结构比图 2-25(b)结构合理。

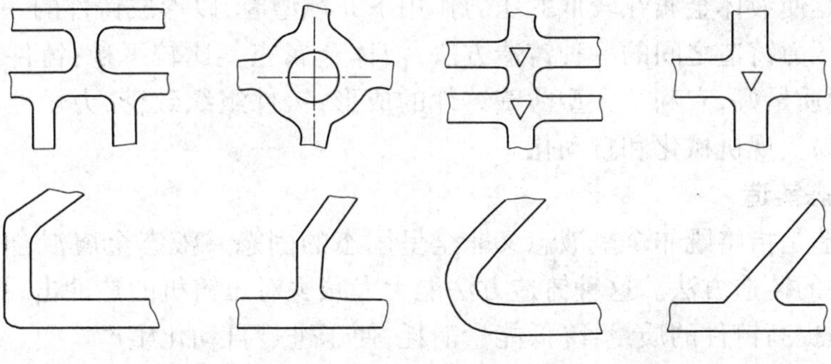

(a)合理　　(b)不合理

图 2-25　避免交叉和锐角连接

有时铸件的壁厚不可能完全一致,厚壁与薄壁的连接应逐渐过渡,以避免因壁厚突变而引起应力集中。图 2-26 为薄、厚壁的逐渐过渡形式。

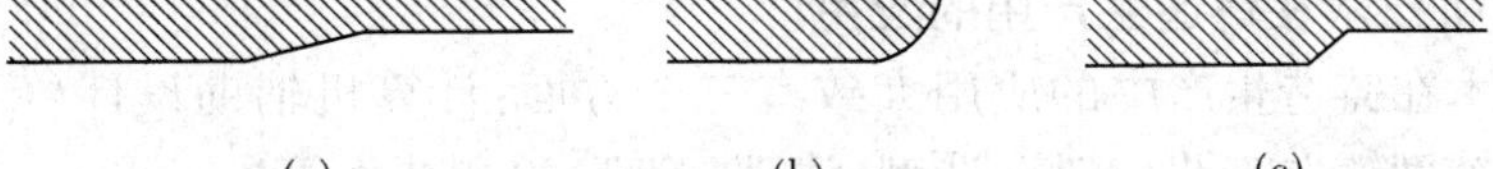

(a)　　(b)　　(c)

图 2-26　铸件薄、厚壁的逐渐过渡形式

五、铸造新工艺和新技术简介

(一)实型铸造

实型铸造又称气化模铸造和消失模铸造,其原理是用泡沫塑料(包括浇冒口系统)代替木模或金属模进行制造,造型后模样不取出,铸型呈实体,浇入液态金属后,模样燃烧、气化、消失,金属液充填模样位置,冷却凝固后得到铸件。

实型铸造由于铸型没有型腔和分型面,不必起模和修型,与普通铸造相比有以下优点:造型工序简单,生产周期短、生产效率高,铸件尺寸精度高;可采用干砂造型,取消了混砂工序,落砂极易实现,劳动强度大大降低;铸件表面质量好,使清理打磨工作量减少 50% 以上。

实型铸造应用范围较广,可适用于各类合金,几乎不受铸件结构、尺寸、重量和生产批量的限制,特别适用于生产形状复杂的铸件,如模具、气缸头、管件、曲轴、叶轮、壳体、床身、机座等。

（二）磁型铸造

磁型铸造是将装有气化模和铁丸的砂箱置于磁场中，铁丸在磁场作用下相互结合，在气化模外形成铸型，当金属液浇入磁型时，高温金属将气化模逐渐烧失而占据型腔，待冷却凝固后撤出磁场，则磁型自然散落，从而获得铸件的方法。

磁型铸造与砂型铸造相比，主要差别在造型材料为磁性材料（铁丸）而非砂子，无灰尘污染，造型材料可反复使用；劳动强度低；不适宜于厚大复杂的铸件。磁型铸造已在机车车辆、拖拉机、兵器、采掘、动力、轻工、化工等制造业得到应用，适用于各种批量、各种合金的中小型铸件。

（三）低压铸造

低压铸造是使液体金属在较低的压力作用下充填型腔，以形成铸件的一种方法，它是介于重力铸造和压力铸造之间的一种铸造方法，液体金属充型比较平稳；铸件成形性好，铸件轮廓清晰、表面质量好，有利于大型薄壁铸件的成形；铸件组织致密，力学性能好；劳动条件好，设备简单，易实现机械化和自动化。

（四）半固态铸造

半固态铸造是指将既非全呈液态又非全呈固态的固态－液态金属混合浆料，经压铸机压铸，形成铸件的铸造方法。这种铸造方法能大大减少对压铸机的热冲击，提高压铸机的使用寿命，可明显提高铸件的质量，降低能量消耗，便于进行自动化生产。

（五）悬浮铸造

悬浮铸造是指在浇注金属液时，将一定量的金属粉末加到金属液流中，使其与金属液掺合在一起而流入铸型的一种铸造方法。所添加的粉末材料称为悬浮剂，常用的有铁粉、铸铁丸、铁合金粉、钢丸等。

悬浮铸造可明显提高铸钢、铸铁的力学性能，减少缩孔和缩松，提高铸件的抗热裂性能，减少铸锭和厚壁铸件的化学成分不均匀性，提高铸件和铸锭的凝固速度。缺点是对悬浮剂和浇注温度的控制要求较高。

（六）计算机技术在铸造生产中的应用

计算机技术在铸造生产中的应用大致有三个方面：计算机辅助设计（CAD）、数值模拟设计和计算机辅助铸造工艺（熔炼、造型、清理、管理、检测技术等）。

1. 计算机辅助设计（CAD）

铸造生产中的计算机辅助设计是以计算机为主要手段，完成某项设计工作的建立、修改、分析和优化，输出信息全过程的综合性技术。其设计过程是通过数据库软件提取设计所需的原始数据，并进行平面图设计和实体三维造型，在计算机中显示图形，从而代替产品试制来研究探讨产品的形状。与传统铸造工艺设计方法相比，可显著提高设计效率、缩短设计周期，能够实现设计和分析的统一。

2. 数值模拟设计

铸造过程计算机数值模拟技术的应用，可在计算机屏幕上直观地显示铸造过程中金属的充型、铸件的冷却凝固过程、模拟结晶过程、晶粒的大小和形状、铸造缺陷的形成过程等。通过数值模拟可预测铸件热裂倾向最大部位、产生缩孔和缩松的倾向，从而决定铸件的修改及判断冒口和冷铁设置的合理性等。通过计算机辅助设计软件生成的实体造型数据文件，可直接与数值模拟软件进行数据交换，数值模拟软件可以对 CAD 文件进行加工，并生成计算网络。目前,铸造工艺过程数值模拟已经达到了应用阶段,世界上许多著名的铸造公司都相应推出其模拟软件系统,我国沈阳铸造所已开发 ESRC3D 软件。随着计算机硬件技术的发展和功能的提高,铸造工艺设计模拟软件将不断完善并更新换代。

3. 计算机辅助铸造工艺

1)铸造工装的计算机应用

铸造工装尤其是铸造模具、模板的设计制造,其现代制造技术的应用主要表现在以下几个方面:

(1)CAD/CAM 一体化,在三维造型系统上,直接进行模具的设计,能够实现模具各部分的虚拟装配,自动检查干涉情况;能够完成走刀规划和加工模拟;自动生成 NC 代码,快速高质量生产出铸造模具。

(2)利用快速原型制造技术,能够快速提供铸造工装的模样,显著缩短新产品的开发周期,降低试制成本。

(3)在铸造模具、模板设计的一开始,就综合并行考虑模具的设计、加工、装配、使用直到报废处理的所有环境,可以将设计错误降低到最低。

2)计算机检测与控制

利用计算机实现对生产设备和生产过程进行检测和控制是生产高质量铸件的必备条件,也是现代铸造生产的一个重要标志。计算机检测与控制通常是由计算机硬件与软件、I/O 接口、模拟数字转换器(A/D)、数字模拟转换器(D/A)、传感器及执行机械等部分组成,其应用主要表现在以下几个方面:

(1)型砂性能及砂处理过程的计算机检测与控制。

(2)冲天炉熔炼的计算机检测与控制。

(3)金属液质量的炉前快速检测与计算机控制。

(4)铸件成形过程的计算机检测与控制。

(5)铸件成品质量的计算机检测。

第二节　锻　压

一、概述

(一)金属塑性加工方法

常见的金属塑性加工方法如图 2-27 所示。

1. 轧制

轧制是使金属坯料在两相对回转轧辊的压力作用下,连续产生塑性变形,从而改变其力学性能,获得所要求截面形状的加工方法。轧制主要应用于钢材的生产,如型材、板材、管材等。

2. 挤压

挤压是将金属坯料置于挤压筒中加压,使其从挤压模的模孔中挤出,横截面面积减小,获得所需制品的加工方法。它是加工有色金属的型材和管材的主要方法,也可用于低碳钢。

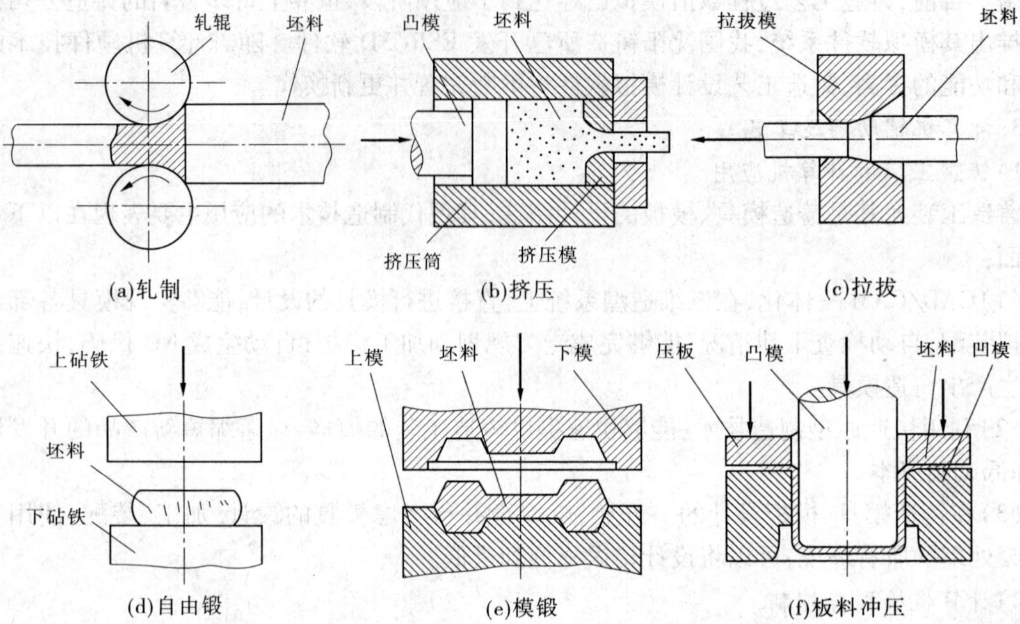

图 2-27　常见金属塑性加工方法

3. 拉拔

拉拔是坯料在牵引力作用下通过拉拔模的模孔，产生塑性变形，得到截面细小、长度增加的制品的加工方法。拉拔一般是在冷态下进行的，主要产品是直径细小的线材（如各种导线）、$\phi<6$ mm 的钢丝，也可以是各种截面形状的型材和管材。

4. 自由锻

自由锻是指用简单的通用性工具，或在锻造设备的上、下砧间，使坯料受冲击力作用而变形，获得所需形状的锻件的加工方法。通常在工作时，承受重载荷的零件需采用自由锻的方法来制坯。

5. 模锻

模锻是利用模具使金属坯料在模膛内受冲击力或压力作用，产生塑性变形而获得锻件的加工方法。

6. 板料冲压

板料冲压是指用上下冲模使板料经分离或成形得到制件的加工方法。

在上述的六种金属塑性加工方法中，轧制、挤压和拉拔主要用于生产型材；自由锻、模锻和板料冲压总称锻压，主要用于生产毛坯或零件。

（二）锻压加工特点

1. 改善金属组织，提高金属的力学性能

金属经过锻压可使其晶粒细化，使铸件中的气孔、微裂纹、缩松压合，提高组织的致密度；锻压还可形成金属的纤维方向，使其合理分布，提高零件的力学性能。

2. 适用范围广，生产效率高

锻压产品适用范围广泛，模锻和冲压加工有较高的生产率。

3. 节省材料，减少切削加工工时

锻压件的力学性能比铸件高，可相对减少零件的截面尺寸，减轻零件的重量。此外，一些锻压加工的新工艺（如精密模锻）可以生产出尺寸精度和表面粗糙度接近或达到成品零件的要求，可做到少切削或无切削。

锻压的缺点是难以获得形状复杂的零件。

（三）金属的塑性变形

1. 金属塑性变形的实质

当作用在金属上的外力超过屈服点时，外力撤去后，金属的变形不能完全恢复，还有一部分永久变形，称为金属的塑性变形。塑性变形的产生是由于组成金属的晶粒本身及晶粒之间产生了滑移或双晶的结果。

如图 2-28 所示一单晶体受外力作用后，由于切应力的存在，使晶粒的个别部分之间在某些晶面上产生相对移动，这种移动称为滑移变形。在某些情况下，切应力的作用会使晶粒的部分晶格产生相对转动，这种变形称为双晶（又称孪晶）变形。

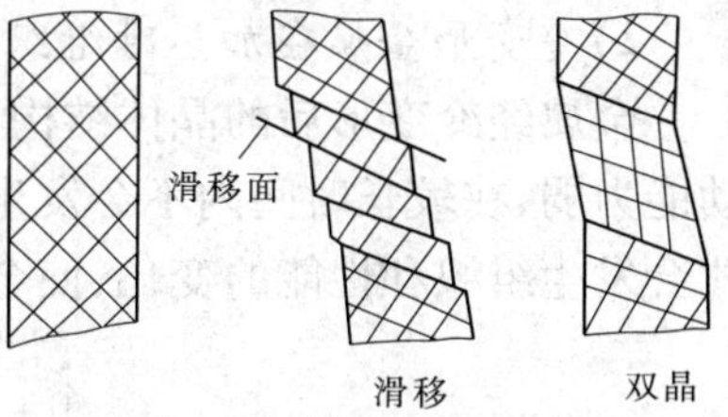

图 2-28　单晶体变形示意

对于多晶体的塑性变形，滑移首先从晶格位向有利于滑移的晶粒内开始，随着切应力的增加，再延伸到其他位向的晶粒。由于多晶体晶粒的形状、大小、位向各不相同，在塑性变形过程中还存在晶粒与晶粒之间的滑动和转动（称为晶间变形），所以多晶体的塑性变形是由许多单个晶粒产生的塑性变形和晶间变形的综合效果，要比单晶体复杂得多，但晶内变形是主要的，晶间变形很小。

2. 塑性变形对金属组织和性能的影响

金属塑性变形根据温度不同分为冷变形和热变形两种。

1）冷变形对金属组织和性能的影响

金属在常温下塑性变形时，晶粒的形状会沿变形方向被拉长或压扁，晶粒内部及晶间会产生碎晶粒。随着变形量逐渐增加，各晶粒将被拉成细条状，晶界变得模糊不清。金属中的塑性夹杂物也会沿着变形方向被拉长，形成纤维组织。这种组织使金属在不同方向上表现出不同的性能。

冷变形时，随着变形程度的增加，金属材料的强度和硬度都有提高，但塑性有所下降，这种现象称为冷变形强化或加工硬化。图 2-29 是常温下塑性变形对低碳钢力学性能的影响，可见金属的变形量越大，强化效果越显著。

冷变形强化在生产中具有很强的实用价值，对那些不能热处理强化的金属材料（如纯金属、奥氏体不锈钢、防锈铝合金等）是一种重要的强化手段。但冷变形强化给金属的进一步变形带来困难，必须通过退火消除加工硬化，恢复金属的塑性。退火温度应高于再结晶温度 100～200 ℃。

由于金属的塑性变形是不均匀的，变形后会有残余应力存在。它将导致工件形状和尺寸的变化，降低工件的承载能力。因此，精密零件在冷塑性变形加工后，需进行去应力退火以提高尺寸稳定性。

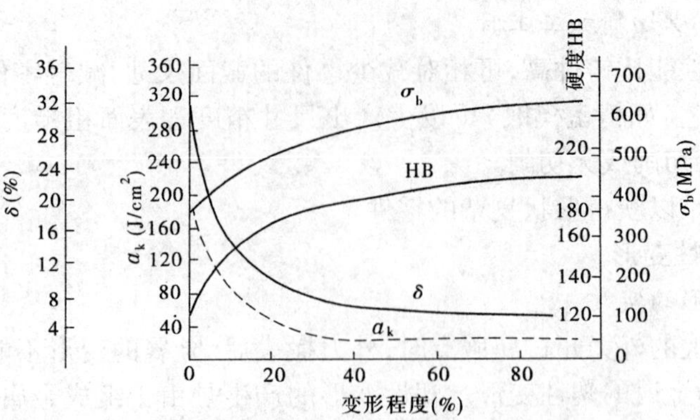

图 2-29　常温下塑性变形对低碳钢力学性能的影响

2)冷变形金属在加热时组织和性能的变化

金属经冷变形后的晶体结构处于不稳定的应力状态。这种状态在室温下由于原子的活动能力弱,在较长时间内不会发生明显的变化,当加热到一定温度时,原子的活动能力加强,才会发生组织和性能的变化,使金属恢复到稳定状态,如图 2-30 所示。

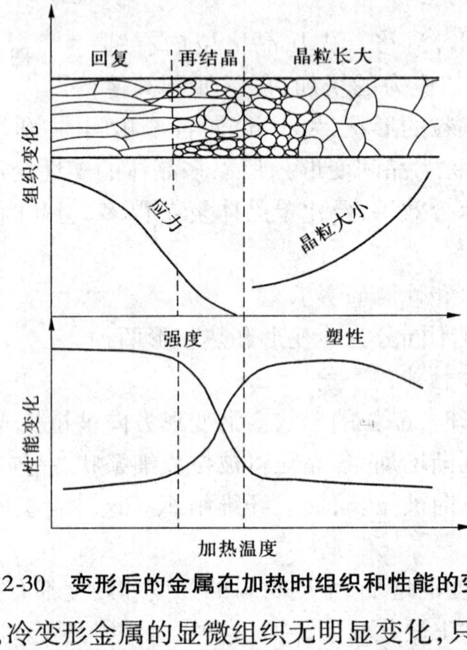

图 2-30　变形后的金属在加热时组织和性能的变化

(1)加热温度较低时,冷变形金属的显微组织无明显变化,只能使残余应力明显降低和消除,此时的强度、硬度略有下降,塑性稍有升高,这一过程称为回复。

使金属得到回复的温度称为回复温度,用 $T_{回}$ 表示。纯金属的回复温度可用下式表示:

$$T_{回} \approx (0.25 \sim 0.30)T_{熔}$$

式中　$T_{回}$——纯金属的绝对回复温度,K;

$T_{熔}$——纯金属的绝对熔化温度,K。

生产中,常利用回复现象对冷变形强化后的工件进行低温去应力退火,以消除应力、稳定组织,保留冷变形强化的性能。例如:冷拔弹簧钢丝绕制成弹簧后,可进行一次低温退火处理。

(2)当加热温度较高时,冷变形后的晶粒重新生核、结晶,形成新的无畸变的等轴晶,这一过程称为再结晶。冷变形后的金属经过再结晶后,消除了晶格畸变、冷变形强化和残余应力，使金属的组织和性能恢复到变形前的状态。

开始产生再结晶的最低温度称为再结晶温度，用 $T_{再}$ 表示。纯金属的再结晶温度可用下式表示：

$$T_{再} \approx 0.40T_{熔} \tag{2-1}$$

式中 $T_{再}$——纯金属的绝对再结晶温度，K；

$T_{熔}$——纯金属的绝对熔化温度，K。

一般情况下，纯铁的结晶温度为 450 ℃，低碳钢为 450 ~ 550 ℃，钨为 1 200 ℃，铜为 200 ℃，铝为 100 ℃，锌为室温，锡低于室温。

当加热温度超过再结晶温度过多时，晶粒会聚集长大，力学性能随之变差。因此，冷变形零件的再结晶退火温度不宜过高。

冷、热变形的界限是再结晶温度，在再结晶温度以下的变形是冷变形，此时的变形只有加工硬化现象无再结晶现象，因此随着变形的进行，变形抗力增高、塑性降低，最终将导致金属破裂。所以，变形量不宜过大。冷变形具有尺寸精度高，表面质量好，生产率高，强度、硬度高等优点。

热变形是再结晶温度以上的变形，在热变形过程中既产生加工硬化，又有再结晶现象，且加工硬化现象被随之而来的再结晶所消除，热变形后的组织是再结晶后的组织，具有良好的塑性，较低的变形抗力。因此，金属的锻压加工主要采用热变形来进行。但热变形的生产率和锻件尺寸精度低，表面质量和劳动条件差，需配备相应的加热设备。

当加热温度超过再结晶温度过多时，晶粒会聚集长大，力学性能随之变差。因此，冷变形零件的再结晶退火温度不宜过高。

3）热变形对金属组织和性能的影响

锻压加工所用的原始坯料多为铸锭，通过热变形可消除铸态组织中的部分偏析；使粗大的柱状晶粒通过变形和再结晶获得细小的等轴晶；使金属中的气孔、缩松等缺陷被压合，提高材料的致密度；可将高合金工具钢铸态组织中的大块碳化物打碎，使其均匀分布。所以，热变形后金属的力学性能大大提高，强度比原来提高 1.5 ~ 2 倍以上，塑性和韧性提高得更多。

铸锭中的杂质多分布在晶界上，金属变形时晶粒沿变形方向伸长，而脆性杂质被打碎，顺着主要伸长方向呈碎粒状或链状分布；塑性杂质随着金属变形，沿主要伸长方向呈带状分布。这种具有方向性的组织称为锻造流线，也称纤维组织（流纹），它使金属性能呈各向异性，即平行流线方向（纵向）的抗拉强度、塑性和韧性比垂直流线方向（横向）的好，如表 2-9 所示。

表 2-9　45 钢力学性能与其流线组织方向的关系

取样方向	R_m（MPa）	$R_r0.2$（MPa）	A（%）	Z（%）	A_k（J）
横向	675	440	10	31	24
纵向	715	470	17.5	62.8	49.6

纤维组织是很稳定的，用热处理的方法不能消除，只能通过锻压才能改变它的方向和分

布。在设计和制造零件时,必须使零件工作时最大正应力方向与流线方向平行,最大切应力方向与流线方向垂直,流线的分布与零件的外形轮廓符合才不被切断。例如,如图 2-31 所示的齿轮用轧制方法加工可使流线符合各个齿的形状,且连续分布,可大大提高力学性能,延长使用寿命,降低原材料消耗。

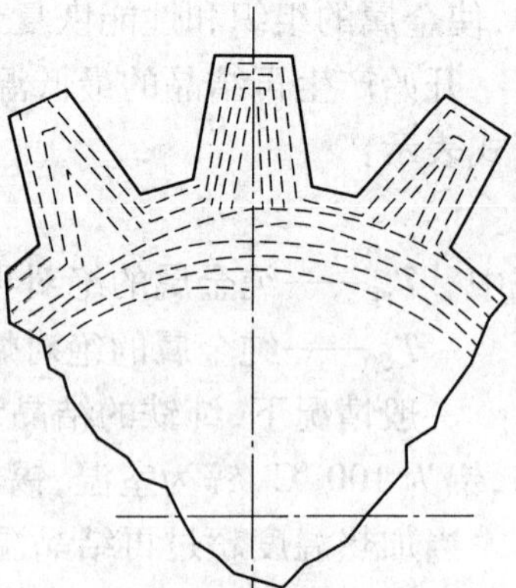

图 2-31 用轧制方法成型齿轮的流线分布

二、金属的锻压性能

金属的锻压性能是指金属锻压变形难易程度的一种工艺性能,常用塑性和变形抗力两个指标来衡量。塑性越好、变形抗力越小,金属的锻压性能就越好。反之,锻压性能就越差。

(一)影响金属锻压性能的因素

影响金属锻压性能的因素是金属的本质和变形条件。

1. 金属的本质

纯金属的锻压性能比合金好;在碳素钢中,含碳量越多,锻压性能越差;在合金钢中,合金元素的种类和含量越多,锻压性能越差。

固溶体的锻压性能好,金属化合物的锻压性能差;合金中的单相组织比多相组织锻压性能好。晶粒细小而均匀的组织比铸锭中的柱状晶粒组织和粗晶粒组织的锻压性能好。

2. 变形条件

1)变形温度的影响

随着变形温度的升高,变形抗力下降,塑性增加,金属的锻压性能得到改善,但温度过高会引起过热或过烧。因此,热变形加工需选择一个合适的锻压温度范围。

2)变形速度的影响

一般情况下,随着变形速度的增加,金属的回复和再结晶不能及时克服冷变形强化现象,使塑性下降,变形抗力增加,锻压性能变差。因此,对塑性差的金属和大型锻件,宜采用较小的变形速度。

变形区金属在三个方向上的压应力数目越多,塑性越好,但压应力增加了金属内部的摩擦,使变形抗力增加;拉应力数目越多,塑性越差。

(二)金属锻造的加热和冷却

1. 坯料的加热

加热是为了提高坯料的塑性、降低变形抗力,改善锻压性能。加热时,应保证坯料均匀受热,减少氧化、脱碳,降低燃料消耗,缩短加热时间。

锻造温度范围是锻件由始锻温度到终锻温度的温度区间。

1)始锻温度

开始锻造时坯料的温度即始锻温度。为使坯料有最佳的锻压性能,在不出现过热和过烧的前提下,可适当提高始锻温度,减少加热次数。碳钢的始锻温度比固相线低 200 ℃左右,如图 2-32 所示。

2) 终锻温度

坯料停止锻造的温度即终锻温度。它应高于再结晶温度,以保证在停锻前坯料有足够的塑性,锻后能获得细小的再结晶组织。但终锻温度过高,易形成粗大晶粒,降低力学性能;终锻温度过低,锻压性能变差。碳钢的终锻温度在 800 ℃左右。

锻造时,金属的温度可用仪表来测量,但用观察金属火色的方法(简称火色法)来判断更为方便。常用钢的锻造温度范围如表 2-10 所示。

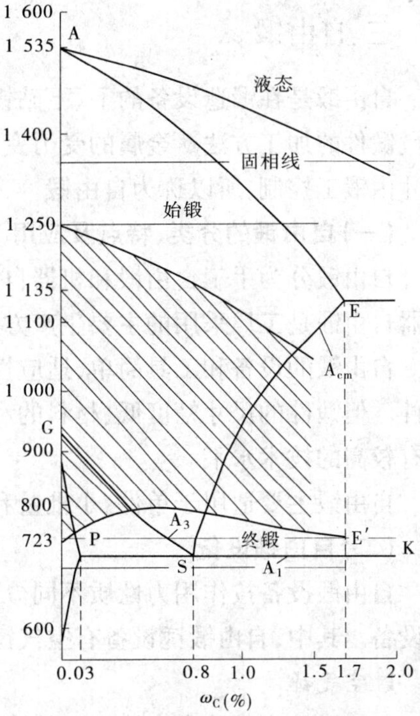

图 2-32　碳钢的锻造温度范围

2. 锻件的冷却

冷却是锻造工艺过程中不可缺少的工序,锻后冷却不当,会使锻件发生翘曲变形、硬度过高甚至产生裂纹等缺陷。锻造生产中常见的冷却方法有空冷、坑冷和炉冷。

(1)空冷是将热态锻件放在静止空气中冷却。空冷速度较快,多用于低碳钢、中碳钢和低合金结构钢的中小型锻件。

(2)坑冷是将热态锻件埋在地坑或铁箱中缓慢冷却的方法。灰砂冷是将热态锻件埋入炉渣、灰或砂中缓慢冷却的方法。这两种冷却方法均比空冷慢,主要用于中、高碳结构钢、碳素工具钢和中碳低合金结构钢的中型锻件的冷却。

表 2-10　常用钢的锻造温度范围

类别	钢号	始锻温度(℃)	终锻温度(℃)	类别	钢号	始锻温度(℃)	终锻温度(℃)
碳素结构钢	Q195、Q215	1 300	700	合金结构钢	20Cr、40Cr	1 200	800
	Q235、Q255	1 250	700		20CrMnTi	1 200	800
	Q275	1 200	750		42SiMn	1 150	800
优质碳素结构钢	10 至 35	1 250	800	合金工具钢	9Mn2V	1 100	800
	40 至 60	1 200	800		9SiCr	1 100	800
	40Mn、60Mn	1 200	800		CrWMn	1 100	800
碳素工具钢	T7、T8	1 150	800		Cr12	1 080	840
	T9、T10	1 100	770	高速钢	W18Cr4V	1 150	900
	T11、T12、T13	1 050	750		W6Mo5Cr4V2	1 130	900

(3)炉冷是将锻后的锻件放入炉中缓慢冷却的方法。这种方法冷却速度最慢,生产效率最低,常用于合金钢大型锻件、高合金钢重要锻件的冷却。

三、自由锻

自由锻是在锻造设备的上、下砧铁间直接使坯料产生变形，获得所需的几何形状及内部质量锻件的加工方法。金属的受力变形是在上、下两砧铁间作自由流动，不受限制，形状和尺寸由锻工控制，所以称为自由锻。

(一)自由锻的分类、特点及应用

自由锻分为手工自由锻和机器自由锻两种。手工自由锻适用于小件生产或维修工作，机器自由锻是工厂采用的主要生产方式。

自由锻的设备和工具简单，适应性强、灵活性大，成本低，可锻造小至几克大至数百吨的锻件。但锻件的尺寸精度低、材料的利用率低，劳动强度大、劳动条件差，生产率低，要求工人有较高的技术水平。

自由锻主要适用于单件、小批量和大型锻件的生产。

(二)自由锻设备

自由锻设备按作用力性质不同分为自由锻锤(冲击力作用)和压力机(静压力作用)两类设备。其中，自由锻锤设备有空气锤和蒸汽－空气锤；压力机有水压机、油压机等。

1. 空气锤

空气锤是利用电力直接驱动的锻造设备，其结构如图 2-33 所示。在空气锤上既可自由锻，也可胎模锻。

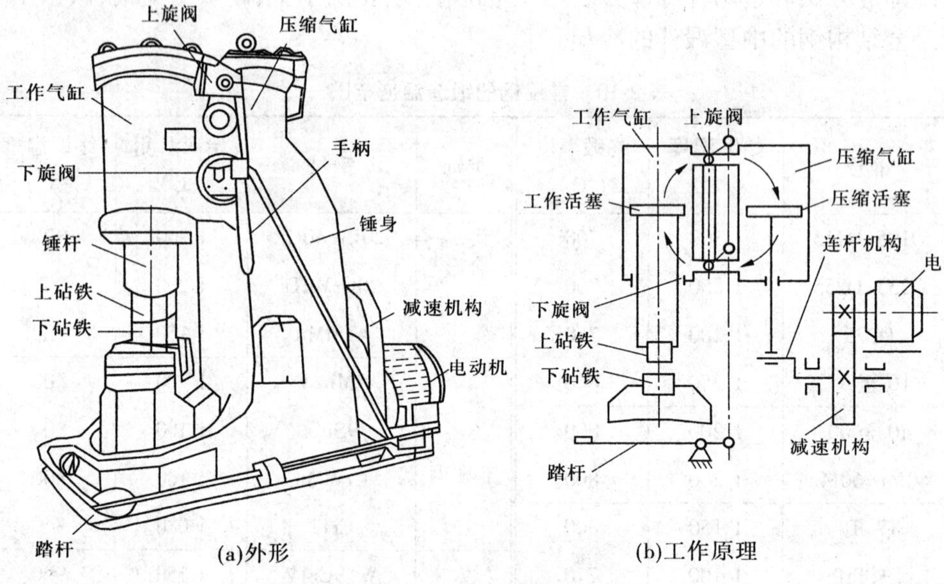

图 2-33　空气锤工作原理示意

空气锤有两个气缸，即工作气缸和压缩气缸，压缩气缸内的活塞由电动机通过减速机构、曲柄、连杆带动，做上下往复运动。其气缸里的压缩空气经过上下旋阀交替进入工作气缸的上部和下部空间，使工作气缸内的活塞连同锤杆和上砧铁一起做上下运动，对放在下砧铁上的金属坯料进行打击。空气锤可根据锻造工作的需要，做连续打击、上砧铁上悬与下压和单次打击等动作。

空气锤的吨位以落下部分的质量来表示，常见的规格有65 kg、75 kg、250 kg、750 kg等（见表2-11），广泛应用于小型锻件的锻造。空气锤具有价格低、工作行程短、打击速度快、结构简单、操作方便等优点。

表2-11　空气锤吨位选择参考数据

设备吨位(kg)		65	75	150	200	250	400	560	750
能锻工件尺寸（mm）	方(边长)	65	—	130	150	—	200	270	270
	圆(直径)	ϕ85	ϕ85	ϕ145	ϕ170	ϕ175	ϕ220	ϕ280	ϕ200
最大锻件质量(kg)		2	2	4	7	8	18	30	40

2. 水压机

自由锻水压机是锻造大型锻件的主要设备。大型锻造水压机的制造和拥有量是一个国家工业水平的重要标志。2007年中国第一重型机械集团公司自行设计制造的世界上吨位最大、技术最先进的15 000 t型自由锻造水压机一次热负荷试车成功，使我国成为世界上第三个拥有15 000 t水压机的国家。

在水压机上锻造时，以静压力代替锤锻时的冲击力，大型水压机能够产生很大的锻造压力，坯料变形量大，锻透深度大，可以改善锻件内部质量，这对于以钢锭为坯料的大型锻件是很有必要的。此外，水压机具有震动小、坯料变形速度慢、容易再结晶、塑性好等优点。但存在结构笨重、辅助装置庞大、造价高等缺点。

水压机主要适用于大型锻件和高合金钢锻件的锻造，其规格用产生的最大静压力表示，一般为5～125 MN，可锻钢锭的质量为1～300 t。

(三)自由锻工序

自由锻工序分为基本工序、辅助工序和精整工序。基本工序包括镦粗、拔长、冲孔、弯曲、错移等，见表2-12；辅助工序包括压钳口、倒棱、压肩等；精整工序是对已成形的锻件表面进行平整，清除毛刺、校直弯曲、修整鼓形等。

(四)自由锻工艺规程的制订

工艺规程是指导生产的基本技术文件。自由锻的工艺规程主要有以下内容。

1. 绘制锻件图

锻件图是以零件图为基础并考虑锻造余块、机械加工余量、锻件公差等因素绘制而成的，它是锻造加工的依据。

1）机械加工余量

由于自由锻的精度和表面质量难以达到要求，一般需进行切削加工。凡表面需要切削的部分，在锻件上留一层机械加工用的金属，称为机械加工余量，见图2-34。余量的大小与零件的形状、尺寸、表面粗糙度、生产批量有关，其数值可查阅相关手册。

2）锻件公差

锻件公差是锻件的实际尺寸与基本尺寸之间所允许的偏差。锻件的基本尺寸是零件的基本尺寸加上机械加工余量。锻件公差值的大小可根据锻件形状、尺寸、生产批量、精度要求等查阅相关手册，一般取加工余量的1/4～1/3。

表2-12　自由锻基本工序名称、操作规则及其应用

名称	定义	图例	操作规则	应用
镦粗	1. 镦粗：使坯料高度减小，横截面面积增大的工序 2. 局部镦粗：对坯料的某一部分进行的镦粗	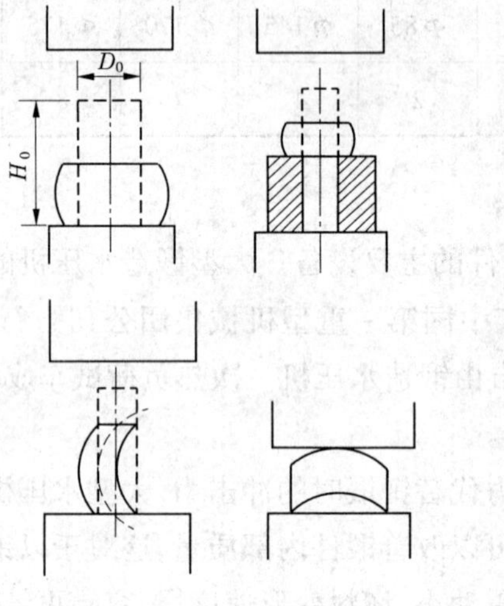	1. 坯料原始高度 H_0。与直径 D_0 之比 ≤2.5，以免发生镦弯 2. 镦粗面应垂直于轴线 3. 坯料应绕其本身轴线经常旋转，使其均匀变形 4. 镦弯后应将工件放平，轻轻锤击矫正	1. 用于制造高度小、截面面积大的工件，如圆盘、齿轮等 2. 增加以后拔长时的锻造比 3. 冲孔前镦平坯料端面
拔长	1. 拔长：使坯料的横截面面积减小而长度增加的工序 2. 芯棒拔长：减小空心坯料的壁厚和外径尺寸，增加长度的工序 3. 芯轴上扩孔：减小空心坯料的壁厚，增加内径和外径，以芯轴代替下砧铁	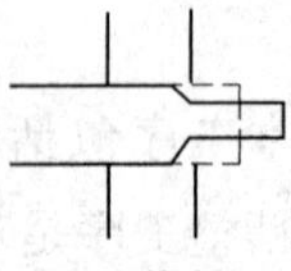 (a)拔长 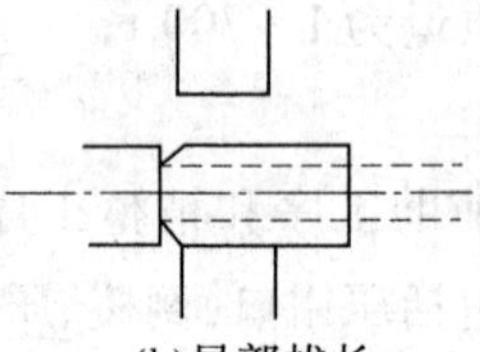 (b)局部拔长 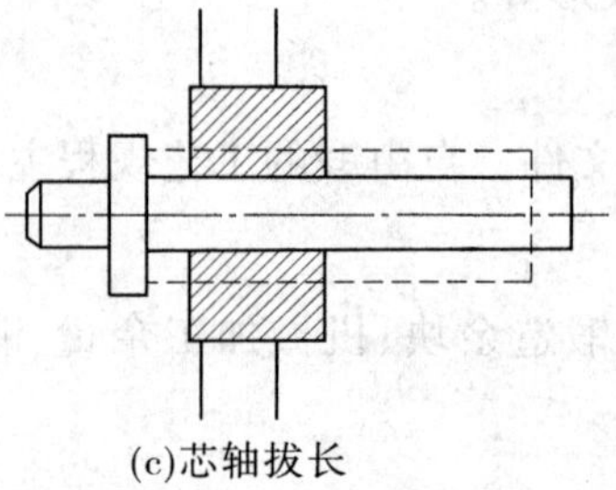 (c)芯轴拔长	1. 经常翻转坯料，以免打得过扁造成弯折、翘曲 2. 每次送进量不能太大，以免影响延伸率，但也不能太小，一般 $L=(0.4\sim0.8)b$	1. 用于制造长度大而截面面积小的工件，如曲轴、拉杆、轴等 2. 制造长轴类空心件，如炮筒、圆环、套筒等

续表 2-12

名称	定义	图例	操作规则	应用
冲孔	在坯料上冲出透孔或不透孔的工序	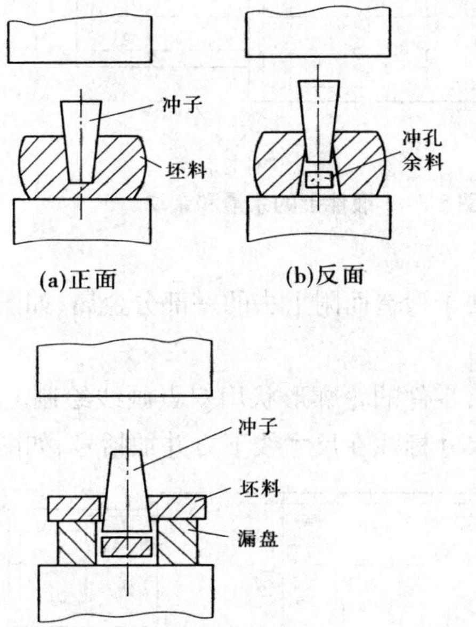	1. 冲孔面应先镦平，使冲子能垂直放在坯料端面上 2. 冲孔时，坯料应经常转动，冲子要经常冷却 3. 冲子冲到离坯料底面的距离为(15% ~20%)h时，应将坯料翻转，然后再将孔冲出 4. $d<25$ mm 的孔一般不冲出 5. 对 $d>450$ mm 的孔，可用空心冲子冲孔	1. 用于制造空心件，如齿轮毛坯、圆环等 2. 锻件质量要求高的大工件，可用空心冲子去掉质量较低的铸锭中心部分
弯曲	采用一定的工模具将坯料弯成规定外形的锻造工序	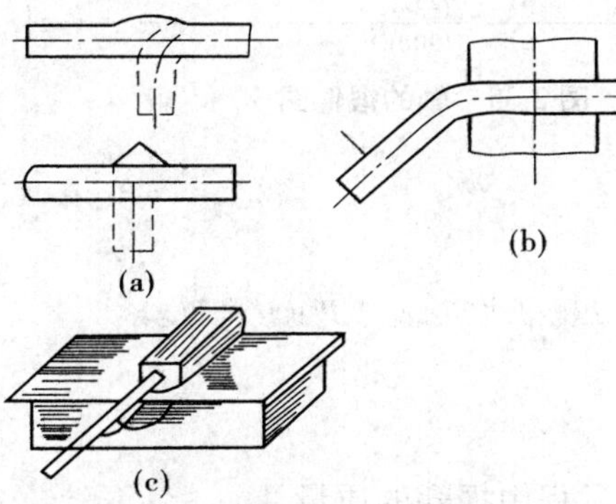	弯曲处的坯料截面会略有缩小，同时截面形状也有变化，因此如果锻件要保持截面面积不变，则应在弯曲前预先进行局部镦粗(见图(a))	1. 锻制弯曲型零件，如V形板等 2. 可以使流线方向符合锻件的外形而不被割断，锻件质量好，如吊钩等
错移	使坯料的一部分与另一部分平行错开一定距离的工序	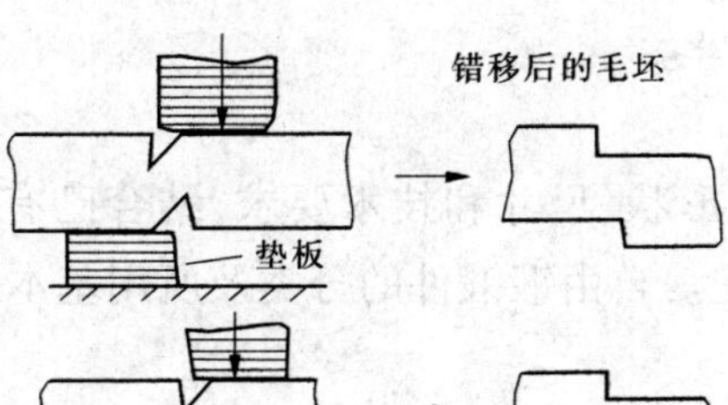	略	用于曲轴等偏心或不对称的锻件

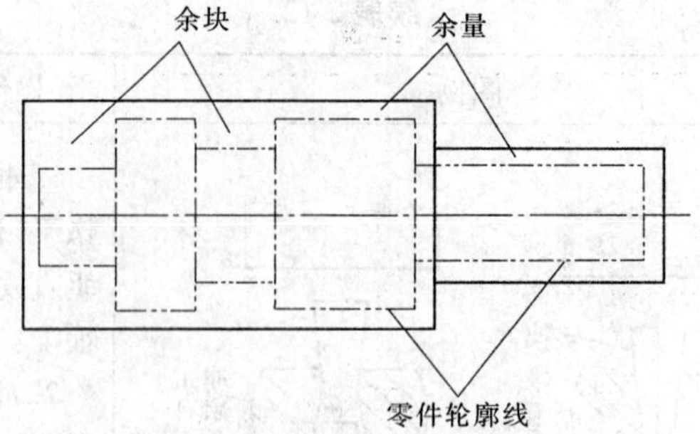

图 2-34 **锻件上的余量和余块**

3)余块

余块是为了简化锻件形状,便于锻造而附上去的一部分金属,如图 2-34 所示。

4)锻件图的绘制规则

锻件图的外形用粗实线绘制,零件的轮廓形状用双点画线绘制。锻件的基本尺寸和公差标注在尺寸线上,零件的基本尺寸标注在尺寸线下方并加括号,如图 2-35 所示。

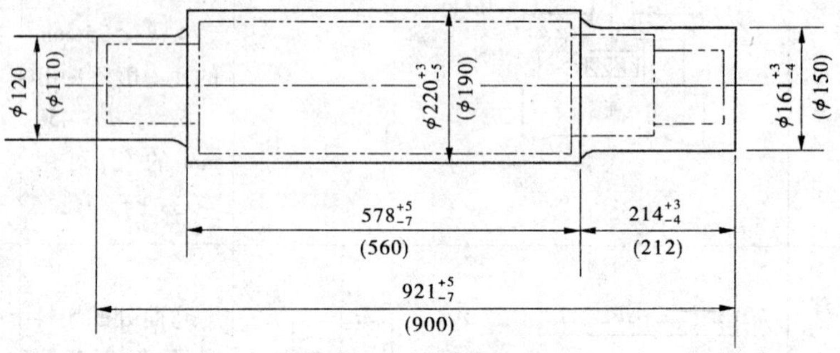

图 2-35 **轴的锻件图**

2. 坯料质量和尺寸的计算

坯料的质量可按下式计算:

$$m_{坯料} = m_{锻件} + m_{烧损} + m_{切头} + m_{芯料}$$

式中 $m_{坯料}$——坯料的质量,kg;

$m_{锻件}$——锻件的质量,kg;

$m_{烧损}$——坯料在加热和锻造过程中损耗的质量,kg;

$m_{切头}$——锻造过程中被切去的多余金属质量,kg;

$m_{芯料}$——冲切时芯料的质量,kg。

3. 选择锻造工序

锻造工序的选择应根据锻件的形状、尺寸和技术要求,结合已有的设备、生产批量、工具、工人的技术水平等因素综合确定。自由锻锻件的分类及所用基本工序如表 2-13 所示。

4. 选择锻造设备

锻造设备应根据锻件材料,坯料的形状、尺寸、重量,锻造的基本工序,设备的锻造能力等因素进行选择。对中小型锻件,一般选用锻锤;对大型锻件,则用压力机。表 2-14 供选择设备时参考。空气锤的锻造能力范围见表 2-11。

表 2-13　自由锻锻件的分类及锻造用基本工序

类别	图例	锻造工艺方案	实例
圆截面轴类	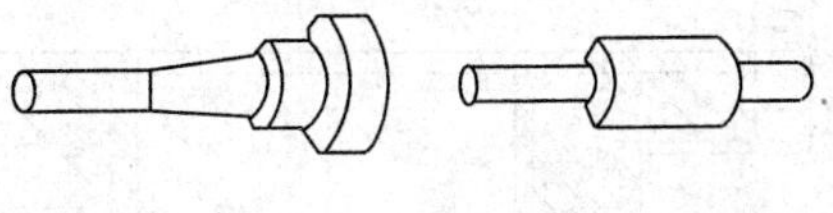	1. 拔长 2. 镦粗—拔长 3. 局部镦粗—拔长	传动轴、齿轮轴等
方截面杆类		1. 拔长 2. 镦粗—拔长 3. 局部镦粗—拔长	连杆等
空心类		1. 镦粗—冲孔 2. 镦粗—冲孔—扩孔 3. 镦粗—冲孔—芯轴上拔长	空心轴、法兰、圆环、套筒、齿圈等
饼块类	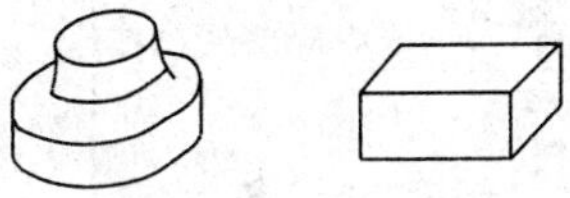	镦粗或局部镦粗	齿轮、圆盘叶轮、模块轴头等
弯曲类	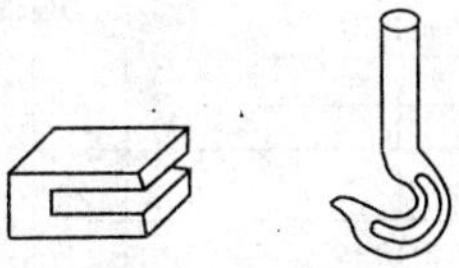	先进行轴杆类工序—弯曲	吊钩、轴瓦、弯杆等
曲轴类	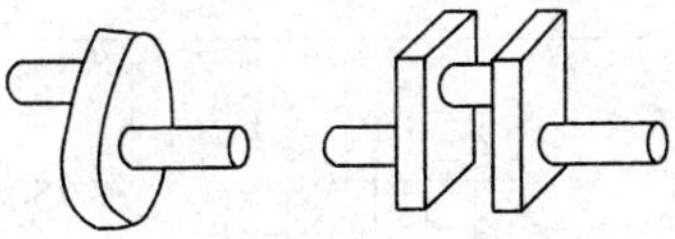	1. 拔长—错移（单拐曲轴） 2. 拔长—错移—扭转（多拐曲轴）	各种曲轴、偏心轴等

表 2-14　锻造设备的吨位和最大锻件质量

锻造设备	空气锤	蒸汽－空气锤	水压机
吨位	65 ~ 750 kg	1 ~ 5 t	500 ~ 12 500 t
最大锻件质量（kg）	2 ~ 50	50 ~ 700	1 000 ~ 180 000

5. 选择坯料加热、锻件冷却和热处理方法

按照前面叙述过的要求制订坯料的加热、锻件的冷却和热处理方法。

6. 齿轮坯自由锻工艺卡

齿轮坯自由锻工艺卡参考示例（如表 2-15 所示）。

表 2-15　齿轮坯锻造工艺卡

锻件名称	齿轮坯	锻件图	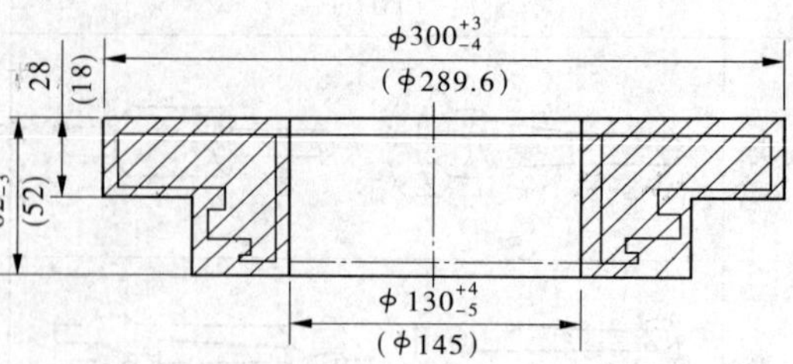
锻件材料	45 钢		
坯料质量	19.5 kg		
锻件质量	18.5 kg		
坯料尺寸	$\phi120\times221$		
每坯锻件数	1		

火次	温度(℃)	操作说明	变形过程简图	设备	工具
		下料加热	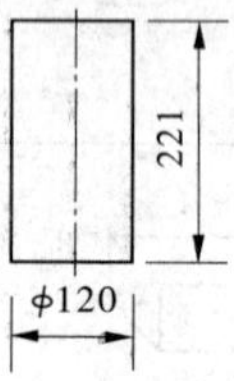	反射炉	
1	1 200 ~ 800	镦粗	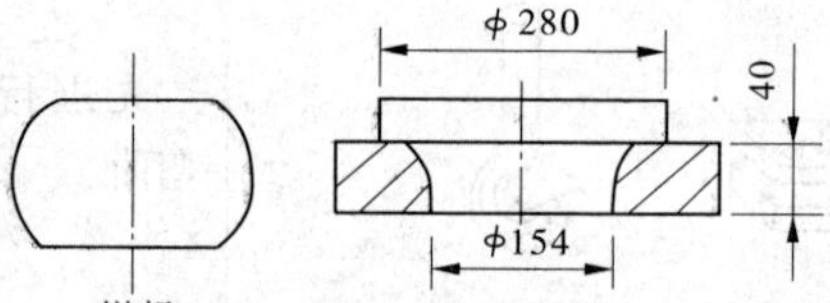 镦粗　局部镦粗	750 kg 自由锻锤	普通漏盘
2	1 200 ~ 800	局部镦粗			
3	1 200 ~ 800	冲孔	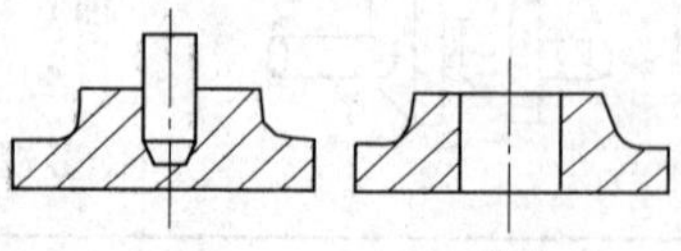 冲孔　扩孔	750 kg 自由锻锤	冲头
4	1 200 ~ 800	扩孔			
5	1 100 ~ 800	修整	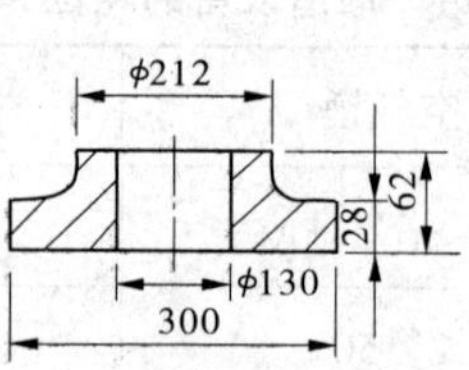 修整	750 kg 自由锻锤	

(五)自由锻零件的结构工艺性简介

设计自由锻零件时,必须考虑锻造工艺是否方便、经济和可能,零件的形状应尽量简单和规则。零件的结构不合理,将使锻造操作困难,降低生产率和造成金属的浪费。自由锻零件的结构工艺性具体要求如表 2-16 所示。

表 2-16　自由锻零件的结构工艺性要求

不合理结构	合理结构	简要说明	结构要求
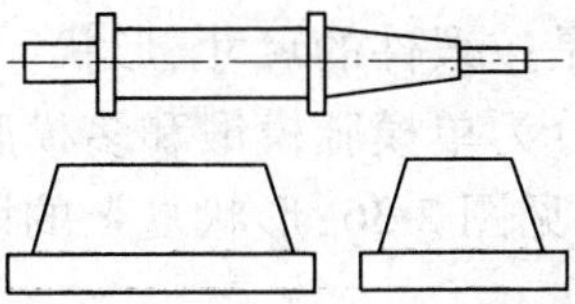	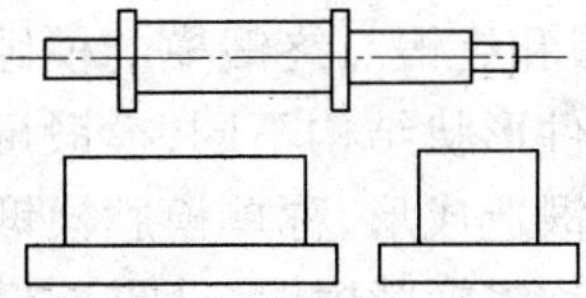	圆锥体锻造需用专门工具，比较困难	应避免圆锥体结构和锻件的斜面，尽量用圆柱体代替圆锥体，用平面代替斜面
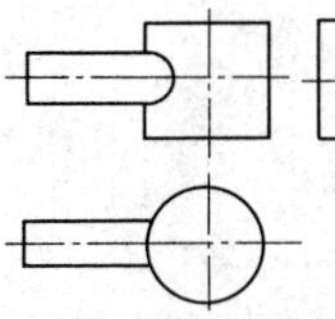	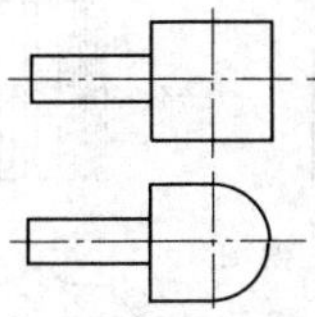	难以锻出两圆柱体相交处的相贯线	避免圆柱体与圆柱体相交，改为平面与圆柱体相交或平面与平面相交
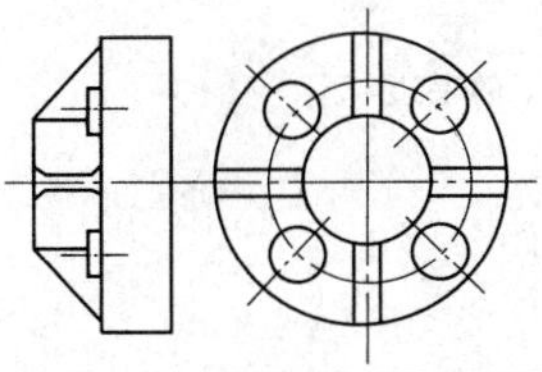	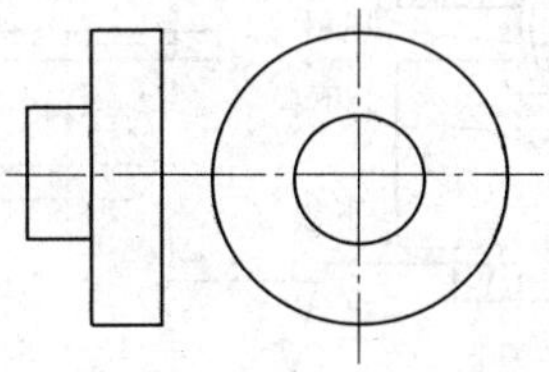	加强筋和凸台等结构难以用自由锻的方法获得	避免加强筋和凸台等结构，采取适当措施加固零件
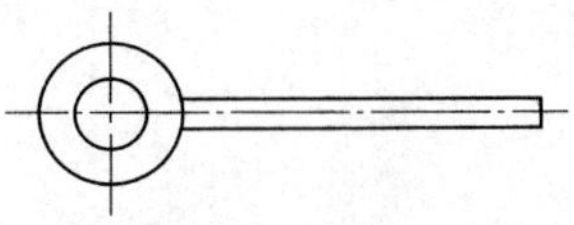 相邻截面尺寸相差太大	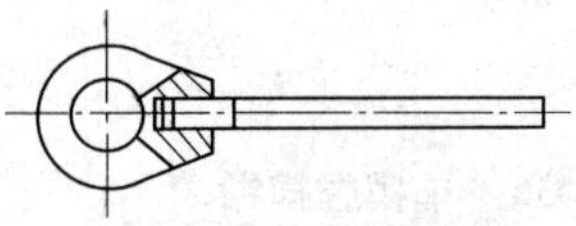 锻造-螺纹连接的结构	相邻截面尺寸相差过大，锻造困难、容易引起应力集中	避免相邻截面尺寸相差太大的结构，改为其他结构连接
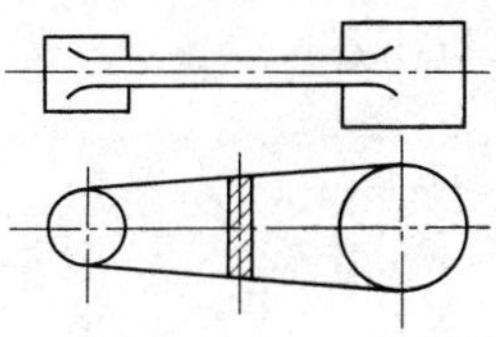	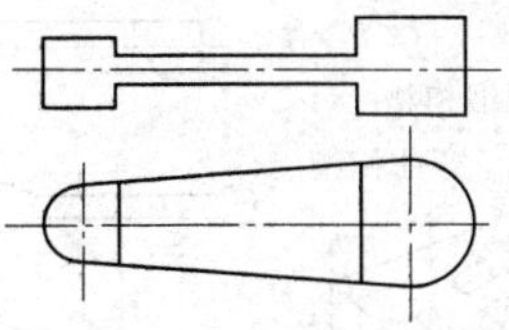	椭圆、工字形等形状难以用自由锻的方法获得	避免椭圆形、工字形或其他非规则形状

四、模锻

(一)模锻的特点

模锻是在高强度的金属锻模上预选制出与锻件形状相符的模膛，使坯料在模膛内变形而获得锻件的方法。模锻与自由锻相比，具有以下特点：

(1)生产率高、易于实现机械化，可大批量生产。模锻时，金属的变形受模槽的限制，能较快获得所需形状，可以锻出自由锻难以锻出的形状，且操作简单，劳动强度低。

(2)锻件尺寸精度高、表面粗糙度值小，可以减少机械加工余量和余块的数量，节省金属材料和加工工时。

但是，模具费用高，需要较大的专用设备，所以只有在大批量生产时采用模锻。模锻件的质量一般在 150 kg 以下。

(二)锤上模锻

模锻根据所用设备的不同，可以分为锤上模锻、曲柄压力机上模锻、平锻机上模锻和摩擦压力机上模锻。其中,锤上模锻是较常用的模锻方法,所用设备主要是蒸汽-空气模锻锤。

模锻用的锻模,由上、下两个模块组成,模膛是锻模的工作部分,上、下模各一半。用燕尾和楔固定在锤砧和工作台上,并以锁扣或导柱导向,防止上、下模块错位。金属坯料按模膛的形状变形。模锻的工序为制坯、预锻和终锻。终锻模的模膛是按锻件的尺寸、形状,并加上余量和偏差确定的。生产中根据锻件形状结构不同,模锻可分为单模膛模锻和多模膛模锻。形状简单的锻件可在终锻模膛内锻造成形,称单模膛模锻,见图2-36;形状复杂的锻件,必须在几个模膛内锻造后才能成形,称多模膛模锻,见图2-37。

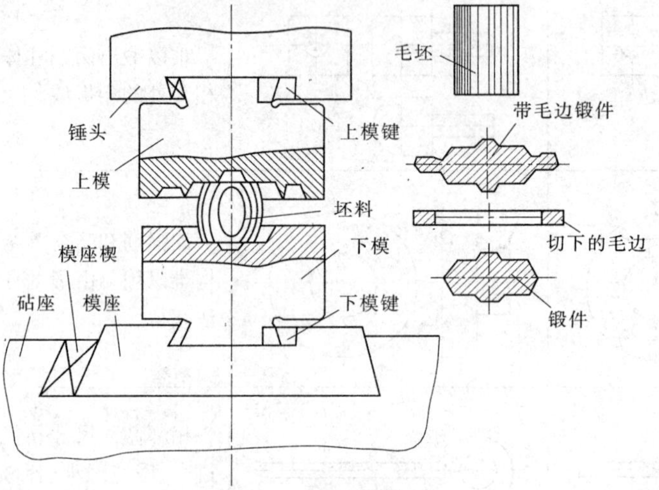

图2-36 单模膛模锻

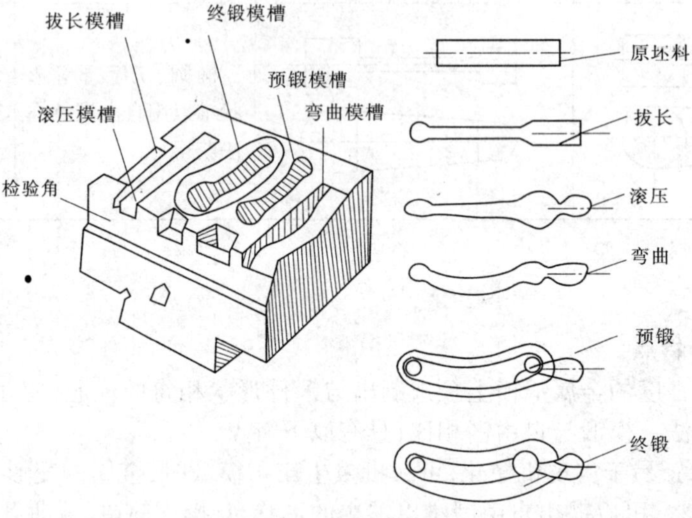

图2-37 多模膛模锻

五、胎模锻

(一)胎模锻的特点

胎模锻是在自由锻设备上使用可移动模具生产锻件的锻造方法。它是介于自由锻和模锻之间的锻造方法,一般先采用自由锻方法使坯料初步成型,然后放入胎模中终锻成型。

胎模锻与自由锻相比，具有生产率高、锻件尺寸精度高、表面粗糙度小、余块少、节省金属材料、锻件成本低的特点。与模锻相比，胎模制造简单，成本低，使用方便；但生产率和锻件尺寸精度不如锤上模锻高，工人劳动强度大，胎模寿命短。

（二）胎模的结构及应用

胎模不固定在锤头和砧座上，需要时放在下砧铁上。按其结构可大致分为扣模、合模和套模三种主要类型。

1. 扣模

扣模由上、下扣组成，或只有下扣，上扣由上砧铁代替，如图 2-38 所示。锻造时锻件不转动，初步成型后锻件翻转 90°，在锤砧上平整侧面。主要应用于长杆非回转体锻件的全部或局部扣形。

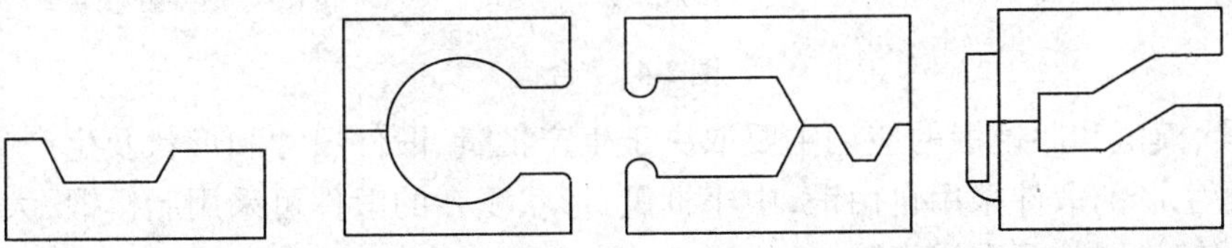

(a)单扇扣模　(b)双扇扣模　(c)导锁式扣模　(d)导板式扣模

图 2-38　扣模

2. 套模

套模通常由圆筒形的模块组成，外面则往往加上套筒，有的套筒本身就是锻模。按其结构分为开式套模和闭式套模两类。

开式套模只有下模，上模用上砧代替，见图 2-39。主要用于回转体锻件的最终成型和制坯，如齿轮、法兰盘等。

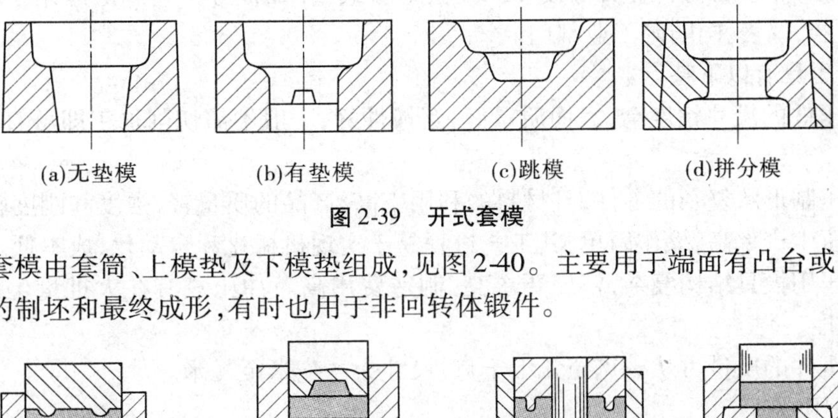

(a)无垫模　(b)有垫模　(c)跳模　(d)拼分模

图 2-39　开式套模

闭式套模由套筒、上模垫及下模垫组成，见图 2-40。主要用于端面有凸台或凹坑的回转体类锻件的制坯和最终成形，有时也用于非回转体锻件。

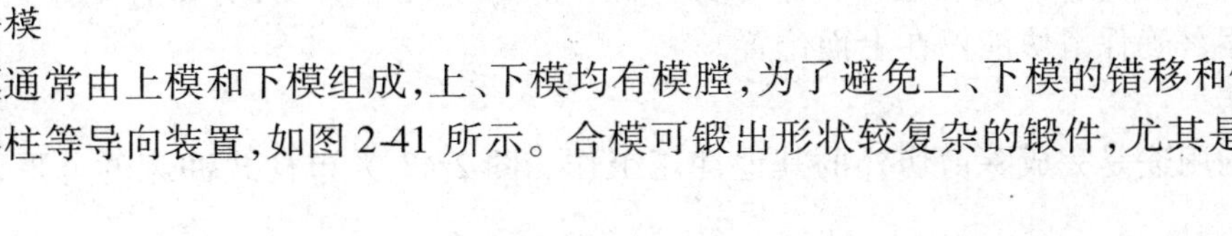

(a)活动模冲式套模　(b)模冲模垫式套模　(c)活动冲头套模　(d)拼分式套模

图 2-40　闭式套模

3. 合模

合模通常由上模和下模组成，上、下模均有模膛，为了避免上、下模的错移和便于对准，常采用导柱等导向装置，如图 2-41 所示。合模可锻出形状较复杂的锻件，尤其是非回转体类锻件,主要用于终锻成形。

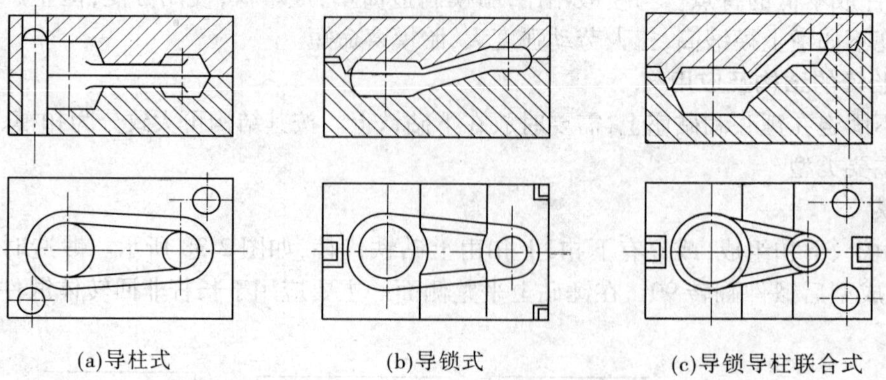

图 2-41　合模

自由锻、模锻和胎模锻的应用主要取决于生产批量、锻件尺寸和形状及生产条件。一般单件小批量生产的锻件采用自由锻,中小批量、形状复杂的锻件可采用胎模锻,大批量生产、形状复杂的较小锻件可采用模锻。

六、板料冲压

板料冲压是指用冲模使板料经分离或变形得到制件的工艺方法。板料冲压的坯料通常是较薄的板料。板料冲压通常是在室温下进行的,所以又称为冷冲压,简称冲压。

(一)板料冲压的特点及应用

冲压用原材料必须具有足够的塑性,广泛应用的金属材料有低碳钢、高塑性合金钢、铝、铜及其合金等,非金属材料有石棉板、硬橡皮、绝缘纸、纤维板等。它广泛应用于汽车、拖拉机、航空、电器、仪表、国防等工业部门。

板料冲压具有以下特点:

(1)冲压件的尺寸精度高,表面质量好,互换性好,一般不需切削加工即可直接使用,且质量稳定。

(2)可压制形状复杂的零件,且材料的利用率高,产品的质量轻,强度和刚度较高。

(3)冲压生产率高,操作简单,其工艺过程易于实现机械化和自动化,成本低。

(4)冲压用模具结构复杂,精度要求高,制造费用高。冲压只有在大批量生产时,才能显示其优越性。

(5)冲压件的质量可从一克至几十千克,尺寸为一毫米至几米。

(二)冲压设备

1. 剪床

剪床的用途是把板料切成一定宽度的带料。图 2-42 是剪床外形及其传动简图。其工作过程是:电动机 1 带动皮带轮使轴 2 转动,再通过齿轮传动及爪形离合器 3 使曲轴 4 转动,通过连杆使滑块 5 做上下运动,进行剪切工作。为了便于剪切,剪床有工作台 6。制动器 7 的作用是确保滑块能停在上面位置。

2. 冲床

冲床的用途是完成除剪切外的其他冲压工作。图 2-43 为单柱式冲床的外形及其传动简图。电动机 5 带动飞轮 4 转动，当踩下踏板 6 时，离合器 3 使飞轮与曲轴 2 连接，曲轴随飞轮一起转动，通过连杆 8 带动滑块 7 做上下运动，进行冲压工作。当松开踏板时，离合器脱开，曲轴不随飞轮转动，同时制动闸 1 使曲轴停止转动，并使滑块 7 停在上面位置。

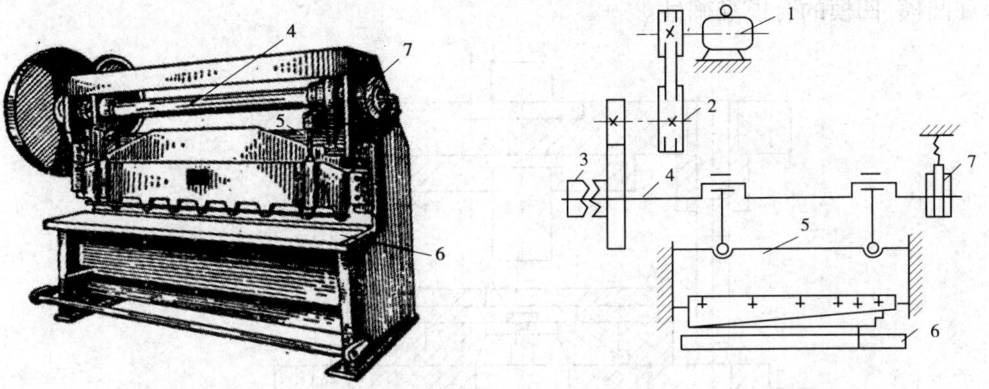

1—电动机；2—轴；3—离合器；4—曲轴；5—滑块；6—工作台；7—制造器

图 2-42　剪床外形及其传动简图

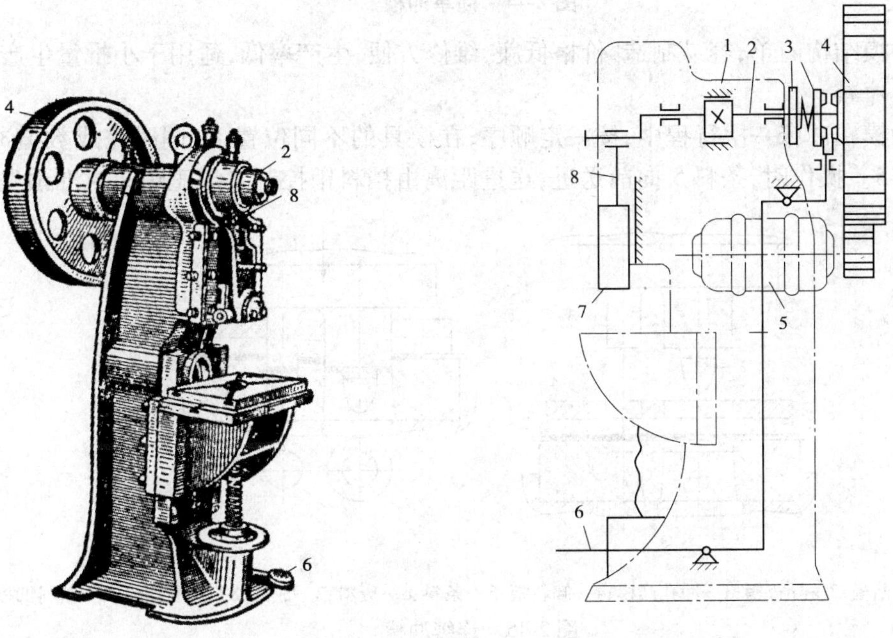

1—制动闸；2—曲轴；3—离合器；4—飞轮；5—电动机；6—踏板；7—滑块；8—连杆

图 2-43　单柱式冲床的外形及其传动简图

（三）冲压模具

冲压模具是冲压生产中必不可少的工艺装备，按冲压工序的组合程度不同可分为简单冲模、连续冲模和复合冲模三种。

1. 简单冲模

简单冲模在冲床一次行程中只完成一道工序，见图 2-44。凸模 11 用压板 12 固定在上模板2上,通过模柄1与冲床滑块连接。凹模7用压板6固定在下模板5上。操作时,条料沿两导料板8之间送进,碰到挡料销9停止。冲下部分落入凹模孔。此时,条料夹住凸模一起返回,被卸料板10推下。重复上述动作,完成连续冲压。导柱4和导套3组成的导向机构可保证凸模、凹模的合模准确性。

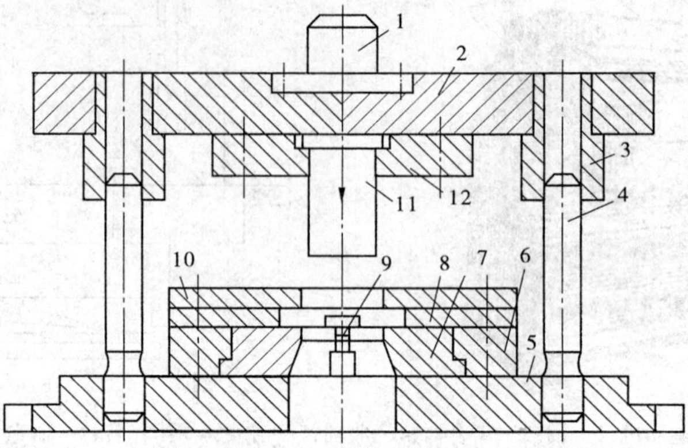

1—模柄;2—上模板;3—导套;4—导柱;5—下模板;6—压板;7—凹模;8—导料板;9—挡料销;10—卸料板

图2-44　简单冲模

简单冲模结构简单,容易制造,价格低廉,维修方便,生产率低,适用于小批量生产。

2. 连续冲模

连续冲模在冲床一次行程中,按一定顺序,在模具的不同位置上,同时完成数道冲压工序,见图2-45。操作时,条料5向前送进,送进距离由挡料销控制。导正销2对准预先冲出

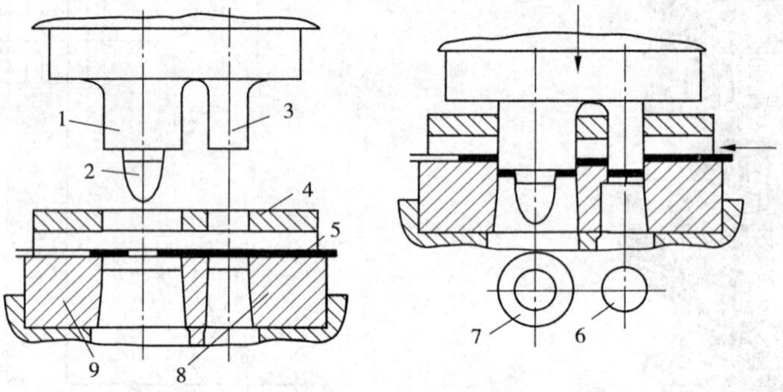

1—落料凸模;2—导正销;3—冲孔凸模;4—卸料板;5—条料;6—废料;7—成品;8—冲孔凹模;9—落料凹模

图2-45　连续冲模

的定位孔,上模向下运动时,冲孔凸模3进行冲孔,落料凸模1同时进行落料工序。条料夹住模具返程时,被卸料板4推下,如此循环进行操作,完成连续冲压工序。图中6是废料、7是成品、8是冲孔凹模、9是落料凹模。

连续冲模生产效率高,易于实现自动化,但定位精度要求高、结构复杂、制造成本高。主要用于大批量生产,精度要求不高的中、小型零件。

3. 复合冲模

复合冲模在冲床一次行程中,在模具的同一位置上,完成两道以上冲压工序。如图2-46所示。此种模具具有生产率高,零件加工精度高,平整性好等优点,但结构复杂,成本高,主

要适合批量大、精度高的冲压件的生产。

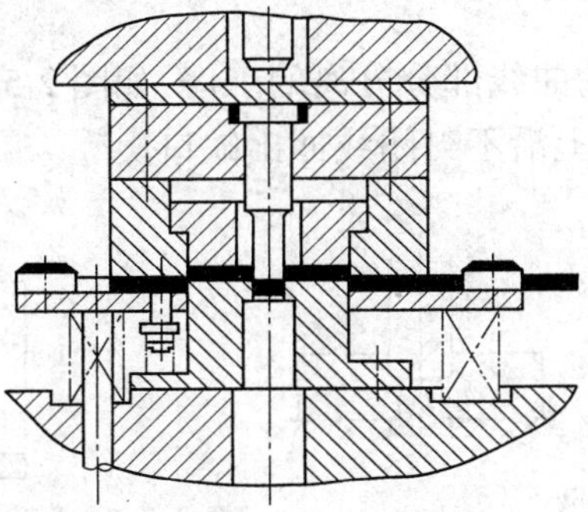

图 2-46　落料与冲孔复合冲模

(四)板料冲压的基本工序

板料冲压的基本工序分为分离工序与变形工序两类。

1. 分离工序

分离工序是使坯料的一部分相对另一部分相互分离的工序,如剪切、落料、冲孔等。

1)剪切

剪切是使坯料按不封闭轮廓分离的工序,如图 2-47 所示。其任务是将板料切成具有一定宽度的坯料,主要为下一道工序备料。

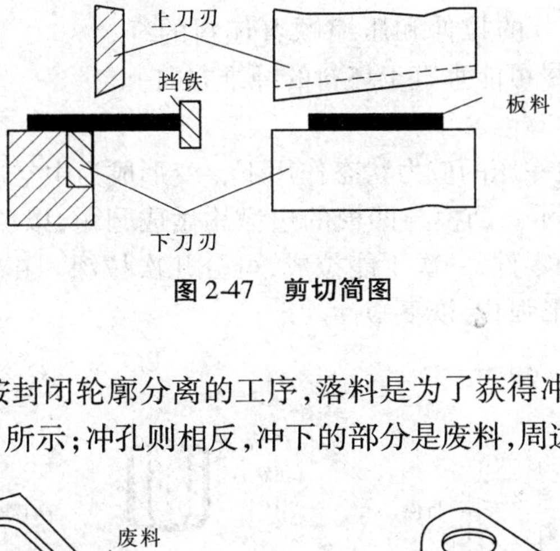

图 2-47　剪切简图

2)落料和冲孔

落料和冲孔是坯料按封闭轮廓分离的工序,落料是为了获得冲下的部分即所要的工件,而周边是废料,如图 2-48 所示;冲孔则相反,冲下的部分是废料,周边为工件,如图 2-49 所示。

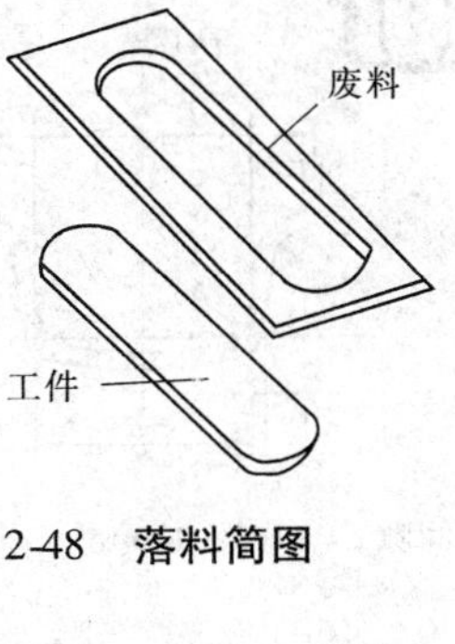

图 2-48　落料简图

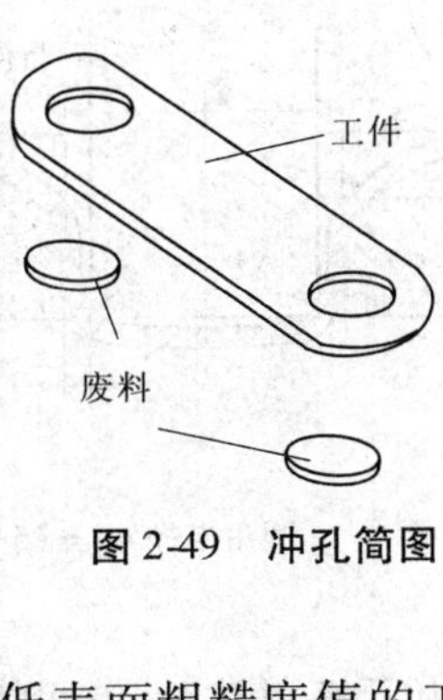

图 2-49　冲孔简图

3)整修

整修是将冲裁件的余量切除,以提高加工精度、降低表面粗糙度值的工序,见图 2-50。主要用于精度高、表面质量要求高的零件,经整修,尺寸精度可达 IT7 ~ IT6,表面粗糙度值为

1. 6 ~0. 8 μm。

4) 切口

切口是将坯料沿不封闭的曲线部分分离的工序,如图 2-51 所示。其分离部分的金属材料发生弯曲变形,最后在坯料上沿不封闭线冲出缺口。

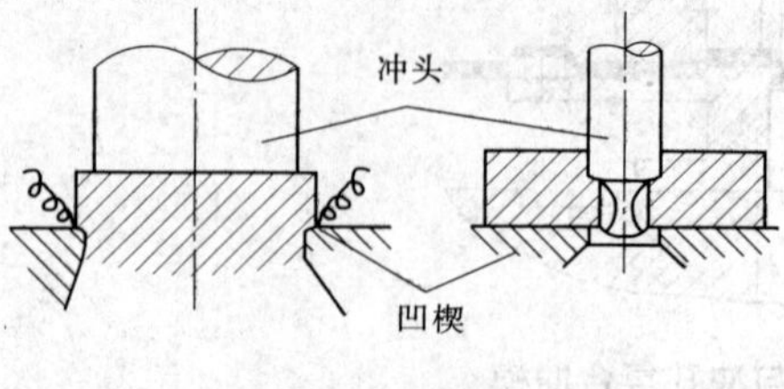

图 2-50 整修简图

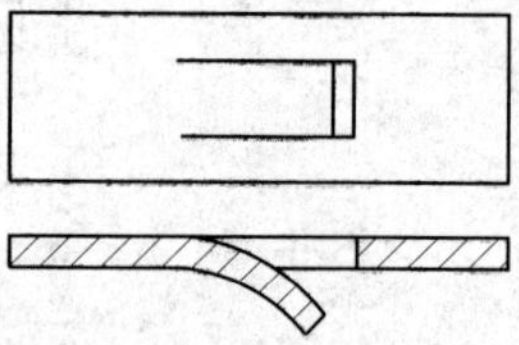

图 2-51 切口简图

2. 变形工序

变形工序是使坯料的一部分相对于另一部分发生位移而不破裂的工序,如弯曲、拉深等。

1) 弯曲

弯曲是将板料、型材或管材在弯矩作用下弯成一定曲率和角度的工序,见图 2-52。弯曲时,坯料外层受拉,内层受压,为防止外层拉裂,凸模的圆角半径 R 不能太小。同时,应尽可能使弯曲部分的拉伸和压缩顺着坯料的纤维方向进行,即弯曲线应尽可能垂直于坯料的纤维方向。

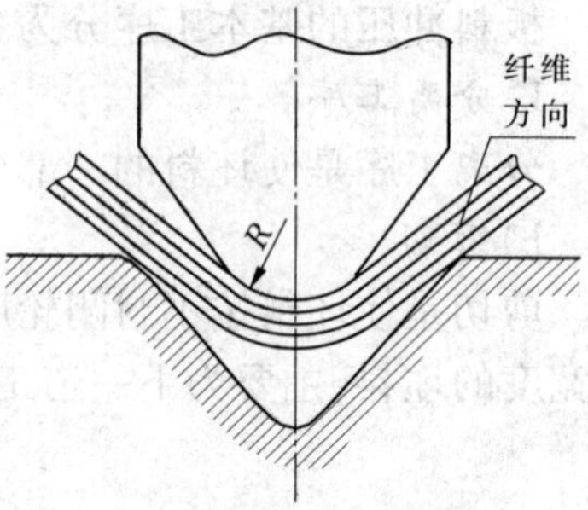

图 2-52 弯曲简图

2) 拉深

拉深是使坯料在一拉一压的应力状态作用下,变形成为中空形状零件而厚度基本不变的加工方法,如图 2-53 所示。凸模与凹模的边缘均做成圆角,以免拉深时将坯料拉裂。有些高度与直径之比较大的零件,一次不能拉成,可分几次拉深。在多次拉深时,往往需要进行中间退火,以消除冷变形强化,恢复塑性。

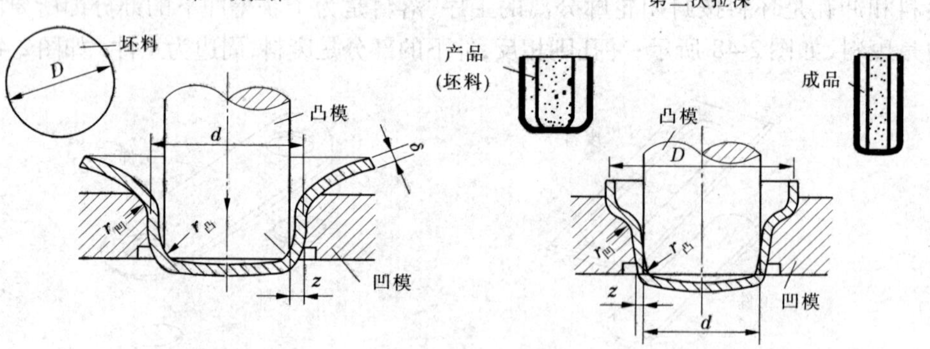

圆角半径 $r_{凹}=(5\sim15)\delta$,$r_{凸}\leqslant r_{凹}$,模具间隙 $z=(1.1\sim1.3)\delta$

图 2-53 拉深

在拉深时,由于坯料边缘在切线方向受到压缩,可能产生波浪形,最后形成折皱,如图 2-54 所示。用压板把坯料周边压紧进行拉深(如图 2-55 所示),可防止这一现象出现。

如果拉应力超过拉深件底部的抗拉强度，拉深件底部会被拉裂，如图 2-56 所示。

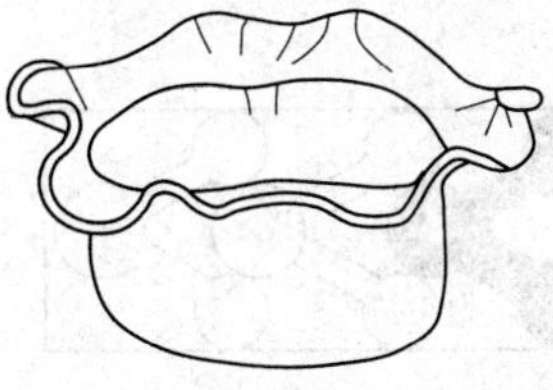

图 2-54　拉深废品（折皱）

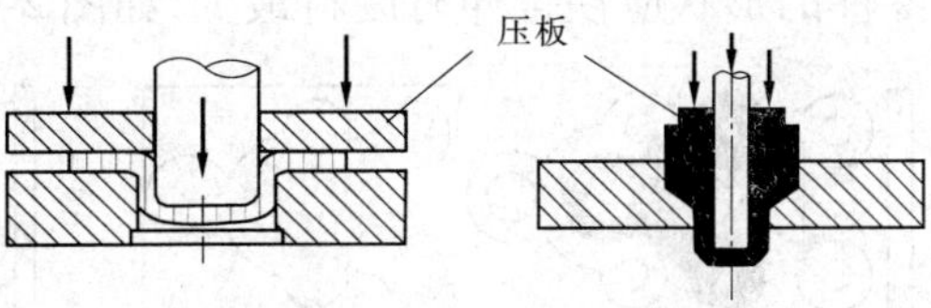

图 2-55　用压板拉深

3）缩口

缩口是将空心件或管件口部直径缩小的成形工序，如图 2-57 所示。

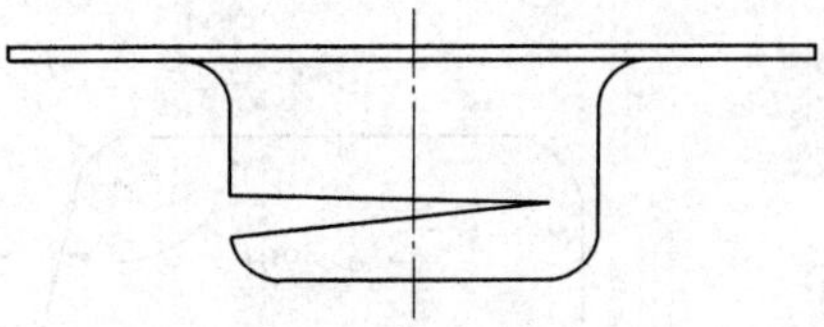

图 2-56　拉裂件

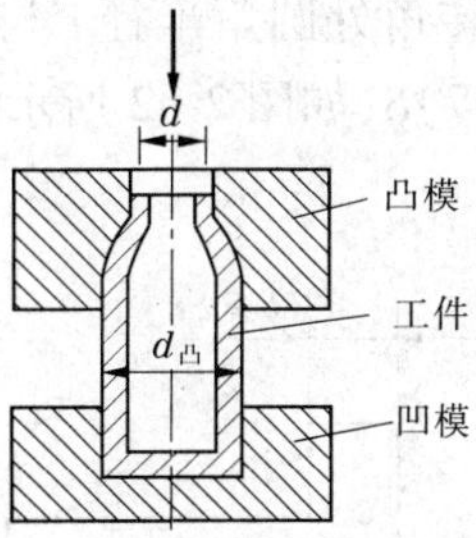

图 2-57　缩口

4）压肋和胀形

压肋是使板料或制品表面上通过局部变薄获得各种形状的凸起或凹陷的成形工序，它能提高局部变形部位的强度和刚度。胀形是将空心件轴向方向上的局部区段直径胀大的成形工序，如图 2-58 所示。

5）翻边

翻边是使坯料、半成品沿其内孔或外缘的一定曲线翻成竖立边缘的成形工序，如图 2-59 所示。

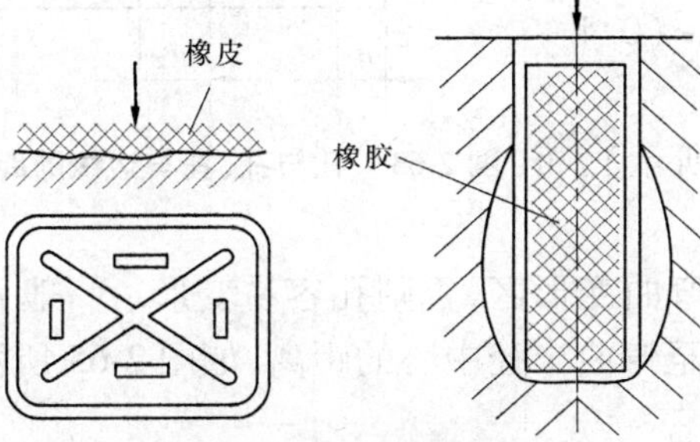

图 2-58　压肋和胀形

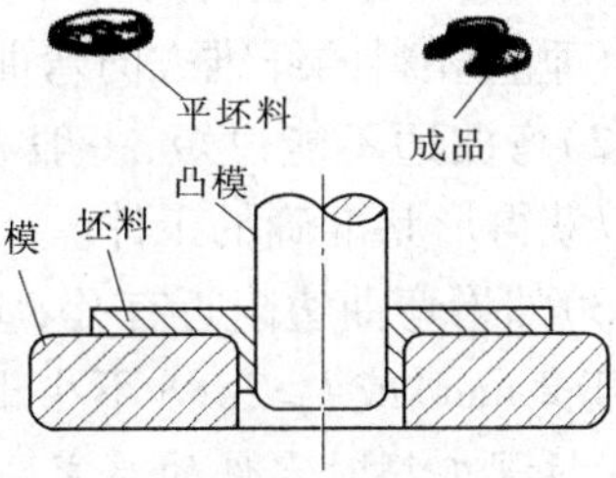

图 2-59　翻边

（五）板料冲压件的结构工艺性

在设计冲压件结构、制订冲压工艺和设计模具时，必须考虑到冲压件的结构工艺性要求。在满足使用性能的条件下，应尽量采用简单的对称外形，这样可使冲压时坯料受力均衡，质量容易保证，模具制造简单，材料利用率高，生产效率高。

1. 落料和冲孔工序对零件的要求

(1)零件的形状应使排样时废料最少,如图 2-60 所示。

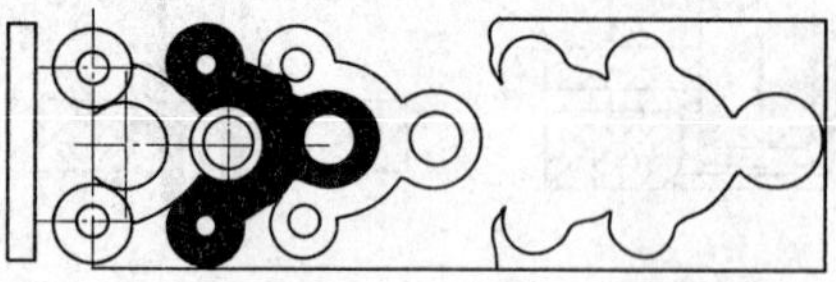

(a)材料利用率高　　(b)材料利用率低

图 2-60　零件形状与材料利用率的关系

(2)零件的外形应避免长槽和细长悬臂零件,如图 2-61 所示(δ 为板厚)。

(3)转角处圆角半径 r 与板厚 δ 有关,当 $\alpha>90°$时,$r \geqslant (0.3 \sim 0.5)\delta$;当 $\alpha<90°$时,$r \geqslant (0.6 \sim 0.7)\delta$,如图 2-62 所示。

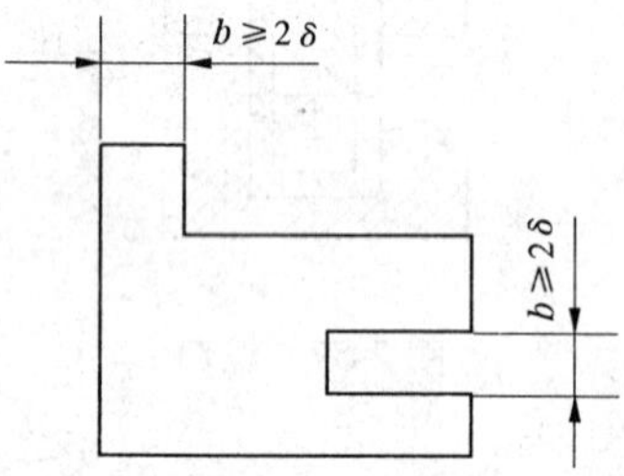

图 2-61　悬臂和窄槽尺寸

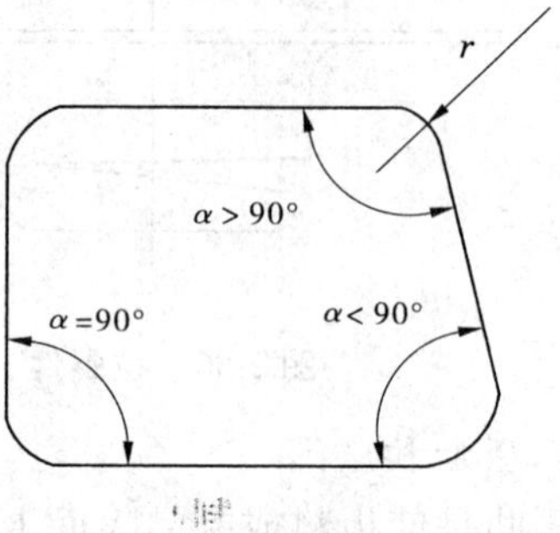

图 2-62　转角圆角半径

(4)孔间距离或孔与零件边缘的距离不宜过小,孔径也不能过小,否则会因凸模强度不够而发生折断。一般 $a \geqslant 2\delta$,并保证 $a>3 \sim 4$ mm,如图 2-63 所示。

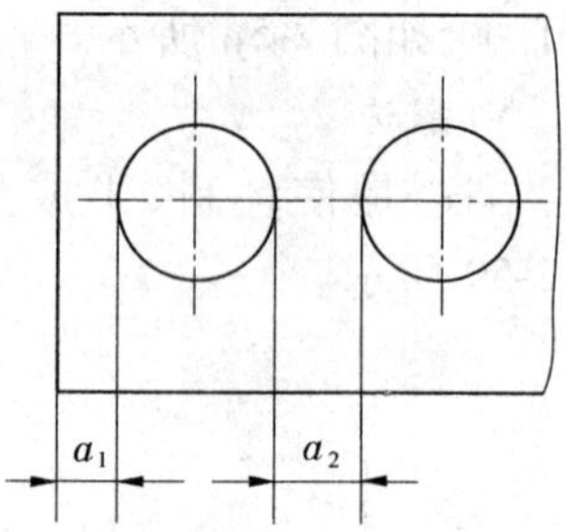

图 2-63　孔与孔、孔与边缘的距离

2. 弯曲工序对零件的要求

(1)弯曲半径不宜小于最小弯曲半径,以免弯裂。$R_{\min} \geqslant (0.2 \sim 0.8)\delta$(顺着坯料的纤维方向弯曲)或 $R_{\min} \geqslant (0.4 \sim 1.2)\delta$(垂直坯料的纤维方向弯曲)。

(2)弯曲边不能过短,一般 $h>2\delta$(如图 2-64 所示),否则难以获得形状准确的工件。

(3)如果弯曲边附近有孔,应使孔的位置离开弯曲变形区,否则孔容易变形。一般 $l \geqslant \delta$(δ 小于 2 mm)或 $l \geqslant 2\delta$(δ 不小于 2 mm),l 是孔缘至弯曲半径中心的距离,如图 2-65 所示。

3. 拉深工序对零件的要求

(1)尽量减少拉深零件的高度,减少拉深次数。一般 $d_{凸}<3d$、$h<2d$,如图 2-66 所示。

(2)弯曲处的圆角半径不宜过小,如图 2-66 所示。一般 $r_1>2\delta$、$r_2>(3 \sim 4)\delta$、$r_3>3\delta$、$r_4>0.15\delta$。

(3)对拉深零件的精度要求不宜过高。

(4)复杂的冲压件可采用冲压－焊接结构,简化冲压工艺,如图 2-67 所示。

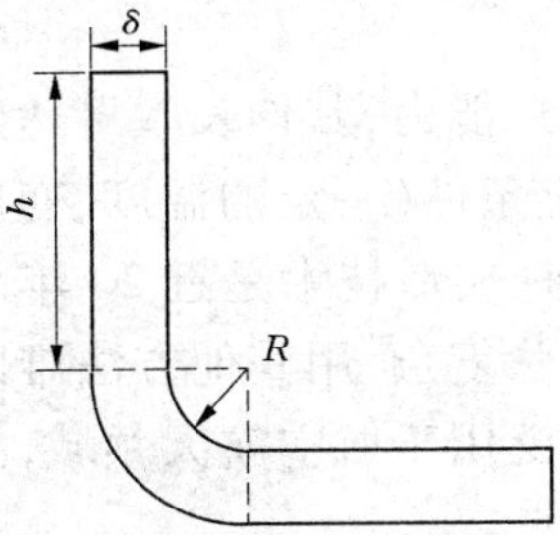

图 2-64　弯曲件边高

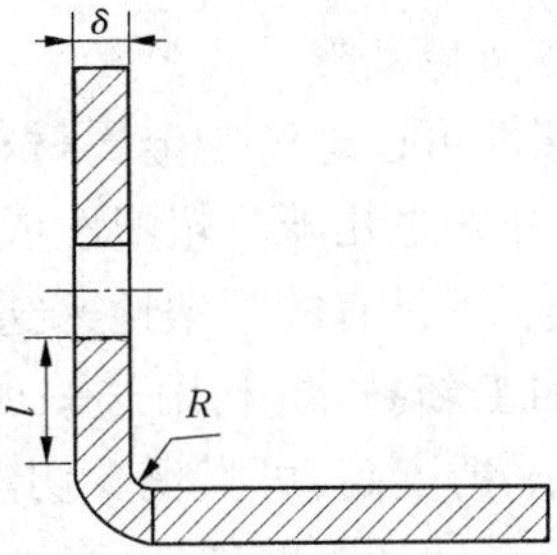

图 2-65　弯曲件孔距

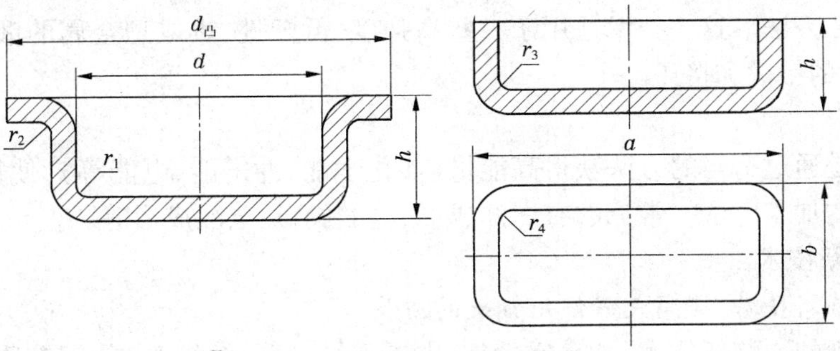

图 2-66　拉深件的结构工艺

七、锻压新工艺与新技术简介

随着科学技术的发展,金属的锻压加工出现了许多新工艺和新技术,使锻压生产向着优质、高效、低消耗的方向发展。

图 2-67　冲压 – 焊接结构件

(一)锻压新工艺

1. 精密模锻

精密模锻是提高锻件精度和表面质量的一种先进工艺。其锻件的精度可达 ±0.2 mm,表面粗糙度可达 R_a 6.3 μm,实现了少切削或无切削加工;锻造流线分布合理,力学性能好。精密模锻能锻出形状复杂、尺寸精度要求高的零件,如锥齿轮、叶片等,但对坯料的要求比普通模锻高,需在保护性气氛中加热。

2. 粉末锻造

粉末锻造是将金属粉末经压实烧结后,作为锻造毛坯的一种锻造方法。其锻件的组织致密,表面粗糙度值低、尺寸精度高,可以少切削或无切削加工。例如,粉末锻造连杆的质量精度可达 1%,而锻造连杆的质量精度为 2.5%,与常规机加工连杆相比,批量生产可节约加工费35%。

3. 超塑性成形

超塑性可以理解为金属材料具有超常的均匀塑性变形能力，其伸长率可达到百分之几百、甚至百分之几千。超塑性成形是利用某些金属在特定条件（一定的温度、变形速度和组织条件）下所具有的超塑性来进行塑性加工的方法。这种成形技术是近20年来蓬勃发展的材料加工新技术，利用这一成形技术可以成形各种形状复杂、用其他方法难以成形的零件，且加工精度高，可实现少切削或无切削加工。它已广泛用于航空航天领域，如航空发动机的钛合金叶片等锻件。

4. 高速锤锻造

高速锤锻造是靠高压气体突然释放的能量驱动上、下锤头高速运动，悬空对击，使金属塑性成形的锻压方法。这一技术适用于一些高强度、低塑性、难成型金属的锻造，多用于叶片、齿轮等零件的精锻和挤压。

5. 高能成形

高能成形是通过适当的方法获得高能量（如化学能、冲击能、电能等），使坯料在极短时间内快速成形的加工方法。常见的有爆炸成形、电磁成形、电液成形等。

（二）锻压新技术

1. 采用冶炼新技术，提高大锻件用钢锭的质量

近年来涌现的冶炼新技术（如真空精炼、电渣重炼、钢包精炼等）使钢锭质量大大提高，有利于改善大锻件的内部质量。

2. 采用了少氧化或无氧化及快速加热技术

炉膛内具有惰性保护气氛的无氧化加热炉，可避免坯料在加热过程中出现氧化、脱碳的缺陷。运用煤气快速加热喷嘴和对流传热，提高传热效率，坯料升温快，这一技术主要适用热ϕ100 mm以下的棒料。

3. 计算机技术在锻造生产上的应用

将计算机辅助设计和辅助制造技术用于模锻生产，已取得明显的经济效益。主要是通过人机对话，对模锻工艺过程进行模拟，可使人们预知金属的流动、应变、应力、温度分布、模具受力、可能的缺陷及失效形式。一部分软件甚至可以预知产品的显微结构、性能及弹性恢复和残余应力，这为优化工艺参数和模具结构提供了一个极为有力的工具，对缩短产品研制周期，降低研制成本、获得最佳模锻工艺方案具有十分重要的意义。据日本效率协会调查统计，设计工时可削减88%，设计期限缩短60%，质量提高39.3%，成本降低18.9%。

4. 突出发展精密净形成形，发展少切削或无切削技术

金属材料的净形和近净形成形是一种先进的制造技术。它是指零件成形后，仅需少量加工或不再加工，就可用做机械构件的成形技术。其具有节省材料、节省工时、提高生产率、降低成本、提高零件性能和质量的优点，在制造业尤其是汽车制造中得到了广泛应用。例如，热精锻的齿轮精度已达IT7～IT9，离合器齿面及伞齿轮齿面均可锻后直接装配而无需机械加工，冷精锻的尺寸精度可达0.02～0.05。

5. 复合技术

所谓复合技术就是借鉴别的成形工艺的特点来完善和提高本工艺的作用。如先铸后锻工艺为铸锻复合工艺，先冲后锻工艺为冲锻复合工艺，先热后冷锻工艺为冷热复合锻造工

艺,先轧后锻工艺等。这些工艺的发展,必将产生新的工艺和新的设备与技术。

6. 液压成形技术

利用流体介质来代替模具传递力以实现金属塑性加工称为液压成形。它可简化模具结构,缩短产品的生产周期,制造出其他方法不能实现的复杂工件。这对提高汽车性能,减少零件数量和减少汽车自重有十分重要的意义。

7. 激光成形技术

激光成形技术依靠激光使板材局部快速加热及冷却,在热应力作用下,金属产生微小变形;反复加热选择的部位,就可获得所需的形状。这种技术的关键所在是精度与形状的控制,包括几何形状的三维检测计算机模拟及生成数控指令。

8. 发展高效率、高精度、多工位成形设备

通过这些设备把计算机数控技术、机器人技术、光电技术综合到锻压设备中。

第三节 焊 接

一、概述

(一)焊接的主要特点

1. 节省材料,减轻质量

焊接的金属结构件可比铆接件节省材料 10% ~25%;采用点焊的飞行器结构,质量明显减轻,油耗降低,运载能力提高。

2. 简化复杂零件和大型零件的制造过程

焊接方法灵活,可化大为小,以简拼繁,加工快,工时少,生产周期短。许多结构都以铸焊、锻焊的形式组合,简化了加工工艺。

3. 适应性强

多样的焊接方法几乎可焊接所有的金属材料和部分非金属材料,可焊范围较广,而且连接性能较好。焊接接头可达到与工件金属等强度或相应的特殊性能。

4. 满足特殊连接要求

不同材料焊接在一起,能使零件的不同部分或不同位置具备不同的性能,达到使用要求,如防腐容器的双金属筒体的焊接、钻头工作部分与柄的焊接、水轮机叶片耐磨表面堆焊等。

尽管如此,焊接加工在应用中仍存在一些不足之处。例如,不同焊接方法的焊接性能有较大差别,焊接接头的组织不均匀,焊接过程所造成的结构应力与变形及各种裂纹问题等,都有待于进一步研究和完善。

(二)焊接在工业生产中的应用

1. 制造金属结构件

焊接方法广泛应用于各种金属结构件的制造,如桥梁、船舶、压力容器、化工设备、机动车辆、矿山机械、发电设备及飞行器等。

2. 制造机器零件和工具

焊接件具有刚性好、改型快、周期短、成本低的优点,适合于单件小批生产加工各种机器

零件和工具,如机床机架和床身、大型齿轮和飞轮、各种切削工具。

3. 修复缺陷

采用焊接方法修复某些有缺陷、失去精度或有特殊要求的工件,可延长使用寿命,提高使用性能。

近年来,焊接技术迅速发展,新的焊接方法不断出现,在应用了计算机技术后,其功能更加强大,焊接更加精密化和智能化。

(三)焊接的分类

焊接的种类很多,按焊接过程的特点,可归纳为三大类,即熔焊、压焊和钎焊。

1. 熔焊

熔焊是将两个焊件局部加热到熔化状态,并加入填充金属,冷却凝固后形成牢固的接头。常用的熔焊有电弧焊、气焊、电渣焊、电子束焊、激光焊和等离子弧焊等。

2. 压焊

压焊是在焊接时,不论焊件是否加热,必须对焊件施加一定的压力,使两者结合面紧密接触并产生一定的塑性变形,从而将两焊件连接在一起。常用的压焊有电阻焊、摩擦焊、扩散焊、爆炸焊、冷压焊和超声波焊等。

3. 钎焊

钎焊是指采用比焊件熔点低的钎料和焊件一起加热,使钎料熔化,焊件不熔化,熔化的钎料填充到与焊件连接处的间隙,待钎料凝固后,两焊件被连接在一起的方法。常用的钎焊有锡焊、铜焊等。

二、焊接接头的组织与性能

(一)焊缝的组织与性能

用焊接方法连接的接头称焊接接头,简称接头。焊接时,电弧沿着工件逐渐移动并对工件进行局部加热,因此在焊接过程中,焊缝及其附近的母材经历了一个加热和冷却的过程。由于温度的不均匀,焊缝附近区域受到一次不同的热处理,会引起组织和性能的变化,直接影响焊接质量。

焊接接头由焊缝区、熔合区、热影响区三部分组成。焊缝两侧因热作用而导致母材的组织和性能发生变化的区域称为焊接热影响区。焊缝和母材的交界线称为熔合线,熔合线两侧有一个比较窄小的焊缝与热影响区的过渡区,称为熔合区。

焊缝组织是由熔池金属结晶得到的柱状铸态组织,由铁素体和少量珠光体组成。铸态组织晶粒粗大,组织不致密。但由于焊接熔池体积小,冷却速度快,焊条药皮、焊剂或焊丝在焊接过程中的合金作用,焊缝金属中锰、硅等合金元素含量高于母材,所以焊缝金属的力学性能不低于母材,特别是强度容易达到母材强度。

(二)热影响区及熔合区的组织与性能

图 2-68 为低碳钢焊接接头的组织变化情况。图 2-68(a)是被焊工件焊接接头各点在焊接过程中被加热的最高温度曲线,图 2-68(b)是铁碳合金状态图的一部分,用来对照分析。

1. 熔合区

熔合区也称半熔化区,化学成分不均匀,金属组织晶粒粗大,其力学性能最差。

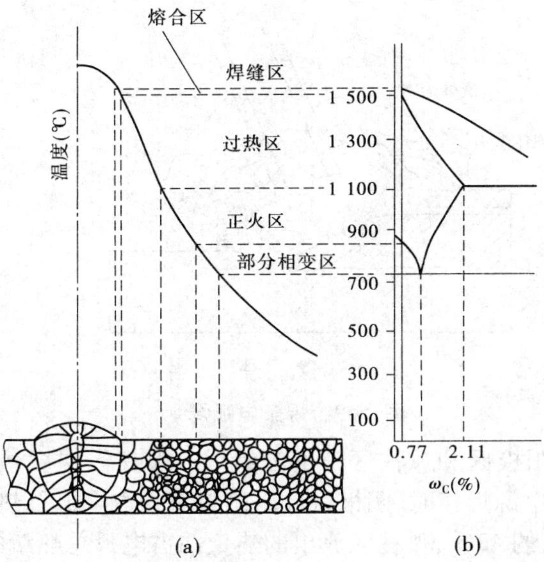

图 2-68 低碳钢焊接接头的组织变化示意图

2. 热影响区

由于热影响区各点温度不同,热影响区可分为过热区、正火区和部分相变区等。

(1)过热区是焊接时被加热到 A_{c3} 以上 100~200 ℃至固相线温度区间,奥氏体晶粒急剧长大,冷却后产生晶粒粗大的过热组织。因而其塑性及韧性很低,容易产生焊接裂纹。

(2)正火区是被加热到 A_{c3} 至 A_{c3} 以上 100~200 ℃,金属发生重结晶,冷却后得到均匀而细小的铁素体和珠光体组织,其力学性能优于母材。

(3)部分相变区是被加热到 A_{c1}~A_{c3} 温度区间,珠光体和部分铁素体发生重结晶,晶粒细化;部分铁素体来不及转变,冷却后晶粒大小不均匀,其力学性能较差。

综上所述,熔合区和过热区是焊接接头中比较薄弱的部分,对焊接质量影响最大,因此在焊接过程中应尽可能减小其宽度。

焊接接头组织和性能的好坏主要与焊接材料、焊接方法和焊接工艺有关,其中焊接工艺是影响焊接接头组织和性能的主要因素。

三、焊条电弧焊

焊条电弧焊是利用电弧产生的热量来熔化焊条和部分工件,从而使两块金属连成一体的手工操作的焊接方法。由于它使用的设备简单,操作灵活方便,能够适应各种条件下的焊接,因此成为熔焊中应用最广泛的一种焊接方法。但焊条电弧焊要求操作者技术水平较高,生产率较低,劳动条件较差。

(一)焊接过程

焊条电弧焊的焊接过程如图 2-69 所示。焊接时,首先将焊条夹在焊钳上,把工件同电焊机相连接。引燃电弧时,焊条与工件相互接触发生短路,随即提起焊条 2~4 mm,在焊条端部和工件之间产生电弧,电弧产生大量的热量将焊条、工件局部加热到熔化状态,焊条端部熔化后形成的熔滴和熔化的母材一起形成熔池。随着电弧的向前移动,新的熔池开始形成,原来的熔池随着温度的降低开始凝固,从而形成连续的焊缝。

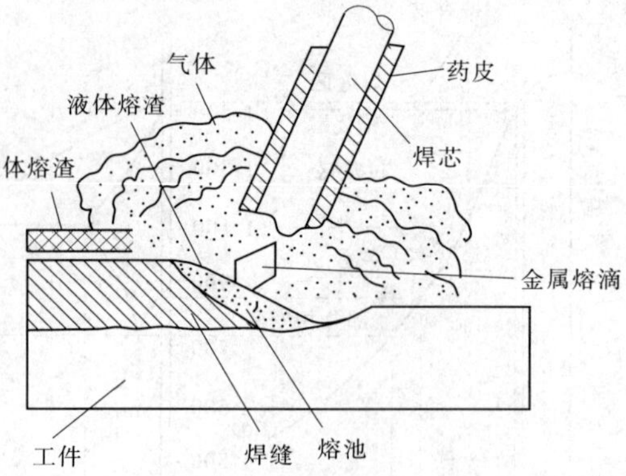

图 2-69　焊条电弧焊

焊接电弧由阴极区、阳极区和弧柱区三部分组成。弧柱区温度最高，其中心温度可达 5 700 ℃以上。使用直流电源焊接时，阴极区放出的热量约占电弧总热量的 38%，阳极区放出的热量约占电弧总热量的 42%，弧柱区放出的热量约占电弧总热量的 20%。

(二)焊条电弧焊设备

焊条电弧焊的主要设备是电焊机，实际上是一种弧焊电源。按产生的电流种类不同，分为直流弧焊机和交流弧焊机。

1. 直流弧焊机

直流弧焊机分焊接发电机和弧焊整流器两种。

1)焊接发电机

焊接发电机由交流电动机和直流电焊发电机组成。

采用焊接发电机焊接时，电弧稳定，能适应各种焊条，但结构较复杂，噪声大，成本高。主要适用于小电流焊接，在用低氢型焊条焊接合金结构钢和有色金属时，需选用直流电焊机。

2)弧焊整流器

弧焊整流器是一种将交流电通过整流转换为直流电的直流弧焊机。

与焊接发电机相比，弧焊整流器没有旋转部分，结构简单，维修容易，噪声小，其使用已趋普遍。

用直流电焊机焊接时，由于正极和负极上的热量不同，有正接和反接两种接线方法。若把阳极接在工件上，阴极接在焊条上，则电弧热量大部分集中在工件上，使工件熔化，适用于厚板焊接，称为正接法。反之，称为反接法，适用于薄板和有色金属的焊接。但在使用碱性焊条时，均采用直流反接。用交流电源焊接时，不存在正接、反接问题。

2. 交流弧焊机

交流弧焊机又称弧焊变压器，它实际上是一种特殊的降压变压器。它将 220 V 或 380 V 的电压降到 60 ~ 80 V(即焊机的空载电压)，以满足引弧的需要。焊接时，电压会自动下降到电弧正常工作时所需的工作电压 20 ~ 30 V。交流电焊机结构简单，制造方便，价格便宜，节省电能，使用可靠，维修方便，但电弧不太稳定。交流弧焊机是常用的焊条电弧焊设备。

3. 焊钳和面罩

焊钳是用来夹持焊条和传递电流的。面罩用来保护眼睛和面部，以避免弧光伤害。

(三)焊条

焊条是焊条电弧焊用的涂有药皮的熔化电极。它直接影响到焊接电弧的稳定性及焊缝金属的化学成分和力学性能，是影响焊条电弧焊质量的主要因素之一。

1. 焊条的组成

焊条电弧焊使用的焊条由焊芯和药皮组成，如图 2-70 所示。

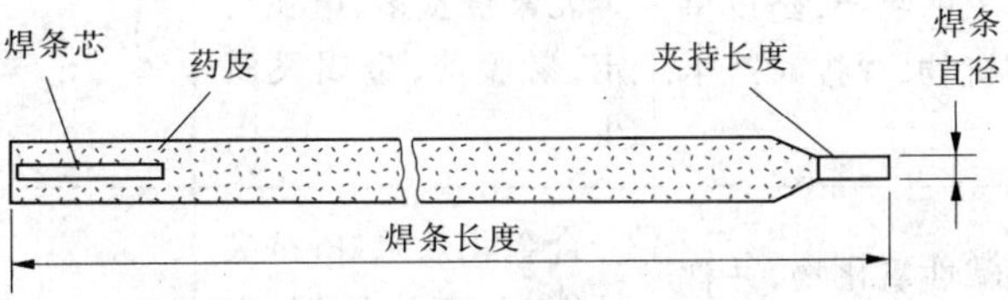

图 2-70　电焊条的组成

(1)焊芯是焊条中被药皮包覆的金属芯，主要作用是导电，产生电弧，提供焊接电源；作为焊缝的填充金属，与熔化的母材共同形成焊缝。焊芯在焊缝中一般占 50% ~ 70%，焊芯的化学成分和杂质直接影响到焊缝的质量。因此，焊芯都是专门冶炼的，碳、硅含量较低，硫、磷含量极少。焊芯用钢丝通常采用专用钢丝。焊条的直径是用焊芯的直径来表示的。常用的焊芯直径有 2. 0 mm、2. 5 mm、3. 2 mm、5. 0 mm、6. 0 mm 等几种，长度为 350 ~ 450 mm。直径为 3. 2 ~ 5. 0 mm 的焊芯应用最广。

(2)药皮是压涂在焊芯表面的涂料层，由矿石粉和铁合金粉等原料按一定比例配制而成。它的作用是利用渣、气对焊接熔池起机械保护作用；进行物理反应和化学反应去除杂质，补充有益元素，保证焊缝的成分和力学性能；具有良好的工艺性能，能稳定燃烧、飞溅少、焊缝成形好、易脱渣等。

根据药皮组成物在焊接中的作用，药皮可分为稳弧剂、造气剂、造渣剂、脱氧剂、合金剂、增塑剂、黏结剂和成形剂等，并将药皮分为若干类型，如钛钙型、低氢钠型、低氢钾型等。

2. 焊条的分类、型号和牌号

1) 焊条分类

焊条按用途不同共分九类，如表 2-17 所示。按焊条药皮熔化后的特性分两类，如表 2-18 所示。

表 2-17　焊条按用途分类

分类	特性或用途	型号举例
碳钢焊条	熔敷金属，在自然气候下具有一定力学性能	E4301
低合金钢焊条	熔敷金属，在自然气候环境中具有较强的力学性能	E501 - A
不锈钢焊条	熔敷金属具有不同程度的抗腐蚀能力和一定力学性能	E308 - 15
堆焊焊条	熔敷金属具有一定程度的耐不同类型磨损或腐蚀等性能	EDRCrW - 15
铸铁焊条	专门用做焊补或焊接铸铁	EZCQ
镍及镍合金焊条	用做镍及镍合金的焊补、焊接、堆焊，焊补铸铁等	ENiCrFe - 1 - 15
铜及铜合金焊条	用做铜及铜合金的焊补、焊接、堆焊，焊补铸铁等	ECuSi - A
铝及铝合金焊条	用做铝及铝合金的焊接、焊补或堆焊	TA_2Mn
特殊用途焊条	用做水下焊接、切割及管状焊条和铁锰铝焊条等	

表 2-18　焊条按熔渣特性分类

分类	熔渣主要成分	焊接特性	型号举例	应用
酸性焊条	SiO_2 等酸性氧化物及在焊接时易放出氧的物质，药皮里造气剂为有机物，焊接时产生保护气体	焊缝冲击韧度差，合金元素烧损多，电弧稳定，易脱渣，金属飞溅少	E4303	适合于焊接低碳钢和不重要的结构件
碱性焊条	$CaCO_3$ 等碱性氧化物，并含有较多的铁合金作为脱氧剂和合金剂	合金化效果好，抗裂性能好，直流反接，电弧稳定性差，飞溅大，脱渣性差	E5015	主要用于焊接重要的结构件，如压力容器等

2）焊条的型号和牌号

《碳钢焊条》（GB 5117—1995）、《低合金焊条》（GB/T 5118—1995）规定了碳钢焊条和低合金钢焊条型号的编制方法。用 E 加四位数字表示：E 表示焊条，前两位数字表示熔敷金属抗拉强度的最小值，第三位数字表示焊接位置，“0”、“1”表示全位置焊接（平、立、仰、横），“2”表示平焊及平角焊，“4”表示向下立焊，第三位和第四位数字组合表示焊接电流种类及药皮类型。举例如下：

E　43　15

- 15——表示焊条药皮为低氢钠型，并可采用直流反接焊接
- 1——表示焊条适用于全位置焊接
- 43——表示熔敷金属抗拉强度的最小值为430 MPa
- E——表示焊条

焊条牌号是焊条行业统一的焊条代号。一般用相应的大写拼音字母（或汉字）和三位数字表示，如结 422、结 507 等。拼音字母（或汉字）表示焊条类别，如“结”表示结构钢焊条；前两位数字表示焊缝金属抗拉强度的最小值，单位为 MPa，第三位数字表示药皮类型和电源种类。举例如下：

J　42　6　（结426）

- 6——表示低氢钾型药皮，采用交流或直流反接
- 42——表示焊缝金属抗拉强度≥420 MPa
- J——表示结构钢焊条

结构钢焊条牌号中数字的意义如表 2-19 所示。

常用的焊条型号和牌号对照如表 2-20 所示。

3）焊条的选择

合理选用焊条对焊接质量、产品成本和劳动生产率都有很大的影响。因此，焊条的选择应在保证焊接质量的前提下，尽可能地提高劳动生产率和降低产品成本。一般应从以下几个方面考虑：

表 2-19 结构焊条牌号中数字的含义

牌号中第一位、第二位数字	焊缝金属抗拉强度等级(MPa)	牌号中第三位数字	药皮类型	焊接电源种类
42	420	0	不属已规定类型	不规定
50	490	1	氧化钛型	交流或直流反接
55	540	2	氧化钛钙型	交流或直流反接
60	590	3	钛铁矿型	交流或直流反接
70	690	4	氧化铁型	交流或直流反接
75	740	6	低氢钾型	交流或直流反接
80	780	7	低氢钠型	直流反接

表 2-20 常用焊条型号和牌号对照

型号	牌号	型号	牌号
E4303	结 422	E6016	结 606
E4316	结 426	E6015	结 607
E4315	结 427	E7015	结 707
E5003	结 502	E308	奥 102
E5016	结 506	E308L	奥 002
E5015	结 507	E347	奥 132
E515	结 557	E316L	奥 022

(1)根据被焊结构的化学成分和性能要求选择相应的焊条种类。如对于低、中碳钢和普通低合金钢的焊接,一般按母材的强度等级选择相应的焊条;对于耐热钢和不锈钢的焊接,选用与工件化学成分相同或相近的焊条等。

(2)对于承受动载荷、冲击载荷或形状复杂,厚度、刚度大的焊件,应选用碱性焊条;若被焊件在腐蚀性介质中工作,应选用不锈钢焊条。

(3)根据焊件的工作条件和结构特点选用焊条。如对于立焊、仰焊,可选用全位置焊接的焊条;当焊接部位无法清理干净时,应选用酸性焊条等。

(4)在酸性焊条和碱性焊条都能满足要求的情况下,应尽量选用酸性焊条;需提高焊缝质量,应选用碱性焊条。

此外,应考虑焊接工人的劳动条件、生产率及经济性等,在满足使用性能的前提下,尽量选用无毒(或少毒)、生产率高、价格便宜的焊条。

(四)焊条电弧焊工艺

1. 接头形式

根据《焊接术语》(GB/T 3375—1994)规定,焊接碳钢和低合金钢的基本接头形式有对接接头、角接接头、T形接头和搭接接头等,如图 2-71 所示。一般根据结构的形状、强度要求,工件厚度,焊接材料消耗量及其焊接工艺等选择接头形式。

2. 坡口形式

焊条电弧焊对接板材厚度在 6 mm 以下时一般不开坡口,只需在接口处留有一定间隙,

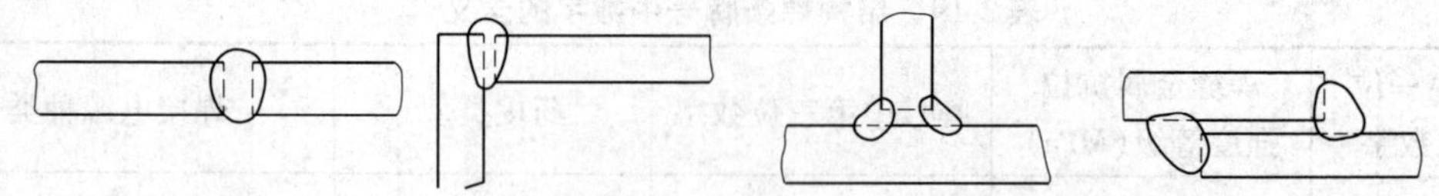

(a)对接接头　　(b)角接接头　　(c)T形接头　　(d)搭接接头

图 2-71　常用焊接接头形式

以保证焊透。对于较厚的工件,为了使焊条能深入到接头底部引弧,保证焊透,焊前应把接头处加工成所需要的几何形状,称为坡口。为了防止烧穿坡口的根部,一般要留 2 ~ 3 mm 的直边,称钝边。

常用的坡口形式、尺寸及焊缝在图样上的标注方法如表 2-21 所示。

表 2-21　焊条电弧焊常用坡口形式、尺寸及标注方法

δ (mm)	名称	符号	坡口形式，坡口尺寸(mm)	焊缝形式	标注方法
1~3 3~6	I形坡口		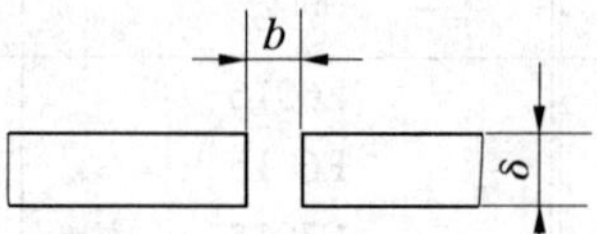 b=0~2.5	 b=0~1.5 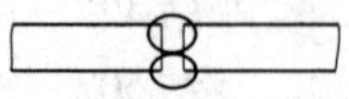 b=0~2.5	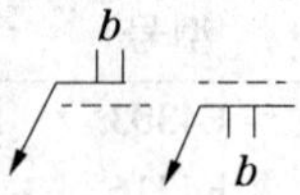 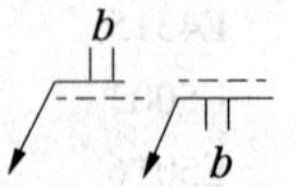
3~26	Y形坡口	 	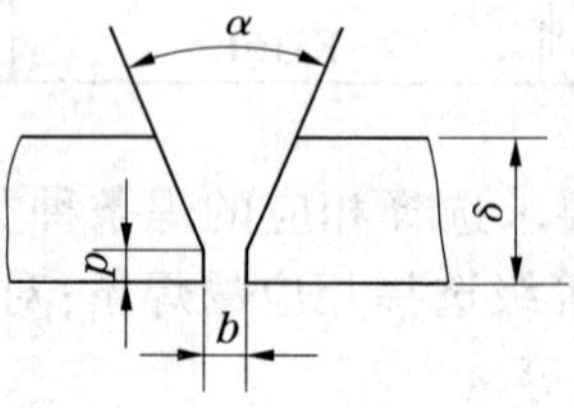 α=40°~60°　b=0~3 p=1~4	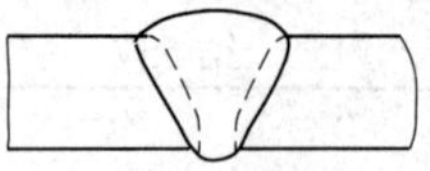 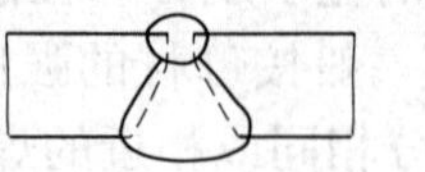	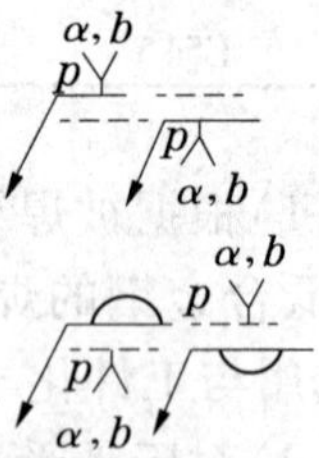
2~8	I形坡口		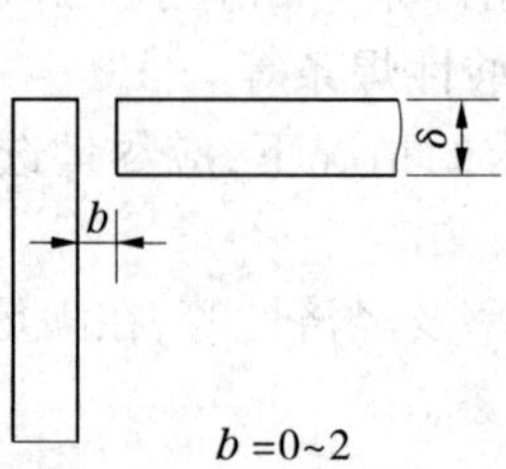 b=0~2	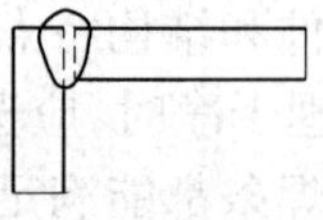 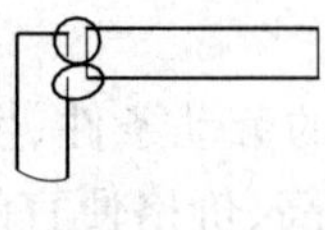	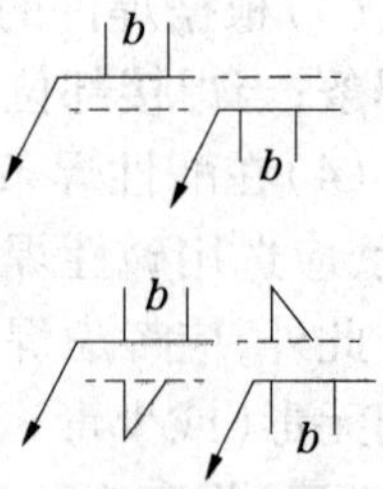

一般采用 I 形坡口直接对接，Y 形坡口通常只需单面施焊,但焊后变形较大,焊条消耗量大些。

3. 焊缝的空间位置

焊接时,根据焊缝在空间所处的位置不同,焊接可分为平焊、立焊、横焊和仰焊四种,如图 2-72 所示。

平焊时,操作方便,易保证焊接质量,生产率高,尽可能采用;立焊时,焊缝成形较困难,

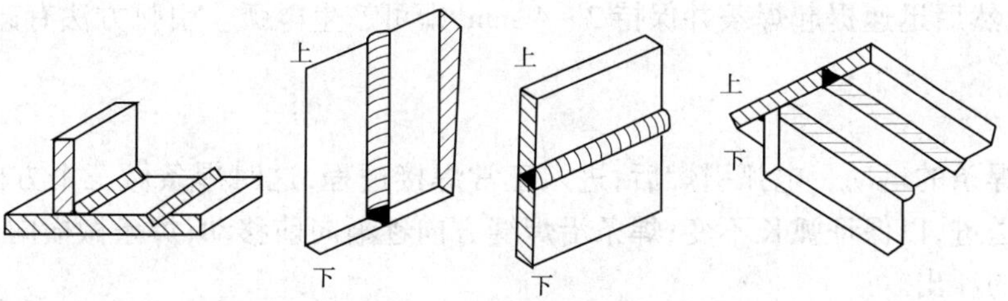

图 2-72 焊接位置

不易操作;横焊时,易产生咬边、焊瘤及未焊透等缺陷;仰焊时,焊缝成形困难,最不易操作。所以,应尽可能避免立焊、横焊和仰焊。当必须采用这些焊接时,宜选择较小直径的焊条、较小的电流、短弧操作等工艺措施。

4. 焊接规范

焊条电弧焊的焊接参数包括焊条直径、焊接电流、焊接电压、焊接速度和电弧长度等,其中焊条直径和焊接电流为主要参数。为了保证焊接质量和提高劳动生产率,必须选择合理的焊接规范。

(1)焊条直径主要取决于被焊工件的厚度。

厚度越大,所选用的焊条直径越粗。在多层焊接时,为了防止根部未焊透,第一层焊接时,应采用直径较小的焊条,以后各层可根据被焊工件的厚度,选用直径较大的焊条。此外,焊接接头形式不同,焊条的直径也有所不同。一般为提高生产率,应尽量选用较大直径的焊条。平焊低碳钢时,焊条直径可按表 2-22 选取。

表 2-22 平焊低碳钢时焊条直径的选择

工件厚度(mm)	2	3	4 ~ 5	6 ~ 12	>12
焊条直径(mm)	2	3.2	3.2 ~ 4	4 ~ 5	5 ~ 6

(2)焊接电流的大小是影响焊缝质量和焊接生产率的主要因素。

增大焊接电流可提高生产率。但电流过大,易造成焊缝咬边、烧穿等缺陷;电流过小会使电弧不稳定,易造成未焊透、夹渣等缺陷。影响焊接电流强度的主要因素是焊条直径和焊缝位置。焊接电流强度和焊条直径的关系,可按经验公式计算:

$$I = K \times d \tag{2-2}$$

式中 I——焊接电流,A;

d——焊条直径,mm;

K——经验系数,一般为 25 ~ 60。

平焊时,K 取较大值,立焊、横焊、仰焊时取较小值。在使用碱性焊条时,焊接电流要比使用酸性焊条时小些。

(3)电弧长度一般不超过 2 ~ 4 mm。焊接速度以保证焊缝尺寸符合设计图样要求为准。

5. 操作过程

1)引弧

引弧即电弧的引燃,就是使被焊工件和焊条之间产生稳定的电弧,将焊条与工件表面接触形成短路,然后迅速提起焊条并保持2~4 mm,即可产生电弧。引弧方法有碰撞引弧法和摩擦引弧法。

2)运条

运条即焊条的运动。电弧引燃后,进入正常焊接过程,这时焊条做三个方向的运动:焊条向下均匀送进,以保证弧长不变;焊条沿焊缝方向逐渐向前移动;焊条做横向摆动,以利于熔渣和气体的浮出。

3)焊缝的连接与收尾

焊条电弧焊时,不可能用一根焊条完成一条焊缝,需要将前后焊缝连接起来。衔接时,更换焊条动作要快并选择恰当的连接方法。焊缝收尾时,焊条应停止向前移动,采用划弧收尾法自下而上慢慢地拉断电弧,以便将结尾处的弧坑填满,保证焊缝尾部成形良好。

四、其他焊接方法

(一)埋弧自动焊

埋弧自动焊是指电弧在焊剂层下燃烧进行焊接的方法。埋弧自动焊是埋弧焊的一种自动化焊接方法,如图2-73所示为埋弧自动焊机的外形图。

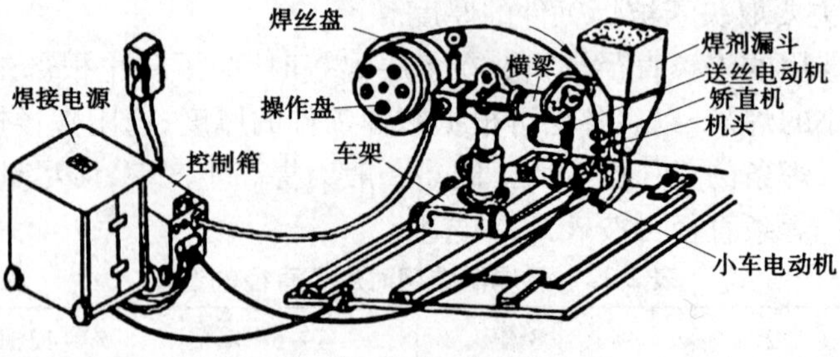

图2-73　埋弧自动焊机外形

埋弧自动焊的焊缝形成过程如图2-74所示。用电弧作热源,将焊剂(代替焊条药皮)做成颗粒状堆积在焊道上,将光焊丝插入焊剂内引弧,电弧熔化焊丝、焊剂和工件形成熔池,熔融金属沉在熔池下部,经冷却结晶形成焊缝,熔化的焊剂形成熔渣浮在熔池上面起保护作用,冷却凝固后形成渣壳,未熔化焊剂经回收处理后再使用。

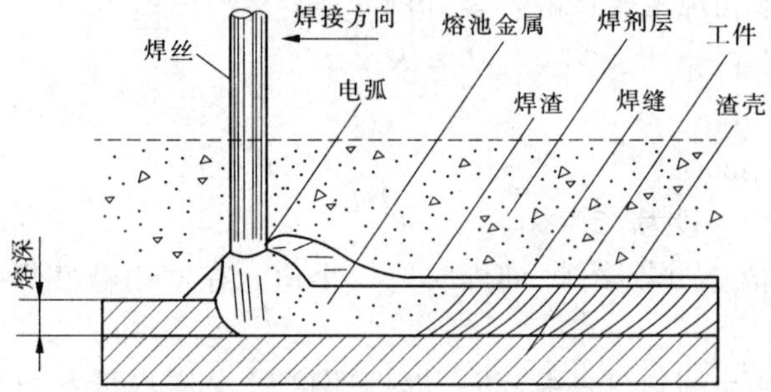

图2-74　埋弧自动焊的焊缝形成过程

埋弧自动焊与焊条电弧焊相比,具有如下优点。

1.生产率高

埋弧焊采用大电流焊接(焊接电流可达800~1 000 A),电弧热量集中,焊缝的熔深大,较厚的工件不开坡口也能焊透,不需换焊条,生产效率高。

2. 焊接质量好

熔池、焊缝受到焊剂和渣壳的可靠保护,焊接热量集中,焊接速度快,焊件变形小,因而焊缝质量和性能得到提高,焊缝表面成形美观,工件变形小。

3. 节省金属材料与电能

焊缝可以不开或少开坡口,可节省填充金属。另外,由于热量损失、金属烧损和飞溅都少,节省了电能的消耗。

4. 改善了工人的劳动条件

埋弧自动焊焊接过程的机械化,大大降低了工人的劳动强度,且埋弧自动焊是在焊剂层下燃烧,无弧光,放出的气体少,劳动条件得到很大改善。

埋弧自动焊的缺点是:对于短焊缝、曲折焊缝及薄板焊接困难;设备费用较贵;焊接过程看不到电弧,不能及时发现问题。

埋弧自动焊常用于成批生产、焊缝在水平位置上、被焊工件厚度为 6 ~ 60 mm 的长直焊缝及较大直径的环形焊缝。在桥梁、造船、锅炉、压力容器、冶金机械制造等工业中广泛应用。

(二)气体保护电弧焊

气体保护电弧焊是用外加气体作为电弧介质并保护电弧和焊接区的电弧焊,简称气体保护焊。常用的有氩弧焊和二氧化碳气体保护焊两种。

1. 氩弧焊

氩弧焊是以氩气作为保护气体的电弧焊。氩气是一种惰性气体,在高温下,它与金属和其他任何元素不发生化学反应,也不溶于金属,能有效地保证焊接质量。按照电极不同,氩弧焊可分为熔化极(金属极)和非熔化极(钨极)两种,如图 2-75 所示。

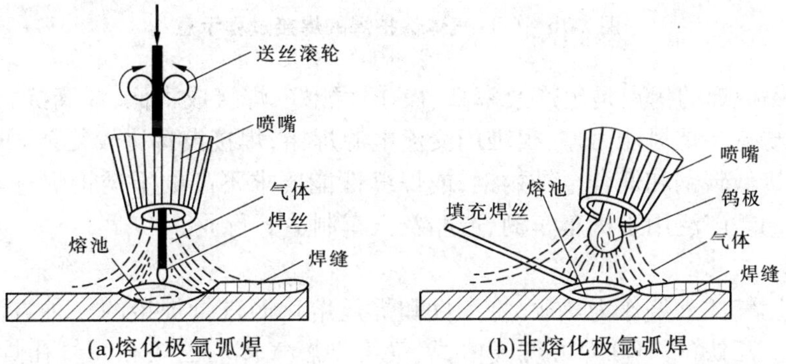

图 2-75　氩弧焊示意图

非熔化极氩弧焊(钨极氩弧焊)焊接时,常采用熔点较高的钍钨棒或铈钨棒作为电极,焊接过程中电极不熔化,只起导电和产生电弧的作用。焊接时填充焊丝在前方添加,当焊接薄板时一般不需开坡口和添加焊丝。

非熔化极氩弧焊的电流种类与极性选择原则:焊接铝镁及其合金时,采用交流电;焊接低合金钢、不锈钢、耐热钢、钛及钛合金、铜及铜合金时采用直流正接。由于钨极的载流能力有限,所以非熔化极氩弧焊一般适于焊接厚度小于 6 mm 的工件。

熔化极氩弧焊焊接时,以连续送进的焊丝作为电极,与埋弧自动焊相似。熔化极氩弧焊分为半自动焊和自动焊,一般采用直流反接法。

氩弧焊的优点是焊接质量良好,成形好,变形小,电弧稳定,飞溅少,能进行全位置焊接。缺点是设备和控制系统较复杂,焊接成本高。主要用于焊接化学性质活泼的金属材料、不锈钢、耐热钢、低合金钢和某些稀有金属。广泛用于造船、航空、化工、机械及电子等行业。

2. 二氧化碳气体保护焊(简称 CO_2 焊)

CO_2 气体保护焊是以 CO_2 气体作为保护气体的电弧焊。它用焊丝作为电极,依靠焊丝与工件之间产生的电弧来熔化基体金属与焊丝,如图 2-76 所示。CO_2 气体在电弧的高温下会分解成 CO 和氧原子,具有氧化性,会烧损合金元素,焊缝吸氧,导致电弧稳定性差、飞溅较多、弧光强烈、焊缝表面不够美观等缺点;若控制和操作不当还容易产生气孔,为保护焊缝的合金元素,须采用锰、硅含量较高的焊丝。

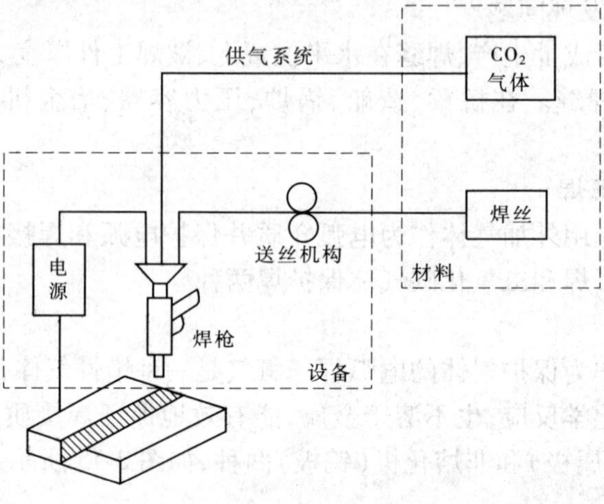

图 2-76　CO_2 气体保护焊的焊接过程示意

CO_2 气体保护焊的优点是生产效率高、操作性能好、焊接成本低、焊缝抗裂性能好、焊后不需清渣等。缺点是抗风能力差,很难用交流电源焊接,焊接设备比较复杂。CO_2 气体保护焊主要用于焊接低碳钢和低合金结构钢,或焊缝性能要求不高的不锈钢焊件。焊接厚度一般为 0.8 ~4 mm。广泛用于机车车辆、造船及汽车制造等行业。

(三)气焊

气焊是利用气体火焰作为热源,将工件和焊丝熔化而进行焊接的一种方法。最常用的是氧 - 乙炔焊。乙炔(C_2H_2)为可燃气体,氧气为助燃气体。乙炔和氧气在焊炬中混合,然后从焊嘴喷出燃烧,将工件和焊丝熔化形成熔池,冷却凝固后形成焊缝,如图 2-77 所示。气体燃烧时产生大量的 CO_2 和 CO 气体笼罩熔池,起到保护熔池的作用。气焊使用不带药皮的光焊丝作填充金属。

气焊设备简单、操作灵活方便、不需电源,但气焊火焰温度较低(最高约 3 150 ℃),且热量较分散,生产率低,工件变形大,所以应用不如电弧焊广泛。气焊主要用于焊接厚度在 3 mm 以下的薄钢板,铜、铝等有色金属及其合金,低熔点材料及铸铁焊补等。气焊设备由氧气瓶、乙炔瓶、减压器、回火保护器及焊炬等组成。

气焊时通过调节氧气阀和乙炔阀,可以改变氧气和乙炔的混合比例,从而得到三种不同的气焊火焰:中性焰、碳化焰和氧化焰,如图 2-78 所示。

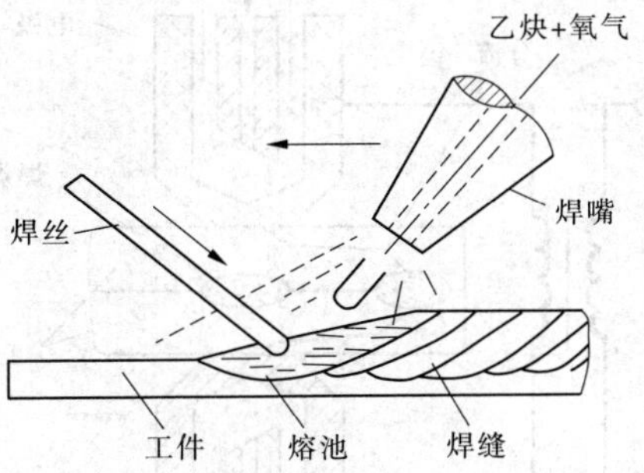

图 2-77　气焊示意图

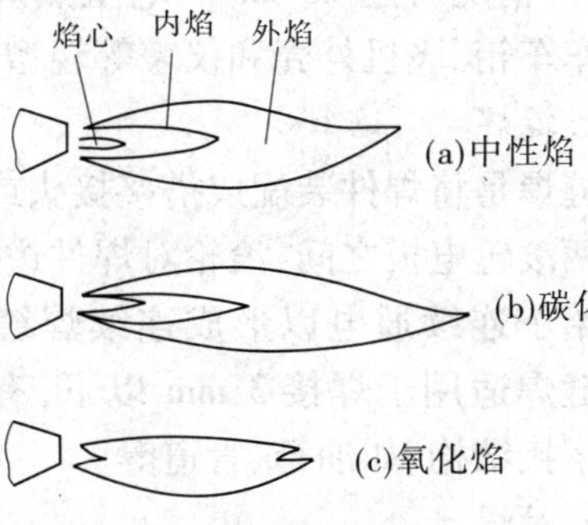

图 2-78　气焊火焰

1. 中性焰(正常焰)

当氧气和乙炔的体积比为 1.1 ~ 1.2 时,在一次燃烧区内既无过量氧又无游离碳,燃烧获得中性焰,又称正常焰。由焰心、内焰和外焰三部分组成。焰心呈亮白色清晰明亮的圆锥形,内焰的颜色呈淡橘红色,外焰为橙黄色不甚明亮。焰心温度约 900 ℃,内焰温度最高约 3 150 ℃左右,焊接时应使熔池和焊丝末端处于内焰这一最高温度区。中性焰在生产上应用最广,适用于低碳钢、中碳钢、低合金钢、不锈钢、纯铜和铝合金等材料的焊接。

2. 氧化焰

当氧气和乙炔的体积比大于 1.2 时,燃烧获得氧化焰。内焰和外焰层次不清,焰心变短变尖,火焰长度变短,燃烧有力并发出响声。最高温度可达3 100 ~3 300 ℃。由于氧化焰中有过量的氧气存在,因而对熔池有氧化作用,钢性能变脆,从而影响焊缝质量,所以这种火焰应用较少。只在焊接黄铜和锡青铜时采用,生成一层氧化物膜覆盖在熔池上,以防止锌、锡在高温下蒸发。

3. 碳化焰

当氧气和乙炔的体积比小于 1.1 时,燃烧获得碳化焰。因向火焰中提供的氧气量不足而乙炔过剩,使火焰焰心拉长,白炽的碳层加厚呈羽翅状延伸至内焰区中。整个火焰燃烧软弱无力,冒黑烟。最高温度可达 2 700 ~3 000 ℃。由于氧气比较少,燃烧不充分,因而火焰中含有过剩乙炔并分离成游离状态的碳和氢,从而导致焊缝产生气孔和裂纹,所以这种火焰适用于含碳量较高的高碳钢、铸铁、硬质合金及高速钢的焊接。

(四)电阻焊

电阻焊是指将焊件组合后通过施加压力,利用电流通过接头的接触面及邻近区域产生电阻热进行焊接的方法。其特点是:焊接电流大,生产效率高;焊缝表面平整光洁,质量好;焊接过程简单,易于实现机械化和自动化;焊接变形小,不需填充金属,劳动条件好;但设备复杂,耗电量大,对工件厚度和接头形式有一定限制。

1. 电阻点焊

电阻点焊是指将焊件装配成搭接接头,并压紧在两极间,利用电阻热熔化母材金属,形成焊点的电阻焊接方法,如图 2-79 所示。由于焊接处熔化的金属不与外界空气接触,所以焊接强度高,工件表面光滑,变形较小。

电阻点焊主要用于板厚小于 4 mm 的薄板结构,特殊情况可达 10 mm。电阻点焊广泛用于制造汽车车箱、飞机外壳和仪表等轻型结构。

2. 缝焊

缝焊是将焊件装配成搭接接头或对接接头并置于两滚轮电极之间,滚轮对焊件边施压边滚动,同时给予连续通电以形成连续焊缝的电阻焊方法。缝焊适用于焊接 3 mm 以下,有密封要求的薄壁搭接结构,如油箱、管道等。

3. 对焊

对焊是利用电阻热使两个被焊工件沿整个接触面焊合的电阻焊方法,按工艺不同分为电阻对焊和闪光对焊。其中电阻对焊适用于焊接直径小于 20 mm,强度要求不高的低碳钢棒料、管材;闪光对焊适用于焊接受力大的重要工件,如切削刀具、异种金属的焊接等。

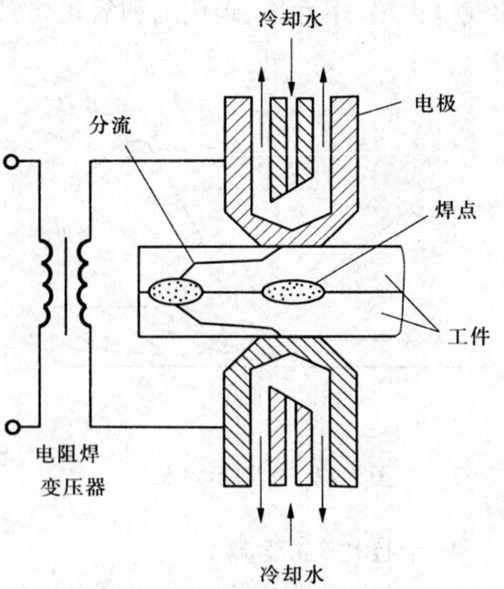

图 2-79　电阻点焊示意图

(五)钎焊

钎焊是将熔点低的金属材料作钎料,和工件共同加热到高于钎料熔点,在工件不熔化的情况下,钎料熔化后填满被焊工件连接处的间隙,并与被焊工件相互扩散形成接头的焊接方法。

钎焊按钎料熔点不同,分为硬钎焊和软钎焊,硬钎焊钎料熔点高于 450 ℃,有铜基、铝基、银基钎料等,适用于焊接工作温度较高,受力较大的工件,如受力较大的钢铁和铜合金构件及刀具的焊接;软钎焊钎料熔点低于 450 ℃,有锡铅钎料等,主要用于焊接工作温度较低、受力较小的工件,如电子线路的焊接。

钎焊与熔焊相比,优点是加热温度低,接头组织和力学性能变化小,工件变形小;能焊接同种金属或不同种金属;设备简单,易实现自动化;焊接过程简单,生产效率高;钎焊接头强度低,常用搭接接头来提高承载能力。钎焊主要用于精密仪表、电气零部件、异种金属构件、复杂薄板构件及硬质合金刀具的焊接。

焊接方法直接影响焊接的质量和成本,应根据焊接现场的设备条件及工艺可靠性、金属的焊接性、焊接方法的特点和结构要求等来选择焊接方法。常用焊接方法的特点如表 2-23 所示。

五、常用金属材料的焊接

焊接性是指金属材料在一定焊接工艺条件下,获得优质焊接接头的难易程度,也是指金属材料对焊接加工的适应性。它包括焊接接头的接合性能和使用性能两方面的内容。接合性能是指在一定焊接工艺条件下,形成焊接缺陷的敏感性,尤其是出现裂纹的可能性;使用性能是指在一定的焊接工艺条件下,焊接接头对使用要求的适应性,包括力学性能及耐热、耐蚀等特殊性能。

表 2-23　常用焊接方法的特点

焊接方法	可焊空间位置	适用焊接材料	适用厚度（mm）	生产率	变形大小	设备费用
焊条电弧焊	全	低碳钢、低合金钢	≥2～50	较低	较小	较低
		不锈钢	≥2			
		铝及铝合金	≥3			
		铜及青铜	≥2			
埋弧焊	平	低碳钢、低合金钢	≥3～150	高	小	较高
		不锈钢	≥3			
		铜	≥4			
氩弧焊	全	铝及铝合金	（钨极）0.5～4	较高	小	较高
			（熔化极）>6			
		铜及铜合金	（钨极）0.5～5			
			（熔化极）>6			
		不锈钢	（钨极）0.5～3			
			（熔化极）>6			
CO_2 焊	全	低合金钢、不锈钢	0.8～25	较高	小	较高
气焊	全	低碳钢、低合金钢、不锈钢	0.5～3	低	大	低
电阻点焊	全	低、中碳钢，奥氏体不锈钢	<4	高	小	较低
钎焊	平、立	金属材料		高	小	

不同的金属材料，其焊接性有很大的差别。例如，对于低碳钢的焊接，在简单工艺条件下，应用任意一种焊接方法都能获得良好的焊接接头，说明低碳钢的焊接性好；而对于铝的焊接，采用一般的焊接方法（手弧焊、气焊）容易产生气孔、裂纹等缺陷，说明铝的焊接性差，但采用氩弧焊时，却能获得满意的焊接接头，焊接性又变好了。由此可见，金属材料的焊接性是一个相对概念，不仅取决于金属材料的化学成分，还与焊接方法、焊接材料、焊接工艺条件、焊件结构及使用条件有着密切的关系。

钢的焊接性取决于碳及合金元素的含量，其中碳含量对钢的焊接性影响最大，所以常用碳当量来作为评定钢材焊接性的一种参考指标。所谓碳当量，就是把钢中合金元素（包括碳）的含量，按其作用换算成碳的含量，用符号 ω_{CE} 表示。国际焊接协会推荐计算碳素结构钢和低合金结构钢的碳当量公式如下：

$$\omega_{CE} = \omega_C + \frac{\omega_{Mn}}{6} + \frac{\omega_{Mn} + \omega_{Cu}}{15} + \frac{\omega_{Cr} + \omega_{Mo} + \omega_V}{5} \tag{2-3}$$

式中：元素的符号表示其在钢中含量的百分数。根据经验，当 $\omega_{CE} < 0.4\%$ 时，钢材塑性好，焊接性良好，焊接时一般不需要预热；当 $\omega_{CE} = 0.4\% \sim 0.6\%$ 时，钢材的塑性下降，易产生淬硬组织及裂纹，焊接性较差，焊接时需采用预热和一定工艺措施；当 $\omega_{CE} > 0.6\%$ 时，钢材塑性较低，淬硬和裂纹倾向严重，焊接性很差，焊接时需要采用较高的预热温度和严格的工艺措施。

利用碳当量评定钢材的焊接性是粗略的，因为只考虑了被焊工件化学成分的因素，没有考虑结构刚度、使用条件等因素的影响。钢材的实际焊接性，应根据被焊工件的具体情况，再通过焊接性试验来测定。

1. 低碳钢的焊接

低碳钢的碳质量分数小于0.25%（碳当量小于0.4%），塑性好，淬硬倾向不明显，焊接性良好。一般情况下，不需要焊前预热和焊后热处理等特殊的工艺措施，采用任意一种焊接方法，都能得到优质焊接接头。低碳钢常用的焊接方法有焊条电弧焊、埋弧自动焊、CO_2 气体保护焊和电阻点焊等。

2. 低合金高强度结构钢的焊接

低合金高强度结构钢因其化学成分差异很大，所以焊接性也不同。强度低的低合金高强度结构钢，当 $\omega_{CE}<0.4\%$ 时，焊接性良好；当 $\omega_{CE}>0.4\%$ 时，焊接性差，焊前需预热；焊接时增大焊接电流，减慢焊接速度，选用低氢型焊条，减少冷裂纹；焊后及时进行去应力退火，以消除应力。低合金高强度结构钢常用的焊接方法有焊条电弧焊、埋弧自动焊、气体保护焊等，在选用时要考虑被焊的钢材种类、结构特点、使用性能要求及生产批量等。

3. 奥氏体不锈钢的焊接

奥氏体不锈钢虽然 Cr、Ni 元素含量较高，但 C 含量低，具有良好的焊接性。焊接时一般不需要采取工艺措施。常用的焊接方法有焊条电弧焊、埋弧焊和氩弧焊等。焊接时采用小电流、快速焊，焊条不做横向摆动，运条要稳，收尾时注意填满弧坑，焊接电流比焊低碳钢时要降低20%左右。

4. 有色金属的焊接

1）铝及铝合金的焊接

铝及铝合金的焊接性较差，主要表现在铝极易氧化，易使焊缝产生夹渣；液态铝能吸收大量的氢，易产生气孔；铝及铝合金熔化时无明显颜色变化而不易被察觉，焊接时易烧穿，造成焊接困难；易产生焊接应力和变形，导致裂纹等。所以进行铝及铝合金的焊接时，必须采取特殊工艺措施，才能保证焊接质量。铝及铝合金常用的焊接方法有氩弧焊、气焊、焊条电弧焊和钎焊等。其中，氩弧焊是应用最普遍的方法。不管采用哪种焊接方法，焊前都必须严格清洗工件，清除被焊部位的氧化物和杂质。

2）铜及铜合金的焊接

铜及铜合金的焊接性较差，焊接时易产生焊接应力与变形、未焊透、不熔合、夹渣、热裂、气孔等缺陷。焊接时需采用大功率热源，焊前预热，采用恰当的焊接顺序；焊后需进行热处理，以减小应力，防止变形。铜及铜合金常用的焊接方法有氩弧焊、气焊、焊条电弧焊、钎焊等，其中氩弧焊的接头质量最好。

5. 铸铁的焊接

铸铁中碳的质量分数高，含硫、磷等杂质多，其强度低，塑性差，焊接性差。铸铁一般不能用于制造焊接构件，焊接只用来修补铸铁件的缺陷和局部损坏或断裂。对铸铁缺陷进行焊接修补有很大的经济意义。铸铁焊补的常用方法是气焊和焊条电弧焊。

铸铁焊补时的主要问题是：易产生白口组织、裂纹和气孔。

铸铁的焊补方法有热焊和冷焊两种。热焊是将铸件预热到 600 ~ 700 ℃,焊接过程中温度不低于 400 ℃,焊后在炉中缓冷。热焊能有效防止白口组织和裂纹的产生,从而获得良好的焊补质量。其缺点是生产率低、成本高、劳动条件差,主要用于焊补结构较复杂、焊补后要切削加工和要求承受较大载荷的铸件。冷焊焊前不需预热,与热焊相比,生产效率高,成本低,劳动条件好,但焊补质量不如热焊,焊缝易产生白口组织和裂纹。因此,冷焊主要用于焊补要求不高和怕高温预热引起变形的铸件及非加工表面。

六、常见焊缝缺陷及检验

在焊接过程中,焊接接头区域有时会产生不符合设计或工艺文件要求的各种焊接缺陷。焊接缺陷的存在,不但降低承载能力,更严重的是导致脆性断裂,影响焊接结构的使用安全。所以,焊接时应尽量避免焊接缺陷的产生,或将焊接缺陷控制在允许范围内。常见焊接缺陷有以下几种。

(一)未焊透与未熔合

未焊透是指焊接时接头根部未完全焊透的现象。未熔合是指熔焊时,焊缝与母材之间或焊缝与焊缝之间未完全熔化结合的现象,如图 2-80 所示。

产生的主要原因有:焊接电流过小;焊接速度过快;未开坡口或坡口角度太小;钝边太厚,间隙过窄;焊条直径选择不当,焊条角度不对等。

(二)气孔与夹渣

气孔是指焊接时,熔池中的气泡在凝固时没能逸出而残留下来所形成的空穴。夹渣是指焊后残留在焊缝中的焊渣,如图 2-81 所示。

其产生的主要原因有:被焊工件焊前清理不干净;焊接材料化学成分不对;焊接速度过快,电流过小;操作不当等。

(三)咬边

咬边是指沿焊趾的母材部位产生的沟槽或凹陷,如图 2-82 所示。咬边减弱了母材的有效承载截面,并且在咬边处形成应力集中。

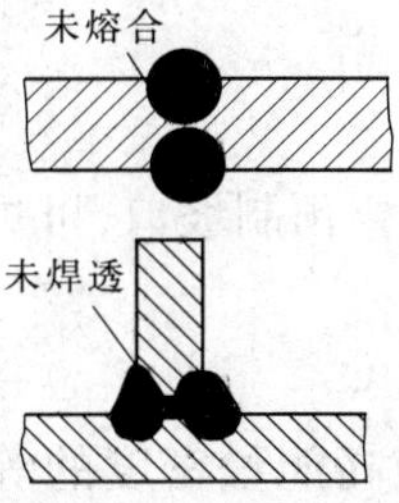

图 2-80　未焊透与未熔合

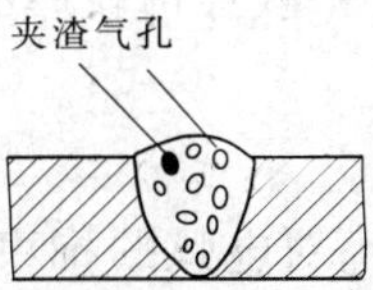

图 2-81　气孔与夹渣

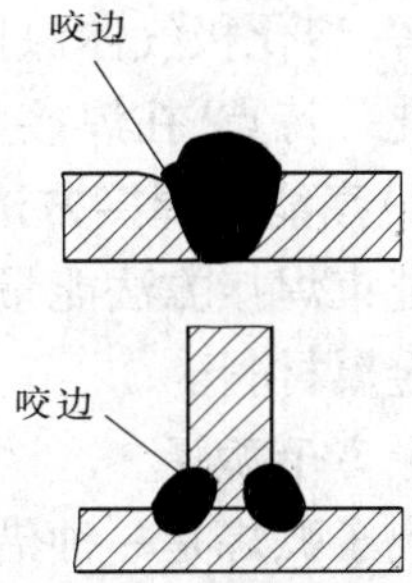

图 2-82　咬边

产生的主要原因有:焊接电流过大,焊接速度太快,运条方法不当;焊条角度不对,电弧长度不合适。

(四)裂纹

焊接裂纹是危害最大的缺陷,分为热裂纹和冷裂纹,如图 2-83 所示。热裂纹是指冷却到固相线附近在高温时产生的裂纹,裂纹有氧化色泽,一般发生在焊缝,有时也发生在焊缝附近的热影响区。冷裂纹是指在焊接接头冷却到 200～300 ℃以下形成的裂纹。

产生裂纹的主要原因有：焊接材料化学成分不当，工件含碳、硫、磷较高；焊接措施和顺序不正确；熔化金属冷却速度过快；被焊工件设计不合理，焊缝过于集中，焊接应力过大等。

（五）烧穿

烧穿是指焊接过程中，熔化金属自坡口背面流出，形成穿孔的缺陷，如图 2-84 所示。

产生烧穿的主要原因有：焊接电流过大；电弧在焊缝某处停留时间过长；焊接速度过慢；被焊工件间隙大，操作不当等。

（六）焊瘤

焊瘤是指焊接过程中，熔化金属流淌到焊缝之外未熔化的母材上所形成的金属瘤。如图 2-85 所示。

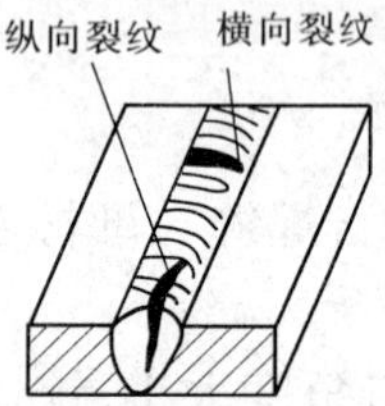

图 2-83　裂纹

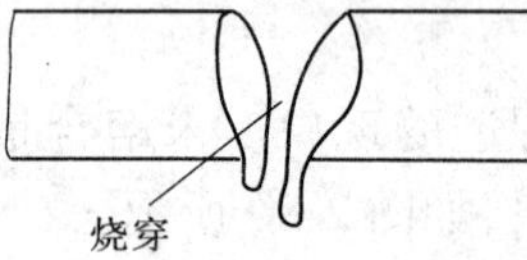

图 2-84　烧穿

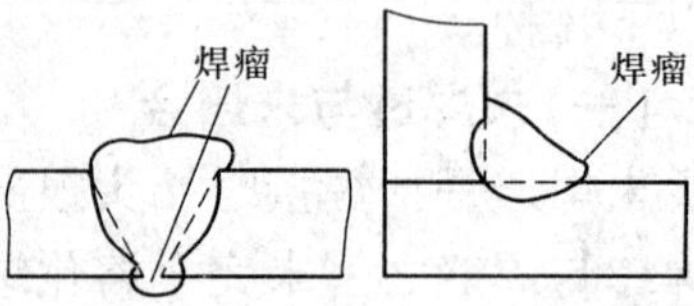

图 2-85　焊瘤

产生焊瘤的主要原因有：电弧过长；操作不熟练，运条不当；立焊时，焊接电流过大等。

七、焊接新技术简介

（一）传统焊接方法的新发展

不断改进传统焊接工艺，组织生产线，以实现机械化、焊接过程自动化和智能化为重点，使焊接质量和生产率得到大大提高。如焊条电弧焊中采用铁粉焊条、重力焊条和躺焊条等焊接材料，可提高焊接生产率；埋弧焊中采用多丝焊、热丝焊等工艺，也可大大提高生产效率。目前，电弧焊领域的机械化、自动化发展方向主要是最大限度地采用熔化极气体保护焊和埋弧焊，熔化极气体保护焊由于具有高效、优质、成本低、工艺适应性强、易于实现机械化和自动化等特点，在焊接生产中将占据越来越重要的地位。

（二）高能束焊接方法的应用

高能束焊接方法能量密度高，可一次穿透较厚的焊缝而不需要预制坡口，可焊接任何金属和非金属材料。

1. 等离子弧焊

等离子弧焊是一种借助水冷喷嘴对电弧的拘束作用，获得较高能量密度的等离子弧进行焊接的方法。其主要特点是：热量高度集中，弧柱温度高，弧流流速大，穿透能力强，焊接速度快，焊接应力及变形小，生产率高，设备复杂，气体消耗大，不适于在室外焊接等。新开发的交流等离子弧焊使铝、镁及其合金的等离子弧焊成为可能。等离子弧焊主要用于焊接不锈钢、耐热钢、铜、钛及钛合金薄板的拼接，以及钨、钼、钴等难熔金属的焊接，焊接质量非常稳定。

2. 真空电子束焊

真空电子束焊是将工件放在真空内，利用真空室内产生的电子束经聚焦和加速，撞击工件后,动能转化为热能的一种熔化焊,如图2-86所示。现代真空电子束焊机装备先进的控制系统,焊接过程和焊接参数全部由计算机控制。其主要特点是:焊接质量好,特别适合于焊接化学活泼性强、纯度高和极易被大气污染的金属,如钛、不锈钢等;热源能量密度大,熔深大,焊接速度快;焊接变形小;焊接工艺参数调节范围广,焊接过程控制灵活,适应性强;焊接设备复杂、造价高、使用与维护要求技术高等。真空电子束焊在原子能、航空航天等尖端技术部门应用日益广泛。

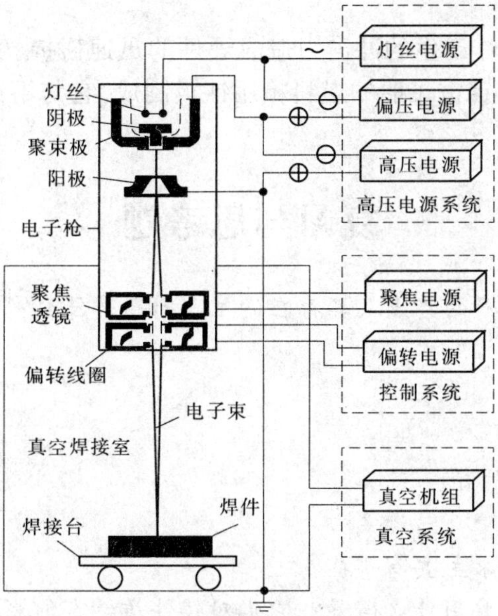

图2-86　真空电子束焊示意

3. 激光焊

激光焊是以聚焦的激光束作为能源轰击工件所产生的热量进行焊接的方法,如图2-87所示。其主要特点为:能量密度大且释放极其迅速,适合于高速加工,能避免热损伤和焊接变形;灵活性较大,可以焊接一般方法难以接近的接头或无法安置的焊接点;可以对绝缘材料直接焊接,对异种金属材料焊接比较容易,甚至能把金属与非金属焊接在一起。激光焊主要用于仪器、微电子工业中超小型元件及空间技术中特种材料的焊接。

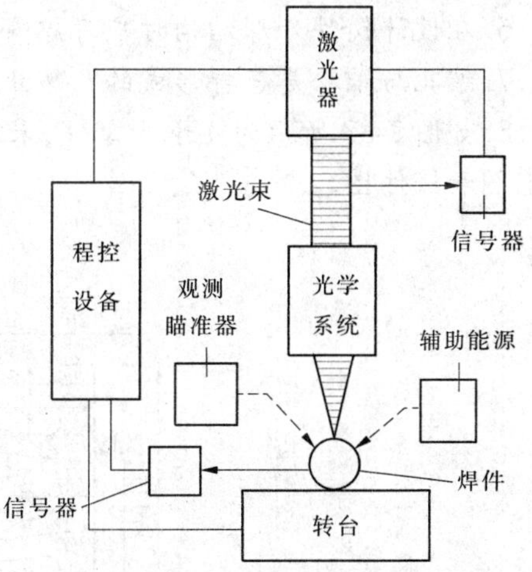

图2-87　激光焊接示意

(三)特种焊接方法

1. 超声波焊

超声波焊是利用超声波的高频振荡能对工件接头进行局部加热和表面清理,然后施加压力实现焊接的一种方法。它可以焊接一般方法难以或无法焊接的工件和材料,如铝、铜、镍、金等薄件。主要用于无线电、仪表、精密机械及航空工业等部门。

2. 扩散焊

扩散焊是将工件在高温下加压,但不产生可见变形和相对移动的固态焊接方法。它能焊接同种和异种金属材料,特别适用于焊接一般焊接方法难以焊接的材料,可以焊接结构复杂、薄厚悬殊、材料各异的焊接工件,焊接质量较好。还可用于金属与非金属间的焊接,能用小件拼成力学性能均一和形状复杂的大件,以代替整体锻造和机械加工。扩散焊在航空航天、电子工业等领域得到了广泛的应用。

3. 爆炸焊

爆炸焊是利用炸药爆炸产生的冲击力造成焊件的迅速碰撞,实现连接工件的一种压焊方法。美国“阿波罗”登月宇宙飞船的燃料箱用钛板制成,它与不锈钢管的连结采用了爆炸焊方法。

复习与思考题

1. 何谓铸造?铸造生产的特点及其存在的主要问题是什么?

2. 解释下列名词:

(1)模样与铸型;

(2)铸件与零件;

(3)浇注位置与浇道位置;

(4)分型面与分模面。

3. 造型材料的性能要求主要有哪些?

4. 金属的铸造性能主要用什么衡量?它们对铸件质量有何影响?

5. 浇注系统的作用是什么?由哪几部分组成?

6. 在设计铸件外形结构时应考虑哪些问题?为什么?

7. 缩孔与缩松是怎样形成的?防止的措施有哪些?

8. 如图 2-88 所示为支承台零件,采用 HT150,生产 50 件,试确定铸造工艺,并绘出铸造工艺图和铸件图。

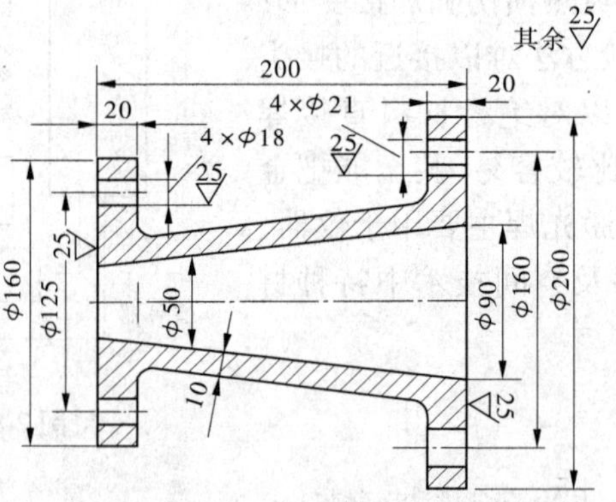

图 2-88　支承台零件

9. 锻压生产有何特点?试举例说明它的应用。

10. 金属塑性变形分哪几类?它们之间有何区别?

11. 什么是加工硬化？它在生产中有什么实用意义？

12. 回复和再结晶对金属组织及性能有何影响？在生产中如何利用？

13. 钢材锻造时，为什么要先加热？铸铁加热后是否也能锻造？为什么？

14. 什么是锻造温度范围？确定锻造温度范围的原则是什么？

15. 常用的锻后冷却方法有哪几种？如何选择？

16. 自由锻的设备有哪几类？空气锤和水压机各有哪些特点？

17. 自由锻有哪些基本工序？各工序操作时应注意哪些问题？

18. 编制自由锻工艺规程的主要步骤有哪些？

19. 如何绘制锻件图？需考虑哪些因素？

20. 什么是模锻？什么是胎模锻？和自由锻相比各有何优、缺点？它们的应用范围如何？

21. 简述板料冲压的特点和应用。它有哪些主要工序？

22. 简单模、连续模和复合模的主要区别是什么？

23. 何谓焊接？它有哪些特点？主要分为哪几类？

24. 什么叫焊接电弧？焊接电弧的基本构造及温度、热量分布怎样？

25. 什么是直流弧焊机的正接法、反接法？应如何选用？

26. 焊芯的作用是什么？焊条药皮有哪些作用？

27. 下列电焊条的型号或牌号的含义是什么？

E4303　　E5015　　J423　　J506　　E308

28. 什么叫热影响区？低碳钢焊接热影响区的组织与性能如何？

29. 怎样正确选择焊接规范？

30. 什么是金属材料的焊接性？低碳钢的焊接性如何？

31. 埋弧焊与焊条电弧焊相比具有哪些特点？埋弧焊为什么不能代替焊条电弧焊？

32. 常见焊接缺陷有哪些？采用什么方法克服？

33. 如何选择焊接方法？下列情况应选用什么焊接方法？并简述理由。

(1)低碳钢桁架结构，如厂房屋架；

(2)纯铝低压容器；

(3)低碳钢薄板(厚1 mm)皮带罩；

(4)供水管道维修。

第三章　机械零件毛坯的选择

机械零件的制造包括毛坯成形和切削加工两个阶段，毛坯成形不仅对后续的切削加工产生很大的影响，而且对零件乃至机械产品的质量、使用性能、生产周期和成本等都有影响。因此，正确选择毛坯的类型和生产方法对于机械制造具有重要意义。本章将着重介绍毛坯选择的原则及典型机械零件毛坯的选择。

学习任务

1. 了解常见毛坯的类型。
2. 掌握机械零件毛坯选择的基本原则。

第一节　毛坯选择的原则

机械零件常用的毛坯类型有铸件、锻件、轧制型材、焊接件、冲压件、挤压件、粉末冶金件和注射成型件等，每种类型的毛坯都可以有多种成形方法，在选择时我们遵循的原则是：在保证毛坯质量的前提下，力求选用高效、低成本、制造周期短的毛坯生产方法。一般毛坯的选择步骤是：首先由设计人员提出毛坯材料和加工后要达到的质量要求，然后由工艺人员根据零件图、生产批量，并综合考虑交货期限及现有可利用的设备、人员和技术水平等选定合适的毛坯生产方法。

一、常见零件毛坯类型

（一）铸件

形状较复杂的零件毛坯，宜采用铸造方法制造。目前，生产中的铸件大多数是砂型铸造，少数尺寸较小的优质铸件可采用特种铸造，如金属铸造、熔模铸造和压力铸造等。

（二）锻件

锻件适用于强度要求较高，形状比较简单的零件毛坯。锻造包括自由锻和模锻两种。其中，自由锻的加工余量大，锻件精度低，生产率不高，适用于单件小批量生产及大型零件毛坯制造；模锻加工余量小，锻件精度高，生产率高，适用于中小型零件毛坯的大批量生产。

（三）型材

型材有热轧和冷拉两种。热轧型材的精度较低，适用于一般零件的毛坯；冷拉型材的精度较高，适用于对毛坯精度要求较高的中小型零件的毛坯制造，可用于自动机床加工。

（四）焊接件

焊接件是根据需要用焊接的方法将同类材料或不同材料焊接在一起而成的毛坯件。焊接件制造简单，生产周期短，但变形较大，需经时效处理后才能进行机械加工。焊接方法适用于大型毛坯、结构复杂的毛坯制造。

（五）冷冲压件

冷冲压件是通过冲压设备对薄钢板进行冷冲压加工而得到的零件，它可以非常接近成品要求。冲压零件可以作为毛坯,有时还可以直接成为成品。冲压件的尺寸精度高,适用于批量较大而零件厚度较小的中小型零件。

(六)冷挤压件

冷挤压件是在压力机上通过挤压模挤压而成的,其生产效率高。冷挤压毛坯精度高,表面粗糙度值小,可以不再进行机械加工,但要求材料塑性好,主要为有色金属和塑性好的钢材。冷挤压适用于大批量生产中制造形状简单的小型零件。

(七)粉末冶金件

粉末冶金件是以金属粉末为原料,在压力机上通过模具压制成形后经高温烧结而成。其生产效率高,零件的精度高,表面粗糙度值小,一般可不再进行精加工,但金属粉末成本较高,适用于大批量生产中压制形状较简单的小型零件。

二、毛坯选择的原则

选择毛坯的基本任务是选定毛坯的制造方法及其制造精度。毛坯的选择不仅影响毛坯的制造工艺和费用,而且对零件的加工质量、加工方法、生产率及生产成本都有很大的影响。因此,选择毛坯要从毛坯的制造和机械加工两方面综合考虑,以求得最佳的技术经济效果。

在选择毛坯时应考虑下列因素。

(一)满足工艺性能的要求

在选择毛坯制造方法时,首先要考虑材料的工艺特性,如可铸性、可锻性、可焊性等。金属是制造机械零件的主要材料,一旦材料确定,其材料的工艺性能就是影响毛坯成形的重要因素。例如,铸铁和青铜不能锻造,对这类材料只能选择铸件。重要的钢质零件为使其具有良好的力学性能,不论其结构复杂或简单,均应选用锻件为毛坯,而不宜直接选用轧制型材。表3-1给出了常用金属材料所适用的毛坯生产方法。

表3-1 常用金属材料的毛坯生产方法

毛坯生产方法	材料									
	低碳钢	中碳钢	高碳钢	灰铸铁	铝合金	铜合金	不锈钢	工具钢 模具钢	塑料	橡胶
砂型铸造	⊙	⊙	⊙	⊙	⊙	⊙	⊙	⊙		
金属型铸造				⊙	⊙	⊙				
压力铸造					⊙	⊙				
熔模铸造	⊙	⊙	⊙				⊙	⊙		
锻造	⊙	⊙	⊙		⊙	⊙	⊙	⊙		
冷冲压	⊙	⊙	⊙		⊙	⊙	⊙			
粉末冶金	⊙	⊙	⊙		⊙	⊙		⊙		
焊接	⊙	⊙			⊙	⊙	⊙	⊙	⊙	
挤压型材	⊙				⊙	⊙			⊙	⊙
冷拉型材	⊙	⊙	⊙		⊙	⊙			⊙	⊙
说明									可压制及吹塑	可压制

注:表中"⊙"表示材料适宜或可以采用的毛坯生产方法。

但是材料的工艺特性不是绝对的，它会随着工艺技术水平的提高而不断变化。例如，高速钢和合金工具钢很早以前由于其可铸性很差，一般以锻件作为复杂刀具的毛坯。而现在由于精密铸造水平的提高，即使像齿轮滚刀如此复杂的刀具，亦可采用高速钢熔模铸造的毛坯，可以不经切削而直接刃磨出有关的几何表面。

（二）满足使用性能的要求

零件的使用要求主要包括零件的结构形状和尺寸要求，零件的工作条件（通常指零件的受力情况、工作环境和接触介质等）及对零件性能的要求等。

1. 对结构形状和尺寸的要求

机械零件由于使用功能不同，其结构形状和尺寸往往差异较大，各种毛坯生产方法对零件结构形状和尺寸的适应能力也不相同，所以选择毛坯时，应认真分析零件的结构形状和尺寸特点，选择与之相适应的毛坯制造方法。对于结构形状复杂的中小型零件，为了使毛坯形状与零件较为接近，应先确定以铸件作为毛坯，然后根据使用性能要求等选择砂型铸造、金属型铸造或熔模铸造。对于结构形状很复杂且轮廓尺寸不大的零件，宜选择熔模铸造；对于结构形状较为复杂，且抗冲击能力、抗疲劳强度要求较高的中小型零件，宜选择模锻件毛坯；对于那些结构形状相当复杂且轮廓尺寸又较大的零件，宜选择组合毛坯。

2. 对力学性能的要求

对于力学性能要求较高，特别是工作时要承受冲击和交变载荷的零件，为了提高抗冲击和抗疲劳破坏的能力，一般应选择锻件，如机床、汽车的传动轴和齿轮等；对于由于其他方面原因需采用铸件，但又要求零件的金相组织致密、承载能力较强的零件，应选择相应的能满足要求的铸造方法，如压力铸造、金属型铸造和离心铸造等。

3. 对表面质量的要求

为降低生产成本，现代机械产品上的某些非配合表面有尽量不加工的趋势，即实现少、无切屑加工。为保证这类表面的外观质量，对于尺寸较小的有色金属件，宜选择金属型铸造、压力铸造或精密模锻；对于尺寸较小的钢铁件，则宜选择熔模铸造（铸钢件）或精密模锻（结构钢件）。

（三）其他方面的要求

1. 生产量多少的要求

生产量的多少在很大程度上决定了采用某种毛坯制造方法的经济性。当生产批量较大时，应选精度及生产率都较高的毛坯制造方法，其设备和工装方面的较大投资可通过材料消耗的减少和机械加工费用的降低而取得回报。而当零件的生产批量较小时，应选择设备和工装投资都较小的毛坯制造方法，如自由锻造和砂型铸造等。

2. 符合现有的生产条件

选择毛坯应从本厂现有设备和技术水平出发考虑可能性与经济性。若本厂生产有困难或经济性不好，应组织外协生产。

第二节　典型零件毛坯的选择

根据毛坯的选择原则，下面分别介绍轴杆类、盘套类和箱体类等典型零件毛坯的选择方法。

一、轴杆类零件毛坯的选择

轴杆类零件是机械产品中支承传动件、承受载荷、传递扭矩和动力的常见典型零件，其结构特征是轴向（纵向）尺寸远大于径向（横向）尺寸，常见的有实心轴、空心轴、直轴、弯轴、同心轴、偏心轴、各类管件和杆件等。

轴类零件最常用的毛坯是型材和锻件。

(1)对于光滑或有阶梯但直径相差不大的一般轴，常用型材（即热轧或冷拉圆钢）作为毛坯。

(2)对于直径相差较大的阶梯轴或要承受冲击载荷和交变应力的重要轴，均采用锻件作为毛坯。生产批量较小时，采用自由锻件；生产批量较大时，采用模锻件。

(3)对于结构形状复杂的大型轴类零件，其毛坯可采用砂型铸造件、焊接结构件或铸－焊结构毛坯。

二、盘套类零件毛坯的选择

盘套类零件的结构特征是轴向尺寸小于径向尺寸，或者两个方向的尺寸相差不大。属于这类零件的有各种齿轮、皮带轮、飞轮、模具、套环、轴承环等。这类零件在各种机械中有不同的工作条件和使用要求，因此它们所用的材料和毛坯也各不相同。

下面主要讨论几种盘套类零件的毛坯选择问题。

(一)带轮的毛坯选择

带轮是通过中间挠性件（各种带）来传递运动和动力的，一般载荷比较平稳。因此，对于中小带轮多采用 HT150 制造，故其毛坯一般采用砂型铸造，生产批量较小时用手工造型，生产批量较大时可采用机器造型，对于结构尺寸很大的带轮，为减轻质量可采用钢板焊接毛坯。

(二)链轮的毛坯选择

链轮是通过链条作为中间挠性件来传递动力和运动的，其工作过程中的载荷有一定的冲击，且链齿的磨损较快。链轮的材料大多使用钢材，最常用的毛坯为锻件。单件小批生产时采用自由锻造，生产批量较大时使用模锻；对于新产品试制或修配件，亦可使用型材；对于齿数大于 50 的从动链轮也可采用强度高于 HT150 的铸铁，其毛坯可采用砂型铸造，造型方法视生产批量确定。

(三)圆柱齿轮的毛坯选择

齿轮的毛坯选择取决于齿轮的选材、结构形状、尺寸大小、使用条件及生产批量等因素。对于钢制齿轮，如果尺寸较小且性能要求不高，可直接采用热轧棒料，除此之外，一般采用锻造毛坯。生产批量较小或尺寸较大的齿轮采用自由锻造，生产批量较大的中小尺寸齿轮采用模锻。对于直径比较大，结构比较复杂的不便于锻造的齿轮，采用铸钢毛坯或焊接组合毛坯。

三、箱体类零件毛坯的选择

箱体类零件包括各种机械的床身、底座、支架、横梁、工作台、齿轮箱、轴承座、阀体等。该类零件的特点是形状不规则，结构复杂，质量从几千克到数十吨，工作条件相差很大，受力状态一般以承压为主，有些同时承受压力、拉力和弯曲应力的联合作用，还有些承受冲击载荷作用和摩擦力作用，多要求其具有良好的刚度、密封性和减振性。

因此，该类零件毛坯往往以铸造性良好，价格便宜，并有良好耐压、减摩和减振性能的灰口铸铁为主。为达到结构形状方面的要求，最常见的毛坯是砂型铸造的铸件。在单件小批生产、新产品试制或结构尺寸很大时，也可采用钢板焊接毛坯。

复习与思考题

1. 常用的毛坯形式有哪几类？选择毛坯应遵循的基本原则是什么？

2. 影响毛坯生产成本的主要因素有哪些？根据不同的生产规模，如何降低毛坯的生产成本？

3. 轴类零件的常用毛坯有哪几种？生产实际中如何选择？

4. 箱体机架类零件的常用毛坯有哪几种？生产实际中如何选择？

第四章　几何量公差

机械产品由若干个零部件装配而成，每一个零件都存在尺寸误差及各种几何形状误差。各几何要素之间又存在相互位置误差。要提高产品的质量，就要对尺寸、形状和位置规定恰当的公差。对零件表面也要限定它的粗糙度。本章主要讨论这三方面的几何参数即几何量的误差与公差，从“误差”或“精度”的观点出发来分析机械产品的质量。

学习任务

1. 了解极限与配合的基本术语，掌握极限与配合的选用原则。
2. 掌握形位公差的标注方法。
3. 掌握表面粗糙度的选用及标注。

第一节　尺寸公差与配合

一、互换性概述

在机械和仪器制造业中，零、部件的互换性是指在同一规格的一批零件或部件中，任取其一，不需任何挑选或附加修配（如钳工修配）就能装到机器上，达到规定的功能要求，这样的一批零件或部件就称为具有互换性的零、部件。日常生活中使用的自行车和手表的零件，就是按互换性要求生产的。当自行车或手表零件损坏时，修理人员很快就能用同样规格的零件换上，恢复自行车和手表的功能。

互换性给产品的设计、制造和使用维修带来了很大的方便。

从设计方面看，按互换性进行设计，就可以最大限度地采用标准件、通用件，大大减少绘图、计算等工作量，缩短设计周期，并有利于产品多样化和计算机辅助设计。

从制造方面看，互换性有利于组织大规模专业化生产，有利于采用先进工艺和高效率的专用设备，有利于计算机辅助制造，实现加工和装配过程的机械化、自动化，从而减轻工人的劳动强度，提高生产率，保证产品质量，降低生产成本。

从使用方面看，零部件具有互换性，可以及时更换那些已经磨损或损坏了的零部件，减少了机器的维修时间和费用，保证机器能够连续而持久地运转。

零件和部件的互换性对保证产品质量、提高生产率和增加经济效益具有重要意义，它已成为现代制造业普遍遵守的原则。合理确定公差与正确进行检测，是保证产品质量、实现互换性生产的两个必不可少的手段和条件。

二、极限与配合的基本术语

（一）有关尺寸的术语

零件在加工过程中，由于机床精度、刀具磨损、测量等诸多因素的影响，不可能把零件的尺寸加工得绝对准确。为了保证零件的互换性,必须将零件尺寸的加工误差限制在一定的范围内,规定出尺寸的允许变动量,从而形成了极限与配合的一系列概念。现以图 4-1 为例,介绍极限与配合的基本术语。

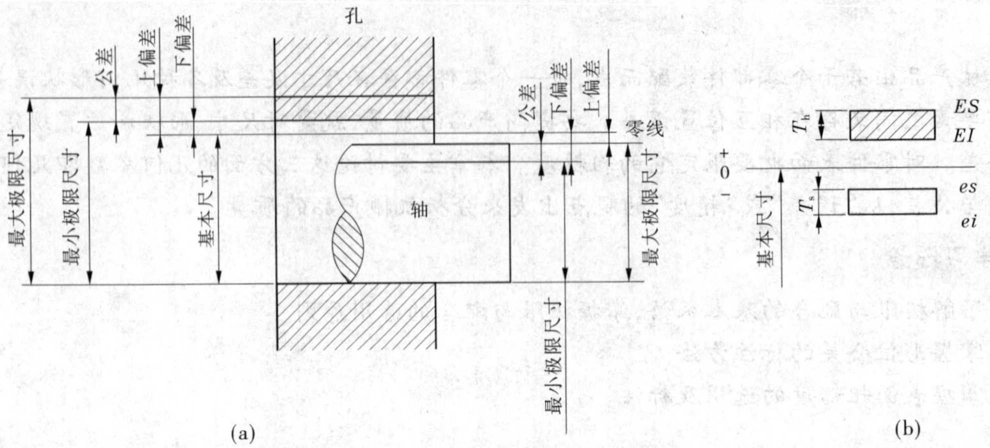

图 4-1 极限与配合的基本概念

基本尺寸:根据零件的强度和结构要求,设计时给定的尺寸,如$\phi 50$。它是按产品的使用要求,根据零件的强度、刚度等计算或试验、类比等经验而确定,并按标准直径或标准长度圆整后所给的尺寸。基本尺寸是计算偏差的起始尺寸。相互配合的孔、轴基本尺寸相同。

实际尺寸:通过测量所得的某一孔、轴尺寸。由于测量误差的存在,实际尺寸并非尺寸的真值,同时由于形位误差等影响,同一零件表面的不同位置、不同方向的实际尺寸也往往是不等的。

极限尺寸:一个孔、轴允许尺寸的两个极限值。实际尺寸应位于其中,也可以达到极限尺寸。孔或轴允许的最大尺寸为最大极限尺寸(D_{max}、d_{max}),孔或轴允许的最小尺寸为最小极限尺寸(D_{min}、d_{min})。

偏差:某一尺寸(实际尺寸、极限尺寸)减其基本尺寸所得的代数差。

极限偏差:有上偏差和下偏差。孔的上、下偏差分别用大写字母 ES、EI 表示,轴的上、下偏差分别用小写字母 es、ei 表示。最大极限尺寸减其基本尺寸所得的代数差为上偏差,最小极限尺寸减其基本尺寸所得的代数差称为下偏差。

孔的上、下偏差 $ES = D_{max} - D$, $EI = D_{min} - D$

轴的上、下偏差 $es = d_{max} - d$, $ei = d_{min} - d$

实际偏差:实际尺寸减其基本尺寸所得的代数差,应位于极限偏差范围内。由于极限尺寸可以大于、等于或小于基本尺寸,所以偏差可以为正、零或负值。偏差除零外,应标上相应的"+"号或"-"号。极限偏差用于控制实际偏差。

尺寸公差(简称公差):最大极限尺寸与最小极限尺寸之差,或上偏差与下偏差之差。它是允许尺寸的变化量,尺寸公差是一个没有符号的绝对值。

孔的公差 $T_h = |D_{max} - D_{min}| = |ES - EI|$

轴的公差 $T_s = |d_{max} - d_{min}| = |es - ei|$

偏差与公差是两个不同的概念,不能混淆。

零线:在极限与配合图解中,表示基本尺寸的一条直线,以其为基准确定偏差和公差。

公差带:在公差带图解中,由代表上偏差和下偏差或最大极限尺寸和最小极限尺寸的两条直线所限定的一个区域。如图 4-1(b)所示。

公差带是由公差带大小和位置两个要素决定的。大小在公差带图中是指公差带在零线垂直方向的宽度,由标准公差确定;位置是指公差带沿零线垂直方向的坐标位置,由基本偏差确定。

(二)标准公差与基本偏差

标准公差:《极限与配合》(GB/T 1800.3—1998)中所规定的任一公差。其大小由两个因素决定,一个是公差等级,另一个是基本尺寸。国家标准将公差划分为 20 个等极,分别为 IT01、IT0、IT1,…,IT18,其中 IT01 精度最高,IT18 精度最低。基本尺寸相同时,公差等级越高,标准公差值越小。国家标准公差等级见表 4-1。

表 4-1　标准公差数值(GB/T 1800.3—1998)

公差等级	IT01	IT0	IT1	IT2	IT3	IT4	IT5	IT6	IT7	IT8	IT9	IT10	IT11	IT12	IT13	IT14	IT15	IT16	IT17	IT18
基本尺寸(mm)	μm													mm						
≤3	0.3	0.5	0.8	1.2	2	3	4	6	10	14	25	40	60	0.10	0.14	0.25	0.40	0.60	1.00	1.40
>3～6	0.4	0.6	1	1.5	2.5	4	5	8	12	18	30	48	75	0.12	0.18	0.30	0.48	0.75	1.20	1.80
>6～10	0.4	0.6	1	1.5	2.5	4	6	9	15	22	36	58	90	0.15	0.22	0.36	0.58	0.90	1.50	2.20
>10～18	0.5	0.8	1.2	2	3	5	8	11	18	27	43	70	110	0.18	0.27	0.43	0.70	1.10	1.80	2.70
>18～30	0.6	1	1.5	2.5	4	6	9	13	21	33	52	84	130	0.21	0.33	0.52	0.84	1.30	2.10	3.30
>30～50	0.6	1	1.5	2.5	4	7	11	16	25	39	62	100	160	0.25	0.39	0.62	1.00	1.60	2.50	3.90
>50～80	0.8	1.2	2	3	5	8	13	19	30	46	74	120	190	0.30	0.46	0.74	1.20	1.90	3.00	4.60
>80～120	1	1.5	2.5	4	6	10	15	22	35	54	87	140	220	0.35	0.54	0.87	1.40	2.20	3.50	5.40
>120～180	1.2	2	3.5	5	8	12	18	25	40	63	100	160	250	0.40	0.63	1.00	1.60	2.50	4.00	6.30
>180～250	2	3	4.5	7	10	14	20	29	46	72	115	185	290	0.46	0.72	1.15	1.85	2.90	4.60	7.20
>250～315	2.5	4	6	8	12	16	23	32	52	81	130	210	320	0.52	0.81	1.30	2.10	3.20	5.20	8.10
>315～400	3	5	7	9	13	18	25	36	57	89	140	230	360	0.57	0.89	1.40	2.30	3.60	5.70	8.90
>400～500	4	6	8	10	15	20	27	40	63	97	155	250	400	0.63	0.97	1.55	2.50	4.00	6.30	9.70

基本偏差:确定公差带相对零线位置的那个极限偏差。它可以是上偏差或下偏差,一般为靠近零线的那个极限偏差,如图 4-2 所示。

GB/T 1800.3—1998 对孔和轴分别规定了 28 种基本偏差,其代号用拉丁字母表示,大写表示孔,小写表示轴。这 28 种基本偏差代号反映了 28 种公差位置,构成了基本偏差系列。

从图 4-2 可以看出,孔的偏差从 A 到 H 为下偏差 *EI*,从 J 到 ZC 为上偏差 *ES*。轴的基本偏差从 a 到 h 为上偏差 *es*,从 j 到 zc 为下偏差 *ei*。

公差带的宽度取决于标准公差等级,公差带的位置取决于基本偏差。因此,任何一个公差带都用基本偏差代号和公差等级数字表示,如ϕ50 H7,ϕ50 是基本尺寸,H 是基本偏差代号,大写表示孔,公差等极为 IT7。又如ϕ50 f 8,ϕ50 是基本尺寸,f 是基本偏差代号,小写表示轴,公差等极为 IT8。

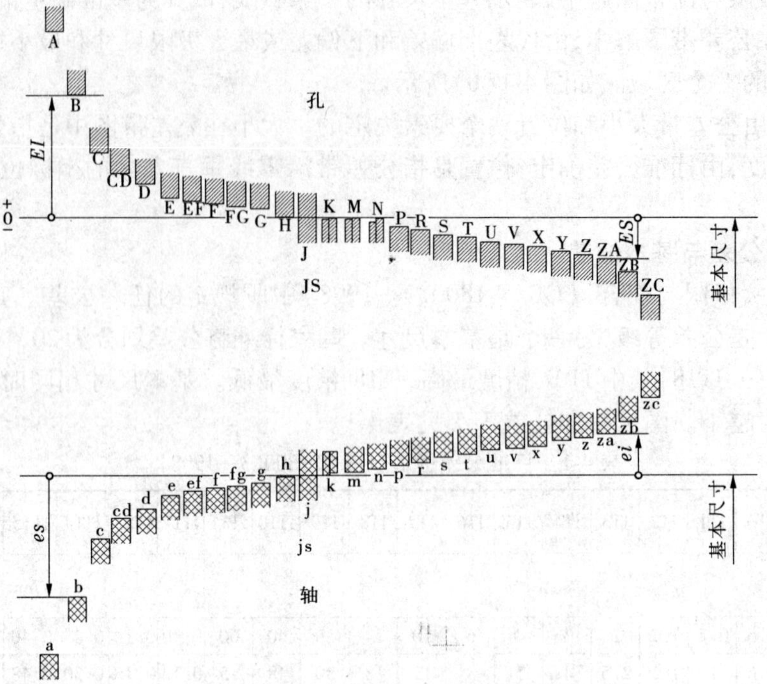

图 4-2 基本偏差系列

基本偏差中的 H 和 h 的基本偏差为零，H 代表基准孔，h 代表基准轴。

(三)有关配合的术语

在机器装配中，基本尺寸相同的、相互配合的孔和轴公差带之间的关系称为配合。根据机器的设计要求、工艺要求和生产实际需要，国家标准将配合分为三大类，即间隙配合、过盈配合和过渡配合。

1. 间隙与过盈

孔的尺寸减去相配合的轴的尺寸所得的代数差，其值大于零时称为间隙，小于零时称为过盈。一般用 X 表示间隙量，用 Y 表示过盈量。

2. 间隙配合

孔与轴配合时，具有间隙（包括最小间隙等于零）的配合，此时孔的公差带在轴的公差带之上，如图 4-3 所示。

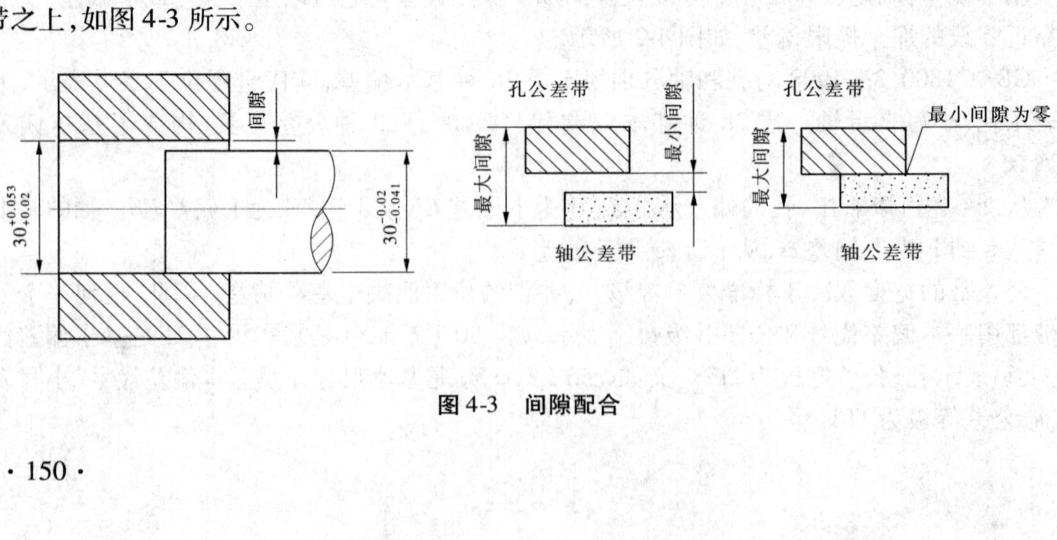

图 4-3 间隙配合

3. 过盈配合

孔和轴配合时，孔的尺寸减去相配合轴的尺寸，其代数差为负值时为过盈。具有过盈的配合称为过盈配合。此时，孔的公差带在轴的公差带之下，如图 4-4 所示。

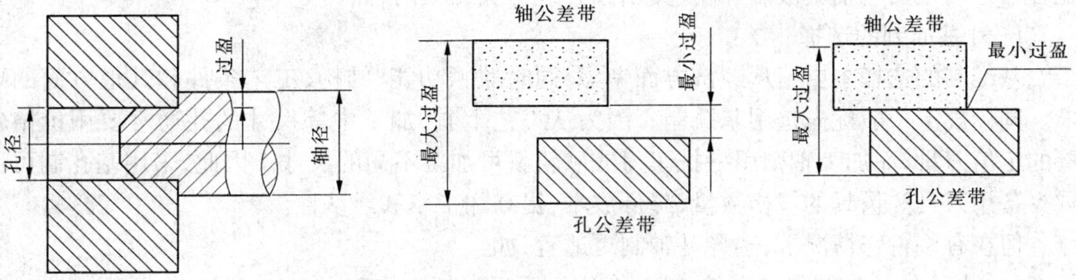

图 4-4　过盈配合

4. 过渡配合

可能具有间隙或过盈的配合，称为过渡配合。此时，孔的公差带与轴的公差带相互交叠，如图 4-5 所示。

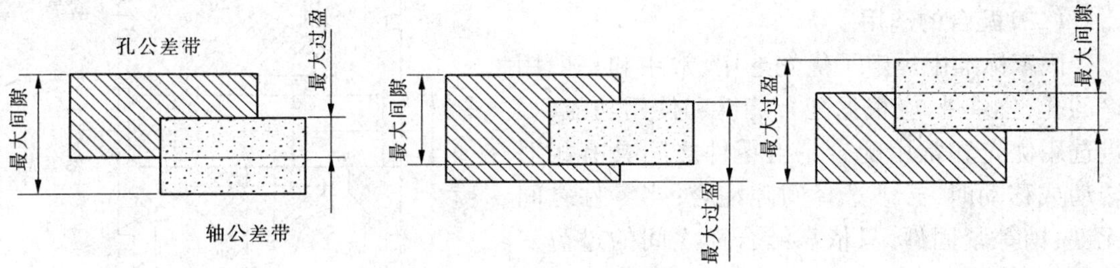

图 4-5　过渡配合

5. 配合制度

国家标准规定了基孔制和基轴制两种配合制度。

1) 基孔制

基本偏差为一定的孔的公差带与不同基本偏差的轴的公差带形成的各种配合的一种制度。基孔制配合的孔称为基准孔，其基本偏差代号为 H，下偏差为零，即它最小极限尺寸等于基本尺寸。

在基孔制中，基准孔 H 与轴配合，a ~ h（共 11 种）用于间隙配合；j ~ n（共 5 种）主要用于过渡配合（n、p、r 可能为过渡配合或过盈配合）；p ~ zc（共 12 种）主要用于过盈配合。

2) 基轴制

基本偏差为一定的轴的公差带与不同基本偏差的孔的公差带形成的各种配合的一种制度。基轴制配合的轴称为基准轴，其基本偏差代号为 h，上偏差为零，即它的最大极限尺寸等于基本尺寸。

在基轴制中，基准轴 H 与孔配合，A ~ H（共 11 种）用于间隙配合；J ~ N（共 5 种）主要用于过渡配合（N、P、R 可能为过渡配合或过盈配合）；P ~ ZC（共 12 种）主要用于过盈配合。

三、极限与配合的选用

正确、合理地选择极限与配合，对产品的使用性能和制造成本将产生直接影响。极限与配合的选用主要包括基准制、配合类别和公差等级三项内容。

（一）基准制的选择

基准制的选择主要是从经济方面考虑，同时兼顾功能、结构、工艺条件和其他方面的要求。国标规定一般优先选用基孔制。因为从工艺上看，加工中等尺寸的孔通常要用价格较贵的定值刀具，而加工轴则用一把车刀或砂轮就可加工不同的尺寸。因此，采用基孔制可以减少备用刀具和量具的规格数量，降低成本，提高加工率和经济性。

但在有些特殊情况下，选择基轴制更适宜，如：

（1）由冷拉棒材制造的零件，其配合表面不经过切削加工。

（2）与标准件相配合的孔和轴，应以标准件为基准来选择基准制。例如，与滚动轴承配合时，因滚动轴承是标准件，所以滚动轴承内圈与轴颈的配合是基孔制配合，外圈与机座孔的配合是基轴制配合。

（3）同一根轴（基本尺寸相同）与几个零件孔配合，且有不同配合性质，如图 4-6 所示。

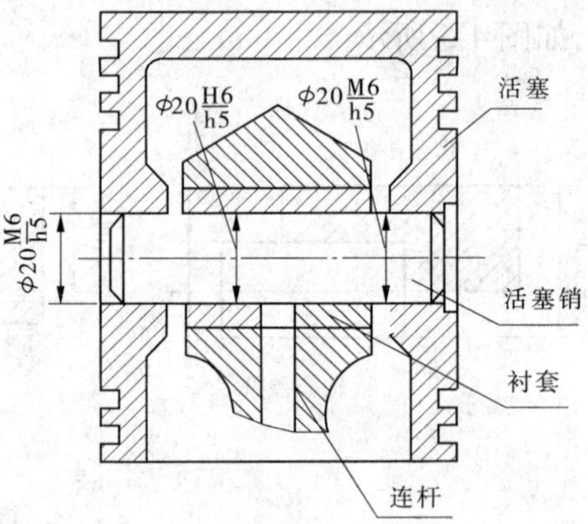

图 4-6　基轴制配合选择示例

（二）配合的选用

国家标准中规定了优先选用、常用和一般用途的孔、公差带，应根据配合特性和使用功能，尽量选用优先和常用配合。当零件之间具有相对转动或移动时，必须选择间隙配合；当零件之间无键、销等紧固件，只依靠结合面之间的过盈实现传动时，必须选择过盈配合；当零件之间不要求有相对运动，同轴度要求较高，且不是依靠该配合传递动力时，通常选用过渡配合。

1. 基孔制优先配合

基孔制优先配合有：

间隙配合：H7/g6、H7/h6、H8/f7、H8/h7、H9/d9、H9/h9、H11/c11、H11/h11；过渡配合：H7/k6；过盈配合：H7/n6、H7/p6、H7/s6、H7/u6。

2. 基轴制优先配合

基轴制优先配合有：

间隙配合：G7/h6、H7/h6、F8/h7、H8/h7、D9/h9、H9/h9、C11/h11、H11/h11；过渡配合：K7/h6；过盈配合：N7/h6、P7/h6、S7/h6、u7/H6。

（三）公差等级的选用

在保证零件使用要求的前提下，应尽量选用比较低的公差等级，以减少零件的制造成本。由于加工孔比加工轴困难，当公差等级高于 IT8 时，在基本尺寸至 500 mm 的配合中，应选择孔的标准公差等级比轴低一级（如孔为 8 级，轴为 7 级）来加工孔。因为公差等级愈高，加工愈困难。标准公差等级低时，轴和孔可选择相同的公差等级。

四、极限与配合的标注

(一)在零件图中的标注

极限与配合在零件图中的标注一般有三种方法,如图 4-7 所示。

1. 标注公差带代号

在基本尺寸后标注所要求的公差带,如 40H8、80P7、ϕ 50g6。这种标注法适用于大量生产的零件,采用专用量具检验零件。

2. 标注极限偏差数值

在基本尺寸后标注所要求的公差带对应的偏差值,如ϕ $50_{0}^{+0.025}$。这种标注法适用于单件、小批量生产的零件。

3. 公差带代号与极限偏差一起标注

在基本尺寸后标注所要求的公差带和对应的偏差值,如ϕ 50H7($_{0}^{+0.025}$)。这种标注法适用于产品转产频繁的生产中。

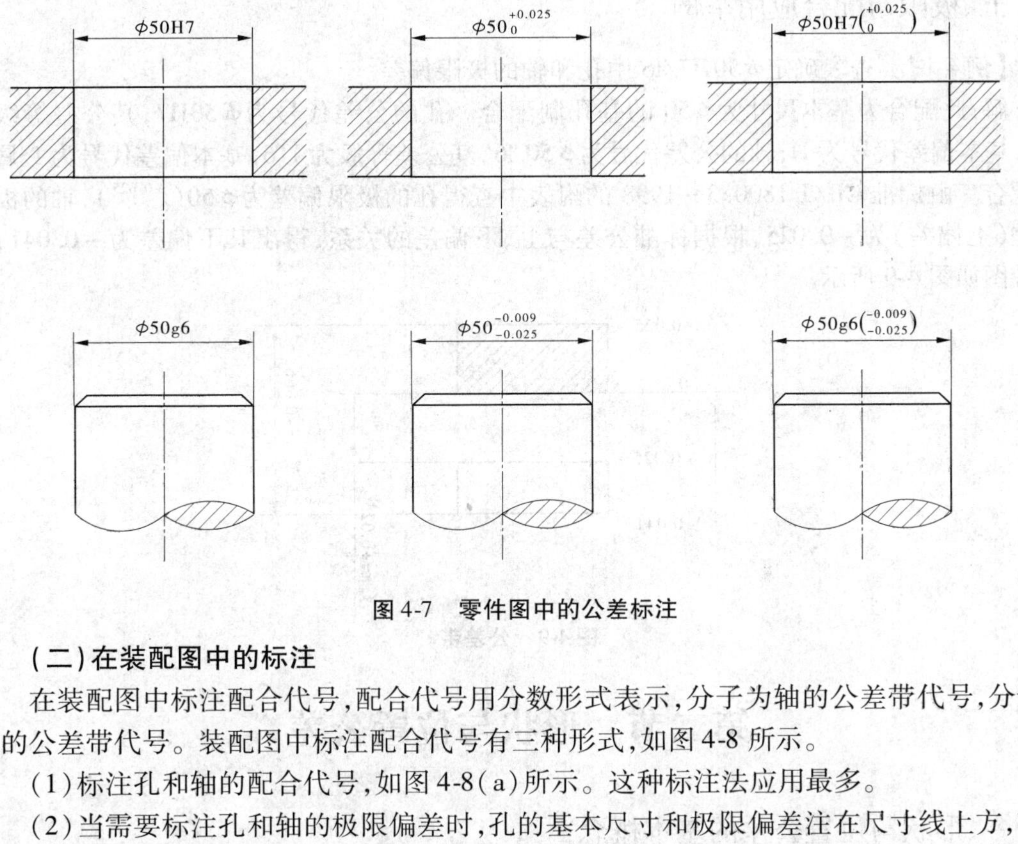

图 4-7　零件图中的公差标注

(二)在装配图中的标注

在装配图中标注配合代号,配合代号用分数形式表示,分子为轴的公差带代号,分母为孔的公差带代号。装配图中标注配合代号有三种形式,如图 4-8 所示。

(1)标注孔和轴的配合代号,如图 4-8(a)所示。这种标注法应用最多。

(2)当需要标注孔和轴的极限偏差时,孔的基本尺寸和极限偏差注在尺寸线上方,轴的基本尺寸和极限偏差注在尺寸线下方,如图 4-8(b)、(c)所示。

(3)零件与标准件或外购件配合时,在装配图中可以只标注该零件的公差带代号,如图 4-8(d)所示。

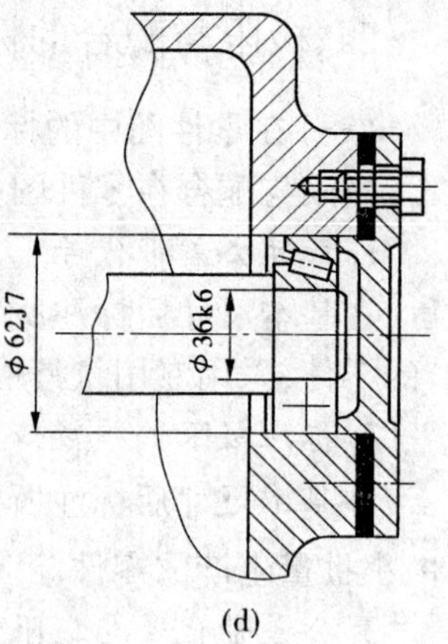

图 4-8　装配图中配合图的标注

五、极限与配合应用举例

【例 4-1】　查表确定ϕ 50H7/f6 中孔和轴的极限偏差。

解:此配合为基本尺寸为ϕ 50 的基孔制配合。孔的公差代号为ϕ 50H7,其公差等级为 IT7,基本偏差代号为 H;轴的公差代号为ϕ 50 f6,其公差等级为 IT6,基本偏差代号为 f,属间隙配合。由标准 GB/T 1800. 3—1998 的附表中查得孔的极限偏差为ϕ 50($^{+0.025}_{0}$),轴的极限偏差(上偏差)为 -0. 025,根据标准公差与上、下偏差的关系,得出其下偏差为 -0. 041,公差带图如图 4-9 所示。

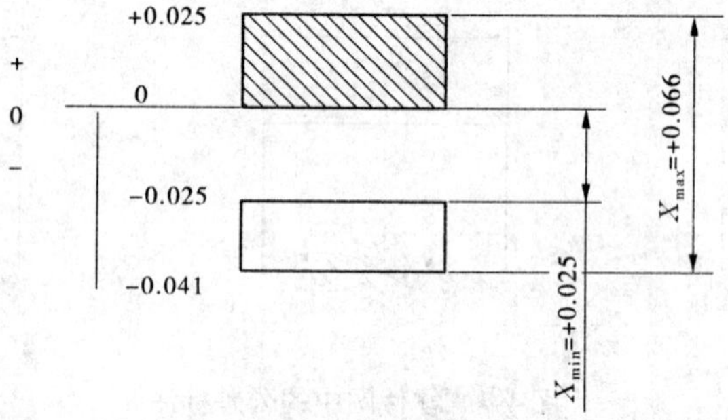

图 4-9　公差带

第二节　形状与位置公差

一、形状与位置公差的基本概念

零件在加工过程中不仅存在尺寸误差,而且会产生形状和位置误差(简称形位误差)。形位误差对机械产品工作性能的影响不容忽视。例如,圆柱形零件的圆度、圆柱度误差会使配合间隙不均,使磨损加剧,或各部分过盈不一致,影响连接强度。因此,为保证机械产品的质量和零件的互换性,必须对形位误差加以控制,规定形状和位置公差。

（一）形状公差与误差

1. 形状公差与公差带

形状公差是指单一实际要素的形状所允许的变动全量。形状公差是对自身几何量要素的控制，不表达与其他要素的关系，因此没有基准，是设计时给定的。形状公差有六项：直线度、平面度、圆度、圆柱度、线轮廓度和面轮廓。

形状公差带是限制实际被测要素变动的一个区域，由公差带大小、公差带形状、公差带方向和公差带位置四个要素决定。

2. 形状误差及其评定

形状误差是指被测实际要素的形状对其理想要素的变动量。形状误差值不大于相应的公差值，则被认为是合格的。

被测实际要素与其理想要素进行比较时，理想要素相对于实际要素的位置不同，评定的形状误差值也不同。为了使评定结果唯一，国家标准规定，最小条件是评定形状误差的基本准则。所谓最小条件是被测实际要素对其理想要素的最大变动量为最小。

（二）位置公差与误差

位置公差是指零件上的点、线、面要素的实际位置相对于理想位置的允许变动量。位置公差包括定向公差、定位公差和跳动公差三类。

1. 定向公差

定向公差是关联实际要素对其具有确定方向的理想要素的允许变动量。理想要素的方向由基准及理论正确尺寸（角度）确定。当理论正确角度为 0°时，称为平行度公差；在 90°时，称为垂直度公差；为其他任意角度时，称为倾斜度公差。

2. 定位公差

定位公差是关联实际要素对其具有确定位置的理想要素的允许变动量。理想要素的位置由基准及理论正确尺寸（长度或角度）确定。当理论正确尺寸为零，且基准要素和被测要素均为轴线时，称为同轴度公差；当理论正确尺寸为零，基准要素或（和）被测要素为其他中心要素（中心平面）时，称为对称度公差；在其他情况下均称为位置度公差。

3. 跳动公差

与定向、定位公差不同，跳动公差是针对特定的检测方式而定义的公差特征项目。它是被测要素绕基准要素回转过程中多允许的最大跳动量，也就是指示器在给定方向上指示的最大读数与最小读数之差的允许值。跳动公差可分为圆跳动和全跳动。

圆跳动是控制被测要素在某个测量截面内相对于基准轴线的变动量。圆跳动又分为径向圆跳动、端面圆跳动和斜向圆跳动三种。

全跳动是控制整个被测要素在连续测量时相对于基准轴线的跳动量。全跳动分为径向全跳动和端面全跳动两种。

4. 位置误差及其评定

位置误差是关联实际要素对其理想要素的变动量。理想要素的方向或位置由基准确定。

判断位置误差的大小，常采用定向或定位最小包容区域去包容被测实际要素，但这个最小包容区域与形状误差的最小包容区域有所不同，其区别在于它必须在与基准保持给定几何关系的前提下使包容区域的宽度或直径最小。

（三）形位公差项目及符号

国家标准规定了 14 个形位公差项目，如表 4-2 所示。

表 4-2　形位公差项目及符号

分类	项目	符号	分类		项目	符号
形状公差	直线度	—	位置公差	定向	平行度	//
	平面度	▱			垂直度	⊥
	圆度	○			倾斜度	∠
	圆柱度	⌭		定位	同轴度	◎
	线轮廓度	⌒			对称度	⌯
					位置度	⌖
	面轮廓度	⌓		跳动	圆跳动	↗
					全跳动	⌰

二、形状和位置公差的注法

（一）形位公差框格及其内容

《形状和位置公差》（GB/T 1182—1996）规定，形位公差在图样中应采用代号标注。代号由公差项目符号、框格、指引线、公差数值和其他有关符号组成。

形位公差框格用细实线绘制，可画两格或多格，可水平或垂直置放，框格的高度是图样中尺寸数字高度的二倍，框格的长度根据需要而定。框格中的数字、字母和符号与图样中的数字同高，框格内从左到右（或从上到下）填写的内容为：第一格为形位公差项目符号，第二格为形位公差数值及其有关符号，后边的各格为基准代号的字母及有关符号，如图 4-10 所示。

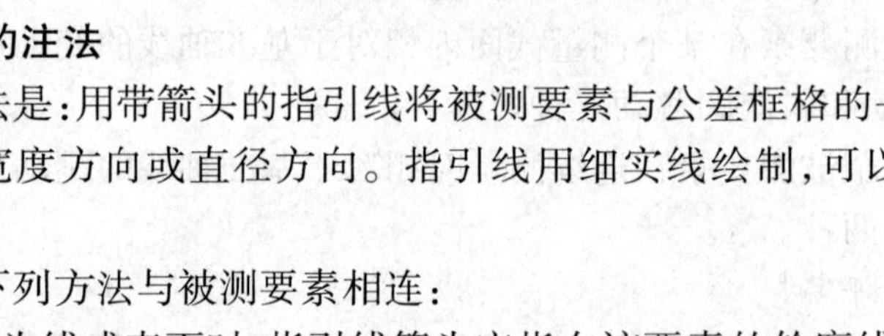

图 4-10　形位公差框格代号内容

（二）被测要素的注法

被测要素的注法是：用带箭头的指引线将被测要素与公差框格的一端相连。指引线箭头应指向公差带的宽度方向或直径方向。指引线用细实线绘制，可以不转折或转折一次（通常为垂直转折）。

指引线箭头按下列方法与被测要素相连：

（1）当被测要素为线或表面时，指引线箭头应指在该要素的轮廓线或其延长线上，并应明显地与该要素的尺寸线错开，如图 4-11 所示。

（2）当被测要素为轴线、球心或中心平面时，指引线箭头应与该要素的尺寸线对齐，如图 4-12 所示。

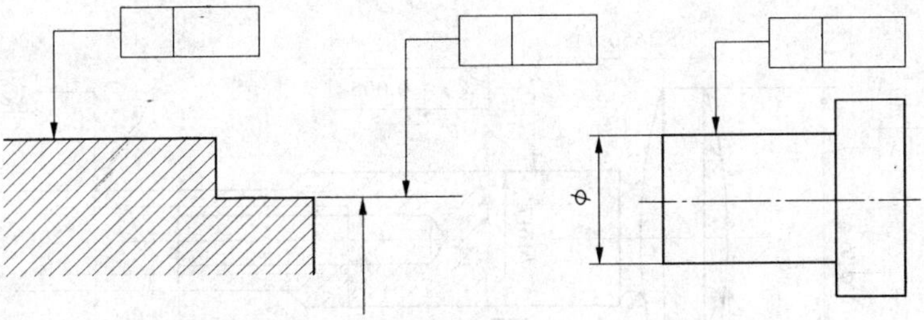

图 4-11　形位公差框格代号(线或表面)

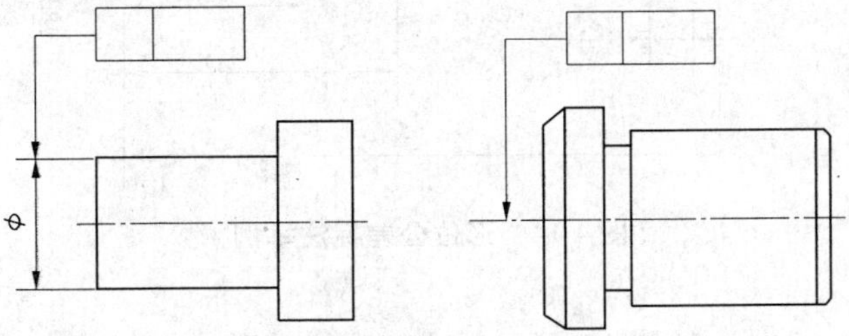

图 4-12　形位公差框格代号(轴线、球心或中心平面)

(三)基准要素的标注

基准要素的标注是用带基准符号的指引线将基准要素与公差框格的另一端相连。基准符号的连线必须与基准要素垂直,如图 4-13(a)所示。

当基准符号不便与公差框格直接相连时,采用基准代号标准,并在公差框格的第三格内填写与基准代号相同的字母,如图 4-13(b)所示。

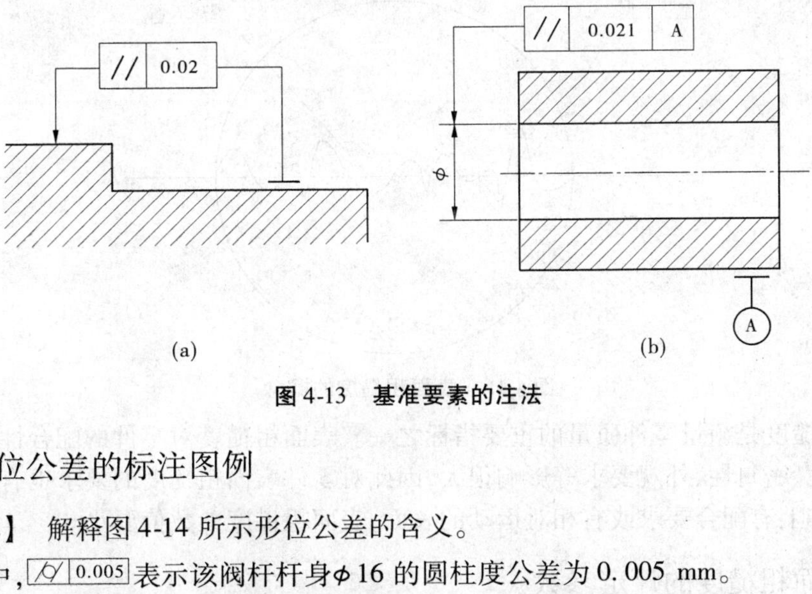

(a)　　　　(b)

图 4-13　基准要素的注法

三、形位公差的标注图例

【例 4-2】　解释图 4-14 所示形位公差的含义。

解:图中,[⌭ | 0.005]表示该阀杆杆身φ16 的圆柱度公差为 0.005 mm。

[◎ | φ0.10 | A]表示 M18×1-6H 螺纹孔的轴线对于φ16 轴线的同轴度公差为φ0.10 mm。

[↗ | 0.03 | A]表示 SR650 的球面对于φ16 轴线的圆跳动公差为 0.03 mm。

零件图上除有表面粗糙度、形位公差和尺寸公差外,还有零件的材料、热处理工艺等技术要求,这将在其他课程中讲述,也可查相关资料。

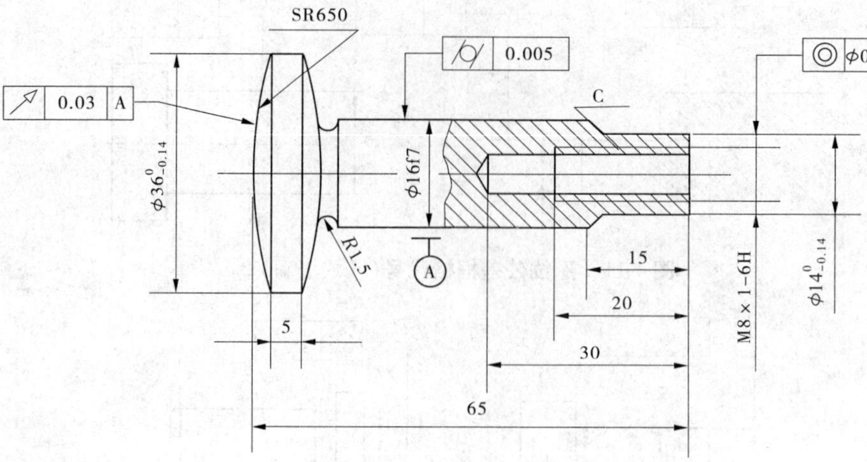

图 4-14　形位公差标注举例

第三节　表面粗糙度

一、表面粗糙度的概念

在加工零件时，由于切削变形和机床振动等因素的影响，零件的实际加工表面存在着微观的高低不平，这种微观的高低不平程度称为表面粗糙度，如图 4-15 所示。

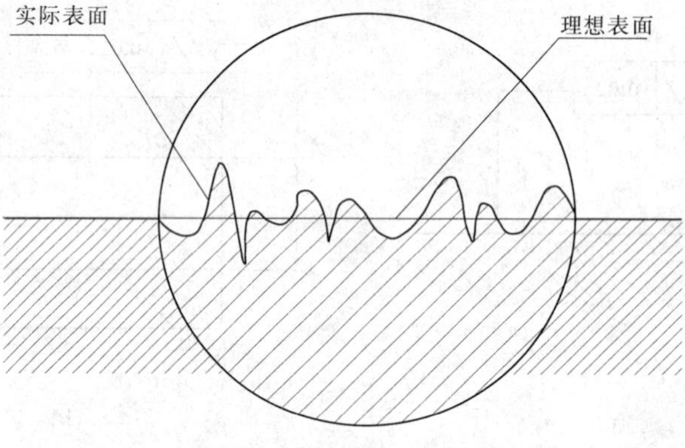

图 4-15　表面粗糙度的概念

表面粗糙度是衡量零件质量的重要指标之一。表面粗糙度对零件的配合性质、耐磨性、强度、抗腐性、密封性、外观要求等影响很大，因此对零件表面粗糙度的要求也有不同。一般说来，凡零件上有配合要求或有相对运动的表面，表面粗糙度参数值要小。

二、表面粗糙度的评定参数

国家标准规定的评定表面粗糙度的参数有轮廓算术平均偏差 R_a、轮廓最大高度 R_z 和轮廓单元的平均宽度 R_{Sm}。这里主要介绍最重要的也是最常用的轮廓算术平均偏差 R_a。

轮廓算术平均偏差 R_a 是在一个取样长度内，轮廓上各点至轮廓中线的距离 y_i 的绝对

值的算术平均值,如图 4-16 所示。R_a 的数学表达式为

$$R_a = \frac{1}{l_r}\int_0^{l_r} Z(x)\,dx \tag{4-1}$$

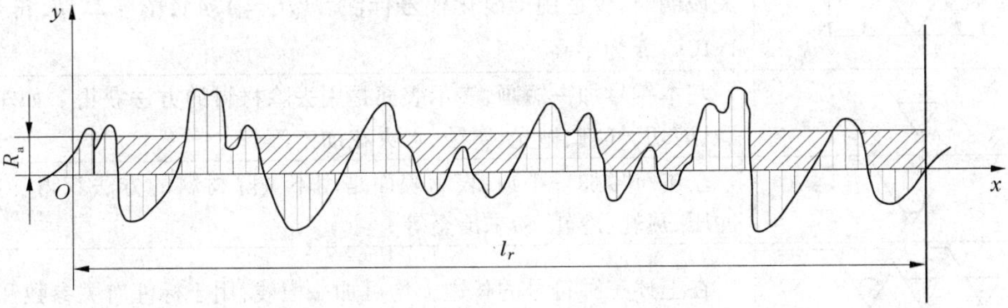

图 4-16　轮廓的算术平均偏差值 R_a

测得的 R_a 值越大,则表面越粗糙。R_a 参数能充分反映表面高低不平的特征,一般用电动轮廓仪进行测量。

常用的轮廓算术平均偏差 R_a 的数值见表 4-3。

表 4-3　轮廓算术平均偏差值 R_a 的数值

基本系列	补充系列	基本系列	补充系列	基本系列	补充系列	基本系列	补充系列
	0.008						
	0.010						
0.012			0.125		1.25	12.5	
	0.016		0.16	1.60			16.0
	0.020	0.20			2.0		20
0.025			0.25		2.5	25	
	0.032		0.32	3.2			32
	0.040	0.40			4.0		40
0.050			0.50		5.0	50	
	0.063		0.63	6.3			63
	0.080	0.80			8.0		80
0.100			1.00		10.0	100	

三、表面粗糙度的代(符)号及其标注

(一)表面粗糙度的符号

表面粗糙度符号是由规定的符号和有关参数值组成的。《机械制图　表面粗糙度符号、代号及其注法》(GB/T 131—1993)规定了五种表面粗糙度符号,如表 4-4 所示。如仅需要加工而对表面粗糙度的其他规定没有要求时,允许只标注表面粗糙度符号。

表 4-4　表面粗糙度符号及意义

符号	意义及说明
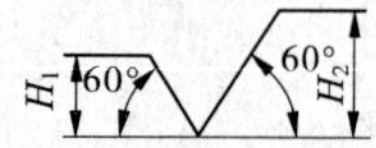	基本符号，表示表面可用任何方法获得。当不加注粗糙度参数值或有关说明时，仅适用于简化代号标注。($H_1=1.4h$，$H_2=2.1h$，符号线宽为 1/10h，h 为字高)
	基本符号加一短画，表示表面是用去除材料的方法获得。如车、铣、钻、磨、剪切、气割、抛光、腐蚀、点火花加工等
	基本符号加一小圆，表示表面是用不去除材料的方法获得。如铸、锻、冲压、热轧、冷轧、粉末冶金等
	在上述三种符号的长边上均可加一横线，用于标注有关参数和说明
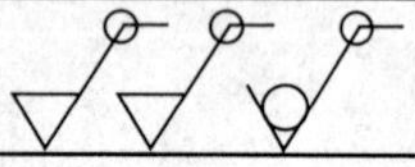	在上述三种符号上均可加一小圆，表示所有表面具有相同的表面粗糙度要求

（二）表面结构的图形代号

表面粗糙度完整图形符号是指在表面粗糙度符号周围，按功能要求加注表面粗糙度或其他有关文字。其注写位置如图 4-17 所示。

a——注写表面粗糙度的单一要求，包括表面结构参数代号、极限值或限样长度（μm）。

b——注写两个或多个表面结构要求。

c——标注加工方法、表面处理、涂层或其他加工工艺要求等。如车、磨、镀等加工表面。

d——注写表面纹理方向，如“=”、“X”、“M”。

e——注写加工余量，以 mm 为单位给出数值。

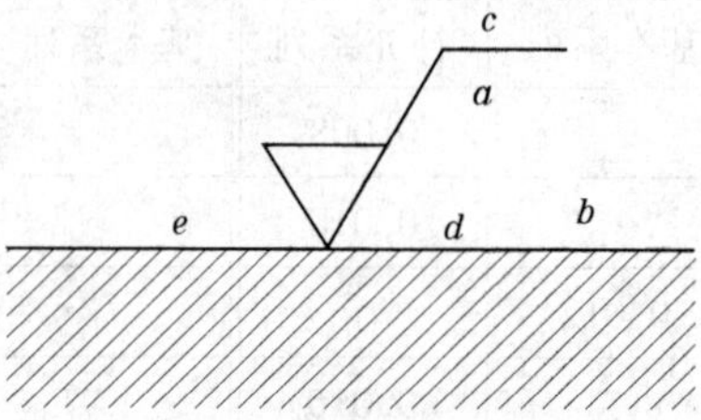

图 4-17　表面粗糙度补充要求的注写位置

在表面粗糙度符号上注写所要求的表面特征参数后，即构成表面粗糙度代号。由于 R_a 值是目前生产上最常用的一种表面粗糙度高度参数，所以在标注时可只标注高度参数的数值，省略参数前的 R_a。常用的 R_a 值与加工方法如表 4-5 所示。

表 4-5　常用的表面粗糙度 R_a 值与加工方法

表面特征		示例	加工方法	适用范围
加工面	粗加工面	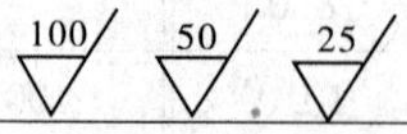	粗车、刨、铣等	非接触表面：如倒角、钻孔等
	半光面	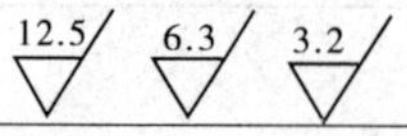	粗铰、粗磨、扩孔、精镗、精车、精铣等	精度要求不高的接触表面
	光面	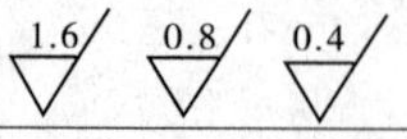	铰、研、刮、精车、精磨、抛光等	高精度的重要配合表面
	最光面	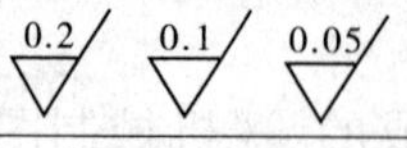	研磨、镜面磨、超精磨等	重要的装饰面
毛坯面			经表面清理过的铸、锻件表面，轧制件表面	不需要加工的表面

四、表面粗糙度参数值的选择

表面粗糙度参数值的选择原则是:在满足功能要求的前提下,尽量选择较大的表面粗糙度参数值,以减小加工困难,降低生产成本。

具体选择时,可参照生产中的实例,用类比法确定,同时注意以下几点:

(1)同一零件上,工作表面比非工作表面的粗糙度参数值小。

(2)摩擦表面要比非摩擦表面的粗糙度参数值小,滚动摩擦表面比滑动摩擦表面的粗糙度参数值小。

(3)承受交变载荷的表面及易引起应力集中的部分(如圆角、沟槽),粗糙度参数值应小些。

(4)配合要求高的结合面,配合间隙小的配合表面,要求连接可靠、受重载的过盈配合表面,都应取较小的粗糙度参数值。

(5)表面粗糙度与尺寸及形状公差应协调。通常,尺寸及形状公差小,表面粗糙度参数值也要小;同一尺寸公差,小尺寸比大尺寸、轴比孔的粗糙度参数值要小。设表面形状公差为 t,尺寸公差为 T,则

若 $t \approx 0.6T$,　$R_a \leqslant 0.05T$,　$R_z \leqslant 0.2T$

$t \approx 0.4T$,　$R_a \leqslant 0.025T$,　$R_z \leqslant 0.1T$

$t \approx 0.25T$,　$R_a \leqslant 0.012T$,　$R_z \leqslant 0.05T$

$t < 0.25T$,　$R_a \leqslant 0.15T$,　$R_z \leqslant 0.6T$

必要说明:机器、仪器上的手轮、手柄、外壳的表面,其对尺寸和形状公差要求并不高,但对表面粗糙度却要求较高。

(6)密封性、防腐性要求高的表面或外形美观的表面其表面粗糙度参数值都应小些。

(7)凡有关标准已对表面粗糙度要求作出规定者(如轴承、量规、齿轮等),应按标准规定选取表面粗糙度参数值。

表 4-6 列出了孔和轴的表面粗糙度参数推荐值,表 4-7 列出了表面粗糙度参数值与所适应的零件表面,供选用时参考。

表 4-6　孔和轴的表面粗糙度参数推荐值

应用场合			R_a(μm)	
示例	公差等级	表面	基本尺寸(mm)	
			≤50	>50~500
经常装拆的配合表面	IT5	轴	≤0.2	≤0.4
		孔	≤0.4	≤0.8
	IT6	轴	≤0.4	≤0.8
		孔	0.4~0.8	0.8~1.6
	IT7	轴	0.4~0.8	0.8~1.6
		孔	≤0.8	≤1.6
	IT8	轴	≤0.8	≤1.6
		孔	0.8~1.6	1.6~3.2

续表 4-6

应用场合			表面	R_a(μm)		
	公差等级			基本尺寸(mm)		
				≤50	>50~120	>120~500
过盈配合的配合表面	压力机装配	IT5	轴	0.1~0.2	≤0.4	≤0.4
			孔	0.2~0.4	≤0.8	≤0.8
		IT6 IT7	轴	≤0.4	≤0.8	≤1.6
			孔	≤0.8	≤1.6	≤1.6
		IT8	轴	≤0.8	0.8~1.6	1.6~3.2
			孔	≤1.6	1.6~3.2	1.6~3.2
	热孔法装配		轴	≤1.6		
			孔	1.6~3.2		
滑动轴承表面	IT6~IT9		轴	0.4~0.8		
			孔	0.8~1.6		
	IT10~IT12		轴	0.8~3.2		
			孔	1.6~3.2		
	流体润滑		轴	0.1~0.4		
			孔	0.2~0.8		

应用场合	公差等级	表面	径向跳动(μm)					
			2.5	4	6	10	16	25
定心精度高的配合表面	IT5~IT8	轴	≤0.05	≤0.1	≤0.1	≤0.2	≤0.4	≤0.8
		孔	≤0.1	≤0.2	≤0.2	≤0.4	≤0.8	≤1.6

表 4-7　表面粗糙度参数值与所适应的零件表面

R_a(μm)	适应的零件表面
12.5	粗加工非配合表面,如轴端面,倒角、钻孔、键槽非工作面,垫圈接触面,不重要的安装支承面,螺钉、铆钉孔表面
6.3	半精加工表面,不重要的零件的非配合表面,如支柱、轴、支架、外壳、衬套、盖等的端面;螺钉、螺母和螺栓的自由表面;不要求定心和配合特性的表面,如螺栓孔、螺钉通孔、铆钉孔;飞轮、带轮、离合器、联轴节、凸轮、偏心轮的侧面;平键及键槽的上下面,花键非定心表面,齿顶圆表面;所用轴和孔的退刀槽;不重要的联接配合表面
3.2	半精加工表面,外壳、箱体、盖、套筒、支架等和其他零件连接面而不形成配合的表面;不重要的紧固螺纹表面,非传动用梯形螺纹、锯齿螺纹表面;燕尾槽表面;键和键槽工作面;需要发蓝的表面;需滚花的预加工表面;低速滑动轴承和轴的摩擦面;张紧链轮、导向滚轮与轴的配合表面
1.6	要求有定心及配合特性的固定支承、衬套、轴承和定位销的压入孔表面;不要求定心及配合特性的活动支承面,活动关节及花键结合面;8 级齿轮的齿面,齿条齿面;传动螺纹工作面;低速传动的轴颈;楔形键及键槽上、下面;轴承盖凸肩(对中用),三角皮带轮槽表面,电镀前金属表面

续表 4-7

R_a(μm)	适应的零件表面
0.8	要求保证定心及配合特性的表面:锥销和圆柱销表面;与 G 和 E 级滚动轴承相配合的孔和轴颈表面;中速转动的轴颈,过盈配合的孔 IT7,间隙配合的孔 IT8,花键轴定心表面,滑动导轨面
0.4	不要求保证定心及配合特性的活动支承面:高精度的活动球状接头表面、支承垫圈、榨油机螺旋榨辊表面
0.2	要求能长期保持配合特性的 IT6、IT5,6 级精度齿轮齿面,蜗杆齿面(6~7 级),与 D 级滚动轴承配合的孔和轴颈表面;要求保证定心及配合特性的表面;滚动轴承轴瓦工作表面;分度盘表面;工作时受交变应力的重要零件表面;受力螺栓的圆柱表面,曲轴和凸轮轴工作表面,发动机气门圆锥面,与橡胶油封相配合的轴表面
0.1	工作时受较大交变应力的重要零件表面,保证疲劳强度、防腐性及在活动接头工作中耐久性的表面;精密机床主轴箱与套筒配合的孔;活塞销的表面;液压传动用孔的表面,阀的工作表面,气缸内表面,保证精确定心的锥体表面;仪器中承受摩擦的表面,如导轨、槽面
0.05	滚动轴承套圈滚道、滚珠及滚柱表面,摩擦离合器的摩擦表面,工作量规的测量表面;精密刻度盘表面,精密机床主轴套筒外圆面
0.025	特别精密的滚动轴承套圈滚道、滚珠及滚柱表面;量仪中较高精度间隙配合零件的工作表面;柴油机高压泵中柱塞副的配合表面;保证高度气密的接合表面
0.012	仪器的测量面;量仪中高精度间隙配合零件的工作表面;尺寸超过 100 mm 量块的工作表面

复习与思考题

1. 加工好的零件尺寸愈接近基本尺寸,其精度也就愈高,对吗?

2. 尺寸公差有没有零公差和负公差?

3. 基本尺寸相同,基本偏差代号相同,而公差等级不同时,它们的上偏差、下偏差是否都相同?

4. 国家标准《极限与配合》(GB/T 1800—1998)中规定,标准公差共分几个等级?基本偏差的代号共有几个?

5. H7/g6、H7/n6 各属于哪种基准制?哪一类配合?

6. 表面粗糙度的评定方法有哪几种?

第五章　金属切削加工基础

金属切削加工通常指金属的切削加工，即用切削工具从金属材料(毛坯)或工件上切除多余的金属层，从而使工件获得具有一定形状、尺寸精度和表面粗糙度的加工方法。如车削、钻削、铣削、刨削、磨削、拉削等。本章主要介绍金属切削加工过程的切削运动、切削刀具、切削过程的基本规律和常用机械零件的典型表面的加工方法等加工基础知识。

学习任务

1. 掌握切削运动和切削用量的概念，理解车刀角度及其作用。
2. 熟悉常用切削刀具的特点及应用。
3. 能运用金属切削基本理论分析，解释切削过程中的一些物理现象。
4. 了解常用金属切削机床的基本原理和分类的方法。
5. 掌握常用机械零件的典型表面的加工方法及零件结构的切削加工工艺性。

第一节　金属切削加工的基础知识

一、概述

利用刀具和工件之间的相对运动，从毛坯或半成品上切去多余的金属材料，从而获得所需要的几何形状、尺寸精度和表面粗糙度的零件，这种加工方法称为金属切削加工，即金属冷加工。

常用的切削加工分为钳工加工和机械加工两类，机械加工靠刀具和工件的相对运动来完成，这个过程是通过金属切削机床来实现的。

(一) 切削加工的分类

金属切削加工方式很多，一般可分为车削加工、铣削加工、钻削加工、镗削加工、刨削加工、磨削加工、齿轮加工及钳工等。

(二) 切削加工的特点及应用

工件精度高、生产率高及适应性好，凡是要求具有一定几何尺寸精度和表面粗糙度的零件，通常都采用切削加工方法来完成。

二、切削运动和切削用量

(一) 切削运动

切削加工时，为了获得各种形状的零件，刀具与工件必须具有一定的相对运动，即切削运动，切削运动按其作用不同可分为主运动和进给运动。

1. 主运动

切下切屑所必需的基本运动称为主运动。在切削运动中，主运动的速度最高，消耗功率最大。如车削时，主运动是工件的回转运动，如图 5-1 所示；牛头刨床刨削时，主运动是刀具的往复直线运动，如图 5-2 所示。

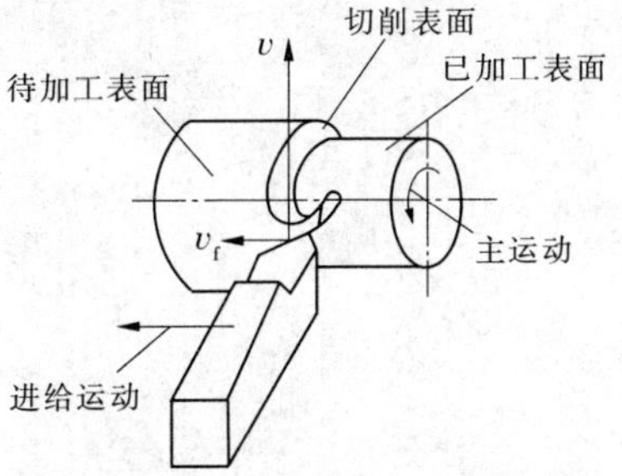

图 5-1　车削运动和工件上的表面

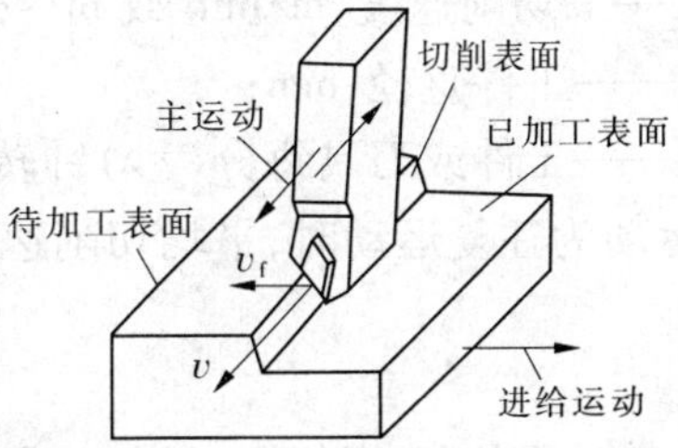

图 5-2　刨削运动和工件上的表面

2. 进给运动

使被切削的金属层不断投入切削的运动称为进给运动。如车削外圆时，进给运动是刀具的纵向移动；车削端面时，进给运动是刀具的横向移动。牛头刨床刨削时，进给运动是工作台的移动。

主运动的运动形式可以是旋转运动，也可以是直线运动；主运动可以由工件完成，也可以由刀具完成；主运动和进给运动可以同时进行，也可以间歇进行；主运动通常只有一个，而进给运动可以是一个或几个。

3. 主运动和进给运动的合成

当主运动和进给运动同时进行时，切削刃上某一点相对于工件的运动为合成运动，常用合成速度向量 v_e 来表示，如图 5-3 所示。

(二) 工件表面

切削加工过程中，在切削运动的作用下，工件表面金属不断地被切下变为切屑，从而加工出所需要的新表面。在新表面形成的过程中，工件上有三个依次变化着的表面，它们分别是待加工表面、切削表面和已加工表面，如图 5-1 和图 5-2 所示。

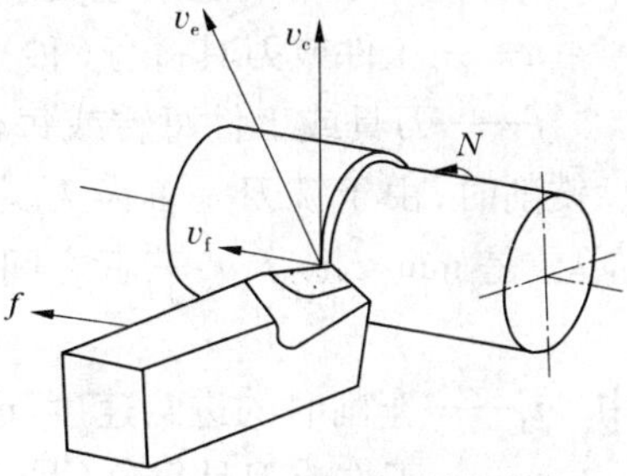

图 5-3　合成速度

1. 待加工表面

待加工表面指即将被切去的金属层的表面。

2. 切削表面

切削表面指切削刃正在切削而形成的表面，切削表面又称加工表面或过渡表面。

3. 已加工表面

已加工表面指已经切去多余金属层而形成的新表面。

(三) 切削用量

切削用量是用来表示切削加工中主运动和进给运动参数的数量。切削用量包括切削速度、进给量、背吃刀量三个要素。

1. 切削速度 v_c

在切削加工时，切削刃选定点相对于工件主运动的瞬时速度称为切削速度，它表示在单位时间内工件和刀具沿主运动方向相对移动的距离，单位为 m/min 或 m/s。

主运动为旋转运动时,切削速度 v_c 计算公式为

$$v_c = \frac{\pi dn}{1\ 000} \tag{5-1}$$

式中 v_c——切削速度,m/min 或 m/s;

d——工件直径,mm;

n——工件或刀具每分(秒)钟转数,r/min 或 r/s。

主运动为往复运动时,平均切削速度为

$$v_c = \frac{2Ln_r}{1\ 000} \tag{5-2}$$

式中 v_c——平均切削速度,m/min 或 m/s;

L——往复运动行程长度,mm;

n_r——主运动每分钟的往复次数,往复次数/min。

2. 进给量 f

进给量是刀具在进给运动方向上相对工件的位移量,可用刀具或工件每转或每行程的位移量来表示或度量。车削时进给量的单位是 f(mm/r),即工件每转一圈,刀具沿进给运动方向移动的距离。刨削的主运动为往复直线运动,其间歇进给的进给量为 f(mm/双行程),即每个往复行程刀具与工件之间的相对横向移动距离。

单位时间的进给量称为进给速度,它是切削刃选定点相对于工件进给运动的瞬时速度。车削时进给速度 v_f 的计算公式为

$$v_f = n \times f \tag{5-3}$$

式中 v_f——车削时的进给速度,m/min 或 m/s;

n——工件或刀具每分(秒)钟转数,r/min 或 r/s;

f——刀具或工件每转或每行程的位移量,mm/r。

铣削时,由于铣刀是多齿刀具,进给量单位除 mm/r 外,还规定了每齿进给量,用 a_z 表示,单位是 mm/z,v_f、f、a_z 三者之间的关系为

$$v_f = n \times f = n \times a_z \times z \tag{5-4}$$

式中 v_f——车削时的进给速度,m/min 或 m/s;

n——工件或刀具每分(秒)钟转数,r/min 或 r/s;

a_z——刀具每齿进给量,mm/z;

z——多齿刀具的齿数。

3. 背吃刀量(切削深度)a_p

背吃刀量 a_p 是指主刀刃工作长度(在基面上的投影)沿垂直于进给运动方向上的投影值。对于外圆车削,背吃刀量 a_p 等于工件已加工表面和待加工表面之间的垂直距离,如图 5-15所示,单位为 mm,即

$$a_p = \frac{d_w - d_m}{2} \tag{5-5}$$

式中 a_p——背吃刀量,mm;

d_w——待加工表面直径,mm;

d_m——已加工表面直径,mm。

第二节　刀具切削部分的几何角度

切削刀具种类很多，如车刀、刨刀、铣刀和钻头等。它们的几何形状各异，复杂程度不等，但它们切削部分的结构和几何角度具有很多共同的特征，其中车刀是最常用、最简单和最基本的切削工具，最具有代表性。其他刀具都可以看做是车刀的组合或变形（见图5-4）。因此，研究金属切削刀具时，通常以车刀为例进行研究和分析。

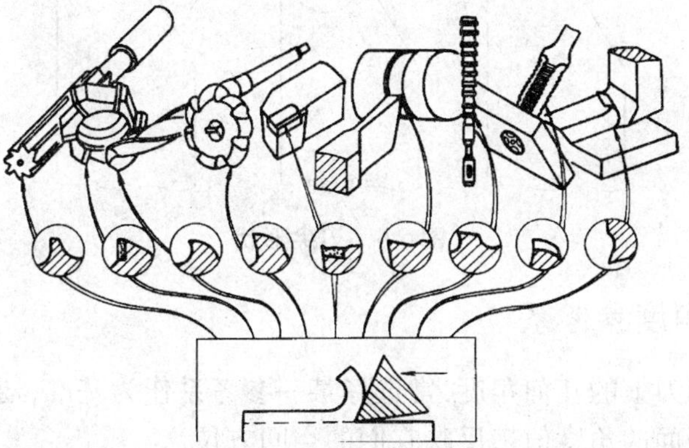

图5-4　各种刀具切削部分的形状

一、车刀的组成

车刀由切削部分、刀柄两部分组成。切削部分承担切削加工任务，刀柄用以装夹在机床刀架上。切削部分由一些面和切削刃组成。我们常用的外圆车刀是由一个刀尖、两条切削刃、三个刀面组成的，如图5-5所示。

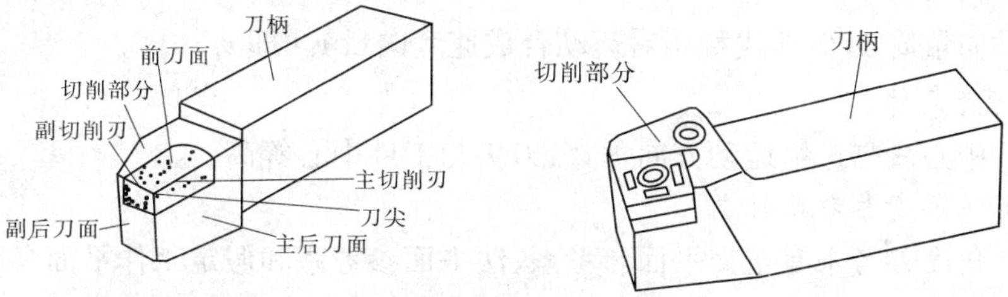

图5-5　车刀的组成

（一）前刀面 A_r

前刀面 A_r 是刀具上切屑流过的表面。

（二）后刀面 A_α

后刀面 A_α 是与工件上切削表面相对的刀面.

（三）副后刀面 A'_α

副后刀面 A'_α 是与已加工表面相对的刀面。

（四）主切削刃 S

主切削刃 S 是前刀面与后刀面的交线，承担主要的切削工作。

(五)副切削刃 S'

副切削刃 S'是前刀面与副后刀面的交线,承担少量的切削工作。

(六)刀尖

刀尖是主、副切削刃的相交点,实际上该点是由一段折线或小圆弧组成的,小圆弧的半径称为刀尖圆弧半径,用 r_ε 表示,如图 5-6 所示。

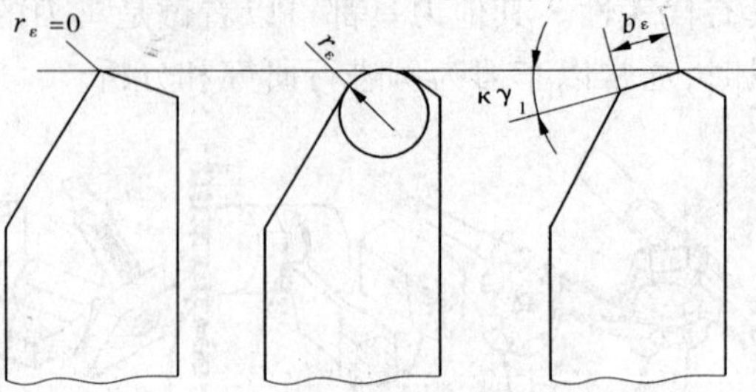

图 5-6 刀尖形状

二、刀具几何角度参考系

为了便于确定车刀上的几何角度,常选择某一参考系作为基准,通过测量刀面或切削刃相对于参考系坐标平面的角度值来反映它们的空间方位。

刀具几何角度参考系有两类:刀具标注角度参考系和刀具工作角度参考系。

(一)刀具标注角度参考系

1. 假设条件

刀具标注角度参考系是刀具设计时标注、刃磨和测量角度的基准,在此基准下定义的刀具角度称刀具标注角度。为了使参考系中的坐标平面与刃磨、测量基准面一致,特别规定了如下假设条件:

1)假设运动条件

用主运动向量 v_c 近似地代替相对运动合成速度向量 v_e(即 $v_f=0$)。

2)假设安装条件

规定刀杆中心线与进给运动方向垂直,刀尖与工件中心等高。

2. 刀具标注角度参考系种类

刀具标注角度参考系有正交平面参考系、法平面参考系和假定工作平面参考系三种。

1)正交平面参考系

如图 5-7 所示,正交平面参考系由以下三个平面组成:

(1)基面 p_r。

基面是过切削刃上某选定点,平行或垂直于刀具在制造、刃磨及测量时适合于安装或定位的一个平面或轴线,一般来说其方位要垂直于假定的主运动方向。车刀的基面都平行于它的底面。

(2)主切削平面 p_s。

主切削平面是过切削刃某选定点与主切削刃相切并垂直于基面的平面。

(3)正交平面 p_0。

正交平面是过切削刃某选定点并同时垂直于基面和切削平面的平面。

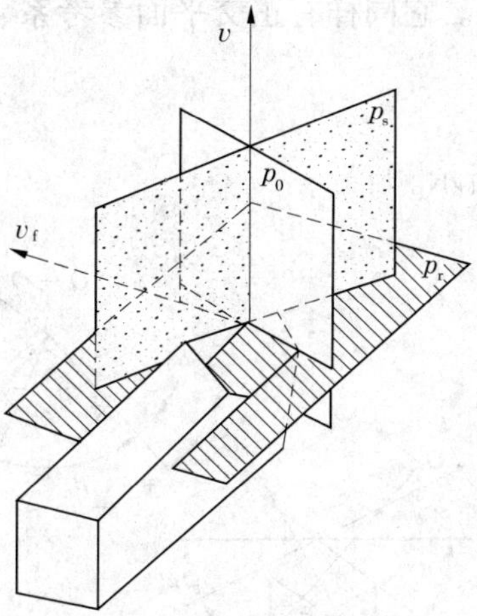

图 5-7　正交平面参考系

过主、副切削刃某选定点都可以建立正交平面参考系。基面 p_r、主切削平面 p_s、正交平面 p_0 三个平面在空间相互垂直。

2)法平面参考系

如图 5-8 所示,法平面参考系由 p_r、p_s 和法平面 p_n 组成。其中,法平面 p_n 是过切削刃某选定点垂直于切削刃的平面。

3)假定工作平面参考系

如图 5-9 所示,假定工作平面参考系由 p_r、p_f 和 p_p 组成。

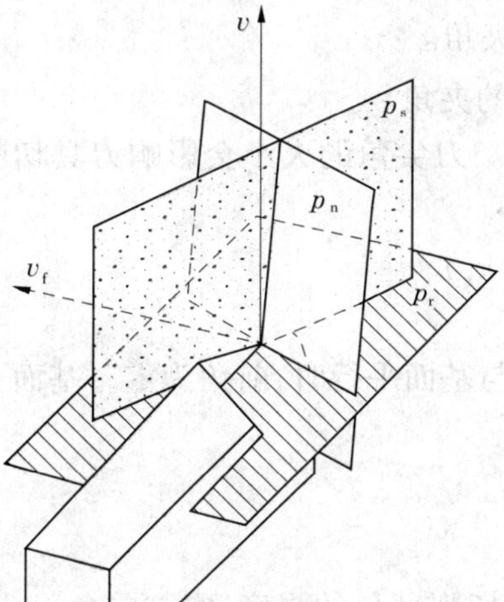

图 5-8　法平面参考系

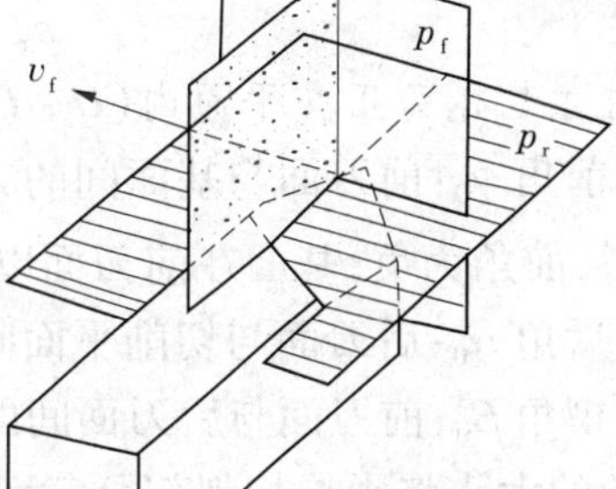

图 5-9　假定工作平面参考系

假定工作平面 p_f 是过切削刃某选定点平行于假定进给运动并垂直于基面的平面。背平面 p_p 是过切削刃某选定点既垂直于假定进给运动平面又垂直于基面的平面。

刀具设计时,标注,刃磨、测量角度最常用的是正交平面参考系。

(二)刀具工作角度参考系

刀具工作角度参考系是刀具切削加工时的角度基准(不考虑假设条件),在此基准下定义的刀具角度称刀具工作角度。它同样有正交平面参考系、法平面参考系和假定工作平面参考系三种。

1. 刀具标注角度

刀具标注角度如图 5-10 所示。

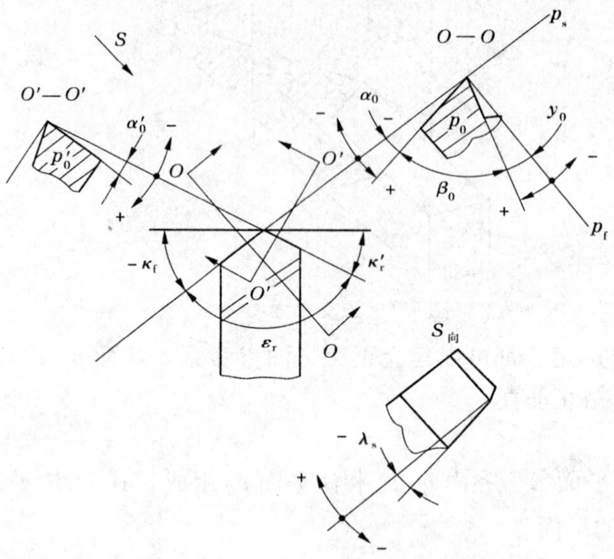

图 5-10　刀具标注角度

1）在基面内测量的角度

（1）主偏角 κ_r：主切削刃与进给运动方向之间的夹角。

（2）副偏角 κ_r'：副切削刃与进给运动反方向之间的夹角。

（3）刀尖角 ε_r：主切削刃与副切削刃之间的夹角。刀尖角的大小会影响刀具切削部分的强度和导热性能。它与主偏角和副偏角的关系如下

$$\varepsilon_r = 180° - (\kappa_r + \kappa_r') \tag{5-6}$$

2）在主切削刃正交平面内（$O-O$）测量的角度

（1）前角 γ_0：前刀面与基面间的夹角。当前刀面与基面平行时，前角为零。基面在前刀面以内时，前角为负；基面在前刀面以外时，前角为正。

（2）后角 α_0：后刀面与切削平面间的夹角。

（3）楔角 β_0：前刀面与后刀面间的夹角。

楔角的大小将影响切削部分截面的大小，决定着切削部分的强度，它与前角 γ_0 和后角 α_0 的关系如下

$$\beta_0 = 90° - (\gamma_0 + \alpha_0) \tag{5-7}$$

3）在切削平面内（S 向）测量的角度

刃倾角 λ_s：主切削刃与基面间的夹角。刃倾角正负的规定如图 5-11 所示。刀尖处于最高点时，刃倾角为正；刀尖处于最低点时，刃倾角为负；切削刃平行于底面时，刃倾角为零。$\lambda_s=0$ 的切削称为直角切削，此时主切削刃与切削速度方向垂直，切屑沿切削刃的法向流出。$\lambda_s \neq 0$ 的切削称为斜角切削，此时主切削刃与切削速度方向不垂直，切屑的流向与切削

刃的法向成一定角度,如图 5-12 所示。

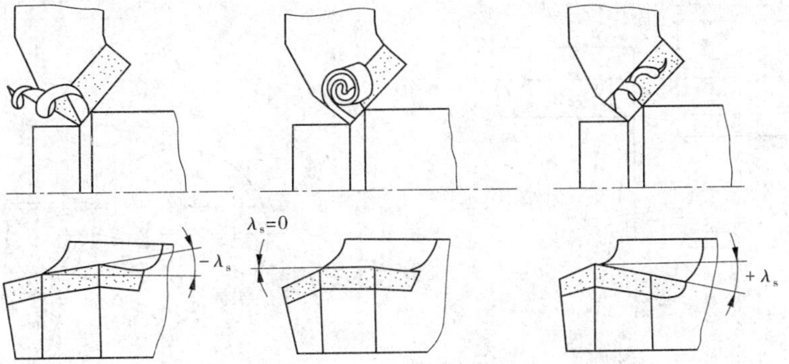

图 5-11 刃倾角的正负规定

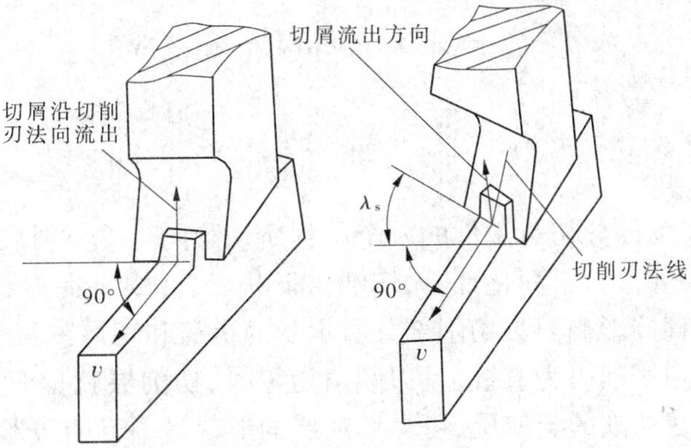

图 5-12 直角切削与斜角切削

4)在副切削刃正交平面内($O'-O'$)测量的角度

副后角 α_0':副后刀面与副切削刃切削平面间的夹角。

上述的几何角度中,最常用的是前角 γ_0、后角 α_0、主偏角 κ_r、刃倾角 λ_s、副偏角 κ_r 和副后角 α_0',通常称为基本角度。在刀具切削部分的几何角度中,上述基本角度能完整地表达出车刀切削部分的几何形状,反映出刀具的切削特点。ε_r、β_0 为派生角度。

2. 刀具工作角度

切削过程中,由于刀具的安装位置、刀具与工件间相对运动情况的变化,实际起作用的角度与标注角度有所不同,我们称这些角度为工作角度。现在仅就刀具安装位置对角度的影响叙述如下:

1)刀柄中心线与进给方向不垂直时对主、副偏角的影响

当车刀刀柄与进给方向不垂直时,实际工作的主偏角 κ_{re} 和副偏角 κ_{re}' 将发生变化,如图 5-13所示。

$$\kappa_{re}=\kappa_r+G,\quad \kappa_{re}'=\kappa_r'-G$$

2)切削刃安装高于或低于工件中心时,对前角、后角的影响

切削刃安装高于或低于工件中心时,按参考平面定义,通过切削刃作出的实际工作切削平面 p_{se}、基面 p_{re} 将发生变化,所以使刀具实际工作前角 γ_{0e} 和后角 α_{0e} 也随着发生变化,如

图 5-14所示。

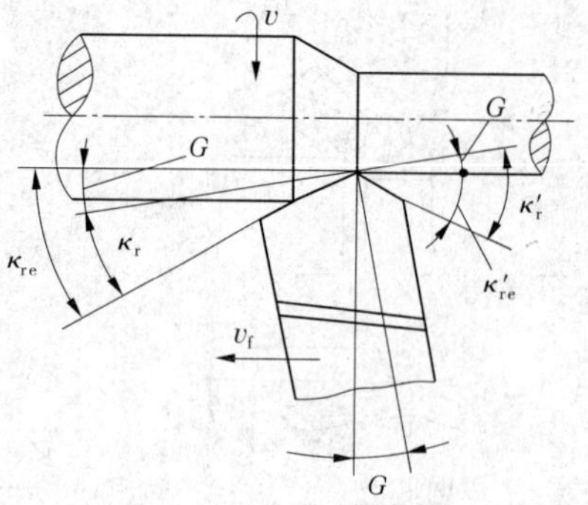

图 5-13　刀柄中心线不垂直进给方向

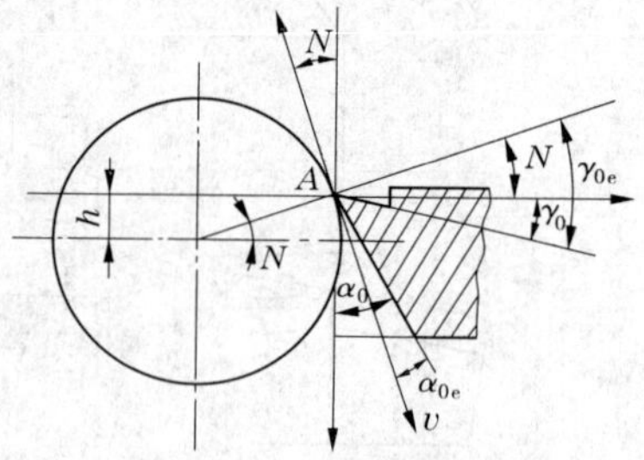

图 5-14　车刀安装高低对前角、后角的影响

切削刃安装高于工件中心时:

$$\gamma_{0e} = \gamma_0 + N, \quad \alpha_{0e} = \alpha_0 - N$$

切削刃安装低于工件中心时:

$$\gamma_{0e} = \gamma_0 - N, \quad \alpha_{0e} = \alpha_0 + N$$

3. 切削层参数

切削层是刀具切削部分切过工件的一个单程所切除的工件材料层。切削层参数就是指这个切削层的截面尺寸。为了简化计算,切削层形状、尺寸规定在刀具的基面中度量,切削层的形状和尺寸,将直接影响刀具切削部分所承受的负荷和切屑的尺寸大小。如图 5-15 所示,车外圆时,当主、副切削刃为直线,且刃倾角为零时,切削层就是车刀由位置Ⅰ移动到位置Ⅱ的距离,刀具正在切削的金属层,可见切削层的形状是平行四边形。

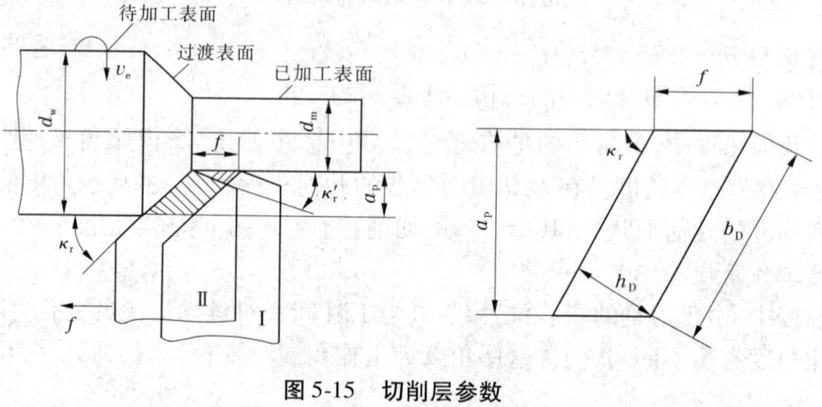

图 5-15　切削层参数

1)切削层公称厚度 h_D

切削层公称厚度 h_D 是指垂直于切削表面度量的切削层尺寸,简称切削厚度,计算公式为

$$h_D = f\sin\kappa_r \tag{5-8}$$

式中　h_D——切削厚度,mm;

f——进给量,mm;

κ_r——主偏角,(°)。

2）切削层公称宽度 b_D

切削层公称宽度 b_D 是指沿切削表面度量的切削层尺寸，简称切削宽度，计算公式为

$$b_D = a_p/\sin\kappa_r \tag{5-9}$$

式中　b_D——切削宽度，mm；

a_p——背吃刀量，mm；

κ_r——主偏角，(°)。

3）切削层公称横截面面积 A_D

切削层公称横截面面积 A_D 的计算公式为

$$A_D = fa_p = h_D b_D \tag{5-10}$$

式中　A_D——切削层公称横截面面积，mm^2；

a_p——背吃刀量，mm。

第三节　刀具材料

一、刀具材料应具备的性能

在切削加工时，刀具切削部分与切屑、工件相互接触的表面上承受了很大的压力和强烈的摩擦，刀具在高温下进行切削的同时，还承受着切削力、冲击和振动，因此要求刀具切削部分的材料应具备以下性能。

（一）高硬度

刀具材料的硬度必须高于工件材料的硬度，常温硬度应在 60HRC 以上。

（二）耐磨性

表示刀具抵抗磨损的能力，通常刀具材料硬度越高，耐磨性越好，材料中硬质点的硬度越高，数量越多，颗粒越小，分布越均匀，则耐磨性越好。

（三）强度和韧性

为了承受切削力、冲击和振动，刀具材料应具有足够的强度和韧性。一般用抗弯强度 σ_b、冲击韧性 a_k 表示。

（四）耐热性

刀具材料应在高温下保持较高的硬度、耐磨性、强度和韧性，并有良好的抗扩散、抗氧化的能力，这就是刀具材料的耐热性。它是衡量刀具材料综合切削性能的主要指标。

（五）工艺性

为了便于加工刀具，要求刀具材料有较好的工艺性，包括锻、轧、焊接、切削加工、磨削加工和热处理等工艺性能。此外，在选用刀具材料时，还要考虑经济性。经济性差的刀具材料难以推广使用。

刀具材料种类很多，常用的有碳素工具钢、合金工具钢、高速钢、硬质合金、陶瓷、金刚石（天然和人造）和立方氮化硼等。碳素工具钢（如 T10A、T12A）和合金工具钢（9SiCr、CrWMn），因其耐热性较差，仅用于低速、手工工具。陶瓷、金刚石和立方氮化硼由于太脆、工艺性差及价格高等原因，使用范围较小，目前用得最多的还是高速钢和硬质合金。

二、高速钢

高速钢是一种加入了钨(W)、钼(Mo)、铬(Cr)、钒(V)等合金元素的高合金工具钢。它的耐热性较碳素工具钢和合金工具钢显著提高，允许的切削速度比碳素工具钢和合金工具钢高两倍以上。高速钢具有较高的强度、韧性和耐磨性，耐温度达 540 ~ 600 ℃。虽然高速钢的硬度和耐热性不如硬质合金，但其刀具的刃口强度和韧性比硬质合金高，能承受较大的冲击载荷，可用于刚性较差的机床，而且这种刀具材料的工艺性能较好，容易磨出锋利的刃口。因此，高速钢仍是应用较广泛的刀具材料，常用于制造结构复杂的刀具，如成形车刀、铣刀、钻头、铰刀、拉刀、齿轮刀具、螺纹刀具等。

高速钢按其用途和性能可分为通用高速钢、高性能高速钢两类。

(一)通用高速钢

通用高速钢是指加工一般金属材料用的高速钢。按其化学成分不同分钨系高速钢和钼系高速钢。

W18Cr4V 属于钨系高速钢，其淬火后的硬度为 63HRC ~ 66HRC，耐热性可达 620 ℃，抗弯强度 σ_b = 3 430 MPa。磨削性能好，热处理工艺控制方便，是我国高速钢中用得比较多的一种。W6Mo5Cr4V2 属于钼系高速钢，与 W18Cr4V 相比，它的抗弯强度、冲击韧度和高温塑性较高，故可制造热轧刀具，如麻花钻等。

(二)高性能高速钢

高性能高速钢是在通用高速钢中再加入一些合金元素，以进一步提高它的耐热性和耐磨性。这种高速钢的切削速度可达 50 ~ 100 m/min，具有比通用高速钢更高的生产率与刀具使用寿命，同时还能切削不锈钢、耐热钢、高强度钢等难加工的材料。

高钒高速钢(W12Cr4V4Mo)由于含钒(V)、碳(C)量的增加，提高了耐磨性，刀具寿命比通用高速钢可提高 2 ~ 4 倍，但是随着钒质量分数的提高，磨削性能变差，刃磨困难。

高钴高速钢和高铝高速钢是近年来为了加工高温合金、钛合金、难熔合金、超高强度钢、奥氏体不锈钢等难加工材料而发展起来的。它们的常温硬度、高温硬度、耐热性和耐磨性都比通用高速钢 W18Cr4V 高，虽然它的抗弯强度和冲击韧度比较低，但仍是一种综合性能较好的材料，可以制作各种刀具。其牌号有 W2Mo9Cr4VCo8、W6Mo5Cr4V2Al 等。

三、硬质合金

硬质合金是用粉末冶金法制造的合金材料，它是由硬度和熔点很高的碳化物(称为硬质相)和金属(称黏结相)组成的。

硬质合金的硬度较高，常温下可达 74HRC ~ 81HRC，它的耐磨性较好，耐热性较高，能耐 800 ~ 1 000 ℃的高温，因此能采用比高速钢高几倍甚至十几倍的切削速度；它的不足之处是抗弯强度和冲击韧度较高速钢低，刃口不能磨得像高速钢刀具那样锋利。

常用硬质合金按其化学成分和使用特性可分为四类：钨钴类(YG)、钨钛钴类(YT)、钨钛钽钴类(YW)和碳化钛基类(YN)。

(一)钨钴类硬质合金(GB 2075—87 中 K 类)

钨钴类硬质合金是由硬质相碳化钨 WC 和黏结剂钴 Co 组成的，其韧性、磨削性能和导热性好。主要适用于加工脆性材料，如铸铁、有色金属及非金属材料。这类硬质合金常用牌号和应用范围见表 5-1，代号 YG 后的数值表示钴 Co 的含量，合金中含钴量越高，其韧性越好，适用于粗加工；含钴量少的，适用于精加工。

表 5-1　硬质合金常用牌号和应用范围

牌号	应用范围	
YG3X	硬度、耐磨性、切削速度↑；抗弯强度、韧性、进给量↓	铸铁、有色金属及其合金的精加工、半精加工，不能承受冲击载荷
YG3		铸铁、有色金属及其合金的精加工、半精加工，不能承受冲击载荷
YG6X		普通铸铁、冷硬铸铁、高温合金的精加工、半精加工
YG6		铸铁、有色金属及其合金的半精加工和粗加工
YG8		铸铁、有色金属及其合金、非金属材料的粗加工，也可用于断续切削
YG6A		冷硬铸铁、有色金属及其合金的半精加工，亦可用于高锰钢、淬硬钢的半精加工和精加工
YT30	硬度、耐磨性、切削速度↑；抗弯强度、韧性、进给量↓	碳素钢、合金钢的精加工
YT15		碳素钢、合金钢在连续切削时的粗加工、半精加工，亦可用于断续切削时精加工
YT14		碳素钢、合金钢在连续切削时的粗加工、半精加工，亦可用于断续切削时精加工
YT5		碳素钢、合金钢的粗加工，可用于断续切削
YW1	硬度、耐磨性、切削速度↑；抗弯强度、韧性、进给量↓	高温合金、高锰钢、不锈钢等难加工材料及普通钢料、铸铁、有色金属及其合金的半精加工和精加工
YW2		高温合金、不锈钢、高锰钢等难加工材料及普通钢料、铸钢、有色金属的粗加工和半精加工

（二）钨钛钴类硬质合金（GB 2075—87 中 P 类）

钨钛钴类硬质合金是由硬质相 WC、碳化钛 TiC 和黏结剂 Co 组成的，由于在合金中加入了碳化钛（TiC），提高了合金的硬度和耐磨性，但是抗弯强度、耐磨削性能和热导率有所下降，且低温脆性较大，不耐冲击。因此，这类合金主要适用于加工塑性材料，如高速切削一般钢材。钨钛钴类硬质合金常用牌号和应用范围见表 5-1。代号 YT 后的数值表示碳化钛 TiC 的含量，当刀具在切削过程中承受冲击、振动而容易引起崩刃时，应选用 TiC 含量少的牌号，而当切削条件比较平稳，要求强度和耐磨性高时，应选用 TiC 含量多的刀具牌号。

（三）钨钛钽钴类硬质合金（GB 2075—87 中 M 类）

钨钛钽钴类硬质合金在钨钛钴类硬质合金中加入适量的碳化钽（TaC）或碳化妮（NbC）等稀有难熔金属碳化物，可提高合金的高温硬度、强度、耐磨性、黏结温度和抗氧化性，同时韧性有所增加，具有较好的综合切削性能，所以人们常称钨钛钽钴类硬质合金为“万能合金”。但是，这类合金的价格比较贵，主要用于加工难切削材料。

（四）碳化钛基类硬质合金（GB 2075—87 中 P01 类）

碳化钛基类硬质合金是由碳化钛作为硬质相，镍、钼作为黏结剂而组成的，硬度高达

90HRA ~ 95HRA。有高的耐磨性,在 1 000 ℃以上的高温下,它仍能进行切削加工,适合对较高硬度的合金钢、工具钢、淬硬钢等进行切削加工。

随着科学技术的发展,新的工程材料不断出现,对刀具材料的要求也不断提高,在进行切削加工时,我们必须根据具体情况综合考虑,合理地选择刀具材料,既要充分发挥刀具材料的特性,又要合理地满足切削加工的要求。

第四节 金属切削过程

金属切削过程是工件上多余的金属材料不断被刀具切下成为切屑,形成已加工表面的过程。这一过程会发生一系列的物理现象(切削热、刀具磨损等),直接或间接影响工件的加工质量和生产率。

一、切屑的形成和切屑种类

(一)切屑的形成过程

试验研究表明,金属切削与非金属切削不同,金属切削的特点是被切金属层在刀具的挤压、摩擦作用下产生变形后转变为切屑形成已加工表面。

如图 5-16 所示,根据金属切削试验绘制的金属切削过程中的变形滑移线和流线,工件上的被切削层在刀具的挤压作用下,沿切削刃附近的金属首先产生弹性变形,当应力达到金属材料的屈服极限时,切削层金属沿倾斜的剪切面变形区滑移,产生塑性变形,在沿前刀面流出去的过程中,受摩擦力作用再次发生滑移变形,最后形成切屑。为了进一步分析切削层变形的规律,通常把被切削刃作用的金属层划分为三个变形区。第Ⅰ变形区位于切削刃和前刀面的前方,面积是三个变形区中最大的,为主变形区;第Ⅱ变形区是与前刀面相接触的附近区域,切屑沿前刀面流出时,受到前刀面的挤压和摩擦,靠近前刀面的切屑底层会进一步发生变形;第Ⅲ变形区是已加工表面靠近切削刃处的区域,这一区域金属受到切削刃钝圆部分和后刀面的挤压、摩擦与回弹,发生变形造成加工硬化。

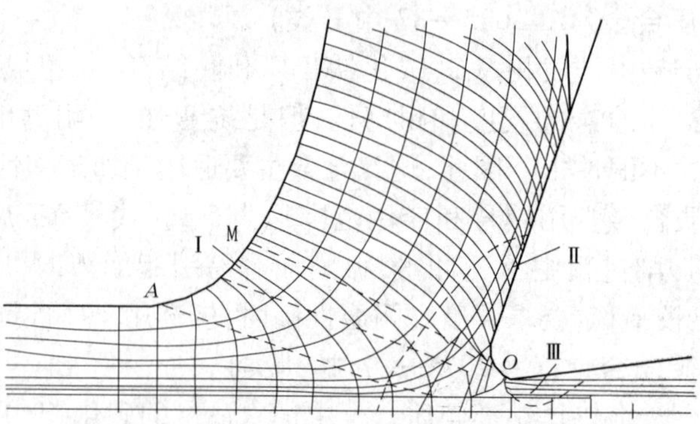

图 5-16 金属切削过程中的滑移线和流线

这三个变形区各有特点,又相互联系、相互影响,在切削刃的直接作用下,是应力集中、变形比较复杂的区域。

(二)切屑的类型

当工件材料的性能不同或切削条件不同时,会产生不同类型的切屑,并对切削加工产生不同的影响，常见的切屑种类大致有四类，如图 5-17 所示。

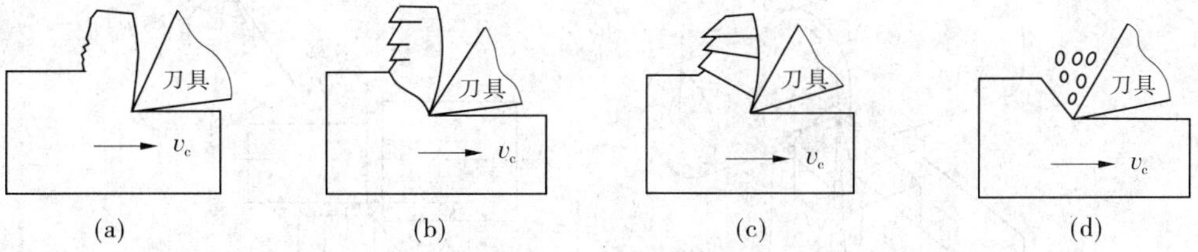

图 5-17　切屑类型

(1)在切削过程中，切削层变形终了时，若金属的内应力还没有达到强度极限，就会形成连绵不断的切屑，切屑靠近前刀面的一面很光滑，另一面呈毛茸状，是带状切屑。当切削塑性较大的金属材料(碳素钢、合金钢、铜和铝合金)或刀具前角较大，切削速度较高时，经常出现这类切屑，如图 5-17(a)所示。

(2)在切屑形成过程中，若切屑变形较大，其剪切面上局部所受到的剪应力达到材料的强度极限，则剪切面上的局部材料就会破裂成节状，但与前刀面接触的一面互相连接而未被折断，这就是挤裂切屑。工件材料塑性越差或用较大进给量低速切削钢材时，较容易得到这类切屑(又称节状切屑)，如图 5-17(b)所示。

(3)在切屑形成过程中，若整个剪切面上所受到的剪应力均超过材料的破裂强度，则切屑就成为粒状切屑(又称单元切屑)，形状似梯形，如图 5-17(c)所示。

(4)切削铸铁、黄铜等脆性材料时，切削层几乎不经过塑性变形阶段就产生崩裂，得到的切屑呈现不规则的粒状，是崩碎切屑，如图 5-17(d)所示，工件加工后的表面也极为粗糙。

前三种切屑是切削塑性金属时得到的。形成带状切屑时切削过程最平稳，切削力波动较小，已加工表面粗糙度值较小，但带状切屑不易折断，常缠在工件上，损坏已加工表面，影响生产，甚至伤人，因此要采取断屑措施，如在前刀面上磨出断屑槽等。形成粒状切屑时，切削力波动最大。在生产中常见的是带状切屑，当进给量增大，切削速度降低，则可由带状切屑转化为挤裂切屑。在形成挤裂切屑的情况下，如果进一步减小前角，或加大进给量降低切削速度，就可以得到粒状切屑；反之，如果加大前角，减小进给量，提高切削速度，变形较小则可得到带状切屑，这说明切屑的形态是可以随切削条件而转化的。

二、切削力

金属切削时，刀具切入工件，使被切金属层发生变形成为切屑所需要的力称为切削力。研究切削力对刀具、机床、夹具的设计和使用都具有重要的意义。

(一)切削力的来源、合力及其分力

金属切削时，切削力来源于两个方面：一是克服在切屑形成过程中，工件材料对弹性变形和塑性变形的变形抗力；二是克服切屑与前刀面和后刀面的摩擦阻力。变形力和摩擦力形成了作用在刀具上的合力 F，在切削时合力 F 作用在切削刃空间某个方向，由于大小与方向都不易确定，因此为了便于测量、计算和反映实际作用的需要，常将合力 F 分解为互相垂直的 F_C、F_f 和 F_p 三个分力，如图 5-18 所示。

切削力 F_C——在主运动方向上的分力，它与加工表面相切，并与基面垂直。F_C 是计算刀具强度、设计机床零件、确定机床功率等的主要依据。

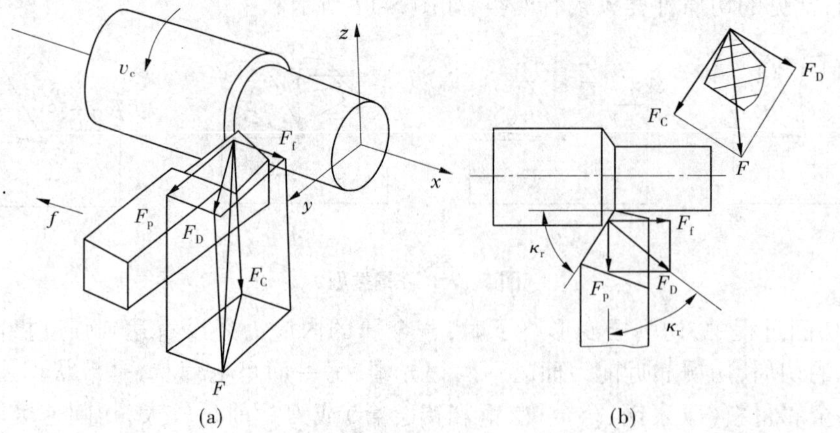

图 5-18 切削合力及其分力

进给力 F_f——在进给运动方向上的分力，它处于基面内，与进给方向相反。F_f 是设计机床进给机构和确定进给功率的主要依据。

背向力 F_p——在切深方向上的分力，它处于基面内并垂直于进给运动方向。F_p 是计算工艺系统刚度等的主要依据，也是使工件在切削过程中产生振动的力。

由图 5-18 可以看出，进给力 F_f 和背向力 F_p 的合力 F_D 作用在基面上且垂直于主切削刃。

F_r、F_C、F_D、F_f、F_p 之间的关系为

$$F_r = \sqrt{F_C^2 + F_D^2} = \sqrt{F_C^2 + F_f^2 + F_p^2}$$

$$F_f = F_D \sin\kappa_r, \quad F_p = F_D \cos\kappa_r$$

(二)影响切削力的主要因素

1. 工件材料

工件材料的强度、硬度越高，剪切屈服强度 τ_s 也越高，切削时产生的切削力也越大。如加工 60 钢的切削力 F_C 比 45 钢增大 4%，加工 35 钢的切削力 F_C 比 45 钢减小 13%。

工件材料的塑性、冲击韧度越高，切削变形越大，切屑与刀具间摩擦增加，则切削力越大。例如，不锈钢 1Cr18Ni9Ti 的伸长率是 45 钢的 4 倍，所以切削时变形大，切屑不易折断，加工硬化严重，产生的切削力比 45 钢增大 25%。加工脆性材料时，因塑性变形小，切屑与刀具间摩擦小，切削力较小。

1)刀具几何参数

前角 γ_0 增大，切削变形减小，故切削力减小。主偏角对切削力 F_C 的影响较小，而对进给力 F_f 和背向力 F_p 影响较大。由图 5-19 可知，当主偏角增大时，F_f 增大，F_p 减小。

实践证明，刃倾角 λ_s 在很大范围($-40° \sim +40°$内变化时，对 F_C 没有什么影响，但 λ_s 增大时，F_f 增大，F_p 减小。

2)切削用量

切削用量对切削力的影响较大，背吃刀量和进给量增加时，使切削面积 A_D 成正比增加，变形抗力和摩擦力加大，切削力随之增大。当背吃刀量增大 1 倍时，切削力近似成正比增加；进给量 f 增大 1 倍时，切削面积 A_D 也成正比增加，但变形程度减小，使切削层单位面积

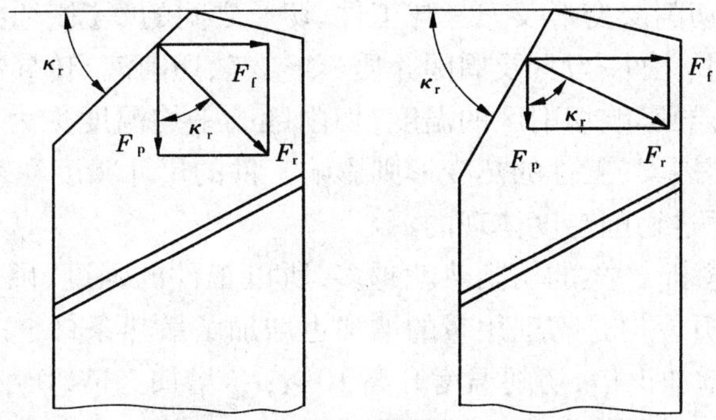

图 5-19　主偏角对 F_f 和 F_p 的影响

切削力减小，切削力只增大 70% ~80%。

切削塑性材料时，切削速度对切削力的影响分为有积屑瘤阶段和无积屑瘤阶段。如图 5-20所示，在低速范围内，随着切削速度的增加，积屑瘤逐渐长大，刀具实际前角增大，使切削力逐渐减小；在中速范围内，积屑瘤逐渐减小并消失，使切削力逐渐增至最大；在高速阶段，由于切削温度升高，摩擦力逐渐减小，使切削力得到平稳下降。

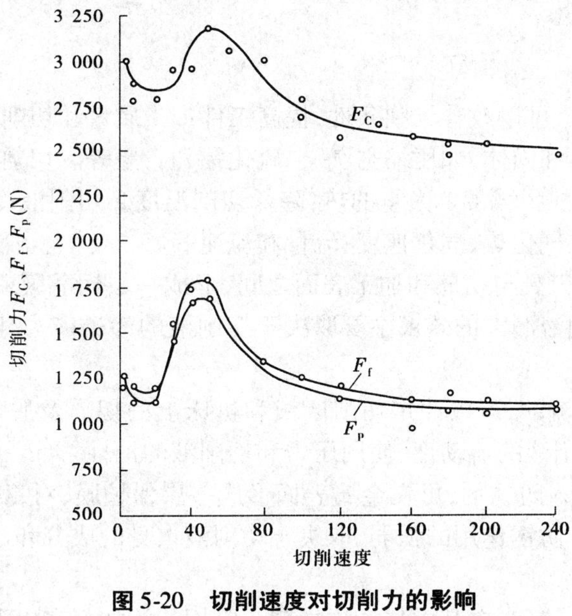

图 5-20　切削速度对切削力的影响

3）其他因素

刀具材料与工件材料之间的摩擦系数 μ 会直接影响到切削力的大小。一般按立方碳化硼刀具、陶瓷刀具、涂层刀具、硬质合金刀具、高速钢刀具的顺序，切削力依次增大。

切削液有润滑作用，可以通过减小摩擦系数使切削力降低。切削液的润滑作用愈好，切削力的降低愈明显。在较低的切削速度下，切削液的润滑作用更为突出。

2. 切削热和切削温度

切削热是切削过程的重要物理现象之一。切削温度影响工件材料的性能、前刀面上的摩擦系数和切削力的大小，影响刀具的磨损和刀具寿命，影响积屑瘤的产生和加工表面质量，也影响工艺系统的热变形和加工精度。因此，研究切削热和切削温度具有重要的实际意义。

切削过程中，由于切削层变形及刀具与工件、切屑之间的摩擦产生的热称为切削热。切削热产生后是通过切屑、工件、刀具及周围介质(如空气、切削液)传导和辐射出去的。

切削热的产生与传导影响切削区的温度，切削区的平均温度称为切削温度。切削温度过高是刀具磨损的主要因素，工件的热变形则影响工件的尺寸精度和表面质量。实际上，切削热对加工的影响是通过切削温度体现的。

切削时消耗的功越多，产生的切削热就越多，所以工件的强度、硬度越高或增加切削用量，都会使切削温度上升。但是切削用量的增加也增加了散热条件，如 v_c 增加1倍，切削温度升高20%～30%；f 增加1倍，切削温度升高10%；α_p 增加1倍，切削温度只升高3%。为了有效地控制切削温度，选用大的背吃刀量和进给量比选用大的切削速度有利。刀具角度中，增大前角可使变形和摩擦减小；减小主偏角可增加主切削刃的工作长度，改善散热条件，两者均可降低切削温度。但前角不可过大，以免刀头散热面积减小，不利于降低切削温度。

切削热对切削加工的影响是加快刀具的磨损，导致工件的膨胀，引起工件变形，影响加工精度。

浇注切削液对降低切削温度、减少刀具磨损和提高加工表面质量有明显的作用。切削液的润滑可以减小摩擦，减少切削热的产生。

3. 切削液的选择

1)切削液的作用

切削液进入切削区，可以改善切削条件，提高工件加工质量和切削效率。与切削液有相似功效的还有某些气体和固体，如压缩空气、二硫化铝和石墨等。切削液的主要作用如下：

(1)切削液能从切削区域带走大量的热，降低切削温度。切削液冷却性能的好坏，取决于它的导热系数、比热、气化热、气化速度、流量和流速等。

(2)切削液能渗入刀具与切屑和加工表面之间，形成一层润滑膜或化学吸附膜，能减小它们之间的摩擦。切削液润滑的效果主要取决于切削液的渗透能力、吸附成膜的能力和润滑膜的强度等。

(3)切削液大量的流动，可以冲走切削区域和机床上的切屑及脱落的磨粒。清洗性能的好坏，主要取决于切削液的流动性、使用压力和切削液的油性。

(4)在切削液中加入防锈剂，可在金属表面形成一层保护膜，对工件、机床、刀具和夹具等都能起到防锈作用。防锈作用的强弱，取决于切削液本身的成分和添加剂的作用。

2)切削液添加剂

为改善切削液的性能，常在其中加入添加剂。常用的添加剂有以下几种：

(1)油性添加剂含有极性分子，能在金属表面形成牢固的吸附膜，在较低的切削速度下起到较好的润滑作用。常用的油性添加剂有动物油、植物油、脂肪酸、胶类、醇类和脂类等。

(2)极压添加剂含有硫、磷、氯、腆等元素的有机化合物，在高温下与金属表面起化学反应，形成耐较高温度和压力化学吸附膜，能防止金属界面直接接触，从而减小摩擦。

(3)表面活性剂是使矿物油和水乳化，形成稳定乳化液的添加剂。表面活性剂是一种有机化合物，由可溶于水的极性基团和可溶于油的非极性基团组成，可定向地排列并吸附在油、水两相界面上，极性端向水，非极性端向油，将水和油连接起来，使油以微小的颗粒稳定地分散在水中，形成乳化液。表面活性剂还能吸附在金属表面上，形成润滑膜，起油性添加剂的润滑作用。常用的表面活性剂有石油磺酸钠、油酸钠皂等。

(4)防锈添加剂是一种极性很强的化合物，与金属表面有很强的附着力，吸附在金属表面上形成保护膜，或与金属表面化合形成钝化膜，起到防锈作用。常用的防锈添加剂有碳酸钠、三乙醇胺、石油磺酸钡等。

3)常用切削液的种类与选用

(1)水溶液的主要成分是水，其中加入了少量具有防锈和润滑作用的添加剂。水溶液的冷却效果良好，多用于普通磨削加工。

(2)乳化液是将乳化油(由矿物油、表面活性剂和其他添加剂配成)用水稀释而成，用途广泛。低浓度的乳化液冷却效果较好，主要用于磨削、粗车、钻孔加工等。高浓度的乳化液润滑效果较好，主要用于精车、攻丝、铰孔、插齿加工等。

(3)切削油主要是矿物油(如机械油、轻柴油、煤油等)，少数采用动植物油或复合油。普通车削、攻丝时，可选用机油。精加工有色金属或铸铁时，可选用煤油。加工螺纹时，可选用植物油。在矿物油中加入一定量的油性添加剂和极压添加剂，能提高其高温、高压下的润滑性能，可用于精铣、铰孔、攻丝及齿轮加工。

4.刀具磨损和刀具寿命

进行金属切削加工时，刀具一方面将切屑切离工件，另一方面自身也要发生磨损或破损。磨损是连续的、逐渐的发展过程，而破损一般是随机的、突发的破坏(包括脆性破损和塑性破损)。这里仅分析刀具的磨损。

1)刀具的磨损形式

刀具的磨损形式有以下三种，如图5-21所示。

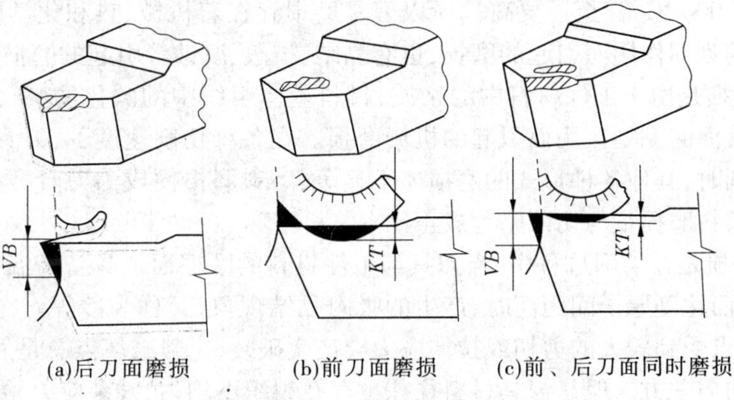

(a)后刀面磨损　(b)前刀面磨损　(c)前、后刀面同时磨损

图5-21　刀具的磨损形式

(1)切削塑性材料时，如果切削速度和切削厚度较大，刀具前刀面上会形成月牙洼磨损。它以切削温度最高点的位置为中心开始发生，然后逐渐向前向后扩展，深度不断增加。当月牙洼发展到前缘，与切削刃之间的棱边变得很窄时，切削刃强度降低，容易导致切削刃破损。前刀面月牙洼磨损值以其最大深度 KT 表示。

(2)后刀面与工件表面实际接触面积很小，所以接触压力很大，存在着弹性和塑性变形，因此磨损就发生在这个接触面上。在切铸铁和以较小的切削厚度切削塑性材料时，主要也是发生这种磨损。后刀面磨损带宽度往往是不均匀的，可划分为三个区域，如图5-22所示。

C 区刀尖磨损：强度较低，散热条件又差，磨损比较严重，其最大值为 VC。

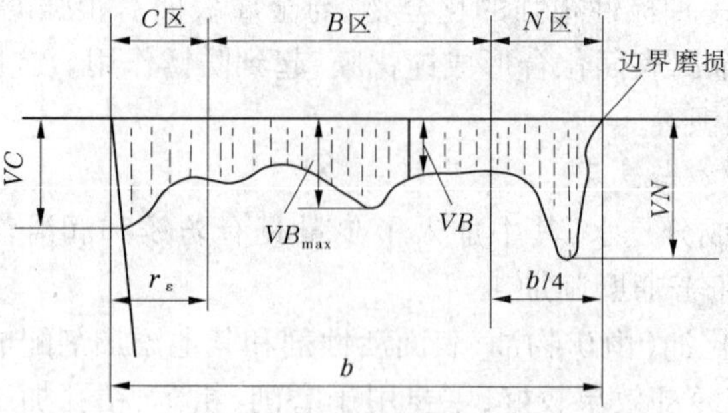

图 5-22　后刀面磨损情况

N 区边界磨损:切削钢材时,主切削刃靠近工件待加工表面处的后刀面(N 区)上,磨成较深的沟,以 VN 表示。这主要是工件在边界处的加工硬化层和刀具在边界处较大的应力梯度和温度梯度造成的。

B 区中间磨损:在后刀面磨损带的中间部位磨损比较均匀,其平均宽度以 VB 表示,而其最大宽度以 VB_{max} 表示。

(3)在常规条件下,加工塑性金属常常出现图 5-21(c)所示的前、后刀面同时磨损的情况。

2)刀具磨损的原因

刀具磨损不同于一般的机械零件的磨损,因为与刀具表面接触的切屑底面是活性很高的新鲜表面,刀面上的接触压力很大(可达 2 ~ 3 GPa)、接触温度很高(如硬质合金加工钢材,可达 800 ~ 1 000 ℃,甚至还要高),所以刀具磨损存在着机械、热和化学的作用,既有工件材料硬质点的刻划作用而引起的磨损,也有黏结、扩散、腐蚀等引起的磨损。

(1)磨料磨损是由于工件材料中的杂质,材料基体组织中的碳化物、氮化物、氧化物等硬质点对刀具表面的刻划作用而引起的机械磨损。在各种切削速度下,刀具都存在磨料磨损。在低速切削时,其他各种形式的磨损还不显著,磨料磨损便成为刀具磨损的主要原因。一般可以认为磨料磨损量与切削路程成正比。

(2)黏结磨损是在切削过程中,当刀具与工件材料的摩擦面上具备高温、高压和新鲜表面的条件,接触面达到原子间距离时,产生的吸附黏结现象,又称为冷焊。在刀具和工件相对运动时,黏结点受到较大的剪切或拉伸应力会产生破裂,一般破坏点总是发生在硬度较低的工件材料或切屑一方。但是刀具材料往往也存在组织不均匀、残余应力、微裂纹、空隙、局部软点等缺陷,所以刀具表面也可能发生破裂而被工件材料带走,形成黏结磨损。各种刀具材料都会发生黏结磨损,磨损的程度主要取决于工件材料与刀具材料的亲和力和硬度比、切削温度、压力及润滑条件等。黏结磨损是硬质合金刀具在中等偏低切削速度时磨损的主要原因。

(3)扩散磨损是当切削温度很高时,刀具与工件材料中的某些化学元素在固体下互相扩散,使两者的化学成分发生变化,削弱了刀具材料的性能,加速磨损进程。扩散磨损是硬质合金刀具在高温(800 ~ 1 000 ℃)下切削产生磨损的主要原因之一。一般从 800 ℃开始,硬质合金中的 Co、C 和 W 等元素会扩散到切屑中被带走,同时切屑中的 Fe 也会扩散到硬质合金中,使刀面的硬度和强度下降,脆性增加,磨损加剧。不同元素的扩散速度不同,如 Ti 的扩散速度比 C、Co、W 等元素低得多,故 YT 类硬质合金抗扩散能力比 YG 类强。

(4)氧化磨损是当切削温度达700~800 ℃时,空气中的氧与硬质合金中的钴、碳化钨、碳化钛等发生氧化作用,生成松脆多孔的氧化物。这些氧化物容易被运动着的切屑和工件带走,加速刀具磨损。

(5)相变磨损是用高速钢刀具切削,当切削温度超过其相变温度(500~600 ℃)时,刀具材料的金相组织会发生变化,使刀具材料硬度降低,磨损加快。

3)刀具的磨损过程及磨钝标准

如图5-23所示,刀具的磨损过程可分为三个阶段:

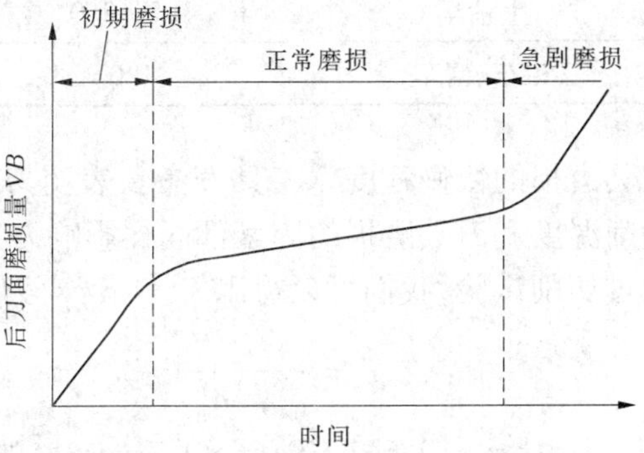

图5-23 刀具的磨损过程

A. 初期磨损阶段

这一阶段的磨损速度较快,因为新刃磨的刀具表面较粗糙,并存在显微裂纹、氧化或脱碳等缺陷,而且切削刃较锋利,后刀面与加工表面接触面积较小,压应力较大,所以容易磨损。

B. 正常磨损阶段

经过初期磨损后,刀具粗糙表面已经磨平,缺陷减少,刀具后刀面与加工表面接触面积变大,压强减小,进入比较缓慢的正常磨损阶段。后刀面的磨损量与切削时间近似地成比例增加。正常切削时,这个阶段时间较长,是刀具的有效工作时间。

C. 急剧磨损阶段

当刀具的磨损带达到一定程度时,后刀面与工件摩擦过大,导致切削力与切削温度迅速升高,磨损速度急剧增加。生产中为了合理使用刀具,保证加工质量,应该在发生急剧磨损之前就及时换刀。

刀具磨损到一定限度后就不能继续使用,这个磨损限度称为磨钝标准。由于多数切削情况下都可能出现后刀面的均匀磨损量,而 *VB* 值比较容易测量和控制,因此常用 *VB* 值来研究磨损过程,并作为刀具的磨钝标准。ISO标准统一规定以1/2背吃刀量处的后刀面上测定的磨损带宽度 *VB* 作为刀具的磨钝标准。自动化生产中的精加工刀具,常以沿工件径向的刀具磨损尺寸作为刀具的磨钝标准,称为径向磨损量 *NB*。

在《单刃车削刀具寿命试验》(GB/T 16461—1996)中规定高速钢刀具、硬质合金刀具的磨钝标准见表5-2。

4)刀具寿命

在实际生产中,为了更加方便、快速、准确地判断刀具的磨损情况,一般以刀具寿命来间接地反映刀具的磨钝标准。刀具寿命 *T* 的定义为:刀具由刃磨后开始切削,一直到磨损量达到刀具的磨钝标准所经过的总切削时间(单位为min)。

表 5-2 高速钢刀具、硬质合金刀具的磨钝标准

工件材料	加工性质	磨钝标准 VB(mm)	
		高速钢	硬质合金
碳钢、合金钢	粗车	1.5~2.0	1.0~1.4
	精车	1.0	0.4~0.6
灰铸铁、可锻铸铁	粗车	2.0~3.0	0.8~1.0
	半精车	1.5~2.0	0.6~0.8
耐热钢、不锈钢	粗车、精车	1.0	1.0

刀具寿命反映了刀具磨损的快慢程度。刀具寿命长表明刀具磨损速度慢，反之表明刀具磨损速度快。影响切削温度和刀具磨损的因素都同样影响刀具寿命。切削用量对刀具寿命的影响较为明显。通过切削试验，我们可以得出 v_c、f、α_p 对刀具寿命 T 的影响关系式为

$$T = \frac{C_T}{v_c^X f^Y \alpha_p^Z} \tag{5-11}$$

用 YT5 硬质合金车刀切削 $\sigma_b = 0.637$ GPa($f > 0.7$ mm/r)的碳钢时，切削用量与刀具寿命的关系为

$$T = \frac{C_T}{v_c^5 f^{2.25} \alpha_p^{0.75}} \tag{5-12}$$

由上式可以看出，切削速度对刀具寿命影响最大，进给量次之，背吃刀量最小。这与三者对切削温度的影响顺序完全一致，反映出切削温度对刀具寿命有重要的影响。

刀具寿命是一个具有多种用途的重要参数，如用来确定换刀时间，衡量工件材料切削加工性和刀具材料切削性能优劣，判定刀具几何参数及切削用量的选择是否合理等。

三、提高切削加工质量的途径

零件的加工质量包括加工精度和表面质量两部分。加工精度是指经过加工的零件，其尺寸、形状及相互位置等参数的实际值与其理想值的符合程度；表面质量是指零件经过加工后的表面粗糙度、表面层的加工硬化及表面残余应力的性质和大小。

切削加工时，影响零件加工质量的因素很多。以下主要讨论刀具及切削用量对加工质量的影响。

(一)合理选用刀具角度

1. 前角

前角对刀具的切削影响最大。增大前角使刃口锋利，但会使刃口强度削弱。选择前角的原则是既要保证刃口锋利，也要保证其强度。用硬质合金车削钢材时可取 10°~25°；车削灰铸铁可取 5°~15°；车削铝合金可取 30°~35°。强力切削时，为增强刀具的强度，则采用负的前角。

2. 后角

后角用来减小主后面与工件过渡表面之间的摩擦，并与前角共同影响刃口的锋利程度与强度。

后角的选择原则是在保证加工质量和刀具耐用度的前提下,尽可能取小值。一般粗加工时切削力较大,为保证刃口的强度,后角应小些(可取6°~8°);精加工时切削力较小,为减小摩擦提高表面加工质量,应取较大的后角(10°~12°)。

3. 主偏角

主偏角的大小间接影响刀具的耐用度,也直接决定径向分力的大小。

减小主偏角能增大刀尖的强度,改善散热条件,增加切削刃的工作长度,从而有利于提高刀具的耐用度;而增大主偏角,则有利于减小径向分力,可避免引起加工中的振动和工件变形。较小的主偏角适用于刚度较好的工艺系统,以提高刀具的耐用度;而工艺系统刚性差时,必须选用较大的主偏角。一般主偏角在30°~75°选取,加工细长轴类的工件时要选用90°的主偏角。

4. 副偏角

副偏角的主要作用是减小副切削刃与已加工表面的摩擦。

减小副偏角有利于降低已加工表面的残留高度,降低已加工表面的粗糙度数值。外圆车刀的副偏角常取6°~10°。粗加工时可取得大一些,精加工时可取得小一些。为了降低已加工表面的粗糙度数值,有时还可磨出一段副偏角为零的修光刃。

5. 刃倾角

刃倾角的主要作用是影响刀尖的强度和控制切屑的流向。

当刃倾角为正时,刀尖的强度较差,切屑流向待加工表面;刃倾角为负时,刀尖强度较高,切屑流向已加工表面。刃倾角为零时,切屑从垂直切削刃的方向流出。粗车一般钢材和灰铸铁时,常取 $\lambda_s = -5° \sim 0°$,以提高刀尖强度;精车时常取 $\lambda_s = 0° \sim 5°$,以防止切屑划伤已加工表面。刃倾角对切屑流向的控制见图5-24。

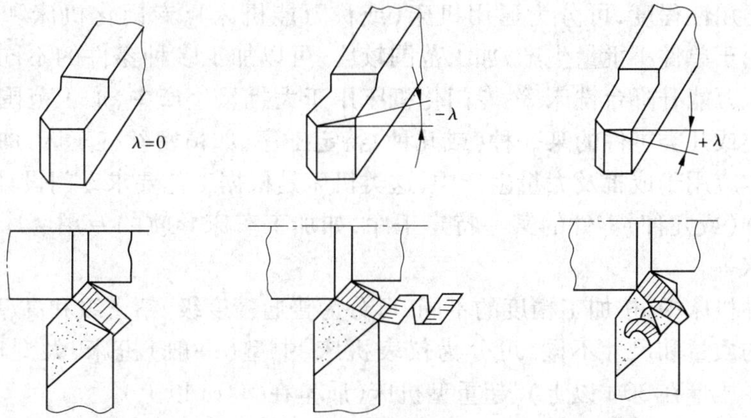

图5-24　刃倾角对切屑流向的控制

(二)合理选择切削用量

生产中应合理选择切削用量,在保证加工质量和刀具使用寿命的前提下,提高切削生产率,降低加工成本。下面以车削为例讲述选择原则。

1. 粗加工

粗加工的主要目的在于尽快切除加工余量,以提高生产率,降低成本。因此,在生产中应首先根据工件的加工余量合理选择背吃刀量。若工艺系统刚度好,应尽可能选大值;若工艺系统刚度差,应按刚度选取。然后根据加工条件选择尽可能大的进给量,再按刀具耐用度的要求选择一个合适的切削速度。

2.精加工

精加工的目的在于保证加工精度和表面质量。为保证表面质量,首先应确定合理的切削速度。硬质合金刀具耐热性好,可选用较高切削速度;高速钢刀具耐热性差,多选用较低的切削速度。其次根据加工精度和表面粗糙度的要求,选择合适的进给量和背吃刀量。

第五节　金属切削机床

金属切削机床是用切削的方法将金属毛坯加工成零件的一种机器,人们习惯上称为机床。切削加工是机械制造过程中获取具有一定尺寸、形状和精度的零件的主要加工方法,所以机床是机械制造系统中最重要的组成部分,它为加工过程提供刀具与工件之间的相对位置和相对运动,为改变工件形状、质量提供能量。

一、机床的分类

目前,金属切削机床的品种和规格繁多,为便于区别、使用和管理,需对机床进行分类。

根据《金属切削机床型号编制方法》(GB/T 15375—94),按加工性质和所用刀具的不同,机床可分为12大类:车床、钻床、镗床、磨床、齿轮加工机床、螺纹加工机床、铣床、刨插床、拉床、特种加工机床、锯床和其他机床。

除上述基本分类方法外,根据机床的其他特征,还有其他分类方法。

按机床通用性程度,可分为通用机床(或称万能机床)、专门化机床和专用机床三类。通用机床适用于单件小批量生产,加工范围较广,可以加工多种零件的不同工序,如普通车床、卧式镗床、万能升降台铣床等;专门化机床用于大批量生产中,加工范围较窄,可加工不同尺寸的一类或几类零件的某一种(或几种)特定工序,如精密丝杠车床、曲轴轴颈车床等;专用机床通常应用于成批及大量生产中,这类机床是根据工艺要求专门设计制造的,专门用于加工某一种(或几种)零件的某一特定工序,如加工车床导轨的专用磨床、加工车床主轴箱的专用镗床等。

在同一种机床中,按加工精度的不同,可分为普通精度级、精密级和高精度级机床。

按机床的质量和尺寸不同,可分为仪表机床、中型(一般)机床、大型机床(质量达10 t)、重型机床(质量在30 t以上)、超重型机床(质量在100 t以上)。

按机床自动化程度,可分为手动、机动、半自动和自动机床。

此外,机床还可以按主要工作部件的数目进行分类,如单刀机床、多刀机床、单轴机床、多轴机床等。

目前,机床正在向数控化方向发展,而且其功能也在不断增加,除了数控加工功能,还增加了自动换刀、自动装卸工件等功能。因此,也可按机床具有的数控功能分一般数控机床、加工中心、柔性制造单元等。

随着新品种机床的不断出现,机床的分类也会愈加丰富。

二、机床型号的编制方法

机床的型号是用来表示机床的类别、主要参数和主要特性的代号。目前,机床型号的编制采用汉语拼音字母和阿拉伯数字按一定规律组合表示。例如,CM6132 型精密卧式车床,型号中的代号及数字的含义如下:

C——机床类别代号(车床类);

M——机床通用特性代号(精密机床);

6——机床组别代号(落地及卧式车床组);

1——床系别代号(卧式车床系);

32——主参数代号(床身上最大回转直径为 320 mm)。

(一)通用机床型号的编制方法

1. 机床的类代号

机床的类代号用大写的汉语拼音字母表示,并按相应的汉字字意读音。当需要时,每类又可分为若干分类,分类代号用阿拉伯数字表示,放在类代号之前,但第一分类不予表示。机床的类代号、分类代号及其读音见表 5-3。

表 5-3 机床类代号和分类代号

类别	车床	钻床	镗床	磨床			齿轮加工机床	螺纹加工机床	铣床	刨插床	拉床	锯床	其他机床
代号	C	Z	T	M	2M	3M	Y	S	X	B	L	G	Q
读音	车	钻	镗	磨	二磨	三磨	牙	丝	铣	刨	拉	割	其

2. 机床的通用特性和结构特性代号

通用特性代号位于类代号之后,用大写汉语拼音字母表示。当某种类型机床除有普通型外,还有如表 5-4 所示的某种通用特性时,则在类代号之后加上相应特性代号,如 CK 表示数控车床;如果同时具有两种通用特性,则可按重要程度排列,用两个代号表示,如 MBG 表示半自动高精度磨床。

表 5-4 机床通用特性代号

通用特性	高精度	精密	自动	半自动	数控	加工中心(自动换刀)	仿形	轻型	加重型	简式或经济型	柔性加工单元	数显	高速
代号	G	M	Z	B	K	H	F	Q	C	J	R	X	S
读音	高	密	自	半	控	换	仿	轻	重	简	柔	显	速

对于主参数相同,而结构、性能不同的机床,在型号中用结构特性区分。结构特性代号在型号中无统一含义,它只是在同类型机床中起区分结构、性能不同的作用。当机床具有通用特性代号时,结构特性代号位于通用特性代号之后,用大写汉语拼音字母表示。如 CA6140 中的 A 和 CY6140 中的 Y,均为结构特性代号,它们分别表示为沈阳第一机床厂和云南机床厂生产的基本型号的卧式车床。为了避免混淆,通用特性代号已用的字母和 L、O 都不能作为结构特性代号使用。

3. 机床的组别、系别代号

组别、系别代号用两位阿拉伯数字表示，前一位表示组别，后一位表示系别。每类机床按其结构性能及使用范围划分为用数字 0 ~ 9 表示的 10 个组。在同一组机床中，又按主参数、主要结构及布局型式划分为用数字 0 ~ 9 表示的 10 个系。金属切削机床类、组、系划分见表 5-5，详细划分情况需查阅金属切削机床类、组、系划分表《金属切削机床　型号编制方法》(GB/T 15375—2008)。

表 5-5　机床的类、组、系划分

<table>
<tr><td colspan="2" rowspan="1">车床组、系含义</td><td>0</td><td>1</td><td>2</td><td>3</td><td>4</td><td>5</td><td colspan="10">6</td><td>7</td><td>8</td><td>9</td></tr>
<tr><td rowspan="3">I
机床</td><td rowspan="3">C</td><td rowspan="3">仪表车床</td><td rowspan="3">单轴自动车床</td><td rowspan="3">多轴自动、半自动车床</td><td rowspan="3">回轮、转塔车床</td><td rowspan="3">曲轴及凸轮轴车床</td><td rowspan="3">立式车床</td><td colspan="10">落地及卧式车床</td><td rowspan="3">仿形及多刀车床</td><td rowspan="3">轮、轴、锭、辊及铲齿车床</td><td rowspan="3">其他车床</td></tr>
<tr><td>0</td><td>1</td><td>2</td><td>3</td><td>4</td><td>5</td><td>6</td><td>7</td><td>8</td><td>9</td></tr>
<tr><td>落地车床</td><td>卧式车床</td><td>马鞍车床</td><td>无丝杠车床</td><td>卡盘车床</td><td>球面车床</td><td></td><td></td><td></td><td></td></tr>
</table>

4. 机床主参数、设计顺序号及第二主参数

机床主参数是表示机床规格大小的一种尺寸参数。在机床型号中，用阿拉伯数字给出主参数的折算值，位于机床组、系代号之后。折算系数一般是 1/10 或 1/100，也有少数是 1。例如，CA6140 型卧式机床中主参数的折算值为 40(折算系数是 1/10)，其主参数表示在床身导轨面上能车削工件的最大回转直径为 400 mm。各类主要机床的主参数及折算系数见表 5-6。

表 5-6　各类主要机床的主参数和折算系数

机床	主参数名称	折算系数
卧式车床	床身上最大回转直径	1/10
立式车床	最大车削直径	1/100
摇臂钻床	最大钻孔直径	1/1
卧式镗床	镗轴直径	1/10
坐标镗床	工作台面宽度	1/10
外圆磨床	最大磨削直径	1/10
内圆磨床	最大磨削孔径	1/10
矩台平面磨床	工作台面宽度	1/10
齿轮加工机床	最大工件直径	1/10
龙门铣床	工作台面宽度	1/100
升降台铣床	工作台面宽度	1/10
龙门刨床	最大刨削宽度	1/100
插床及牛头刨床	最大插削及刨削长度	1/10
拉床	额定拉力(以 t 为单位)	1/1

某些通用机床,当无法用一个主参数表示时,则用设计顺序号来表示。

第二主参数是对主参数的补充,如最大工件长度、最大跨距、工作台工作面长度等,第二主参数一般不予给出。

5. 机床的最大改进顺序号

当机床的性能及结构有重大改进,并按新产品重新设计、试制和鉴定时,在原机床型号尾部加重大改进顺序号,即字母 A、B、C……。

6. 其他特性代号与企业代号

其他特性代号用以反映各类机床的特性,如对数控机床,可用来反映不同的数控系统;对于一般机床,可用以反映同一型号机床的变型等。其他特性代号可用字母或阿拉伯数字或二者的组合来表示。企业代号与其他特性代号的表示方法相同,位于机床型号尾部,用"—"与其他特性代号分开,读做"至"。若机床型号中无其他特性代号,仅有企业代号时,则不加"—",企业代号直接写在"/"后面。

通用机床型号编制举例如下:

【例 5-1】 1432A,表示高精度万能外圆磨床,最大磨削直径为 320 mm,经过第一次重大改进,无企业代号。

【例 5-2】 Z3040×16/S2,表示摇臂钻床,最大钻孔直径为 40 mm,最大跨距为 1 600 mm,沈阳第二机床厂生产。

【例 5-3】 CKM1116/NG,表示数控精密单轴纵切自动车床,最大车削棒料直径为 16 mm,宁江机床厂生产。

(二)专用机床型号的编制方法

专用机床型号由设计单位代号和设计顺序号组成。设计单位代号同通用机床型号中的企业代号。设计顺序号按各单位设计制造专用机床的先后顺序排列。例如,B1－015 表示北京第一机床厂设计制造的第 15 种专用机床。

三、零件表面的切削加工成形方法和机床的运动

(一)零件表面的切削加工成形方法

在切削加工过程中,机床上的刀具和工件按一定的规律做相对运动,通过刀具对工件毛坯的切削作用,切除毛坯上的多余金属,从而得到所要求的零件表面形状。机械零件的任何表面都可以看做是一条线(称为母线)沿另一条线(称为导线)运动的轨迹。如图 5-25 所示,平面是由一条直线(母线)沿另一条直线(导线)运动而形成的,圆柱面和圆锥面是由一条直线(母线)沿着一个圆(导线)运动而形成的,普通螺纹的螺旋面是由"∧"形线(母线)沿螺旋线(导线)运动而形成的,直齿圆柱齿轮的渐开线齿廓表面是渐开线(母线)沿直线(导线)运动而形成的,等等。

母线和导线统称为发生线。切削加工中,发生线是由刀具的切削刃与工件间的相对运动得到的。一般情况下,由切削刃本身或与工件相对运动配合形成一条发生线(一般是母线),而另一条发生线则完全是由刀具和工件之间的相对运动得到的。这里,刀具和工件之间的相对运动都由机床来提供。

(二)机床的运动

机床在加工过程中,必须形成一定形状的发生线(母线和导线),才能获取所需工件表

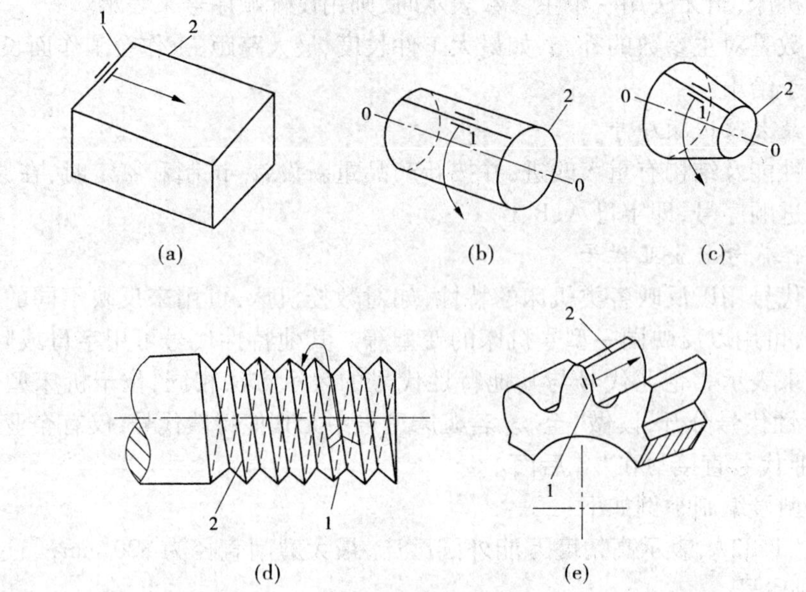

1—母线；2—导线

图 5-25　零件表面的形成

面形状。因此，机床必须完成一定的运动，这种运动称为表面成形运动。此外，还有多种辅助运动。

1. 表面成形运动

表面成形运动按其组成情况不同，可分为简单成形运动和复合成形运动。

如果一个独立的成形运动是单独的旋转运动或直线运动，则此成形运动称为简单成形运动。例如，用车刀车削外圆柱面时（见图 5-26（a））工件的旋转运动 B_1 产生圆导线，刀具纵向直线运动 A_2 产生直线母线，即加工出圆柱面。运动 B_1 和 A_2 是两个相互独立的表面成形运动，因此用车刀车削外圆柱面时属于简单成形运动。

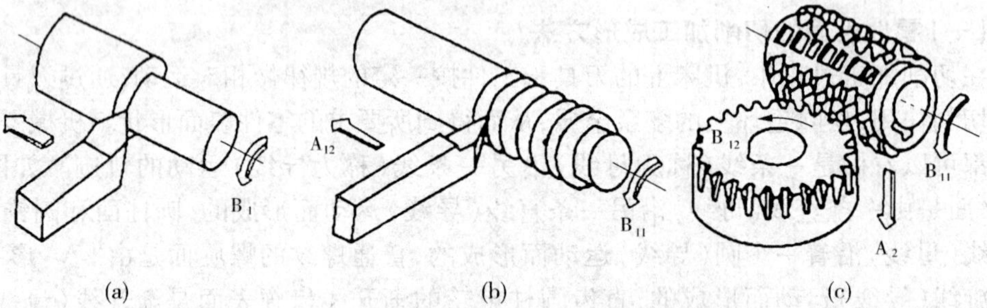

图 5-26　成形运动的组成

如果一个独立的成形运动是由两个以上的旋转运动或（和）直线运动，按某种确定的运动关系组合而成的，则此成形运动称为复合成形运动。例如，用螺纹车刀车削螺纹表面时（见图 5-26（b）），工件的旋转运动 B_{11} 和车刀的直线运动 A_{12} 按规定做相对运动，形成螺旋线导线，三角形母线（由刀刃形成，不需成形运动）沿螺旋线运动，形成了螺旋面。形成螺旋线导线的两个简单运动 B_{11} 和 A_{12}，由于螺纹导程限定而不能彼此独立，它们必须保持严格的运动关系，所以 B_{11} 和 A_{12} 这两个简单运动组成了一个复合成形运动。又如，用齿轮滚刀加工直齿圆柱齿轮时（见图 5-26（c））它需要一个复合成形运动 B_{11}、B_{12}（范成运动），形成渐开线母线，又需要一个简单直线成形运动 A_2，才能得到整个渐开线齿面。

成形运动中，各单元运动根据其在切削中所起的作用不同，又可分为主运动和进给运动。

2. 辅助运动

机床在加工过程中还需一系列辅助运动，其功能是实现机床的各种辅助动作，为表面成形运动创造条件。它的种类很多，如进给运动前后的快进和快退，调整刀具和工件之间正确相对位置的调位运动，切入运动，分度运动，工件夹紧、松开等操纵控制运动。

四、机床传动的基本组成和传动原理图

（一）机床传动的基本组成部分

机床传动必须具备以下三个基本部分。

1. 运动源

运动源是为执行件提供动力和运动的装置。通常为电动机，如交流异步电动机、直流电动机、直流和交流伺服电动机、步进电动机、交流变频调速电动机等。

2. 传动件

传动件是传递动力和运动的零件。如齿轮、链轮、带轮、丝杠、螺母等，除机械传动外，还有液压传动和电气传动元件等。

3. 执行件

执行件是夹持刀具或工件执行运动的部件。常用的执行件有主轴、刀架、工作台等，是传递运动的末端件。

（二）机床的传动链

为了在机床上得到所需要的运动，必须通过一系列的传动件把运动源和执行件，或把执行件与执行件联系起来，以构成传动联系。构成一个传动联系的一系列传动件，称为传动链。根据传动链的性质，传动链可分为两类。

1. 外联系传动链

联系运动源与执行件的传动链，称为外联系传动链。它的作用是使执行件得到预定速度的运动，并传递一定的动力。此外，还起执行件变速、换向等作用。外联系传动链传动比的变化，只影响生产率或表面粗糙度，不影响加工表面的形状。因此，外联系传动链不要求两末端件之间有严格的传动关系。如卧式车床中，从主电动机到主轴之间的传动链，就是典型的外联系传动链。

2. 内联系传动链

联系两个执行件，以形成复合成形运动的传动链，称为内联系传动链。它的作用是保证两个末端件之间的相对速度或相对位移具有严格的比例关系，以保证被加工表面的性质。如在卧式车床上车螺纹时，连接主轴和刀具之间的传动链，就属于内联系传动链。此时，必须保证主轴（工件）每转一转，车刀移动工件螺纹一个导程，才能得到要求的螺纹导程。又如，滚齿机的范成运动传动链也属于内联系传动链。

3. 机床传动原理图

在机床的运动分析中，为了便于分析机床运动和传动联系，常用一些简明的符号来表示

运动源与执行件、执行件与执行件之间的传动联系，这就是传动原理图。图 5-27 为传动原理图常用的部分符号。

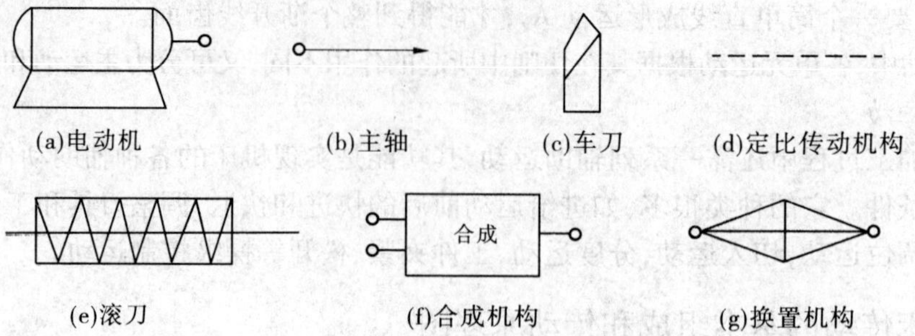

图 5-27　传动原理图常用的部分符号

下面以卧式车床的传动原理图为例，说明传动原理图的画法和所表示的内容。如图 5-28所示，从电动机至主轴之间的传动属于外联系传动链，它是为主轴提供运动和动力的。即从电动机—1—2—u_v—3—4—主轴，这条传动链亦称主运动传动链，其中 1—2 和 3—4 段为传动比固定不变的定比传动结构，2—3 段是传动比可变的换置机构 u_v，调整 u_v 值用以改变主轴的转速。从主轴—4—5—u_f—6—7—丝杠—刀具，得到刀具和工件间的复合成形运动（螺旋运动），这是一条内联系传动链，其中 4—5 和 6—7 段为定比传动机构，5—6 段是换置机构 u_f，调整 u_f 值可得到不同的螺纹导程。在车削外圆或端面时，主轴和刀具之间的传动联系无严格的传动比要求，二者的运动是两个独立的简单成形运动。因此，除从电动机到主轴的主传动链外，另一条传动链可视为由电动机—1—2—u_v—3—5—u_f—6—7—刀具（通过光杠），此时这条传动链是一条外联系传动链。

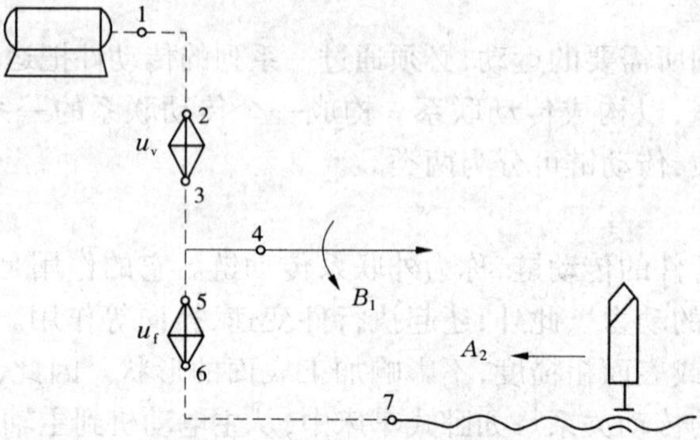

图 5-28　卧式车床传动原理

传动原理图表示了机床传动的最基本特征。因此，用它来分析、研究机床运动时，最容易找出两种不同类型机床的最根本区别。对于同一类型机床来说，不管它们的具体结构有何差异，其传动原理图都是完全相同的。

五、机床传动系统图和运动计算

（一）机床传动系统图

机床的传动系统图是表示机床全部运动传动关系的示意图。它比传动原理图更准确、清楚、全面地反映了机床的传动关系。在图中用简单的规定符号代表各种传动元件(我国的机床传动系统图规定符号详见《机械制图机械运动简图符号》(GB 4460—84)及《机械制图——机动示意图中的规定符号》(GB 135 —74))。

机床的传动系统画在一个能反映机床外形和各主要部件相互位置的投影面上,并尽可能绘制在机床外形的轮廓线内。图中的各传动元件是按照运动传递的先后顺序,以展开图的形式画出来的。该图只表示传动关系,并不代表各传动元件的实际尺寸和空间位置。在图中通常注明齿轮及蜗轮的齿数、带轮直径、丝杠的导程和头数、电动机功率和转数、传动轴的编号等。传动轴的编号,通常从运动源(电动机)开始,按运动传递顺序,依次用罗马数字Ⅰ、Ⅱ、Ⅲ、Ⅳ……表示。图 5-29 是一台中型卧式车床主传动系统图。

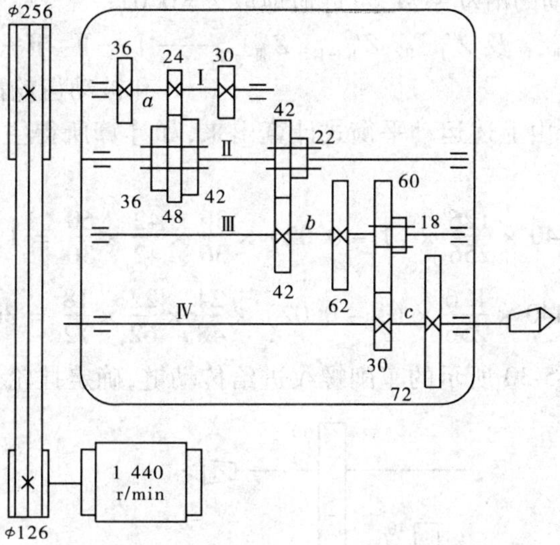

图 5-29　12 级变速车床主传动系统

(二)传动路线表达式

为了便于说明机床的传动路线,通常把传动系统图数字化,用传动路线表达式(传动结构式)来表达机床的传动路线。图 5-29 车床主传动路线表达式为

$$\text{电动机}(1\,440\ \text{r/min})—\frac{\phi 126}{\phi 256}—\text{Ⅰ}—\begin{bmatrix}\frac{36}{36}\\ \frac{24}{48}\\ \frac{30}{42}\end{bmatrix}—\text{Ⅱ}—\begin{bmatrix}\frac{42}{42}\\ \frac{22}{62}\end{bmatrix}—\text{Ⅲ}—\begin{bmatrix}\frac{60}{30}\\ \frac{18}{72}\end{bmatrix}—\text{Ⅳ(主轴)}$$

(三)主轴转数级数计算

根据前述主传动路线表达式可知,主轴正转时,利用各滑移齿轮组齿轮轴向位置的各种不同组合,主轴可得 $3\times2\times2=12$ 级正转转速。同理,当电机反转时主轴可得 12 级反转转速。

(四)运动计算

机床运动计算通常有两种情况:

(1)根据传动路线表达式提供的有关数据,确定某些执行件的运动速度或位移量。

（2）根据执行件所需的运动速度、位移量，或有关执行件之间需要保持的运动关系，确定相应传动链中换置机构的传动比，以便进行调整。

【例 5-4】 根据图 5-29 所示主传动系统，计算主轴转速。

解：主轴各级转速数值可应用下列运动平衡式进行计算

$$n_{主} = n_{电} \times \frac{D}{D'}(1-\varepsilon) \times \frac{Z_{Ⅰ-Ⅱ}}{Z'_{Ⅰ-Ⅱ}} \times \frac{Z_{Ⅱ-Ⅲ}}{Z'_{Ⅱ-Ⅲ}} \times \frac{Z_{Ⅲ-Ⅳ}}{Z'_{Ⅲ-Ⅳ}} \tag{5-13}$$

式中 $n_{主}$——主轴转速，r/min；

$n_{电}$——电动机转速，r/min；

D、D'——主动、被动皮带轮直径，mm；

ε——三角带传动的滑动系数，可近似地取 $\varepsilon = 0.02$；

$Z_{Ⅰ-Ⅱ}$、$Z_{Ⅱ-Ⅲ}$、$Z_{Ⅲ-Ⅳ}$ 及 $Z'_{Ⅰ-Ⅱ}$、$Z'_{Ⅱ-Ⅲ}$、$Z'_{Ⅲ-Ⅳ}$——Ⅰ—Ⅱ、Ⅱ—Ⅲ、Ⅲ—Ⅳ轴之间主动和被动齿轮齿数。

主轴各级转速均可由上述运动平衡式计算出来，如计算所得主轴最高转速和最低转速分别为

$$n_{主max} = 1\,440 \times \frac{126}{256} \times (1-0.02) \times \frac{36}{36} \times \frac{42}{42} \times \frac{60}{30} = 1\,389(\text{r/min})$$

$$n_{主min} = 1\,440 \times \frac{126}{256} \times (1-0.02) \times \frac{24}{48} \times \frac{22}{62} \times \frac{18}{72} = 30.8(\text{r/min})$$

【例 5-5】 根据图 5-30 所示的车削螺纹进给传动链，确定挂轮变速机构的换置公式。

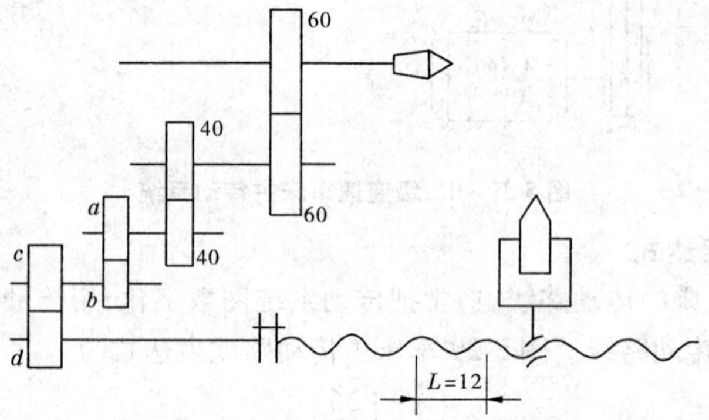

图 5-30 车削螺纹进给传动链

解：由图 5-30 得到的运动平衡式为

$$1 \times \frac{60}{60} \times \frac{40}{40} \times \frac{a}{b} \times \frac{c}{d} \times 12 = L_{工} \tag{5-14}$$

式中 $L_{工}$——被加工螺纹的导程，mm。

将上式化简后，得到挂轮的换置公式

$$u_{挂} = \frac{a}{b} \times \frac{c}{d} = \frac{L_{工}}{12} \tag{5-15}$$

应用此换置公式，适当的选择挂轮 a、b、c、d 的齿数，就可车削出导程为 $L_{工}$ 的螺纹。

第六节　外圆表面加工

一、外圆表面加工

(一)外圆表面的加工方法

轴类、套类和盘类零件是具有外圆表面的典型零件。外圆表面常用的机械加工方法有车削、磨削和各种光整加工等。车削加工是外圆表面最经济有效的加工方法,但就其经济精度来说,一般作为外圆表面粗加工和半精加工;磨削加工是外圆表面的主要精加工方法,特别适合各种高硬度和淬火后零件的精加工;光整加工是精加工之后进行的超精加工方法(如滚压、抛光、研磨等),适合某些精度和表面质量要求很高的零件。

由于各种加工方法所能达到的经济加工精度、表面粗糙度、生产率和生产成本各不相同,因此必须根据具体情况,选用合理的加工方法,从而加工出满足零件图纸要求的合格零件。表 5-7 为外圆表面各种加工方案和经济加工精度。

表 5-7　外圆表面加工方案

序号	加工方法	经济精度(公差等级)	经济粗糙度 R_a 值(μm)	使用范围
1	粗车	IT13 ~ IT11	50 ~ 12.5	适用于淬火钢以外的各种金属
2	粗车—半精车	IT10 ~ IT8	6.3 ~ 3.2	
3	粗车—半精车—精车	IT8 ~ IT7	1.6 ~ 0.8	
4	粗车—半精车—精车—滚压	IT8 ~ IT7	0.2 ~ 0.025 5	
5	粗车—半精车—磨削	IT8 ~ IT7	0.8 ~ 0.4	主要用于淬火钢,也可用于未淬火钢,但不适用于有色金属
6	粗车—半精车—粗磨 - 精磨	IT7 ~ IT6	0.4 ~ 0.1	
7	粗车—半精车—粗磨 - 精磨 - 超精加工(或轮式超精磨)	IT5	0.1 ~ 0.012(或 R_z = 0.1)	
8	粗车—半精车—精车—精细车(金刚车)	IT7 ~ IT6	0.4 ~ 0.025	主要用于要求较高的有色金属
9	粗车—半精车—粗磨 - 精磨 - 超精磨(或镜面磨)	IT5 以上	0.025 ~ 0.006(或 R_z = 0.1)	极高精度的外圆加工
10	粗车—半精车—粗磨—精磨—研磨	IT5 以上	0.1 ~ 0.012(或 R_z = 0.1)	

(二)外圆表面的车削加工

1. 外圆车削的形式和加工精度

车外圆是一种最常见、最基本的车削方法,其主要形式见图 5-31。

车外圆一般可划分为荒车、粗车、半精车、精车和精细车,各种车削方案所能达到的加工精度和表面粗糙度各不相同,必须合理地选用,详见表 5-8。

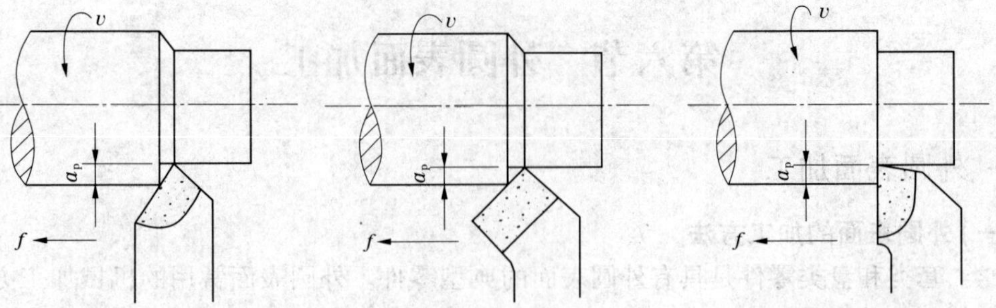

(a)75° 外圆车刀　　(b)45° 弯头车刀　　(c)90° 外圆车刀

图 5-31　车外圆

2. 外圆车削工件的装夹方法

外圆车削加工时,最常见的工件装夹方法见表 5-8。

表 5-8　最常见的车削装夹方法

名称	装夹简图	装夹特点	应用
三爪卡盘	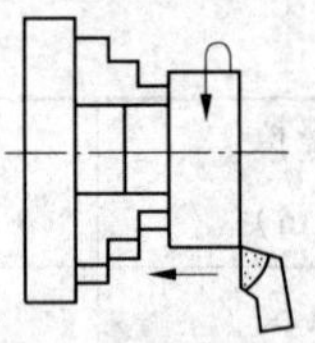	三个卡爪可同时移动,自动定心,装夹迅速方便	长径比小于 4,截面为圆形,六方体的中、小型工件加工
四爪卡盘	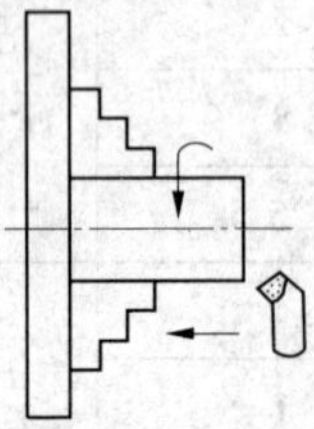	四个卡爪都可单独移动,装夹工件需要找正	长径比小于 4,截面为方形、椭圆形的较大、较重的工件
花盘	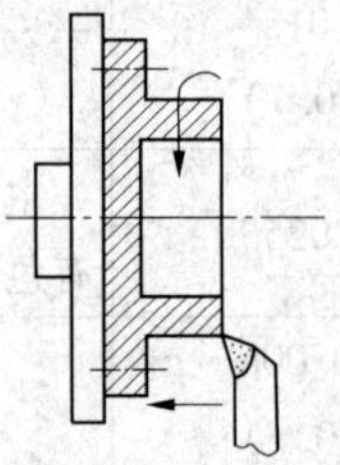	盘面上多通槽和 T 形槽,使用螺钉、压板装夹,装夹前需找正	形状不规则的工件、孔或外圆与定位基面垂直的工件的加工
双顶尖	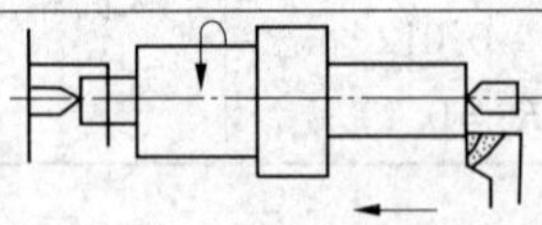	定心正确,装夹稳定	长径比为 4 ~ 15 的实心轴类零件加工
双顶尖中心架	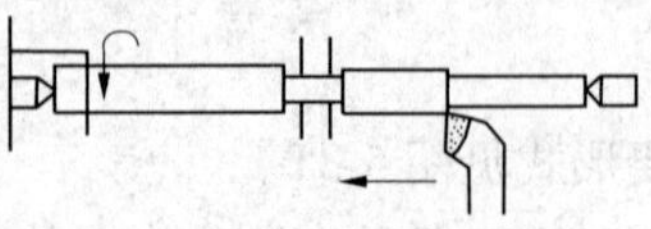	支爪可调,增加工件刚性	长径比大于 15 的细长轴工件粗加工

续表 5-8

名称	装夹简图	装夹特点	应用
一夹一顶跟刀架	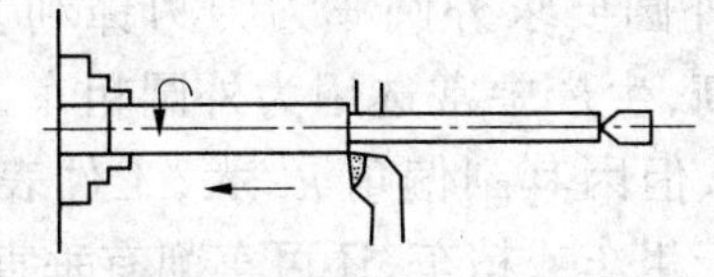	支爪随刀具一起运动,无接刀痕	长径比大于 15 的细长轴工件半精加工、精加工
心轴	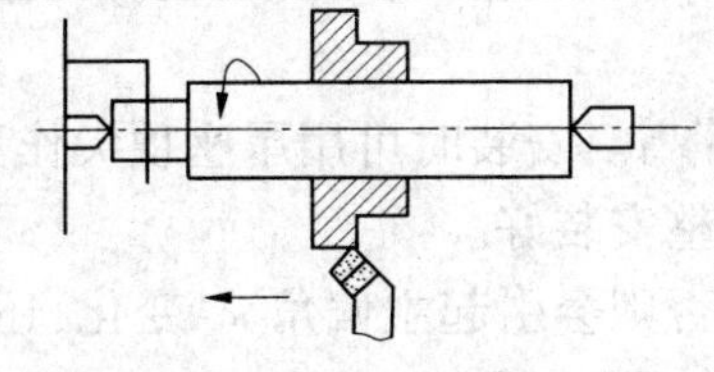	能保证外圆、端面对内孔的位置精度	以孔为定位基准的套类零件的加工

3. 车刀的结构形式

车刀按结构不同可分为整体式、焊接式、机夹重磨式和机夹可转位式等几种。

整体式车刀是将车刀的切削部分与夹持部分用同一种材料制成,如尺寸不大的高速钢车刀常用这种结构。

焊接式车刀是在碳钢刀杆(常用 45 号钢)上根据刀片的形状和尺寸铣出刀槽后将硬质合金刀片钎焊在刀槽中,然后刃磨出所需的几何参数。焊接式车刀结构简单、紧凑、刚性好、灵活性大,可根据切削要求较方便地刃磨出所需角度,故应用广泛。但经高温钎焊的硬质合金刀片,易产生应力和裂纹,切削性能有所下降,并且刀杆不能重复使用,浪费较大。

机夹重磨式车刀的刀片与刀杆是两个可拆的独立元件,切削时靠夹紧元件将它们紧固在一起,由于避免了因焊接产生的缺陷,可提高刀具的切削性能,刀杆可多次使用。

机夹可转位式车刀是将压制成具有合理的几何参数、断屑槽、有几个切削刃的多边形刀片,用机械夹固的方法,装夹在标准刀杆上,实现切削的一种刀具结构。当刀片的一个切削刃磨钝后,松开夹紧元件,把刀片转位换成另一新切削刃,便可继续使用。与焊接式车刀相比,机夹可转位式车刀具有切削效率高、刀片使用寿命长、刀具消耗费用低等优点。可转位车刀的刀杆可重复使用,节省了刀杆材料。刀杆和刀片可实现标准化、系列化,有利于刀具的管理工作。图 5-32 为常见车刀的结构示意图。

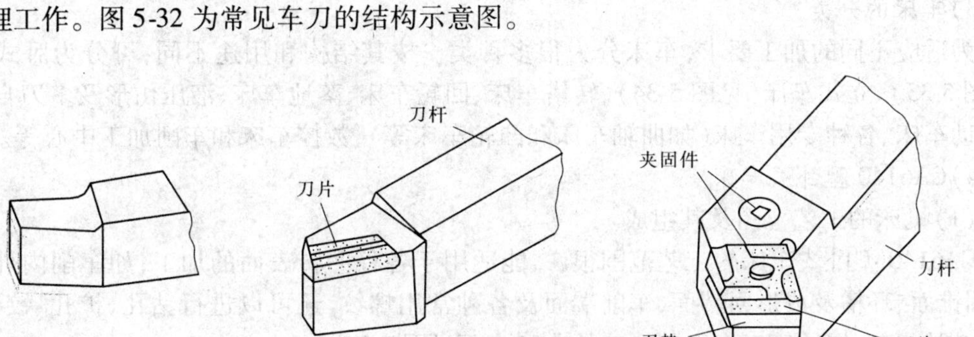

(a)整体式车刀　(b)焊接式车刀　(c)机夹可转位式车刀

图 5-32　常见车刀的结构示意

4. 外圆车刀的选择和装夹

外圆车刀应根据外圆表面加工方案选择。粗车外圆要求外圆车刀强度高,能在切削深度大或走刀速度快的情况下保持刀头坚固。精车外圆要求外圆车刀刀刃锋利、光洁。如图5-31所示,主偏角 $\kappa_r = 75°$ 的外圆车刀刀头强度高,生产中常选用为外圆粗车刀;主偏角 $\kappa_r = 45°$ 的弯头车刀使用方便,还可以车端面和倒角,但因其副偏角 κ_r' 大,工件表面加工粗糙,不适于精加工;主偏角 $\kappa_r = 90°$ 的外圆车刀可用于粗车或精车,还可车削有垂直台阶的外圆和细长轴。

车刀安装在刀架上,应使刀尖与工件旋转轴线等高。安装时可用尾座顶尖作为标准,或在工件端面车一印痕,就可知道轴线位置,把车刀调整安装好。

车刀在刀架上的位置,应垂直于工件旋转轴线,否则会引起主偏角 κ_r 变化,还可能使刀尖扎入工件已加工表面或影响表面粗糙度值。

5. 车床

1) 车床的用途

车床主要用于加工零件的各种回转面,如内外圆柱面、内外圆锥面、成形回转表面和回转体的端面等,有些车床还能车削螺纹。由于大多数机器零件都具有回转表面,需要车床来加工,因此车床是机器制造厂中应用最广泛的一类机床,一般占机床总数的35% ~50%。

在车床上,除使用车刀进行加工外,还可以使用孔的各种加工刀具(如钻头、铰刀、镗刀等)进行加工,或者使用螺纹刀具(丝锥、板牙)进行内、外螺纹加工。

2) 车床的运动

为形成工件加工表面形状,车床必须具备以下运动:

(1) 工件的旋转运动是车床的主运动,其功用是使工件得到所需的切削速度,特点是速度较高,消耗功率较大。

(2) 刀具的直线移动是车床的进给运动,其功用是使毛坯上新的金属层连续进入切削,以便切削出整个加工表面。

上述运动是车床形成加工表面形状所需的表面成形运动。车床上车削螺纹时,工件的旋转运动和刀具的直线移动形成螺旋运动,是一种复合成形运动。

3) 车床的分类

为适应不同的加工要求,车床分为很多种类。按其结构和用途不同,可分为卧式车床(见图5-33)、立式车床(见图5-34)、转塔车床、回轮车床、落地车床、液压仿形及多刀自动和半自动车床、各种专用车床(如曲轴车床和凸轮车床等)、数控车床和车削加工中心等。

4) CA6140 型卧式车床

(1) 机床的工艺范围及其组成。

CA6140 型卧式车床的工艺范围很广,能适用于各种回转表面的加工,如车削内外圆柱面、圆锥面、环槽及成形回转面,车削端面及各种常用螺纹,还可以进行钻孔、扩孔、铰孔、滚花、攻螺纹和套螺纹等工作。其加工的典型表面见图5-35。

CA6140 型卧式车床的通用性较强,但机床的结构复杂且自动化程度低,加工过程中辅助时间较长,适用于单件、小批量生产及修理车间。CA6140 型卧式车床的布局及组成见图5-33。

(2) 机床的传动系统。

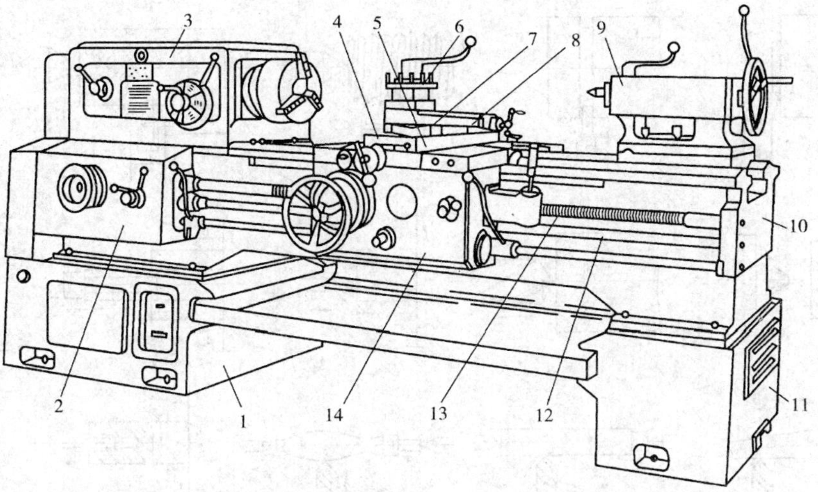

1、11—床腿；2—进给箱；3—主轴箱；4—床鞍；5—中滑板；6—刀架；
7—回转盘；8—小滑板；9—尾架；10—床身；12—光杠；13—丝杠；14—溜板箱

图 5-33　CA6140 型卧式车床

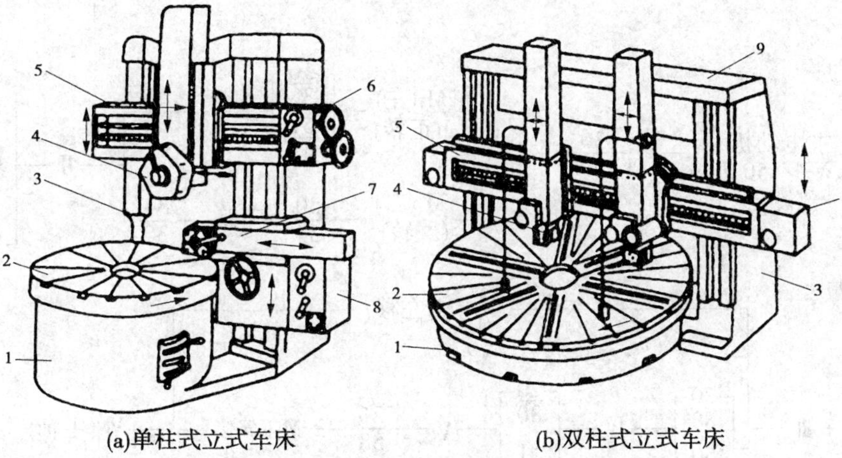

(a)单柱式立式车床　　(b)双柱式立式车床

1—底座；2—工作台；3—立柱；4—垂直刀架；5—横梁；
6—垂直刀架进给箱；7—侧刀架；8—侧刀架进给箱；9—横梁

图 5-34　立式车床

图 5-36 为 CA6140 型卧式车床的传动系统图。图中左上方的方框内表示机床的主轴箱，框中是从主电动机到车床主轴的主运动传动链。传动链中的滑移齿轮变速机构，可使主轴得到不同的转速；片式摩擦离合器换向机构，可使主轴得到正向、反向转速。左下方框表示进给箱，右下方框表示溜板箱。从主轴箱中下半部分传动件，到左外侧的挂轮机构、进给箱中的传动件、丝杠或光杠及溜板箱中的传动件，构成了从主轴到刀架的进给传动链。进给换向机构位于主轴箱下部，用于切削左旋或右旋螺纹，挂轮或进给箱中的变换机构，用来决定将运动传给丝杠还是光杠。若传给丝杠，则经过丝杠和溜板箱中的开合螺母，把运动传给刀架，实现切削螺纹传动链；若传给光杠，则通过光杠和溜板箱中的转换机构传给刀架，形成机动进给传动链。溜板箱中的转换机构用来确定是纵向进给还是横向进给。

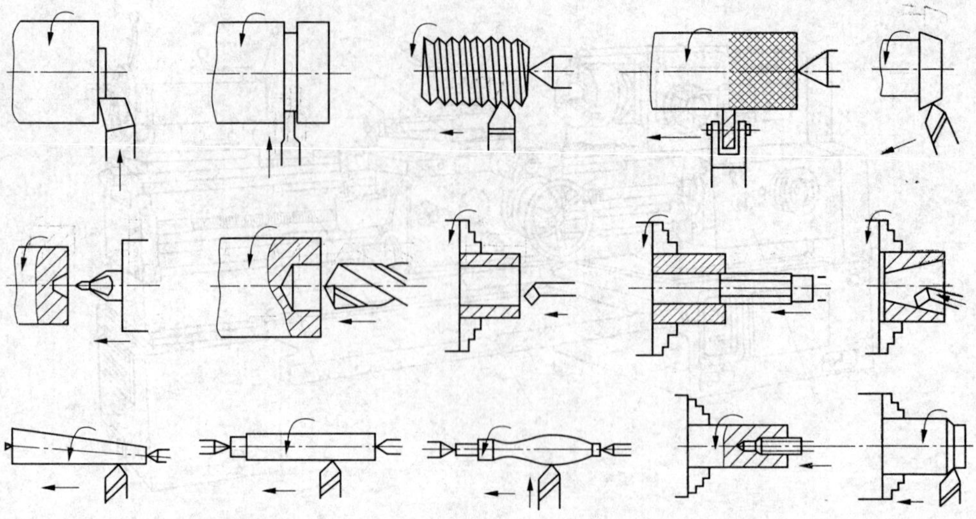

图 5-35　CA6140 型卧式车床加工的典型表面

①运动由主电动机经 V 带轮传动副 ϕ130 mm/ϕ230 mm 传至主轴箱中的轴Ⅰ,轴Ⅰ上装有双向多片摩擦离合器 M1,使主轴正转、反转或停止。主运动传动链的传动路线表达式为

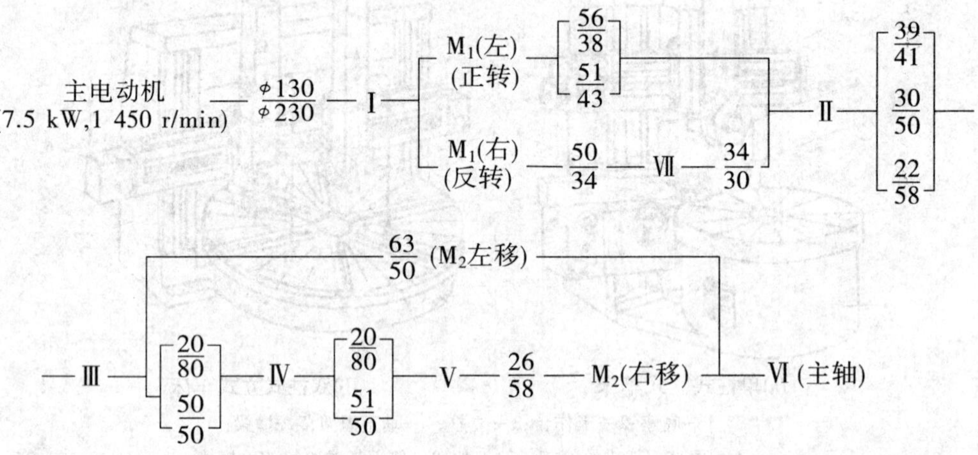

由传动路线表达式可以看出,主轴可获得 $2\times3\times[(2\times2)+1]=30$ 级正转转速,由于轴Ⅲ至轴Ⅴ间的两组双联滑移齿轮变速组的 4 种传动比为

$$u_1=\frac{20}{80}\times\frac{20}{80}=\frac{1}{16};\quad u_2=\frac{20}{80}\times\frac{51}{50}\approx\frac{1}{4};$$

$$u_3=\frac{50}{50}\times\frac{20}{80}=\frac{1}{4};\quad u_4=\frac{50}{50}\times\frac{50}{50}\approx1$$

其中 $u_2=u_3$,所以实际只有 3 种不同的传动比,因此主轴只能获得 $2\times3\times[(2\times2-1)+1]=24$ 级正转转速。同理,主轴可获得 $3\times[(2\times2-1)+1]=12$ 级反转转速。

主轴反转时,轴Ⅰ—Ⅱ间传动比的值大于正转时传动比的值,所以反转转速大于正转转速。主轴反转一般不用于切削,而是用于车削螺纹时,切削完一刀后,使车刀沿螺旋线退回,以免下一次切削时“乱扣”。转速高,可节省辅助时间。

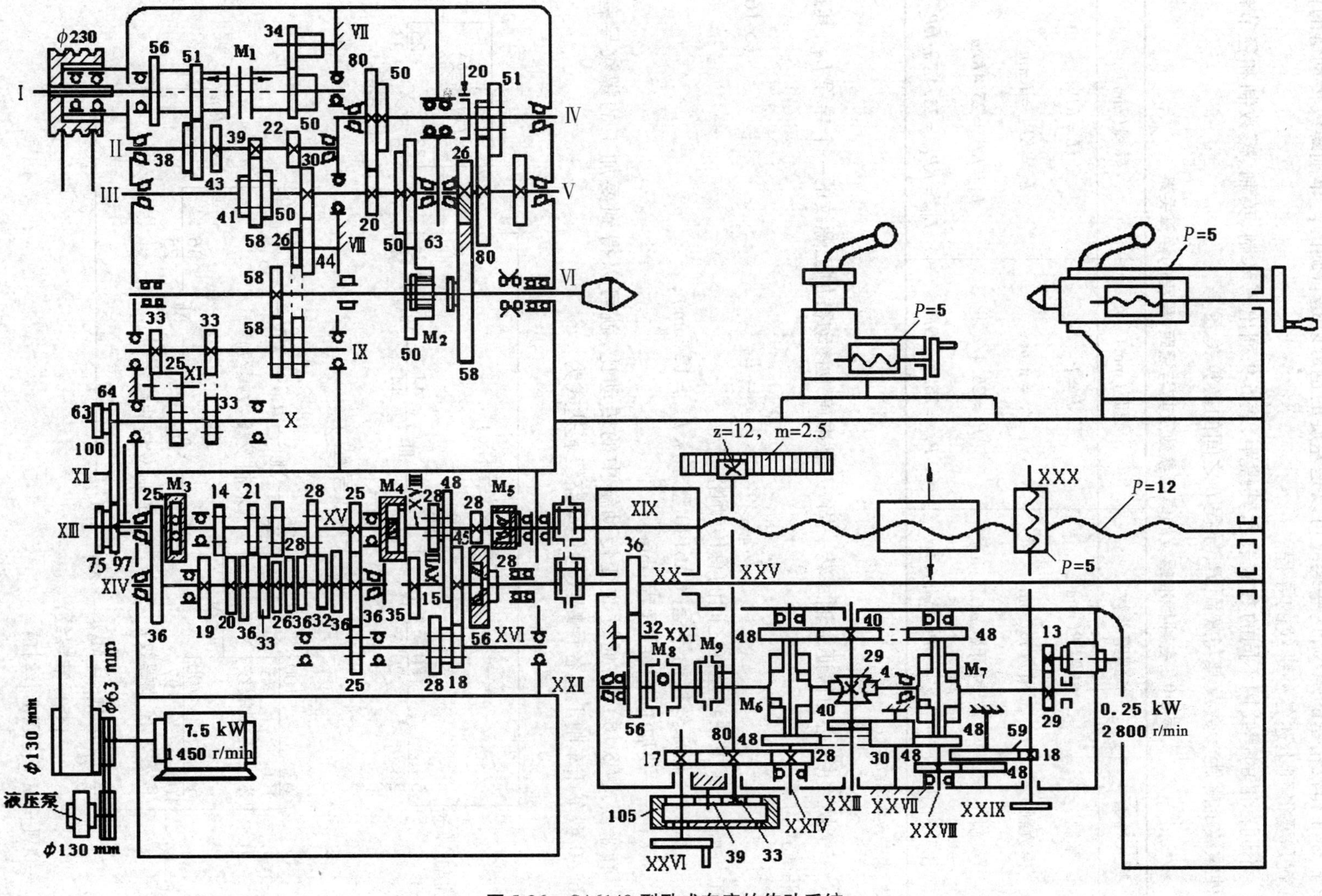

图 5-36　CA6140 型卧式车床的传动系统

②CA6140 型车床能够车削米制、英制、模数制和径节制四种标准螺纹，还能够车削大导程、非标准和较精密的螺纹，这些螺纹可以是左旋的也可以是右旋的。车削螺纹传动链的作用，就是要得到上述各种螺纹的导程。

不同标准的螺纹用不同的参数表示其螺距，表 5-9 列出了米制、英制、模数制和径节制四种螺纹的螺距参数及其与螺距 P、导程 L 之间的换算关系。

表 5-9　各种标准螺纹的螺距参数及其与螺距、导程的换算关系

螺纹种类	螺距参数	螺距(mm)	导程(mm)
米制	螺距 P(mm)	$P=P$	$L=KP$
模数制	模数 m(mm)	$P_m=\pi m$	$L_m=KP_m=K\pi m$
英制	每英寸牙数 a(牙/in)	$P_a=25.4/a$	$L_a=KP_a=25.4K/a$
径节制	径节 DP(牙/in)	$P_{DP}=25.4\pi/DP$	$L_{DP}=KP_{DP}=25.4K\pi/DP$

注：表中 K 为螺纹线数。

车削螺纹时，必须保证主轴每转一周，刀具准确地移动被加工螺纹的一个导程 $L_{工}$，其运动平衡式为

$$L_{(主轴)}\times u\times L_{丝}=L_{工} \tag{5-16}$$

式中　u——从主轴到丝杠之间的总传动比；

$L_{丝}$——机床丝杠的导程（CA6140 型车床 $L_{丝}=12$ mm）；

$L_{工}$——被加工螺纹的导程，mm。

在平衡式（5-16）中，通过改变传动链中的传动比，就可以得到要加工的螺纹导程。CA6140 型车床车削上述各种螺纹时传动路线表达式为

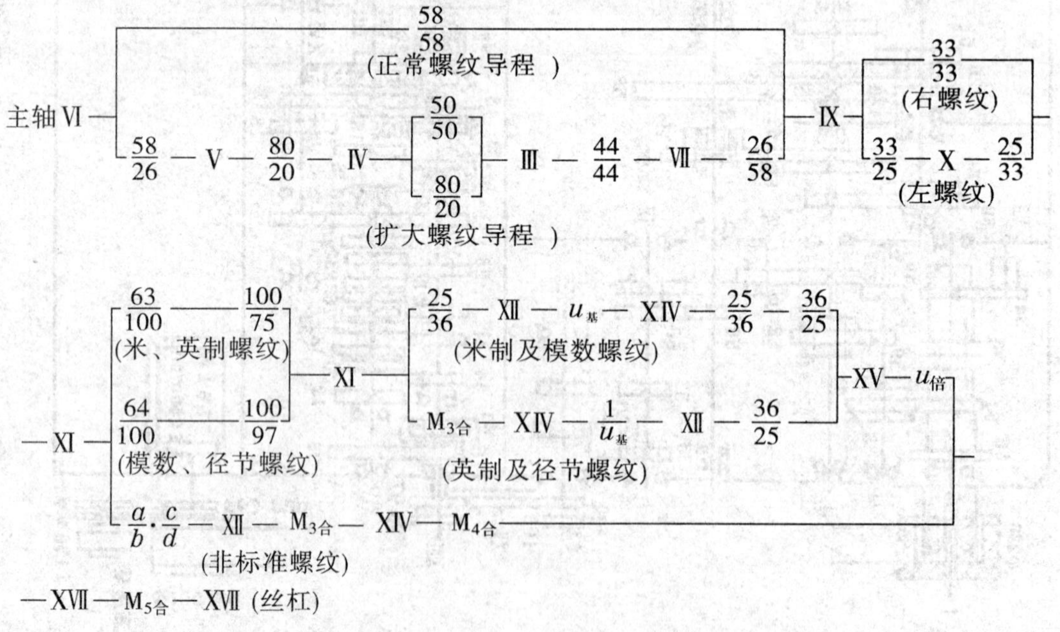

其中，$u_{基}$ 是轴XIII和轴XIV之间变速机构的 8 种传动比，即

$$u_{基1} = \frac{26}{28} = \frac{6.5}{7}; \quad u_{基2} = \frac{28}{28} = \frac{7}{7}; \quad u_{基3} = \frac{32}{28} = \frac{8}{7}; \quad u_{基4} = \frac{36}{28} = \frac{9}{7};$$

$$u_{基5} = \frac{19}{14} = \frac{9.5}{7}; \quad u_{基6} = \frac{20}{14} = \frac{10}{7}; \quad u_{基7} = \frac{23}{21} = \frac{11}{7}; \quad u_{基8} = \frac{36}{21} = \frac{12}{7}$$

上述变速机构是获得各种螺纹的基本机构，称为基本螺距机构或基本组。$u_{倍}$ 是轴XV和轴XVII之间变速机构的四种传动比，即

$$u_{倍1} = \frac{18}{45} \times \frac{15}{48} = \frac{1}{8}; \quad u_{倍2} = \frac{28}{35} \times \frac{15}{48} = \frac{1}{4}; \quad u_{倍3} = \frac{18}{45} \times \frac{35}{28} = \frac{1}{2}; \quad u_{倍4} = \frac{28}{35} \times \frac{35}{28} = 1$$

上述四种传动比按倍数关系排列，用于扩大机床车削螺纹导程的种数，这个变速机构称为增倍机构或增倍组。

在加工正常螺纹导程时，主轴VI至传动轴IX间的传动比 $u_{正常} = \frac{58}{58} = 1$，此时能加工的最大螺纹导程 $L = 12$ mm。如果需要车削导程更大的螺纹，可将轴IX的滑移齿轮 58 向右移动，使之与轴VIII上的齿轮 26 啮合，从主轴VI至轴IX间的传动比为

$$u_{扩1} = \frac{58}{26} \times \frac{80}{20} \times \frac{50}{50} \times \frac{44}{44} \times \frac{26}{58} = 4;$$

$$u_{扩2} = \frac{58}{26} \times \frac{80}{20} \times \frac{80}{20} \times \frac{44}{44} \times \frac{26}{58} = 16$$

这表明，当车削螺纹传动链其他部分不变时，只作上述调整，便可使螺纹导程比正常导程相应地扩大 4 倍或 16 倍。通常把上述传动机构称为扩大螺距机构。在 CA6140 型车床上，通过扩大螺距机构所能车削的最大米制螺纹导程为 192 mm。

必须指出，扩大螺距机构的传动比 $u_{扩}$，是由主运动传动链中背轮机构齿轮的啮合位置确定的，而背轮机构一定的齿轮啮合位置，又对应一定的主轴转速，因此主轴转速一定时，螺纹导程可能扩大的倍数是确定的。具体地说，主轴转速是 10 ~ 32 r/min 时，导程可扩大 16 倍；主轴转速是 40 ~ 125 r/min 时，导程可扩大 4 倍；主轴转速更高时，导程不能扩大。这也正好符合大导程螺纹只能在低速时车削的实际需要。

当需要车削非标准螺纹和精密螺纹时，需将进结箱中的齿式离合器 M_3、M_4 和 M_5 全部接合上，此时轴XII、XIV、XVII和丝杠XVIII连成一体，运动由挂轮直接传给丝杠，被加工螺纹的导程 $L_{工}$ 可通过选配挂轮来实现，因此可以车削任意导程的非标准螺纹。同时，由于传动链大大地缩短，减少了传动件制造和装配误差对螺纹螺距精度的影响，若选用高精度的齿轮作为挂轮，则可加工精密螺纹。挂轮换置公式为

$$u_{挂} = \frac{a}{b} \times \frac{c}{d} = \frac{L_{工}}{12}$$

③纵向进给一般用于外圆车削，而横向进给用于端面车削。为了减少丝杠的磨损和便于操纵，机动进给是由光杠经溜板箱传动的，其传动路线表达式为

$$主轴 — \begin{bmatrix} 米制螺纹传动路线 \\ 英制螺纹传动路线 \end{bmatrix} — \text{XVII} — \frac{28}{56} — \text{XIX}（光杠）— \frac{36}{32} \times \frac{32}{56} —$$

$$M_6（超越离合器）— M_7（安全离合器）— \text{XX} — \frac{4}{29} — \text{XXI} —$$

$$\left[\begin{array}{l} —\left[\begin{array}{l} —\dfrac{40}{48}M_8\uparrow— \\ \dfrac{40}{30}\times\dfrac{30}{48}M_8\downarrow— \end{array}\right]—\text{XXII}—\dfrac{28}{80}—\text{XXIII}—\text{齿轮(Z12)}—\text{齿条}—\text{刀架(纵向进给)} \\ —\left[\begin{array}{l} —\dfrac{40}{48}M_9\uparrow— \\ \dfrac{40}{30}\times\dfrac{30}{48}M_9\downarrow— \end{array}\right]—\text{XXV}—\dfrac{48}{48}\times\dfrac{59}{18}—\text{XXVII}—\text{刀架(横向进给)} \end{array}\right]$$

CA6140 型车床纵向机动进给量有 64 级。其中,当进给运动由主轴经正常螺距米制螺纹传动路线时,可获得范围为 0.08 ~ 1.22 mm/r 的 32 级正常进给量;当进给运动由主轴经正常螺距英制螺纹传动路线时,可获得 0.86 ~ 1.59 mm/r 的 8 级较大进给量;若接通扩大螺距机构,选用米制螺纹传动路线,并使 $u_{倍}=1/8$,可获得 0.028 ~ 0.054 mm/r 的 8 级用于高速精车的小进给量;而接通扩大螺距机构,采用英制螺纹传动路线,并适当调整增倍机构,可获得范围为 1.71 ~ 6.33 mm/r 的 16 级供强力切削或宽刃精车之用的加大进给量。

分析可知,当主轴箱及进给箱中的传动路线相同时,所得到的横向机动进给量级数与纵向相同,且横向进给量 $f_{横}=1/2f_{纵}$。这是因为横向进给经常用于切槽或切断,容易产生振动,切削条件差,故使用较小进给量。

④刀架的快速移动是由装在溜板箱内的快速电动机(0.25 kW,2 800 r/min)驱动的。按下快速移动按钮,启动快速电动机后,由溜板箱中的双向离合器 M_8 和 M_9 控制其纵、横双向快速移动。

刀架快速移动时,可不必脱开机动进给传动链,在齿轮 56 与轴 XX 之间装有超越离合器 M_6,可保证光杠和快速电机同时传给轴 XX 运动而不相互干涉。

二、外圆表面的磨削加工

用磨具以较高的线速度对工件表面进行加工的方法称为磨削。磨削加工是一种多刀多刃的高速切削方法,它适用于零件精加工和硬表面的加工。

磨削的工艺范围很广,可以划分为粗磨、精磨、细磨及镜面磨。各种磨削方案所能达到的经济加工精度和表面粗糙度值见表 5-7。

磨削加工采用的磨具(或磨料)具有颗粒小、硬度高、耐热性好等特点,因此可以加工较硬的金属材料和非金属材料,如淬硬钢、硬质合金刀具、陶瓷等;加工过程中同时参与切削运动的颗粒多,能切除极薄极细的切屑,因而加工精度高,表面粗糙度值小。磨削加工作为一种精加工方法,在生产中得到广泛应用。目前,由于强力磨削的发展,也可以直接将毛坯磨削到所需要的尺寸和精度,从而获得了较高的生产率。

(一)砂轮的特性与选择

砂轮是磨削加工中最主要的一类磨具。砂轮是在磨料中加入结合剂,经压坯、干燥和焙烧制成的多孔体。由于磨料、结合剂及制造工艺等不同,砂轮的特性差别很大,因此对磨削的加工质量、生产率和经济性有着重要影响。砂轮的特性主要是由磨料、粒度、结合剂、硬度、组织、形状和尺寸等因素决定的。

1. 磨料

磨料是砂轮的主要组成成分,它应具有很高的硬度、耐磨性、耐热性和一定的韧性,以承受磨削时的切削热和切削力，同时还应具备锋利的尖角，以利磨削金属。常用磨料代号、特点及应用范围如表 5-10 所示。

表 5-10　常用磨料代号、特性及适用范围

系别	名称	代号	主要成分	显微硬度（HV）	颜色	特性	适用范围
氧化物系	棕刚玉	A	Al_2O_3 91% ~96%	2 200 ~2 280	棕褐色	硬度高，韧性好，价格便宜	磨削碳钢、合金钢、可锻铸铁、硬青铜
	白刚玉	WA	Al_2O_3 97% ~99%	2 200 ~2 300	白色	硬度高于棕刚玉，磨粒锋利，韧性差	磨削淬硬的碳钢、高速钢
碳化物系	黑碳化硅	C	SiC >95%	2 840 ~3 320	黑色带光泽	硬度高于刚玉，性脆而锋利，有良好的导热性和导电性	磨削铸铁、黄铜、铝及非金属
	绿碳化硅	GC	SiC >99%	3 280 ~3 400	绿色带光泽	硬度和脆性高于黑碳化硅，有良好的导热性和导电性	磨削硬质合金、宝石、陶瓷、光学玻璃、不锈钢
高硬磨料	立方氮化硼	CBN	立方氮化硼	8 000 ~9 000	黑色	硬度仅次于金刚石，耐磨性和导电性好，发热量小	磨削硬质合金、不锈钢、高合金钢等难加工材料
	人造金刚石	MBD	碳结晶体	10 000	乳白色	硬度极高，韧性很差，价格昂贵	磨削硬质合金、宝石、陶瓷等高硬度材料

2. 粒度

粒度是指磨料颗粒尺寸的大小。粒度分为磨粒和微粉两类。颗粒尺寸大于 40 μm 的磨料，称为磨粒。用筛选法分级，粒度号以磨粒通过的筛网上每英寸长度内的孔眼数表示。如 60#的磨粒表示其大小刚好能通过每英寸长度上有 60 孔眼的筛网。颗粒尺寸小于 40 μm 的磨料，称为微粉。用显微测量法分级，用 W 和后面的数字表示粒度号，W 后的数值代表微粉的实际尺寸，如 W20 表示微粉实际尺寸为 20 μm。

砂轮的粒度对磨削表面的粗糙度和磨削效率影响很大。磨粒粗，磨削深度大，生产率高，但表面粗糙度值大。反之，则磨削深度均匀，表面粗糙度值小。所以，粗磨时，一般选粗粒度，精磨时选细粒度。磨软金属时，多选用粗磨粒，磨削硬而脆的材料时，则选用较细的磨粒。磨料粒度的选用见表 5-11。

3. 结合剂

结合剂是把磨粒黏结在一起组成磨具的材料。砂轮的强度、抗冲击性、耐热性及耐腐蚀性，主要取决于结合剂的种类和性质。常用结合剂的种类、性能及适用范围如表 5-12 所示。

表 5-11　磨料粒度的选用

粒度号	颗粒尺寸范围（μm）	适用范围	粒度号	颗粒尺寸范围（μm）	适用范围
12 ~ 36	2 000 ~ 1 600 500 ~ 400	粗磨、荒磨、切断钢坯、打磨毛刺	W40 ~ W20	40 ~ 28 20 ~ 14	精磨、超精磨、螺纹磨、珩磨
46 ~ 80	400 ~ 315 200 ~ 160	粗磨、半精磨、精磨	W14 ~ W10	14 ~ 10 10 ~ 7	精磨、精细磨、超精磨、镜面磨
100 ~ 280	165 ~ 125 50 ~ 40	精磨、成形磨、刀具刃磨、珩磨	W7 ~ W3.5	7 ~ 5 3.5 ~ 2.5	超精磨、镜面磨、制作研磨剂等

表 5-12　常用结合剂的种类、性能及适用范围

种类	代号	性能	用途
陶瓷	V	耐热性、耐腐蚀性好、气孔率大、易保持轮廓、弹性差	应用最广，适用于 $v < 35$ m/s 的各种成形磨削、磨齿轮、磨螺纹等
树脂	B	强度高、弹性大、耐冲击、坚固性和耐热性差、气孔率小	适用于 $v > 50$ m/s 的高速磨削，可制成薄片砂轮，用于磨槽、切割等
橡胶	R	强度和弹性更高、气孔率小、耐热性差、磨粒易脱落	适用于无心磨的砂轮和导轮、开槽和切割的薄片砂轮、抛光砂轮等
金属	M	韧性和成形性好、强度大、但自锐性差	可制造各种金刚石磨具

4. 硬度

砂轮的硬度是指砂轮工作时，磨粒在外力作用下脱落的难易程度。砂轮硬，表示磨粒难以脱落；砂轮软，表示磨粒容易脱落。砂轮的硬度等级如表 5-13 所示。

表 5-13　砂轮的硬度等级及代号

硬度等级	大级	超软	软			中软		中		中硬			硬		超硬
	小级	超软	软 1	软 2	软 3	中软 1	中软 2	中 1	中 2	中硬 1	中硬 2	中硬 3	硬 1	硬 2	超硬
代号	Y	D	E	F	G	H	J	K	L	M	N	P	Q	R	S

砂轮的硬度与磨料的硬度是两个完全不同的概念。硬度相同的磨料可以制成硬度不同的砂轮，砂轮的硬度主要取决于结合剂性质、数量和砂轮的制造工艺。例如，结合剂与磨粒粘固程度越高，砂轮硬度越高。

砂轮硬度的选用原则是：工件材料硬，砂轮硬度应选用软一些，以便砂轮磨钝磨粒及时脱落，露出锋利的新磨粒继续正常磨削；工件材料软，因易于磨削，磨粒不易磨钝，砂轮应选硬一些。但有色金属、橡胶、树脂等软材料磨削时，由于切屑容易堵塞砂轮，应选用较软砂轮。粗磨时，应选用较软砂轮；而精磨、成形磨削时，应选用硬一些的砂轮，以保持砂轮必要的形状精度。机械加工中常用砂轮硬度等级为 H 至 N（软 2 至中 2）。

5. 组织

砂轮的组织是指组成砂轮的磨粒、结合剂、气孔三部分体积的比例关系。通常以磨粒所占砂轮体积的百分比来分级。砂轮有三种组织状态：紧密、中等、疏松，细分成 0～14 号间，共 15 级。组织号越小，磨粒所占比例越大，砂轮越紧密；反之，组织号越大，磨粒比例越小，砂轮越疏松，如表 5-14 所示。

6. 形状与尺寸

砂轮的形状与尺寸是根据磨床类型、加工方法及工件的加工要求来确定的。常用砂轮名称、形状简图、代号和主要用途如表 5-15 所示。

表 5-14　砂轮的组织分类

组织号	0	1	2	3	4	5	6	7	8	9	10	11	12	13	14
磨粒率(%)	62	60	58	56	54	52	50	48	46	44	42	40	38	36	34
类别	紧密				中等				疏松						
应用	精磨、成形磨				淬火工件、刀具				韧性大和硬度低的金属						

表 5-15　常用砂轮名称、形状简图、代号和主要用途

砂轮名称	代号	简图	主要用途
平行砂轮	1	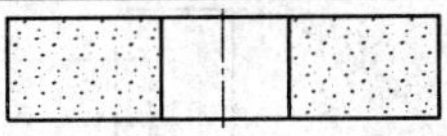	外圆磨、内圆磨、平面磨、无心磨、工具
薄片砂轮	41	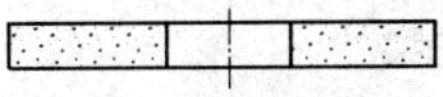	切断及切槽
筒形砂轮	2	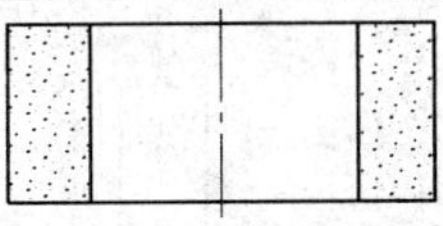	端磨平面
碗形砂轮	11	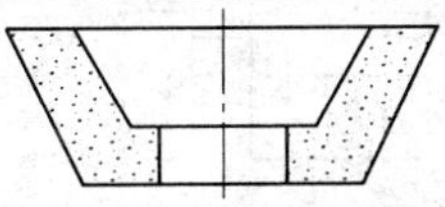	刃磨刀具、磨导轨
蝶形 1 号砂轮	12a	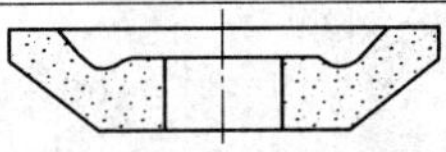	磨铣刀、铰刀、拉刀、磨齿轮
双斜边砂轮	4	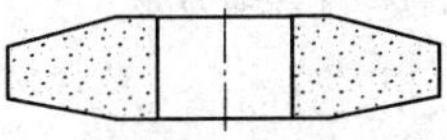	磨齿轮及螺纹
杯形砂轮	6	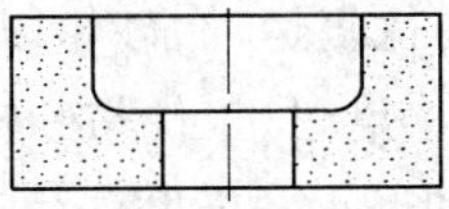	磨平面、内圆、刃磨刀具

砂轮的特性均标记在砂轮的侧面上，其顺序是：形状代号、尺寸、磨料、粒度号、硬度、组织号、结合剂、线速度。例如，外径 300 mm，厚度 50 mm，孔径 75 mm，棕刚玉，粒度 60，硬度 L，5 号组织，陶瓷结合剂，最高工作线速度 35 m/s 的平行砂轮，其标记为：砂轮 1－300×50×75－A60L5V－35 m/s　GB 2484—94。

(二)外圆磨床的磨削方法

外圆表面磨削一般在外圆磨床或无心外圆磨床上进行,也可采用砂带磨床磨削。在外圆磨床上磨削工件时,轴类零件常用顶尖装夹,其方法与车削时基本相同,但磨床所用顶尖不随工件一起转动。这样,主轴与轴承的制造误差、轴承间隙、顶尖的同轴度误差等就不会反映到工件上,可提高加工精度。盘套类工件则用心轴和顶尖装夹,所用心轴和车削心轴基本相同,只是形状和位置精度及表面粗糙度要求较严格。磨削短又无中心孔的轴类工件时,可用三爪自定心卡盘或四爪单动卡盘装夹。

在外圆磨床上常用的磨削方法有纵磨法、横磨法、综合磨法和深磨法。

1. 纵磨法

如图5-37(a)所示,砂轮高速旋转起切削作用,工件旋转做圆周进给运动,并和工作台一起做纵向往复直线进给运动。工作台每往复一次,砂轮沿磨削深度方向完成一次横向进给,每次进给(吃刀深度)都很小,全部磨削余量是在多次往复行程中完成的。当工件磨削接近最终尺寸时(尚有余量0.005~0.01 mm),应无横向进给光磨几次,直到火花消失。纵磨法加工精度和表面质量较高,适应性强,用同一砂轮可磨削直径和长度不同的工件,但生产率低。在单件、小批量生产及精磨中应用广泛,特别适用于磨削细长轴等刚性差的工件。

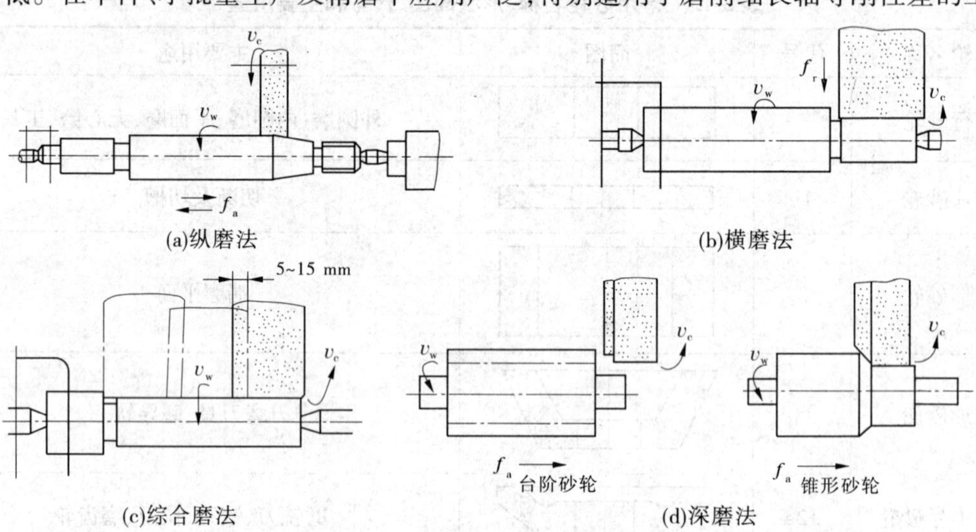

图5-37 外圆磨床的磨削方法

2. 横磨法(切入法)

如图5-37(b)所示,磨削时,工件不做纵向往复运动,砂轮以缓慢的速度连续或间断地向工件做横向进给运动,直到磨去全部余量。横磨时,工件与砂轮的接触面积大,磨削力大,发热量大而集中,所以易发生工件变形、烧刀和退火。横磨法生产效率高,适用于成批或大量生产,磨削长度短、刚性好、精度低的外圆表面及两侧都有台肩的轴颈。若将砂轮修整成形,也可直接磨削成形面。

3. 综合磨法

如图5-37(c)所示,先用横磨法将工件分段进行粗磨,相邻之间有5~15 mm的搭接,每段上留有0.01~0.03 mm的精磨余量,精磨时采用纵磨法。这种磨削方法综合了纵磨法和横磨法的优点，适用于磨削余量较大（余量0.7～0.6 mm）的工件。

4. 深磨法

磨削时，采用较小的纵向进给量（1～2 mm/r）和较大的吃刀深度（0.2～0.6 mm）在一次走刀中磨去全部余量。为避免切削负荷集中和砂轮外圆棱角迅速磨钝，应将砂轮修整成锥形或台阶形，外径小的台阶起粗磨作用，可修粗些；外径大的起精磨作用，修细些。深磨法可获得较高精度和生产率，表面粗糙度值较小，适用于大批量生产中加工刚性好的短轴。

（三）无心外圆磨床的磨削方法

在无心磨床磨削工件外圆时，工件不用顶尖来定心和支承，而是直接将工件放在砂轮和导轮（用橡胶结合剂做的粒度较粗的砂轮）之间，由托板支承，工件被磨削的外圆面作定位面，见图5-38（a）。无心外圆磨床有贯穿磨削法和切入磨削法两种磨削方式。

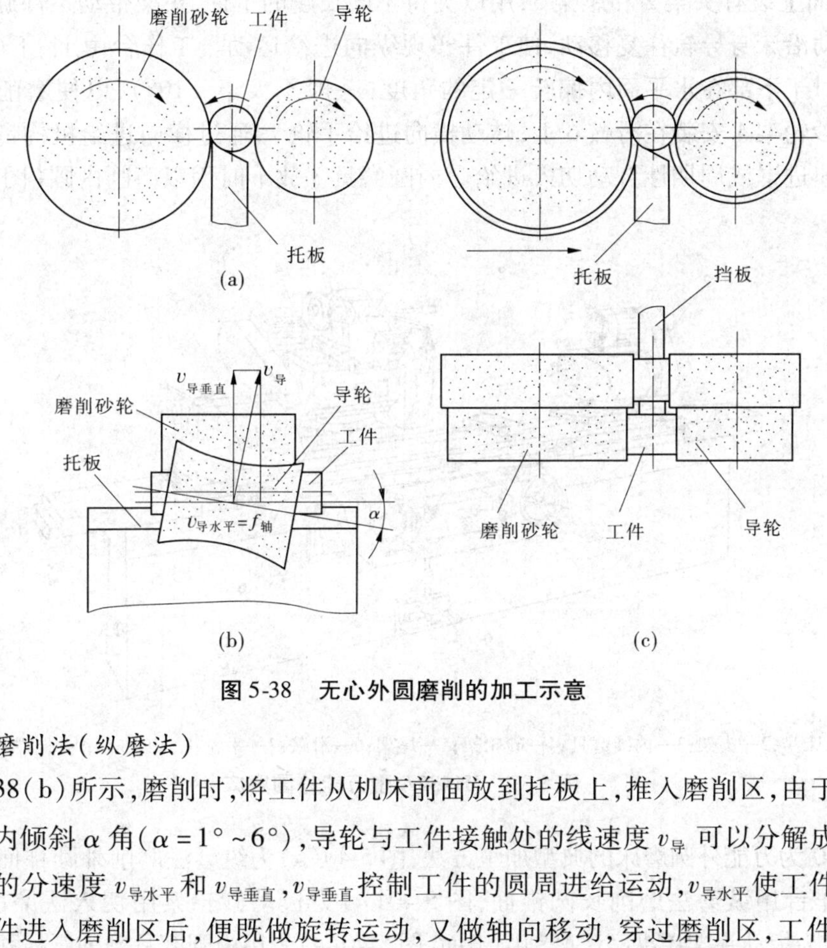

图5-38　无心外圆磨削的加工示意

1. 贯穿磨削法（纵磨法）

如图5-38（b）所示，磨削时，将工件从机床前面放到托板上，推入磨削区，由于导轮轴线在垂直平面内倾斜α角（$\alpha=1°\sim6°$），导轮与工件接触处的线速度$v_{导}$可以分解成水平和垂直两个方向的分速度$v_{导水平}$和$v_{导垂直}$，$v_{导垂直}$控制工件的圆周进给运动，$v_{导水平}$使工件做纵向进给。所以工件进入磨削区后，便既做旋转运动，又做轴向移动，穿过磨削区，工件就磨削完毕。α角增大、生产率高，但表面粗糙度值增大；反之，情况相反。为保证导轮与工件呈线接触状态，需将导轮形状修整成回转双曲面形。这种磨削方法不适用带台阶的圆柱形工件。

2. 切入磨削法（横磨法）

先将工件放在托板和导轮之间，然后由工件（连同导轮）或磨削砂轮横向切入进给，磨削工件表面。这时导轮的中心线仅倾斜很小角度（约30′），以便对工件产生一微小的轴向推力，使它靠住挡板，得到可靠轴向定位，如图 5-38(c)所示。切入磨法适用于磨削有阶梯或成形回转表面的工件，但磨削表面长度不能大于磨削砂轮宽度。

在磨床上磨削外圆表面时，应采用充足的切削液，一般磨钢件多用苏打水或乳化液；铝件加少量矿物油的煤油；铸铁、青铜件一般不用切削液，而用吸尘器清除尘屑。

(四) M1432A 型万能外圆磨床

M1432A 型万能外圆磨床主要用于磨削内外圆柱面、内外圆锥面、阶梯轴轴肩及端面和简单的成形回转表面等。它属于普通精度级机床，磨削精度可达 IT7 ~ IT6 级，表面粗糙度 R_a 值为 1.25 ~ 0.08 μm。这种机床万能性强，但自动化程度较低，磨削效率不高，适用于工具车间、维修车间和单件小批生产类型。其主参数最大磨削直径为 320 mm。

图 5-39 为 M1432A 型万能外圆磨床外形图。由图可见，在床身 1 的纵向导轨上装有工作台 8，台面上装有头架 2 和尾架 5，用以夹持不同长度的工件，头架带动工件旋转。工作台由液压传动沿床身导轨往复移动，使工件实现纵向进给运动。工作台由上、下两层组成，其上部可相对于下部在水平面内偏转一定的角度(一般不大于 ±10°)，以便磨削锥度不大的圆锥面。砂轮架 4 安装在滑鞍 6 上，转动横向进给手轮 7，通过横向进给机构带动滑鞍及砂轮架做快速进退或周期性自动切入进给。内圆磨具 3 放下时用以磨削内圆(图 5-39 中处于抬起状态)。

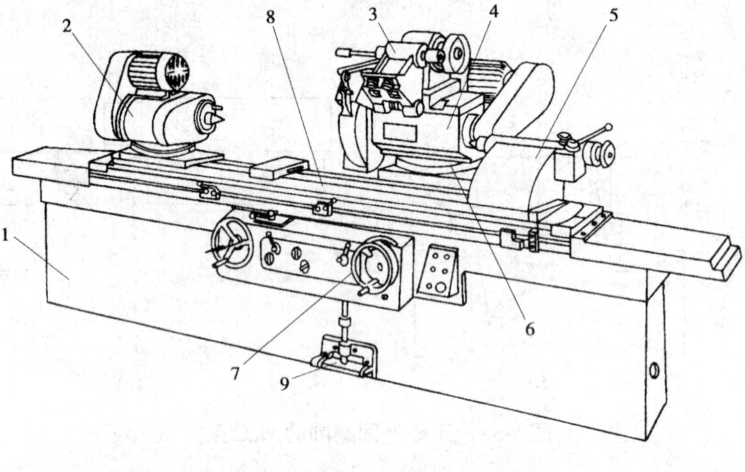

1—床身；2—头架；3—内圆磨具；4—砂轮架；5—尾架；6—滑鞍；7—手轮；8—工作台；9—脚踏操纵板

图 5-39　M1432A 型万能外圆磨床

图 5-40 为万能外圆磨床的典型加工方法：图 5-40(a)为纵磨法磨削外圆柱面，图 5-40(b)为扳转工作台用纵磨法磨削长圆锥面，图 5-40(c)为扳动砂轮架用切入法磨削短圆锥面，图 5-40(d)为扳动头架用纵磨法磨削圆锥面，图 5-40(e)为用内圆磨具磨削圆柱孔。

分析 M1432A 型万能外圆磨床的典型加工方法可知，机床必须具备以下运动：外圆磨和内圆磨砂轮的旋转主运动，工件圆周进给运动，工件(工作台)往复纵向进给运动，砂轮横向进给运动。此外，机床还应有两个辅助运动：砂轮横向快速进退和尾架套筒缩回，以便装卸工件。

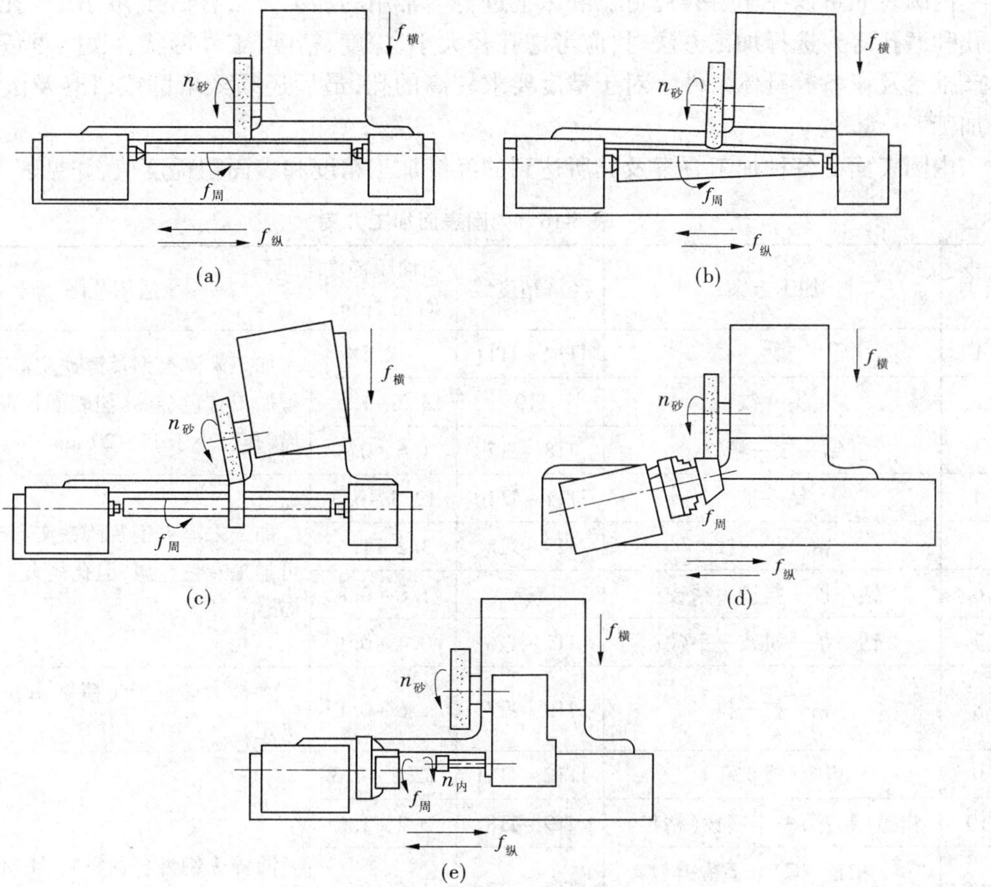

图 5-40　万能外圆磨床典型加工示意

第七节　内圆表面加工

一、加工方法概述

内圆表面(即内孔)也是组成零件的基本表面之一。零件上有多种多样的孔,如螺钉、螺栓的紧固孔,套筒、法兰盘及齿轮等回转体零件上的孔,箱体类零件上的主轴及传动轴的轴承孔,炮筒、空心轴内的深孔(一般 $l/d \geqslant 10$),以及常用于保证零件间配合准确性的圆锥孔等。

与外圆表面的加工相比,内圆表面的加工条件差,因为孔加工刀具或磨具的尺寸(直径、长度)受被加工孔本身尺寸的限制,刀具的刚性差,容易产生弯曲变形及振动;切削过程中,孔内排屑、散热、冷却、润滑条件差。因此,孔的加工精度和表面粗糙度都不容易控制。此外,大部分孔加工刀具为定尺寸刀具,刀具直径的制造误差和磨损,将直接影响孔的加工精度。故在一般情况下,加工孔比加工同样尺寸、精度的外圆表面要困难些。当一个零件要求内圆表面与外圆表面必须保持某种确定关系时,一般总是先加工内圆表面,然后再以内圆表面定位加工外圆表面。

内圆表面可以在车、钻、镗、拉、磨床上进行。常用的加工方法有钻孔、扩孔、铰孔、镗孔、拉孔和磨孔等。选择加工方法时,应考虑孔径大小、深度、精度、工件形状、尺寸、重量、材料、生产批量及设备等具体条件。对于精度要求较高的孔,最后还须经珩磨或研磨及滚压等精密加工。

内圆表面的各种加工方案及其所达到的经济加工精度和表面粗糙度值,详见表 5-16。

表 5-16　内圆表面加工方案

序号	加工方案	经济精度级	表面粗糙度 R_a 值(μm)	适用范围
1	钻	IT12 ~ IT11	12.5	加工未淬火钢及铸铁实心毛坯,也可加工有色金属(但表面粗糙度稍粗糙,孔径小于 15 ~ 20 mm)
2	钻—铰	IT9	3.2 ~ 1.6	
3	钻—铰—精铰	IT8 ~ IT7	1.6 ~ 0.8	
4	钻—扩	IT11 ~ IT10	12.5 ~ 6.3	加工未淬火钢及铸铁实心毛坯,也可加工有色金属,但孔径大于 15 ~ 20 mm
5	钻—扩—铰	IT9 ~ IT8	3.2 ~ 1.6	
6	钻—扩—粗铰—精铰	IT7	1.6 ~ 0.8	
7	钻—扩—机铰—手铰	IT7 ~ IT6	0.4 ~ 0.1	
8	钻—扩—拉	IT9 ~ IT7	1.6 ~ 0.1	大批大量生产(精度由拉刀精度决定)
9	粗镗(或扩孔)	IT12 ~ IT11	12.5 ~ 6.3	除淬火钢外各种材料,毛坯有铸出孔或锻出孔
10	粗镗(粗扩)—半精镗(精扩)	IT9 ~ IT8	3.2 ~ 1.6	
11	粗镗(扩)—半精镗(精扩)—精镗(铰)	IT8 ~ IT7	1.6 ~ 0.8	
12	粗镗(扩)—半精镗(精扩)—精镗—浮动镗刀精镗	IT7 ~ IT6	0.8 ~ 0.4	
13	粗镗(扩)—半精镗—磨孔	IT8 ~ IT7	0.8 ~ 0.2	主要用于淬火钢,也可用于未淬火钢,但不宜用于有色金属
14	粗镗(扩)—半精镗—粗磨—精磨	IT7 ~ IT6	0.2 ~ 0.1	
15	粗镗—半精镗—精镗—金刚镗	IT7 ~ IT6	0.4 ~ 0.05	主要用于精度要求高的有色金属加工
16	钻—(扩)—粗铰—精铰—珩磨; 钻—(扩)—拉—珩磨; 粗镗—半精镗—精镗—珩磨;	IT7 ~ IT6	0.2 ~ 0.025	精度要求很高的孔
17	以研磨代替上述方案中珩磨	IT6 级以上		

二、钻削加工

用钻头在实体材料上加工孔的方法称为钻孔,用扩孔钻对已有孔进行扩大再加工的方法称为扩孔。它们统称为钻削加工。钻削加工主要在钻床上进行。钻削加工操作简便,适应性强，应用很广。

（一）钻孔

钻孔最常用的刀具是麻花钻，用麻花钻钻孔的尺寸精度为 IT13 ~ IT11，表面粗糙度 R_a 值为 50 ~ 12.5 μm，属于粗加工。钻孔主要用于质量要求不高的孔的终加工，如螺栓孔、油孔等，也可作为质量要求较高孔的预加工。

麻花钻由工具厂专业生产，其常备规格为 $\phi 0.1 \sim \phi 80$ mm。麻花钻的结构主要由柄部、颈部及工作部分组成，如图 5-41 所示。

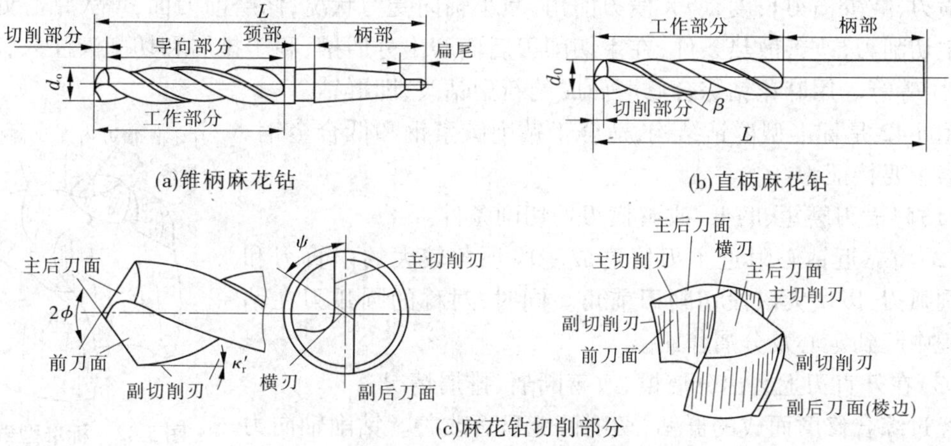

图 5-41　麻花钻的结构

柄部是钻头的夹持部分，用以传递扭矩和轴向力。柄部有直柄和锥柄两种形式，钻头直径小于 12 mm 时制成直柄，见图 5-41（b）；钻头直径大于 12 mm 时制成莫氏锥度的圆锥柄，见图 5-41（a）。锥柄后端的扁尾可插入钻床主轴的长方孔中，以传递较大的扭矩。

颈部是柄部和工作部分的连接部分，是磨削柄部时砂轮的退刀槽，也是打印商标和钻头规格的地方。直柄钻头一般不制有颈部。

钻头的工作部分包括切削部分和导向部分。切削部分担负主要切削工作，如图 5-41（c）所示，切削部分由两条主切削刃、两条副切削刃和一条横刃及两个前刀面和两个后刀面组成。螺旋槽的一部分为前刀面，钻头的顶锥面为主后刀面。导向部分的作用是当切削部分切入工件后起导向作用，也是切削部分的后备部分。导向部分有两条螺旋槽和两条棱边，螺旋槽起排屑和输送切削液作用，棱边起导向、修光孔壁作用。导向部分有微小的倒锥度，即从切削部分向柄部每 100 mm 长度上钻头直径 d_0 减少 0.03 ~ 0.12 mm，以减少与孔壁的摩擦。

麻花钻的主要几何角度有顶角 2φ、螺旋角 β、前角 γ_0、后角 α_0 和横刃斜角 ψ 等。这些几何角度对钻削加工的性能、切削力大小、排屑情况等都有直接的影响，使用时要根据不同加工材料和切削要求来选取。

麻花钻虽然是孔加工的主要刀具，长期以来一直被广泛使用，但是由于麻花钻在结构上存在着比较严重的缺陷，致使钻孔的质量和生产率受到很大影响，这主要表现在：

（1）钻头主切削刃上各点的前角变化很大，钻孔时外缘处的切削速度最大，而该处的前角最大，刀刃强度最薄弱，因此钻头在外缘处的磨损特别严重。

（2）钻头横刃较长，横刃及其附近的前角为负值，达 −55° ~ −60°。

钻孔时，横刃处于挤刮状态，轴向抗力较大。同时横刃过长，不利于钻头定心，易产生引偏，致使加工孔的孔径增大，孔不圆或孔的轴线歪斜等。

(3)钻削加工过程是半封闭状态。

钻孔时，主切削刃全长同时参加切削，切削刃长，切屑宽，而各点切屑的流出方向和速度各异，切屑呈螺卷状，而容屑槽又受钻头本身尺寸的限制，因而排屑困难，切削液也不易注入切削区域，冷却和散热不良，大大降低了钻头的使用寿命。

针对标准高速钢麻花钻存在的缺陷，在实践中采取了多种措施修磨麻花钻的结构。如修磨横刃，减少横刃长度，增大横刃前角，减小轴向受力状况；修磨前刀面，增大钻心处前角；修磨主切削刃，改善散热条件；在主切削刃后面磨出分屑槽，利于排屑和切削液注入，改善切削条件，等等。用麻花钻综合修磨而成的新型钻头，即群钻。

图 5-42 是标准型群钻结构，适合于钻削碳素钢和低合金钢。其修磨主要特征为：

(1)将横刃磨短、磨低，改善横刃处切削条件。

(2)将靠近钻心附近主刃修磨成一段顶角较大的内直刃和一段圆弧刃，以增大该段切削刃前角。同时，对称的圆弧刃在钻削过程中起到定心及分屑作用。

(3)在外直刃上磨出分屑槽，改善断屑、排屑情况。

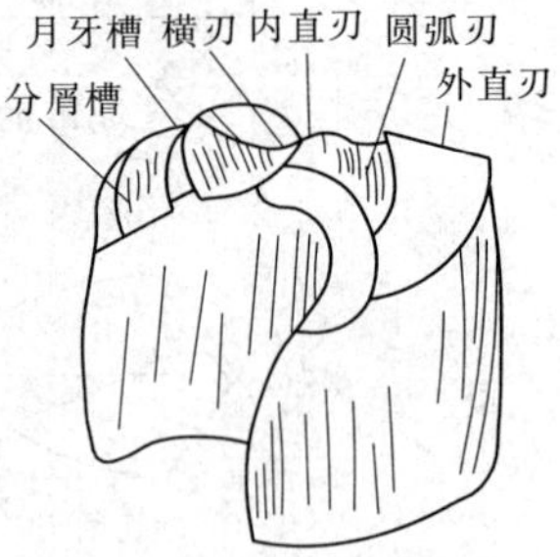

图 5-42　标准型群钻

经过综合修磨而成的群钻，切削性能显著改善。钻削轴向力比标准麻花钻降低 35% ~50%，转矩降低 10% ~30%，切削轻快省力；改善了散热、断屑及冷却润滑条件，耐用度比标准麻花钻提高了 3 ~5 倍；另外，生产率、加工精度、表面质量都有所提高。

(二)钻深孔

对于孔的深度与直径之比 $l/d=5\sim10$ 的普通深孔，可以用加长麻花钻加工；对于孔的深度与直径之比 $l/d>5\sim10$ 的深孔，必须采用特殊结构的深孔钻才能加工。

深孔加工难度大，技术要求高，这是由深孔的特点决定的。因此，设计和使用深孔钻时应注意钻头的导向，防止偏斜；保证可靠的断屑和排屑；采取有效的冷却和润滑措施。下面介绍几种常见深孔钻的工作原理与结构特点。

1. 单刃外排屑深孔钻

单刃外排屑深孔钻又称枪钻。主要用于加工直径 $d=3\sim20$ mm，孔深与直径之比 $l/d>100$ 的小深孔，其工作原理如图 5-43 所示。切削时高压切削液(一般为 3.5 ~10 MPa)从钻杆和切削部分的进液孔注入切削区域，以冷却、润滑钻头，切屑经钻杆与切削部分的 V 形槽冲出，因此称为外排屑。

枪钻的特点是结构较简单，钻头背部圆弧支承面在切削过程中起导向定位作用，切削稳定，孔的加工直线性好。

2. 错齿内排屑深孔钻

错齿内排屑深孔钻适于加工直径 $d>20$ mm，孔深与直径比 $l/d<100$ 的直径较大的深孔，其工作原理见图 5-44。切削时，高压切削液(一般为 2 ~6 MPa)由工件孔壁与钻杆的表面之间的间隙进入切削区，以冷却、润滑钻头切削部分，并利用高压切削液把切屑从钻头和钻管的内孔中冲出。

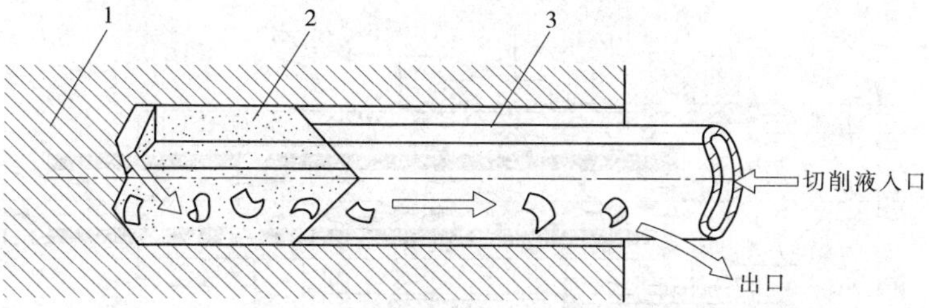

1—工件;2—切削部分;3—钻杆

图 5-43 单刃外排屑深孔钻工作原理

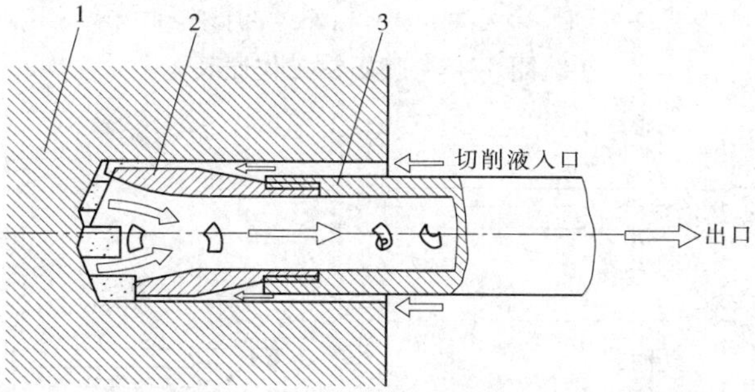

1—工件;2—钻头;3—钻杆

图 5-44 错齿内排屑深孔钻工作原理

错齿内排屑深孔钻的切削部分由数块硬质合金刀片交错排列焊接在钻体上,实现了分屑,便于切屑排出;切屑是从钻杆内部排出而不与工件已加工表面接触,所以可获得好的加工表面质量;分布在钻头前端的硬质合金导向条,使钻头支承在孔壁上,实现了切削过程中的导向,增大了切削过程的稳定性。

3.喷吸钻

喷吸钻适用于加工直径 $d=16\sim65$ mm,孔深与直径比 $l/d<100$ 的中等直径一般深孔。喷吸钻主要由钻头、内钻管、外钻管三部分组成,钻头部分的结构与错齿内排屑深孔钻基本相同,其工作原理见图 5-45。工作时,切削液以一定的压力(一般为 0.98 ~ 1.96 MPa)从内外钻管之间输入,其中 2/3 的切削液通过钻头上的小孔压向切削区,对钻头切削部分及导向部分进行冷却与润滑;另外,1/3 的切削液则通过内钻管上月牙形槽喷嘴喷入内钻管,由于月牙形槽缝隙很窄,喷入的切削液流速增大而形成一个低压区,切削区的高压与内钻管内的低压形成压力差,使切削液和切屑一起被迅速"吸"出,提高了冷却和排屑效果,所以喷吸钻是一种效率高、加工质量好的内排屑深孔钻。

(三)扩孔

扩孔是用扩孔钻对工件上已钻出、铸出或锻出的孔进行扩大加工。扩孔可在一定程度上校正原孔轴线的偏斜,扩孔的精度可达 IT10 ~ IT9,表面粗糙度 R_a 值可达 6.3 ~ 3.2 μm,属于半精加工。扩孔常用做铰孔前的预加工,对于质量要求不高的孔,扩孔也可作孔加工的最终工序。

扩孔用的扩孔钻结构形式分为带柄和套式两类。如图 5-46 所示,带柄的扩孔钻由工作部分及柄部组成,套式扩孔钻由工作部分及 1∶30 锥孔组成。

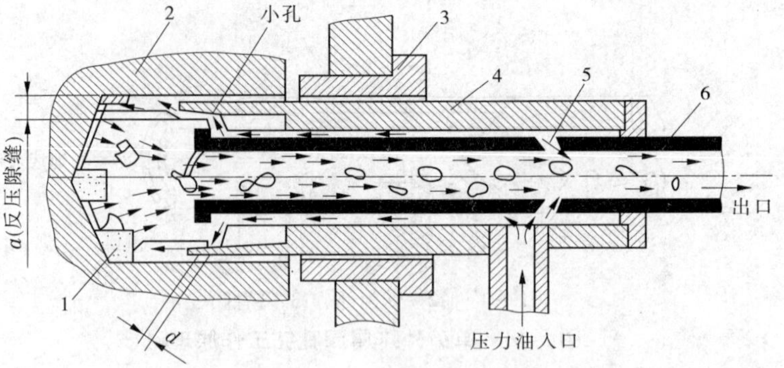

1—钻头;2—工件;3—钻套;4—外钻管;5—月牙形槽喷嘴;6—钻管

图 5-45 喷吸钻工作原理

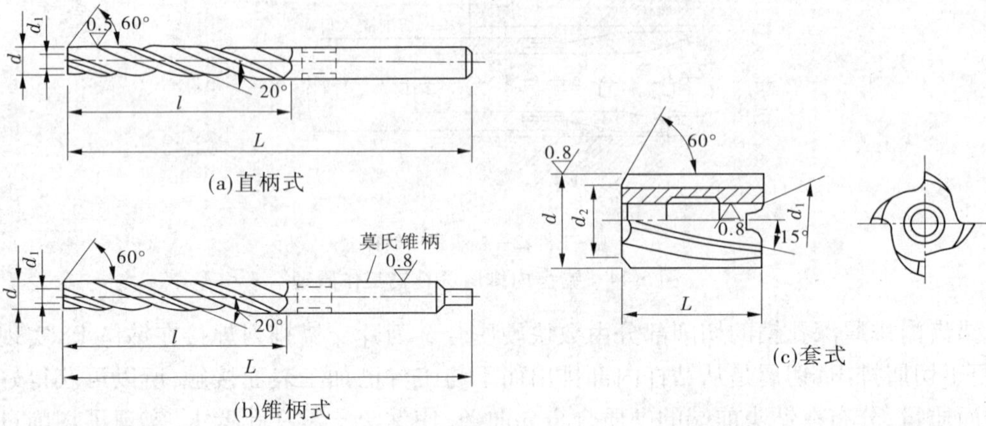

图 5-46 扩孔钻类型

扩孔钻与麻花钻相比,容屑槽浅窄,可在刀体上做出 3 ~4 个切削刃,可以提高生产率。同时,切削刃增多,棱带也增多,使扩孔钻的导向作用提高了,切削较稳定。此外,扩孔钻没有横刃,钻芯粗大,轴向力小,刚性较好,可采用较大的进给量。

选用扩孔钻时应根据被加工孔及机床夹持部分的形式,选用相应直径及形式的扩孔钻。通常,直柄扩孔钻适用范围为 $d=3\sim20$ mm;锥柄扩孔钻适用范围为 $d=7.5\sim50$ mm;套式扩孔钻主要用于大直径及较深孔的扩孔加工,其适用范围为 $d=20\sim100$ mm。扩孔余量一般为 0.5 ~4 mm(直径值)。

(四)铰孔

用铰刀从被加工孔的孔壁上切除微量金属,使孔的精度和表面质量得到提高的加工方法,称为铰孔。铰孔是应用较普遍的对中小直径孔进行精加工的方法之一,它是在扩孔或半精镗孔的基础上进行的。根据铰刀的结构不同,铰孔可以加工圆柱孔、圆锥孔;可以手工操作,也可以在机床上进行。铰孔后孔的精度可达 IT9 ~ IT7,表面粗糙度 R_a 值达 1.6 ~ 0.4 μm。

铰刀的结构如图 5-47 所示,铰刀由柄部、颈部和工作部分组成。工作部分包括切削部分和修光部分(标准部分)。切削部分为锥形,担负主要切削工作。修光部分起校正孔径、修光孔壁和导向作用。为减少修光部分刀齿与已加工孔壁的摩擦,并防止孔径扩大,修光部分的后端为倒锥形状。

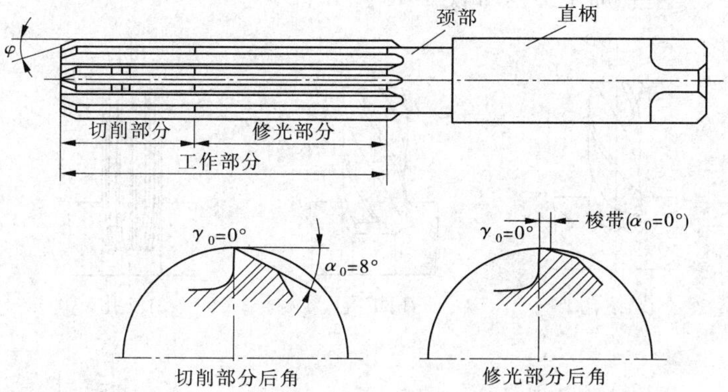

(a)手用铰刀

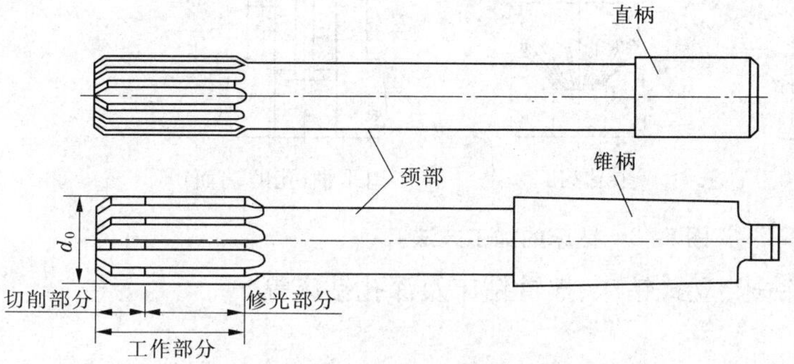

(b)直柄、锥柄机用铰刀

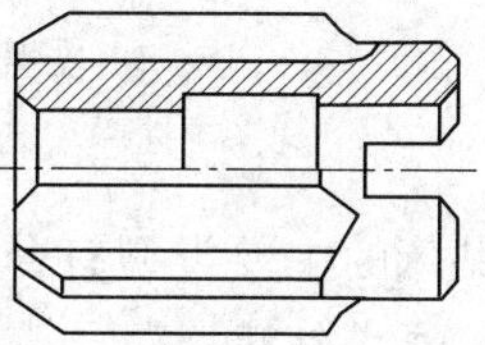

(c)套式机用铰刀

图 5-47　铰刀结构

铰刀可分为手用铰刀和机用铰刀两种。手用铰刀为直柄,如图 5-47(a)所示,其工作部分较长,导向性好,可防止铰孔时铰刀歪斜。机用铰刀又分为直柄、锥柄和套式三种(见图 5-47(b)、(c))。

选用铰刀时,应根据被加工孔的特点及铰刀的特点正确选用。一般手用铰刀用于小批量生产或修配工作,对未淬硬孔进行手工操作的精加工。手用铰刀适用范围为 $d=1\sim71$ mm。

机用铰刀适用于在车床、钻床、数控机床上使用。主要对钢、合金钢、铸铁、铜、铝等工件的孔进行半精加工和精加工。一般机用铰刀的适用范围为 $d=50\sim150$ mm;套式机用铰刀适合于较大孔径的加工,其适用范围为 $d=23.6\sim100$ mm。

另外,铰刀分为三个精度等级,分别用于不同精度孔的加工(H7、H8、H9)。在选用时,应根据被加工孔的直径、精度和机床夹持部分的形式来选用相应的铰刀。

铰孔生产率高,容易保证孔的精度和表面粗糙度,但铰刀是定值刀具,一种规格的铰刀只能加工一种尺寸和精度的孔,且不宜铰削非标准孔、台阶孔和盲孔。对于中等尺寸以下较精密的孔,钻—扩—铰是生产中经常采用的典型工艺方案。

(五)钻床

钻床主要是用钻头钻削直径不大、精度要求较低的孔,此外还可以进行扩孔、铰孔、攻螺纹等加工。加工时,工件固定不动,刀具旋转形成主运动,同时沿轴向移动完成进给运动。钻床的应用很广,其主要加工方法如图5-48所示。

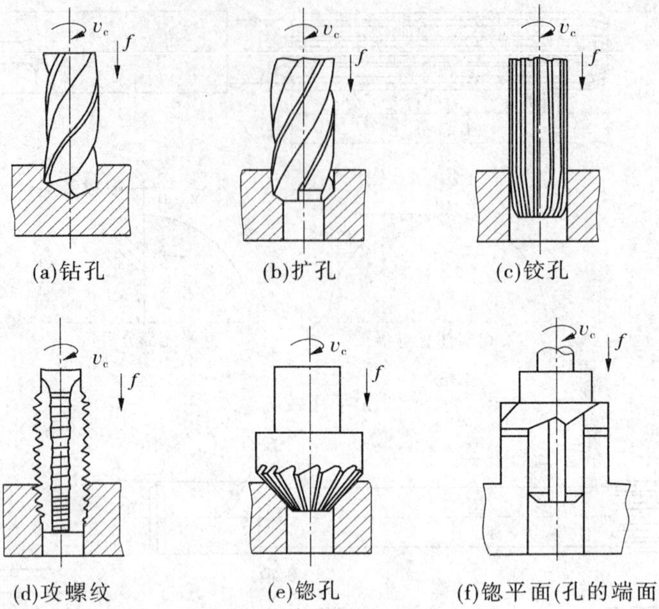

图5-48　钻床的加工方法

钻床的主要类型有台式钻床、立式钻床、摇臂钻床及深孔钻床等。

1. 立式钻床

立式钻床是一种应用较广的机床,其主参数是最大钻孔直径,常用的有25 mm、35 mm、40 mm和50 mm等几种。

立式钻床的特点是主轴轴线垂直布置,而且位置是固定的。加工时,为使刀具旋转中心线与被加工孔的中心线重合,必须移动工件,因此立式钻床只适用于加工中小工件上直径 $d \leqslant 50$ mm的孔。

图5-49为立式钻床的外形图。变速箱中装有主运动变速传动机构,进给箱中装有进给运动变速机构及操纵机构。加工时,进给箱固定不动,转动操纵手柄,由主轴随主轴套筒在进给箱中做直线移动来完成进给运动。工作台和进给箱都装在立柱的垂直导轨上,并可上下调整位置,以适应加工不同高度的工件。

2. 摇臂钻床

摇臂钻床广泛地用于大、中型零件上直径 $d \leqslant 80$ mm孔的加工,其外形如图5-50所示。主轴箱可以在摇臂上水平移动,摇臂既可以绕立柱转动,又可沿立柱垂直升降。加工时,工件在工作台或机座上安装固定,通过调整摇臂和主轴箱的位置,使主轴中心线与被加工孔的中心线重合。

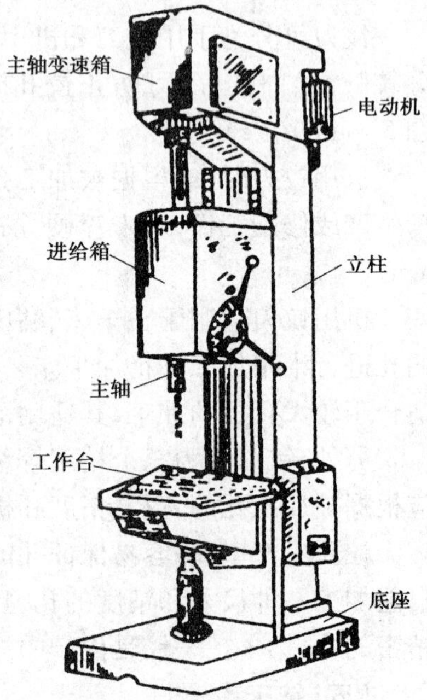

图5-49　立式钻床

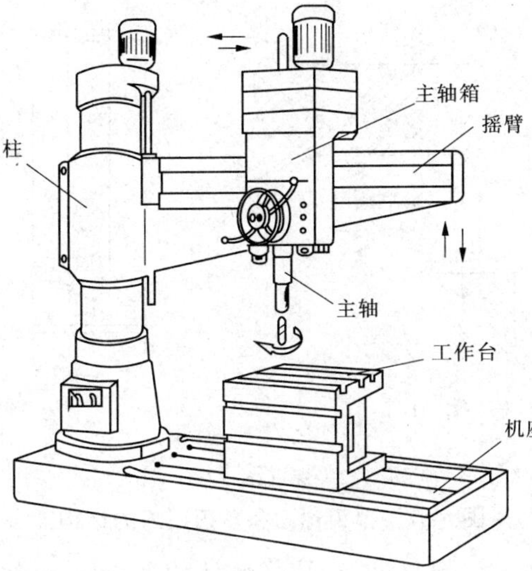

图 5-50　摇臂钻床

3. 其他钻床

台钻是一种加工小型工件上孔径 $d=0.1\sim13$ mm 的立式钻床；多轴钻床可同时加工工件上的很多孔，生产率高，广泛用于大批量生产；中心孔钻床用来加工轴类零件两端面上的中心孔；深孔钻床用于加工孔深与直径比 $l/d>5$ 的深孔。

三、镗削加工

镗孔是用镗刀在已加工孔的工件上，使孔径扩大并达到精度和表面粗糙度要求的加工方法。

镗孔是常用的加工孔的方法，其加工范围广泛。一般镗孔的精度可达 IT8～IT7，表面粗糙度 R_a 值可达 1.6～0.8 μm；精细镗时，精度可达 IT7～IT6，表面粗糙度 R_a 值为 0.8～0.1 μm。根据工件的尺寸形状、技术要求及生产批量的不同，镗孔可以在镗床、车床、铣床、数控机床和组合机床上进行。一般回旋体零件上的孔，多用车床加工；而箱体类零件上的孔或孔系（即要求相互平行或垂直的若干孔），则可以在镗床上加工。

镗孔不但能校正原有孔的轴线偏斜，而且能保证孔的位置精度，所以镗削加工适用于加工机座、箱体、支架等外形复杂的大型零件上尺寸较大、尺寸精度要求较高、有位置要求的孔和孔系。

（一）镗刀

镗刀有多种类型，按其切削刃数量可分为单刃镗刀、双刃镗刀和多刃镗刀，按其加工表面可分为通孔镗刀、盲孔镗刀、阶梯孔镗刀和端面镗刀，按其结构可分为整体式、装配式和可调式。如图 5-51 所示为单刃镗刀和多刃镗刀的结构。

1. 单刃镗刀

单刃镗刀刀头结构与车刀类似，刀头装在刀杆中，根据被加工孔的大小，通过手工操纵，用螺钉固定刀头的位置。刀头与镗杆轴线垂直（如图 5-51（a）所示），可镗通孔；倾斜安装如图 5-51（b）所示，可镗盲孔。

单刃镗刀结构简单，可以校正原有孔轴线偏斜和小的位置偏差，适应性较广，可用来进

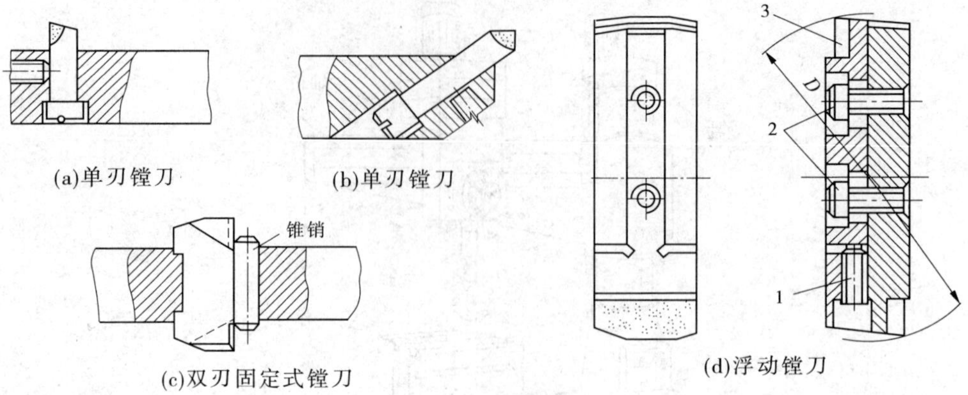

1、2—螺钉;3—刀片

图 5-51　单刃镗刀和多刃镗刀的结构

行粗加工、半精加工或精加工。但是,所镗孔径尺寸的大小要靠人工调整刀头的悬伸长度来保证,较为麻烦,加之仅有一个主切削刃参加切削,故生产效率较低,多用于单件小批量生产。

2. 双刃镗刀

双刃镗刀有两个对称的切削刃,切削时径向力可以相互抵消,工件孔径尺寸和精度由镗刀径向尺寸保证。

图 5-51(c)为固定式双刃镗刀。工作时,镗刀块可通过斜楔、锥销或螺钉装夹在镗杆上,镗刀块相对于轴线的位置偏差会造成孔径误差。固定式双刃镗刀是定尺寸刀具,适用于粗镗或半精镗直径较大的孔。

图 5-51(d)为可调节浮动镗刀块。调节时,先松开螺钉 2,转动螺钉 1,改变刀片的径向位置至两切削刃之间尺寸等于所要加工孔径尺寸,最后拧紧螺钉 2。工作时,镗刀块在镗杆的径向槽中不紧固,能在径向自由滑动,刀块在切削力的作用下保持平衡对中,可以减少镗刀块安装误差及镗杆径向跳动所引起的加工误差,而获得较高的加工精度。但它不能校正原有孔轴线偏斜或位置误差,其使用应在单刃镗之后进行。浮动镗刀适于精加工批量较大、孔径较大的孔。

(二)镗床

镗床主要用于加工尺寸较大且精度要求较高的孔,特别是分布在不同表面上、孔距和位置精度要求很严格的孔系,如箱体、汽车发动机缸体等零件上的孔系加工。镗床工作时,由刀具做旋转主运动,进给运动则根据机床类型和加工条件的不同,或者由刀具完成,或者由工件完成。镗床主要类型有卧式镗床、坐标镗床及金刚镗床等。

1. 卧式镗床

卧式镗床的外形如图 5-52 所示。它主要由床身 10,主轴箱 8,工作台 3,平旋盘 5 和前后立柱 7、2 等组成。主轴箱中装有镗轴 6,平旋盘 5 及主运动和进给运动的变速、操纵机构。加工时,镗轴 6 带动镗刀旋转形成主运动,并可沿其轴线移动实现轴向进给运动;平旋盘 5 只做旋转运动,装在平旋盘端面燕尾导轨中的径向刀架 4 除随平旋盘一起旋转外,还可带动刀具沿燕尾导轨做径向进给运动;主轴箱 8 可沿前立柱 7 的垂直导轨做上下移动,以实现垂直进给运动。工件装夹在工作台 3 上,工作台下面装有下滑座 11 和上滑座 12,下滑座可沿床身10水平导轨做纵向移动,实现纵向进给运动;工作台还可在上滑座的环形导轨上绕垂直轴回转,进行转位;上滑座沿下滑座的导轨做横向移动,实现横向进给。再利用主轴箱上、下位置调节,可使工件在一次装夹中,对工件上相互平行或成一定角度的平面或孔进行加工。后立柱2可沿床身导轨做纵向移动,支架1可在后立柱垂直导轨上,进行上下移动,用以支承悬伸较长的镗杆,以增加其刚性。

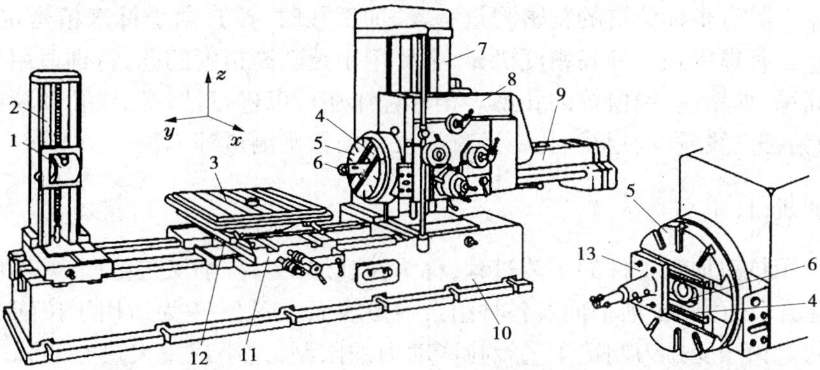

1—支架;2—后立柱;3—工作台;4—径向刀架;5—平旋盘;6—镗轴;7—前立柱;
8—主轴箱;9—后尾筒;10—床身;11—下滑座;12—上滑座;13—刀座

图5-52 卧式镗床

综上所述,卧式镗床的主运动有镗轴和平旋盘的旋转运动(二者是独立的,分别由不同的传动机构驱动);进给运动有镗轴的轴向进给运动,平旋盘上径向刀架的径向进给运动,主轴箱的垂直进给运动,工作台的纵向、横向进给运动;此外,辅助运动有工作台转位,后立柱纵向调位,后立柱支架的垂直方向调位,主轴箱沿垂直方向、工作台沿纵、横方向的快速调位运动。

卧式镗床结构复杂,通用性较好,除可进行镗孔外,还可进行钻孔,加工各种形状沟槽、铣平面、车削端面和螺纹等。卧式镗床的主参数是镗轴直径。它广泛用于机修和工具车间,适用于单件小批量生产,图5-53为其典型的加工方法。

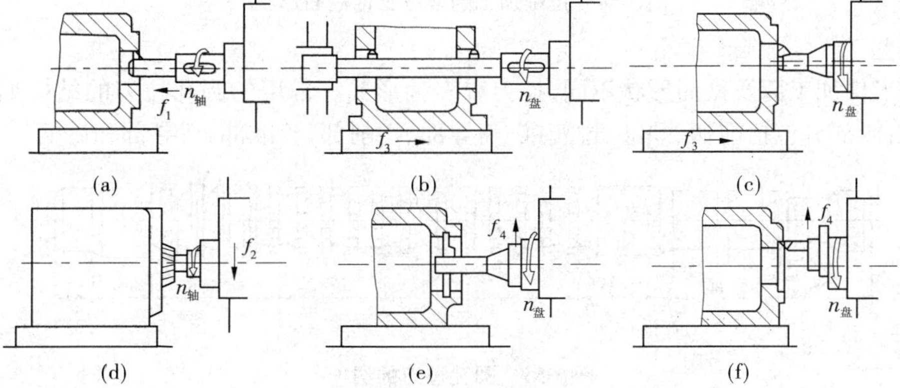

图5-53 卧式镗床的典型加工方法

其中,图5-53(a)为利用装在镗轴上的镗刀镗孔,纵向进给运动f_1由镗轴移动完成;

图 5-53(b)为利用后立柱支架支承长镗杆镗削同轴孔,纵向进给运动 f_3 由工作台移动完成;图 5-53(c)为利用平旋盘上刀具镗削大直径孔,纵向进给运动 f_3 由工作台完成;图 5-53(d)为利用装在镗轴上的端铣刀铣平面,垂直进给运动 f_2 由主轴箱完成;图 5-53(e)、(f)为利用装在平旋盘径向刀架上的刀具车内沟槽和端面,径向进给运动 f_4 由径向刀架完成。

2. 坐标镗床

该类机床上具有坐标位置的精密测量装置,加工孔时,按直角坐标来精密定位,所以称为坐标镗床。坐标镗床是一种高精度机床,主要用于镗削高精度的孔,特别适用于相互位置精度很高的孔系,如钻模、镗模等的孔系。坐标镗床还可以进行钻、扩、铰孔及精铣加工。此外,还可以做精密刻线、样板划线、孔距及直线尺寸的精密测量等工作。

四、拉削加工

在拉床上用拉刀加工工件的工艺过程,称为拉削加工。拉削工艺范围广,不但可以加工各种形状的通孔,还可以拉削平面及各种组合成形表面。图 5-54 为适用于拉削加工的典型工件截面形状。由于受拉刀制造工艺及拉床动力的限制,过小或过大尺寸的孔均不适宜拉削加工(拉削孔径一般为 10 ~ 100 mm,孔的深径比一般不超过 5),盲孔、台阶孔和薄壁孔也不适宜拉削加工。

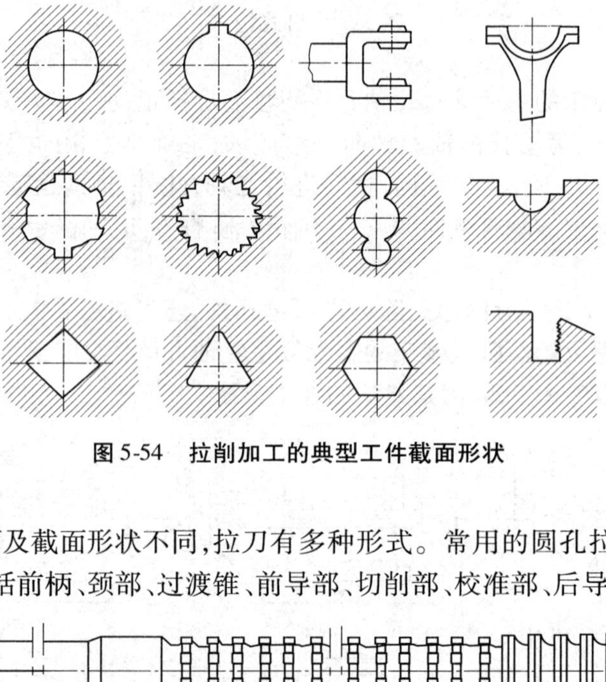

图 5-54　拉削加工的典型工件截面形状

(一)拉刀

根据工件加工面及截面形状不同,拉刀有多种形式。常用的圆孔拉刀的结构如图 5-55 所示,其组成部分包括前柄、颈部、过渡锥、前导部、切削部、校准部、后导部和后柄。

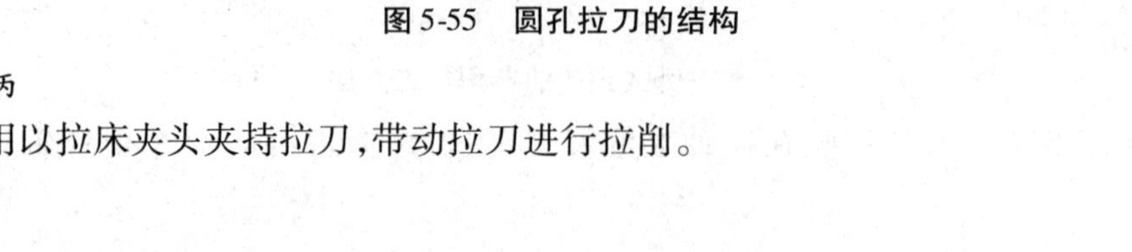

图 5-55　圆孔拉刀的结构

1. 前柄

前柄用以拉床夹头夹持拉刀,带动拉刀进行拉削。

2. 颈部

颈部是前柄与过渡锥的连接部分,可在此处打标记。

3. 过渡锥

过渡锥起对准中心的作用,使拉刀顺利进入工件预制孔中。

4. 前导部

前导部起导向和定心作用,防止拉孔歪斜,并可检查拉削前的孔径尺寸是否过小,以免拉刀第一个切削齿载荷太重而损坏。

5. 切削部

切削部承担全部余量的切除工作,由粗切齿、过渡齿和精切齿组成。

6. 校准部

校准部用以校正孔径,修光孔壁,并作为精切齿的后备齿。

7. 后导部

后导部用以保持拉刀最后正确位置,防止拉刀在即将离开工件时,工件下垂而损坏已加工表面或刀齿。

8. 后柄

后柄用做直径大于 60 mm 既长又重拉刀的后支承,防止拉刀下垂。直径较小的拉刀可不设后柄。

(二)拉孔的工艺特点

分析前述圆孔拉刀的结构可知,拉刀是一种高精度的多齿刀具,由于拉刀从头部向尾部方向刀齿高度逐齿递增,拉削过程中,通过拉刀与工件之间的相对运动,分别逐层从工件孔壁上切除金属,如图 5-56 所示,从而形成与拉刀的最后刀齿同形状的孔。

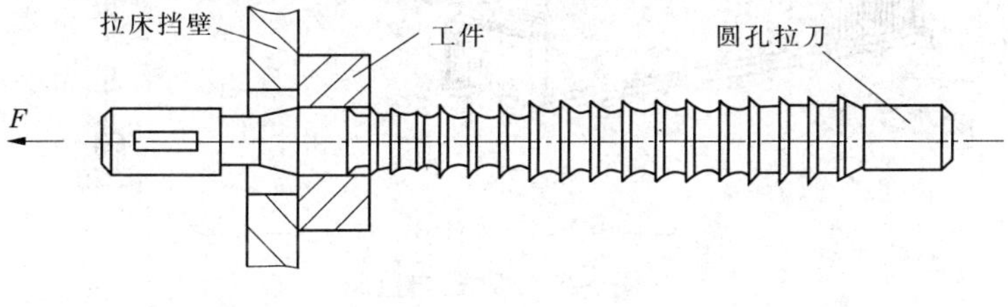

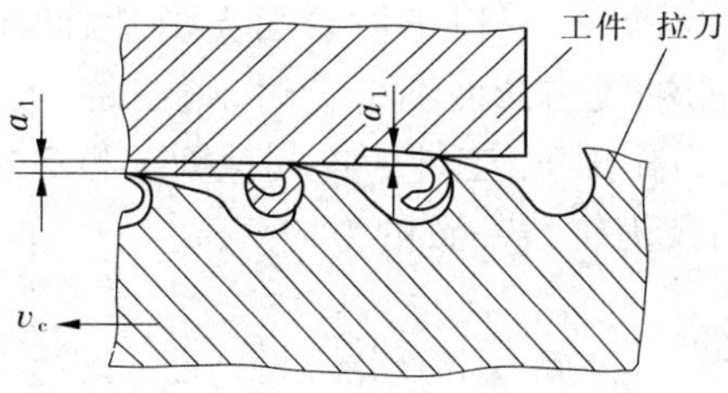

图 5-56 拉刀拉孔过程

拉孔与其他孔加工方法比较,具有以下特点。

1. 生产率高

拉削时,拉刀同时工作的刀齿数多,切削刃总长度长,在一次工作行程中就能完成粗加工、半精加工及精加工,机动时间短,因此生产率很高。

2. 可以获得较高的加工质量

拉刀为定尺寸刀具，有校准齿对孔壁进行校准、修光；拉孔切削速度低（v_e = 2 ~ 8 m/min），拉削过程平稳，因此可获得较高的加工质量。一般拉孔精度可达 IT8 ~ IT7 级，表面粗糙度 R_a 值为 1.6 ~ 0.1 μm。

3. 拉刀使用寿命长

由于拉削速度低，切削厚度小，每次拉削过程中，每个刀齿工作时间短，拉刀磨损慢，因此拉刀耐用度高，使用寿命长。

4. 拉削运动简单

拉削的主运动是拉刀的轴向移动，而进给运动是由拉刀各刀齿的齿升量 f_z（见图 5-56）来完成的。因此，拉床只有主运动，没有进给运动，拉床结构简单，操作方便。但拉刀结构较复杂，制造成本高。拉削多用于大批量生产中。

（三）拉床

拉床按用途可分为内拉床及外拉床，按机床布局可分为卧式和立式。其中，以卧式内拉床应用最为普遍。

图 5-57 为卧式内拉床的外形结构。液压缸 1 固定于床身内，工作时液压泵供给压力油驱动活塞，活塞带动拉刀 4，连同拉刀尾部活动支承 5 一起沿水平方向左移，装在固定支承上的工件 3 即被拉制出符合精度要求的内孔，其拉力通过压力表 2 显示。

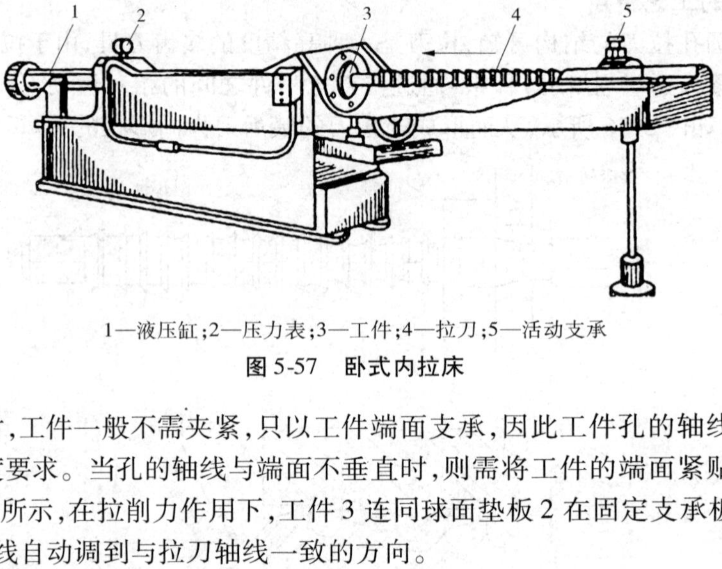

1—液压缸；2—压力表；3—工件；4—拉刀；5—活动支承

图 5-57　卧式内拉床

拉削圆孔时，工件一般不需夹紧，只以工件端面支承，因此工件孔的轴线与端面之间应有一定的垂直度要求。当孔的轴线与端面不垂直时，则需将工件的端面紧贴在一个球面垫板上，如图 5-58 所示，在拉削力作用下，工件 3 连同球面垫板 2 在固定支承板 1 上做微量转动，以使工件轴线自动调到与拉刀轴线一致的方向。

五、内圆表面的磨削加工

内圆表面的磨削可以在内圆磨床上进行，也可以在万能外圆磨床上进行。内圆磨床的主要类型有普通内圆磨床、无心内圆磨床和行星内圆磨床。不同类型的内圆磨床其磨削方法是不相同的。

（一）内圆磨削方法

1. 普通内圆磨床的磨削方法

普通内圆磨床是生产中应用最广的一种，图 5-59 为普通内圆磨床的磨削方法。磨削

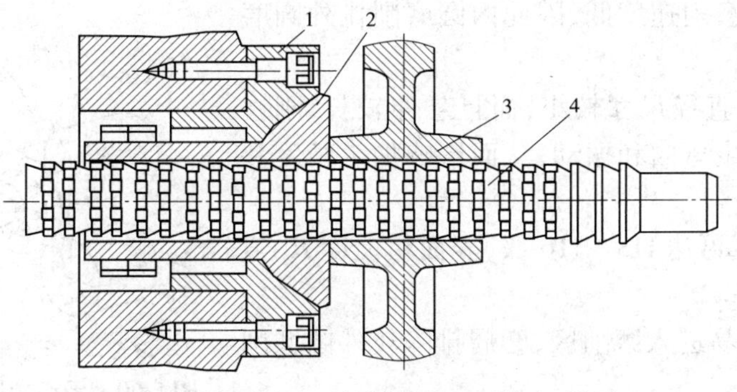

1—固定支承板;2—球面垫板;3—工件;4—拉刀

图 5-58　拉圆孔的方法

时,根据工件的形状和尺寸不同,可采用纵磨法(见图 5-59(a))、横磨法(见图 5-59(b)),有些普通内圆磨床上备有专门的端磨装置,可在一次装夹中磨削内孔和端面(见图 5-59(c)),这样不仅容易保证内孔和端面的垂直度,而且生产效率较高。

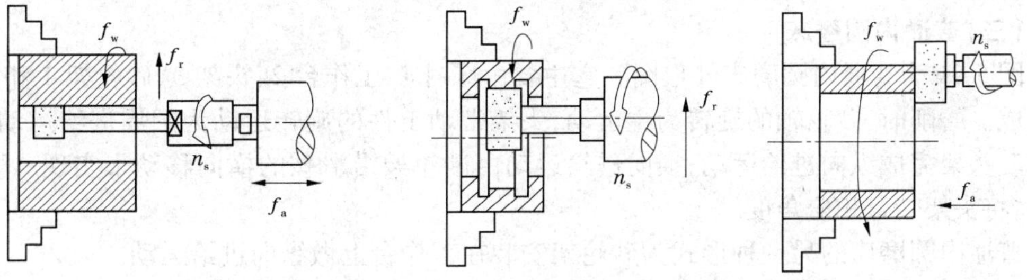

(a)　(b)　(c)

图 5-59　普通内圆磨床的磨削方法

如图 5-59(a)所示,纵磨法机床的运动有:砂轮的高速旋转运动做主运动 n_s;头架带动工件旋转做圆周进给运动 f_w;砂轮或工件沿其轴线往复做纵向进给运动 f_a,在每次(或几次)往复行程后,工件沿其径向做一次横向进给运动 f_r。这种磨削方法适用于形状规则、便于旋转的工件。

横磨法无需纵向进给运动 f_a,如图 5-59(b)所示,横磨法适用于磨削带有沟槽表面的孔。

2. 无心内圆磨床磨削

图 5-60 为无心内圆磨床的磨削方法。磨削时,工件 4 支承在滚轮 1 和导轮 3 上,压紧轮 2 使工件紧靠导轮 3,工件由导轮 3 带动旋转,实现圆周进给运动 f_w。砂轮除完成主运动 n_s 外,还做纵向进给运动 f_a 和周期性横向进给运动 f_r。加工结束时,压紧轮沿箭头 A 方向摆开,以便装卸工件。这种磨削方法适用于大批量生产,外圆表面已精加工的薄壁工件,如轴承套等。

(二)内圆磨削的工艺特点及应用范围

内圆磨削与外圆磨削相比,加工条件较差,内圆磨削有以下一些特点:

(1)砂轮直径受到被加工孔径的限制,直径较小。

砂轮很容易磨钝,需要经常修整和更换,增加了辅助时间,降低了生产率。

(2)砂轮直径小,使砂轮转速高达每分钟几万转,要达到砂轮圆周速度 25 ~ 30 m/s 也是十分困难的，由于磨削速度低，因此内圆磨削比外圆磨削效率低。

(3)砂轮轴的直径尺寸较小，而且悬伸较长，刚性差，磨削时容易发生弯曲和振动，从而影响加工精度和表面粗糙度。

内圆磨削精度可达 IT8 ~ IT6 级，表面粗糙度 R_a 值可达 0.8 ~ 0.2 μm。

(4)切削液不易进入磨削区，磨屑排除较外圆磨削困难。

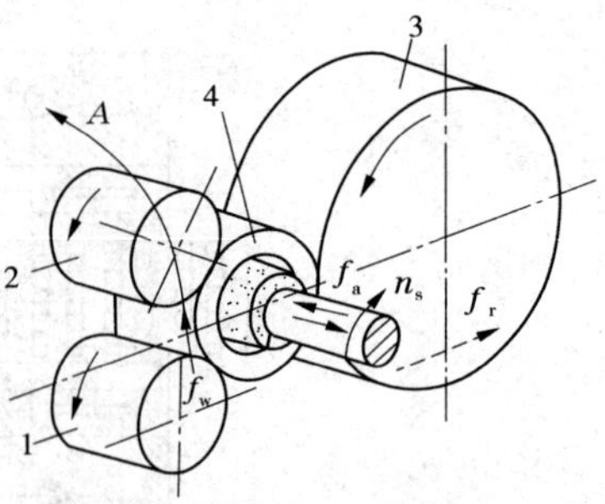

1—滚轮；2—压紧轮；3—导轮；4—工件

图 5-60　无心内圆磨床的磨削方法

虽然内圆磨削比外圆磨削加工条件差，但仍然是一种常用的精加工孔的方法。特别适用于淬硬的孔、断续表面的孔（带键槽或花键槽的孔）和长度较短的精密孔加工。磨孔不仅能保证孔本身的尺寸精度和表面质量，还能提高孔的位置精度和轴线的直线度；用同一砂轮可以磨削不同直径的孔，灵活性大。内圆磨削可以磨削圆柱孔（通孔、盲孔、阶梯孔）、圆锥孔及孔端面等。

（三）普通内圆磨床

图 5-61 为普通内圆磨床外形图。它主要由床身 1、工作台 2、头架 3、砂轮架 4 和滑鞍 5 等组成。磨削时，砂轮轴的旋转为主运动，头架带动工件的旋转运动为圆周进给运动，工作台带动头架完成纵向进给运动，横向进给运动由砂轮架沿滑鞍的横向移动来实现。磨锥孔时，需将头架转过相应角度。

普通内圆磨床的另一种形式为砂轮架安装在工作台上做纵向进给运动。

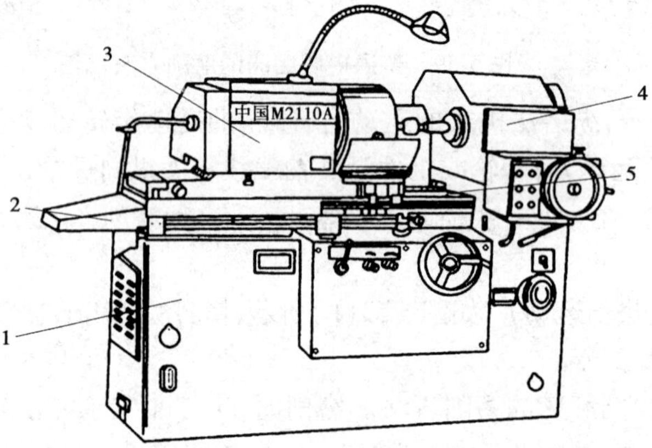

1—床身；2—工作台；3—头架；4—砂轮架；5—滑鞍

图 5-61　普通内圆磨床外形

第八节　平面加工

一、平面加工方法

平面是基础类零件（如箱体、工作台、床身及支架等）的主要表面，也是回旋体零件的重要表面之一（如端面、台肩面等）。根据平面所起的作用不同，可以将其分为非结合面、结合面、导向面、测量工具的工作平面等。平面的加工方法有车削、铣削、刨削、磨削、拉削、研磨、刮研等。其中，刨削、铣削、磨削是平面的主要加工方法。

由于平面的作用不同，技术要求不同，在采用不同的加工方案时，应根据工件的技术要求、毛坯种类、原材料状况及生产规模等因素进行合理选用，以保证平面加工质量。常用的平面加工方案如表 5-17 所示。

二、刨削与插削加工

（一）刨削加工

在刨床上使用刨刀对工件进行切削加工，称为刨削加工。刨削加工主要用于加工各种平面（如水平面、垂直面和斜面等）和沟槽（如 T 形槽、燕尾槽、V 形槽等）。刨削加工的典型表面如图 5-62 所示（图中的切削运动是按牛头刨床加工时标注的）。

表 5-17　平面加工方案

序号	加工方案	经济精度级	表面粗糙度 R_a 值（μm）	适用范围
1	粗车—半精车	IT9	6.3 ~ 3.2	回转体零件的端面
2	粗车—半精车—精车	IT8 ~ IT7	1.6 ~ 0.8	
3	粗车—半精车—磨削	IT8 ~ IT6	0.8 ~ 0.2	
4	粗刨（或粗铣）—精刨（或精铣）	IT10 ~ IT8	6.3 ~ 1.6	精度不太高的不淬硬平面
5	粗刨（或粗铣）—精刨（或精铣）—刮研	IT7 ~ IT6	0.8 ~ 0.1	精度要求较高的不淬硬平面
6	粗刨（或粗铣）—精刨（或精铣）—磨削	IT7	0.8 ~ 0.2	精度要求较高的淬硬或不淬硬平面
7	粗刨（或粗铣）—精刨（或精铣）—粗磨—精磨	IT7 ~ IT6	0.4 ~ 0.02	
8	粗铣—拉削	IT9 ~ IT7	0.8 ~ 0.2	大量生产，较小平面（精度与拉刀精度有关）
9	粗铣—精铣—精磨—研磨	IT5 以上	0.1 ~ 0.06	高精度平面

刨削加工常见的机床有牛头刨床和龙门刨床。

1. 牛头刨床

如图 5-63 所示，牛头刨床主要由床身、横梁、工作台、滑枕、刀架等组成，因其滑枕和刀架形似牛头而得名。牛头刨床工作时，装有刀架 1 的滑枕 3 由床身 4 内部的摆杆带动，沿床身顶部的导轨做直线往复运动，由刀具实现切削过程的主运动。夹具或工件则安装在工作台 6 上，加工时，工作台 6 带动工件沿横梁 5 上导轨做间歇横向进给运动。横梁 5 可沿床身的垂直导轨上下移动，以调整工件与刨刀的相对位置。刀架 1 还可以沿刀架座上的导轨上下移动（一般为手动），以调整刨削深度，在加工垂直平面和斜面做进给运动时，调整转盘 2，可以使刀架左右旋转，以便加工斜面和斜槽。

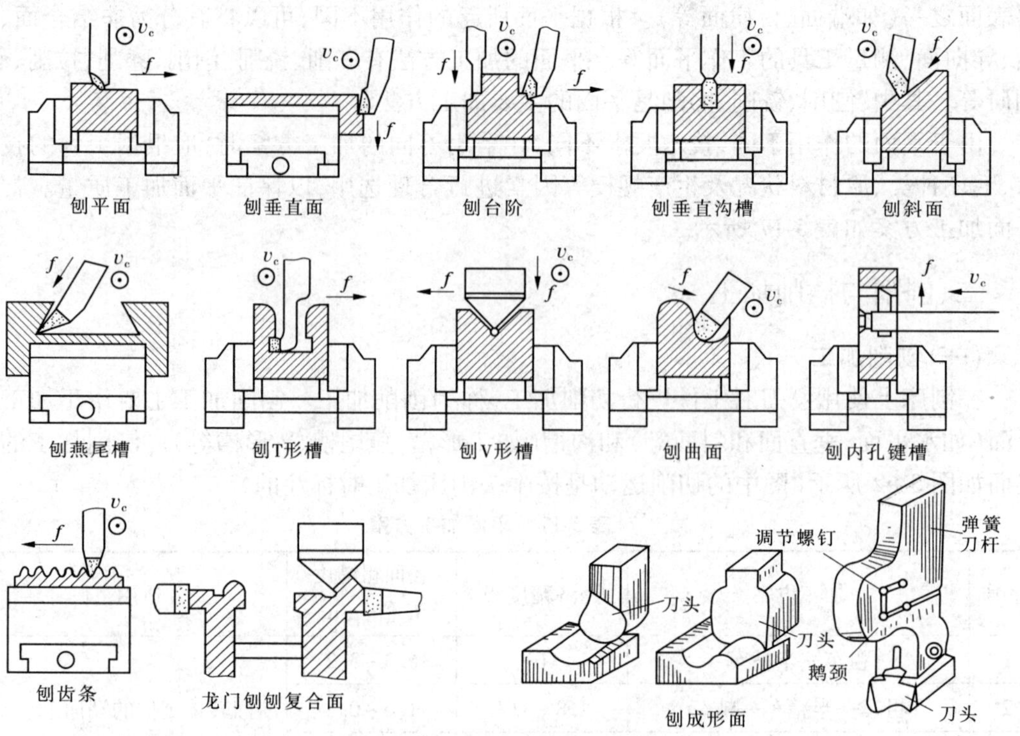

图 5-62　刨削加工的典型表面

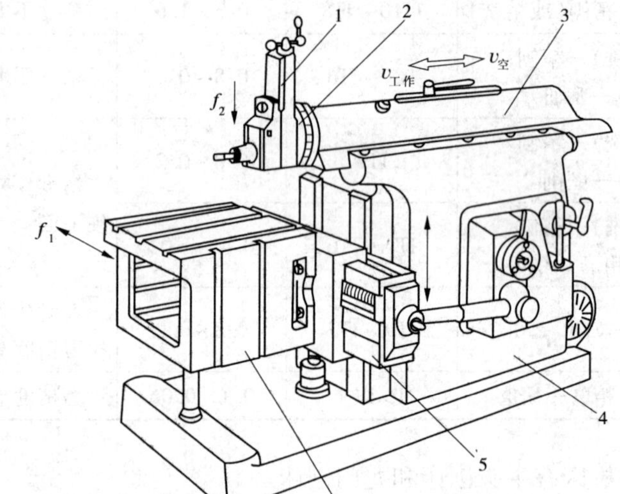

1—刀架;2—转盘;3—滑枕;4—床身;5—横梁;6—工作台

图 5-63　牛头刨床

牛头刨床的刀具只在一个运动方向上进行切削,刀具在返回时不进行切削,空行程损失大,滑枕在换向的瞬间,有较大的冲击惯性,因此主运动速度不能太高;加工时通常只能单刀加工,所以它的生产率比较低。牛头刨床的主参数是最大刨削长度。它适用于单件小批量生产或机修车间,用来加工中、小型工件的平面或沟槽。

2. 龙门刨床

图5-64是龙门刨床的外形图，因它具有一个龙门式的框架而得名。龙门刨床工作时，工件装夹在工作台9上，随工作台沿床身10的水平导轨做直线往复运动以实现切削过程的主运动。装在横梁2上的垂直刀架5、6可沿横梁导轨做间歇的横向进给运动，用以刨削工件的水平面，垂直刀架的溜板还可使刀架上下移动，做切入运动或刨竖直平面。此外，刀架溜板还能绕水平轴调整至一定角度位置，以加工斜面或斜槽。横梁2可沿左右立柱3、7的导轨做垂直升降以调整垂直刀架位置，适应不同高度工件的加工需要。装在左右立柱上的侧刀架1、8可沿立柱导轨做垂直方向的间歇进给运动，以刨削工件竖直平面。

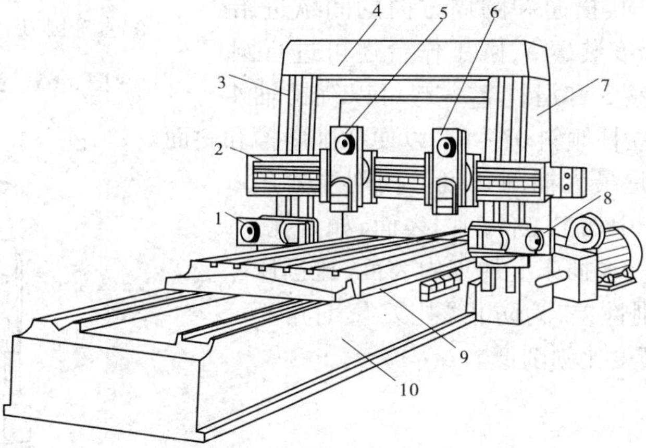

1、8—左、右侧刀架；2—横梁；3、7—立柱；4—顶梁；
5、6—垂直刀架；9—工作台；10—床身

图5-64　龙门刨床的外形

与牛头刨床相比，龙门刨床具有形体大、动力大、结构复杂、刚性好、工作稳定、工作行程长、适应性强和加工精度高等特点。龙门刨床的主参数是最大刨削宽度。它主要用来加工大型零件的平面，尤其是窄而长的平面，也可加工沟槽或在一次装夹中同时加工数个中、小型工件的平面。

3. 刨刀

刨刀的结构与车刀相似，其几何角度的选取原则也与车刀基本相同。但因刨削过程中有冲击，所以刨刀的前角比车刀小5°~6°；而且刨刀的刃倾角也应取较大的负值，以使刨刀切入工件时产生的冲击力作用在离刀尖稍远的切削刃上。刨刀的刀杆截面比较粗大，以增加刀杆刚性和防止折断。如图5-65所示，刨刀刀杆有直杆和弯杆之分，直杆刨刀刨削时，如遇到加工余量不均或工件上的硬点时，切削力的突然增大将增加刨刀的弯曲变形，造成切削刃扎入已加工表面，降低了已加工表面的精度和表面质量，也容易损坏切削刃（见图5-65(a)）。若采用弯杆刨刀，当切削力突然增大时，刀杆产生的弯曲变形会使刀尖离开工件，避免扎入工件（见图5-65(b)）。

4. 刨削加工的工艺特点

（1）刨床结构简单，调整、操作方便，刨刀制造、刃磨、安装容易，加工费用低。

（2）刨削加工切削速度低，加之空行程所造成的损失，生产率一般较低。但在加工窄长面和进行多件或多刀加工时，刨削的生产率并不比铣削低。

(3)刨削特别适宜加工尺寸较大的T形槽、燕尾槽及窄长的平面。

(二)插削加工

插削和刨削的切削方式基本相同,只是插削是在竖直方向上进行切削,因此可以认为插床是一种立式的刨床。图5-66是插床的外形图。插削加工时,滑枕2带动插刀沿垂直方向做直线往复运动,实现切削过程的主运动。工件安装在圆工作台1上,圆工作台可实现纵向、横向和圆周方向的间歇进给运动。此外,利用分度装置5,圆工作台还可进行圆周分度。滑枕导轨座3和滑枕2一起可以绕销轴4在垂直平面内相对立柱倾斜0°~8°,以便插削斜槽和斜面。

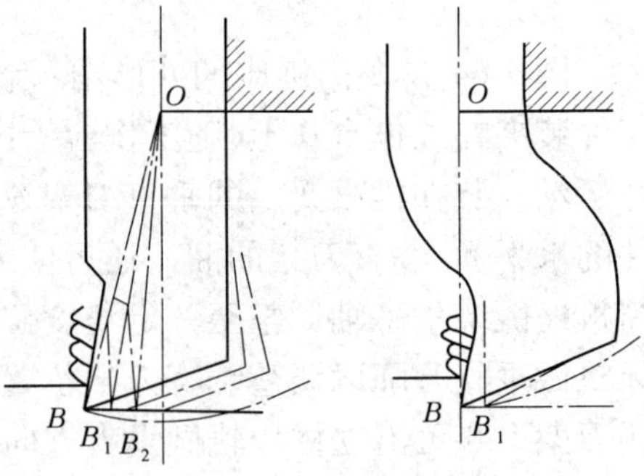

(a)直头刨刀　　(b)弯头刨刀

图5-65　刨刀刀杆形状

插床的主参数是最大插削长度。插削主要用于单件、小批量生产中加工工件的内表面,如方孔、多边形孔和键槽等。在插床上加工内表面,比刨床方便,但插刀刀杆刚性差,为防止"扎刀",前角不宜过大,因此加工精度比刨削低。

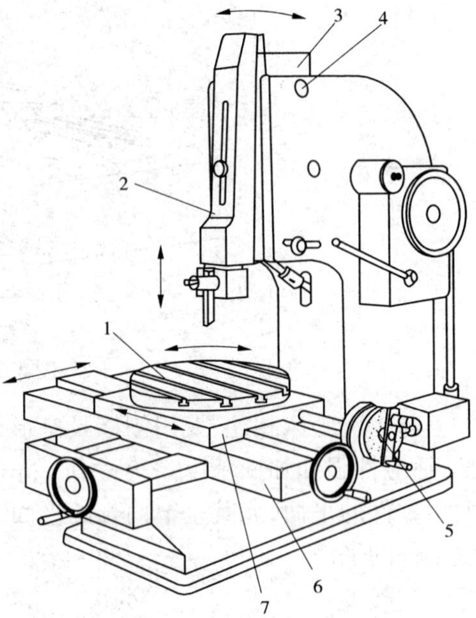

1—圆工作台;2—滑枕;3—滑枕导轨座;4—销轴;5—分度装置;6—床鞍;7—溜板

图5-66　插床

三、铣削加工

(一)铣削加工的工艺范围及特点

铣削加工是利用多刃回转体刀具在铣床上对工件表面进行加工的一种切削加工方法。它可以加工水平面、垂直面、斜面、沟槽、成形表面、螺纹和齿形等,也可以用来切断材料。因此,铣削加工的工艺范围相当广泛,也是平面加工的主要方法之一。铣削的典型加工方法如图5-67所示。

与其他平面加工方法相比较,铣削的工艺特点是:

(1)铣刀是典型的多刃刀具,加工过程有几个刀齿同时参与切削,总的切削宽度较大;铣削时的主运动是铣刀的旋转,有利于进行高速切削,故铣削的生产率高于刨削加工。

(2)铣削加工范围广,可以加工刨削无法完成或难以加工的表面。如可铣削周围封闭的凹平面、圆弧形沟槽、具有分度要求的小平面和沟槽等。

(3)在铣削过程中,就每个刀齿而言是依次参加切削,刀齿在离开工件的一段时间内,可以得到一定的冷却。因此,刀齿散热条件好,有利于减少铣刀的磨损,延长了使用寿命。

(4)由于是断续切削,刀齿在切入和切出工件时会产生冲击,而且每个刀齿的切削厚度也时刻在变化,这就引起切削面积和切削力的变化。因此,铣削过程不平稳,容易产生振动。

(5)铣床、铣刀比刨床、刨刀结构复杂,铣刀的制造与刃磨比刨刀困难,所以铣削成本比刨削高。

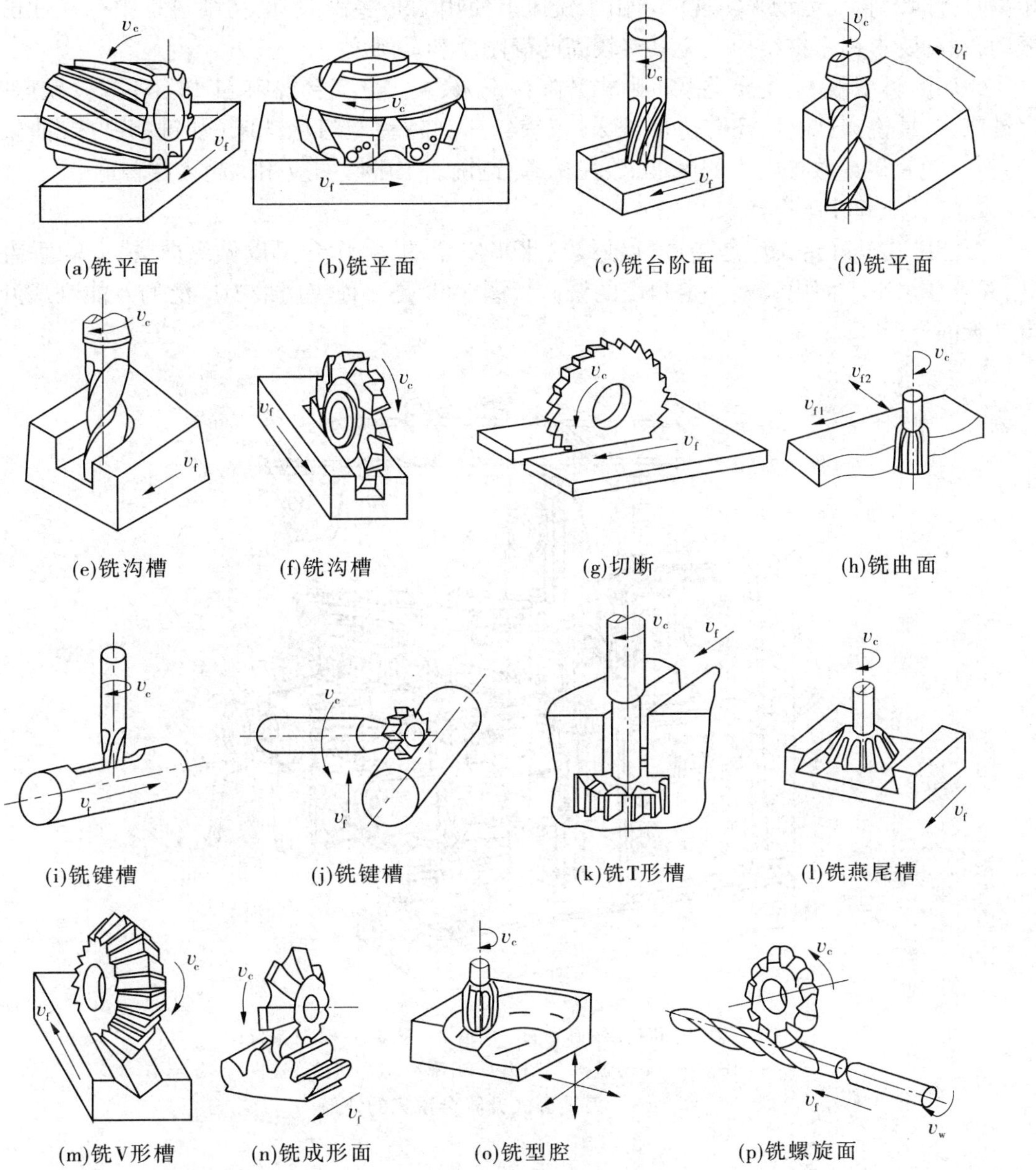

图 5-67　铣削的典型加工方法

(6)铣削与刨削的加工质量大致相当,经粗加工、精加工后都可达到中等精度。但在加工大平面时,刨削后无明显接刀痕,而用直径小于工件宽度的端铣刀铣削时,各次走刀间有明显的接刀痕,影响表面质量。

铣削加工既适用于单件小批量生产,也适用于大批量生产。

(二)铣床及附件

铣床是用铣刀进行切削加工的机床,它的用途极为广泛。在铣床上采用不同类型的铣刀,配备万能分度头、回转工作台等附件,可以完成如图 5-67 所示的各种典型表面加工。

铣床工作时的主运动是主轴部件带动铣刀的旋转运动,进给运动是由工作台在三个互相垂直方向的直线运动来实现的。由于铣床上使用的是多齿刀具,切削过程中存在冲击和振动,这就要求铣床在结构上应具有较高的静刚度和动刚度。

铣床的类型很多,主要类型有卧式升降台铣床、立式升降台铣床、工作台不升降铣床、龙门铣床、工具铣床;此外,还有仿形铣床、仪表铣床和各种专门化铣床(如键槽铣床、曲轴铣床)等。随着机床数控技术的发展,数控铣床、镗铣加工中心的应用也越来越普遍。

1. 万能卧式升降台铣床

万能卧式升降台铣床是指主轴轴线呈水平安置的,工作台可以做纵向、横向和垂直运动,并可在水平平面内调整一定角度的铣床。图5-68是一种应用最为广泛的万能卧式升降台铣床的外形。

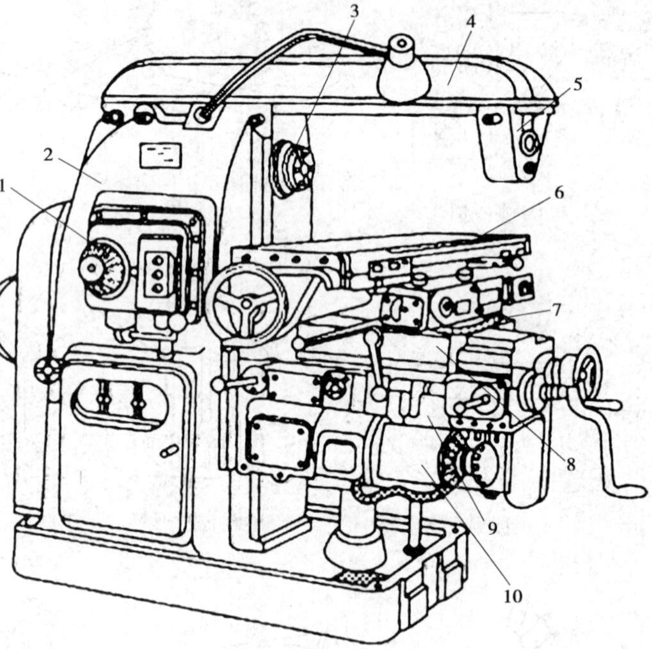

1—主轴变速机构;2—床身;3—主轴;4—悬梁;5—刀杆支架;
6—工作台;7—回转盘;8—床鞍;9—升降台;10—进给变速机构

图5-68 万能卧式升降台铣床的外形

加工时,铣刀装夹在刀杆上,刀杆一端安装在主轴3的锥孔中,另一端由悬梁4右端的刀杆支架5支承,以提高其刚度。驱动铣刀做旋转主运动的主轴变速机构1安装在床身2内。工作台6可沿回转盘7上的燕尾导轨做纵向运动,回转盘7可相对于床鞍8绕垂直轴线调整至一定角度(±45°),以便加工螺旋槽等表面。床鞍8可沿升降台9上的导轨做平行于主轴轴线的横向运动,升降台9则可沿床身2侧面导轨做垂直运动。进给变速机构10及其操纵机构都置于升降台内。这样,用螺栓、压板、机床用平口虎钳或专用夹具装夹在工作台6上的工件,便可以随工作台一起在三个方向实现任一方向的位置调整或进给运动。

卧式升降台铣床结构与万能卧式升降台铣床基本相同,但卧式升降台铣床在工作台和床鞍之间没有回转盘,因此工作台不能在水平面内调整角度。这种铣床除不能铣削螺旋槽外,可以完成和万能卧式升降台铣床一样的各种铣削加工。万能卧式升降台铣床及卧式升降台铣床的主参数是工作台面宽度。它们主要用于中、小零件的加工。

2. 立式升降台铣床

立式升降台铣床与卧式升降台铣床的主要区别仅在于它的主轴是垂直安置的,可用各种端铣刀(亦称面铣刀)或立铣刀加工平面、斜面、沟槽、台阶、齿轮、凸轮及封闭的轮廓表面等。图5-69为常见的一种立式升降台铣床外形图,其工作台3、床鞍4及升降台5与卧式升降台铣床相同。立铣头1可在垂直平面内旋转一定的角度,以扩大加工范围,主轴2可沿轴线方向进行调整或做进给运动。

3. 龙门铣床

龙门铣床是一种大型高效能通用机床,主要用于加工各类大型工件上的平面、沟槽,它不仅对工件可以进行粗铣、半精铣,也可以进行精铣加工。图5-70为具有四个铣头的中型龙门铣床。四个铣头分别安装在横梁和立柱上,并可单独沿横梁或立柱的导轨做调整位置的移动。每个铣头即是一个独立的主运动部件,又能由铣头主轴套筒带动铣刀主轴沿轴向实现进给运动和调整位置的移动,根据加工需要每个铣头还能旋转一定的角度。加工时,工作台带动工件做纵向进给运动,其余运动均由铣头实现。由于龙门铣床的刚性和抗振性比龙门刨床好,它允许采用较大切削用量,并可用几个铣头同时从不同方向加工几个表面,机床生产效率高,在大批量生产中得到了广泛应用。龙门铣床的主参数是工作台面宽度。

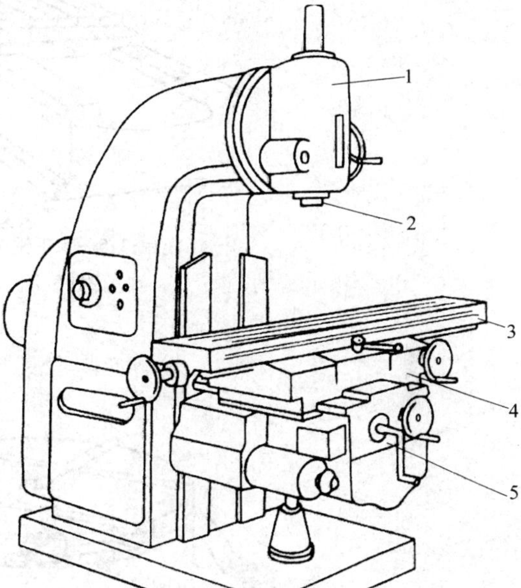

1—立铣头;2—主轴;3—工作台;
4—床鞍;5—升降台

图5-69　立式升降台铣床外形

4. 铣床附件

升降台式铣床配备有多种附件,用来扩大工艺范围。其中,回转工作台(圆工作台)和万能分度头是常用的两种附件。

1)回转工作台

回转工作台安装在铣床工作台上,用来装夹工件,以铣削工件上的圆弧表面或沿圆周分度。如图5-71所示,用手轮转动方头5,通过回转工作台内部的蜗杆蜗轮机构,使转盘1转动,转盘的中心为圆锥孔,供工件定位用。利用T形槽、螺钉和压板将工件夹紧在转盘上。传动轴3和铣床的传动装置相连接,可进行机动进给。扳动手柄4可接通或断开机动进给。调整挡铁2的位置,可使转盘自动停止在所需的位置上。

2)万能分度头

图5-72为FW250型(夹持工件最大直径为250 mm)万能分度头的外形。万能分度头最基本的功能是使装夹在分度头主轴顶尖与尾座顶尖之间或夹持在卡盘上的工件,依次转过所需的角度,以达到规定的分度要求。它可以完成以下工作:由分度头主轴带动工件绕其自身轴线回转一定角度,完成等分或不等分的分度工作,用以铣削方头、六角头、直齿圆柱齿

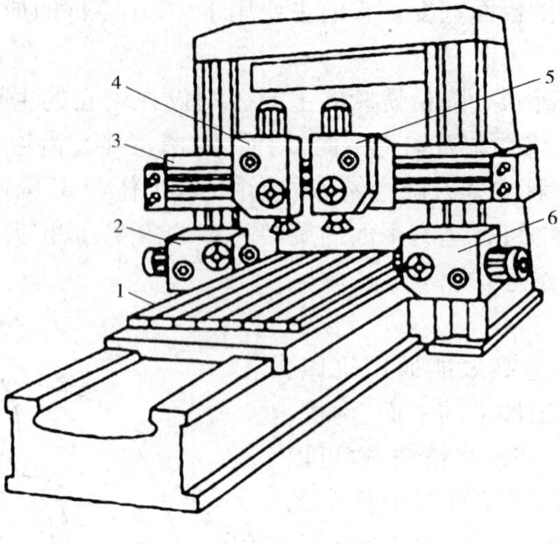

1—工作台;2、6—水平铣头;3—横梁;4、5—垂直铣头

图 5-70　龙门铣床

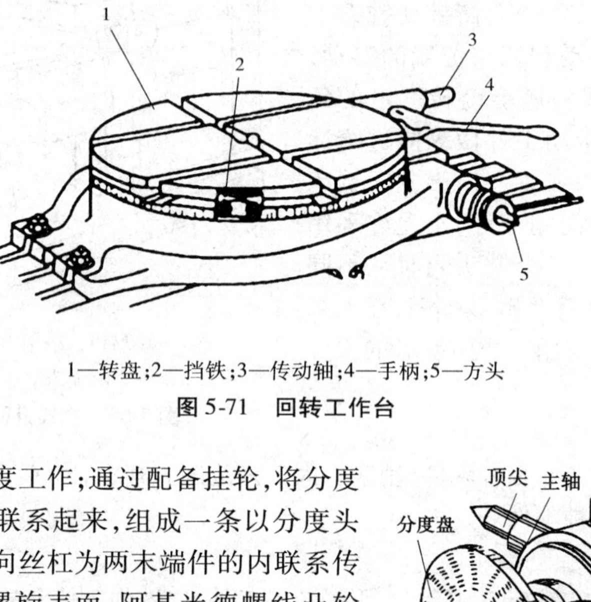

1—转盘;2—挡铁;3—传动轴;4—手柄;5—方头

图 5-71　回转工作台

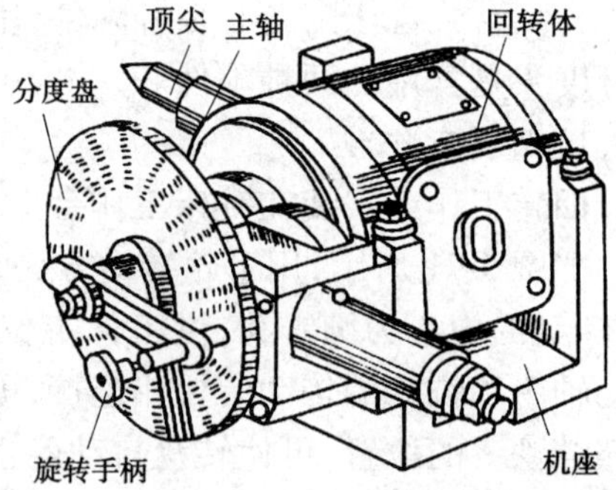

图 5-72　FW250 型万能分度头的外形

轮、键槽、花键等的分度工作;通过配备挂轮,将分度头主轴与工作台丝杠联系起来,组成一条以分度头主轴和铣床工作台纵向丝杠为两末端件的内联系传动链,用以铣削各种螺旋表面、阿基米德螺线凸轮等;用卡盘夹持工件,使工件轴线相对于铣床工作台倾斜一定角度,以铣削与工件轴线相交成一定角度的沟槽、平面、直齿锥齿轮、齿轮离合器等。

(三)铣刀的类型及应用

铣刀为多齿回转刀具,其每一个刀齿都相当于一把车刀固定在铣刀的回转面上。铣刀刀齿的几何角度和切削过程,都与车刀或刨刀基本相同。铣刀的类型很多,结构不一,应用范围很广,是金属切削刀具中种类最多的刀具之一。铣刀按其用途可分为加工平面用铣刀、加工沟槽用铣刀、加工成形面用铣刀等类型。通用规格的铣刀已标准化,一般均由专业工具厂制造。以下介绍几种常用铣刀的特点及适用范围。

1. 圆柱铣刀

如图5-67(a)所示,圆柱铣刀一般是用高速钢整体制造,直线或螺旋线切削刃分布在圆周表面上,没有副切削刃。螺旋形的刀齿切削时是逐渐切入和脱离工件的,所以切削过程较平稳。主要用于卧式铣床铣削宽度小于铣刀长度的狭长平面。

2. 面铣刀(端铣刀)

如图5-67(b)所示,面铣刀主切削刃分布在圆柱或圆锥面上,端面切削刃为副切削刃。按刀齿材料可分为高速钢和硬质合金两大类,多制成套式镶齿结构。镶齿面铣刀刀盘直径一般为75~300 mm,最大可达600 mm,主要用在立式或卧式铣床上铣削台阶面和平面,特别适合较大平面的铣削加工。用面铣刀加工平面,同时参加切削的刀齿较多,又有副切削刃的修光作用,使加工表面粗糙度值小。硬质合金镶齿面铣刀可实现高速切削(100~150 m/min),生产效率高,应用广泛。

3. 立铣刀

如图5-67(c)、(d)、(e)、(h)所示,立铣刀一般由3~4个刀齿组成,圆柱面上的切削刃是主切削刃,端面上分布着副切削刃,工作时只能沿着刀具的径向进给,不能沿着铣刀轴线方向做进给运动。它主要用于铣削凹槽、台阶面和小平面,还可以利用靠模铣削成形表面。

4. 三面刃铣刀

三面刃铣刀可分为直齿三面刃和错齿三面刃,它主要用在卧式铣床上铣削台阶面和凹槽。如图5-67(f)所示,三面刃铣刀除圆周具有主切削刃外,两侧面也有副切削刃,从而改善了两端面切削条件,提高了切削效率,减小了表面粗糙度值。错齿三面刃铣刀,圆周上刀齿呈左右交错分布,和直齿三面刃铣刀相比,它切削较平稳、切削力小、排屑容易,故应用较广。

5. 锯片铣刀

如图5-67(g)所示,锯片铣刀很薄,只有圆周上有刀齿,侧面无切削刃,用于铣削窄槽和切断工件。为了减小摩擦和避免夹刀,其厚度由边缘向中心减薄,使两侧面形成副偏角。

6. 键槽铣刀

如图5-67(i)所示,它的外形与立铣刀相似,不同的是它在圆周上只有两个螺旋刀齿,其端面刀齿的刀刃延伸至中心,因此在铣两端不通的键槽时,可作适量的轴向进给。它主要用于加工圆头封闭键槽。铣削加工时,先径向进给达到槽深,然后沿键槽方向铣出键槽全长。

如图5-67所示,其他还有角度铣刀(见图5-67(m))、成形铣刀(见图5-67(n)、(p))、T形槽铣刀(见图5-67(k))、燕尾槽铣刀(见图5-67(l)),头部形状根据加工需要可以是圆锥形、圆柱形球头和圆锥形球头的模具铣刀(见图5-67(o))等。

(四)铣削用量

1. 铣削用量要素

铣削时,调整机床用的参量称为铣削要素,也称为铣削用量要素,包括铣削速度、铣削进给量、背吃刀量、侧吃刀量。

1)铣削速度 v_c

铣削速度是铣刀最大直径处切削刃的线速度,单位为m/min。其值可用下式计算

$$v_c = \pi dn/1\ 000 \tag{5-17}$$

式中 v_c——铣削速度,m/min;

d——铣刀直径,mm;

n——铣刀转速,r/min。

2)铣削进给量

铣削进给量有三种表示方法。

每齿进给量 f_z:铣刀每转过一个刀齿时,工件与铣刀沿进给方向的相对位移量,单位为 mm/齿。

每转进给量 f:铣刀每转一转时,工件与铣刀沿进给方向的相对位移量,单位为 mm/r。

进给速度 v_f:单位时间(每分钟)内,工件与铣刀沿进给方向的相对位移量,单位为 mm/min。

f_z、f、v_f 三者的关系是

$$v_f = fn = f_z zn \tag{5-18}$$

式中 z——铣刀刀齿数。

铣削加工规定三种进给量是由于生产的需要,其中 v_f 用以机床调整及计算加工工时,每齿进给量 f_z 则用来计算切削力、验算刀齿强度。一般铣床铭牌上进给量是用进给速度 v_f 标注的。

3)背吃刀量 a_p

背吃刀量是指平行于铣刀轴线测量的切削层尺寸,单位为 mm。周铣时 a_p 是已加工表面宽度,端铣时 a_p 是切削层深度。

4)侧吃刀量 a_e

侧吃刀量是指垂直于铣刀轴线测量的切削层尺寸,单位为 mm。周铣时 a_e 是切削层深度,端铣时 a_e 是已加工表面宽度。

2. 铣削用量的选择

铣削用量应根据工件材料、加工精度、铣刀耐用度及机床刚度等因素进行选择。首先选定铣削深度(背吃刀量 a_p),其次是每齿进给量 f_z,最后确定铣削速度 v_c。

表 5-18 和表 5-19 为铣削用量的推荐值,供参考。

表 5-18 粗铣每齿进给量 f_z 的推荐值

刀具		材料	推荐进给量(mm/齿)
高速钢	圆柱铣刀	钢	0. 1 ~ 0. 15
		铸铁	0. 12 ~ 0. 20
	面铣刀	钢	0. 04 ~ 0. 06
		铸铁	0. 15 ~ 0. 20
	三面刃铣刀	钢	0. 04 ~ 0. 06
		铸铁	0. 15 ~ 0. 25
硬质合金铣刀		钢	0. 1 ~ 0. 20
		铸铁	0. 15 ~ 0. 30

表 5-19 铣削速度 v_c 的推荐值

工件材料	铣削速度	
	高速钢铣刀	硬质合金铣刀
20	20 ~ 45	150 ~ 190
45	20 ~ 35	120 ~ 150
40Cr	15 ~ 25	60 ~ 90
HT150	14 ~ 22	70 ~ 100
黄铜	30 ~ 60	120 ~ 200
铝合金	112 ~ 300	400 ~ 600
不锈钢	16 ~ 25	50 ~ 100

注:①粗铣时取小值,精铣时取大值。

②工件材料强度和硬度高取小值,反之取大值。

③刀具材料耐热性好取大值,反之取小值。

(五)铣削方式

1. 周铣

用圆柱铣刀的圆周齿进行铣削的方式称为周铣。周铣有逆铣和顺铣之分。

1)逆铣

如图 5-73(a)所示,铣削时,铣刀每一刀齿在工件切入处的速度方向与工件进给方向相反,这种铣削方式称为逆铣。逆铣时,刀齿的切削厚度从零逐渐增大至最大值。刀齿在开始切入时,由于刀齿刃口有圆弧,刀齿在工件表面打滑,产生挤压与摩擦,使这段表面产生冷硬层,至滑行一定程度后,刀齿方能切入下一层金属层。下一个刀齿切入时,又在冷硬层上挤压、滑行,这样不仅加速了刀具磨损,同时也使工件表面粗糙值增大。

由于铣床工作台纵向进给运动是用丝杠螺母副来实现的,螺母固定,由丝杠带动工作台移动,由图 5-73(a)可见,逆铣时,铣削力 F 的纵向铣削分力 F_x 与驱动工作台移动的纵向力方向相反,这样使得工作台丝杠螺纹的左侧与螺母齿槽左侧始终保持良好接触,工作台不会发生窜动现象,铣削过程平稳。但在刀齿切离工件的瞬时,铣削力 F 的垂直铣削分力 F_x 是向上的,对工件夹紧不利,易引起振动。

2)顺铣

如图 5-73(b)所示,铣削时,铣刀每一刀齿在工件切入处的速度方向与工件进给方向相同,这种切削方式称为顺铣。顺铣时,刀齿的切削厚度从最大逐步递减至零,没有逆铣时的滑行现象,已加工表面的加工硬化程度大为减轻,表面质量较高,铣刀的耐用度比逆铣高。同时,铣削力 F 的垂直分力 F_z 始终压向工作台,避免了工件的振动。

顺铣时,切削力 F 的纵向分力 F_x 始终与驱动工作台移动的纵向力方向相同。如果丝杠螺母副存在轴向间隙,当纵向切削力 F_x 大于工作台与导轨之间的摩擦力时,会使工作台带动丝杠出现左右窜动,造成工作台进给不均匀,严重时会出现打刀现象。粗铣时,如果采用顺铣方式加工,则铣床工作台进给丝杠螺母副必须有消除轴向间隙的机构,否则宜采用逆铣方式加工。

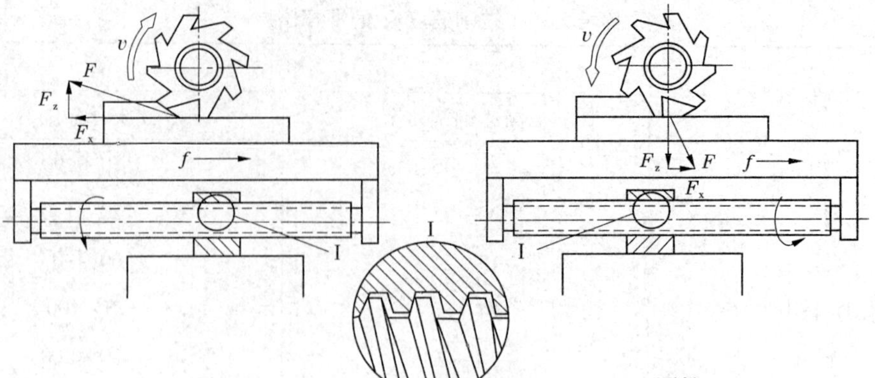

(a)逆铣　　　　　　　　　　　　(b)顺铣

图 5-73　周铣方式

2. 端铣

用端铣刀的端面齿进行铣削的方式,称为端铣。如图 5-74 所示,铣削加工时,根据铣刀与工件相对位置的不同,端铣分为对称铣和不对称铣两种。不对称铣又分为不对称逆铣和不对称顺铣。

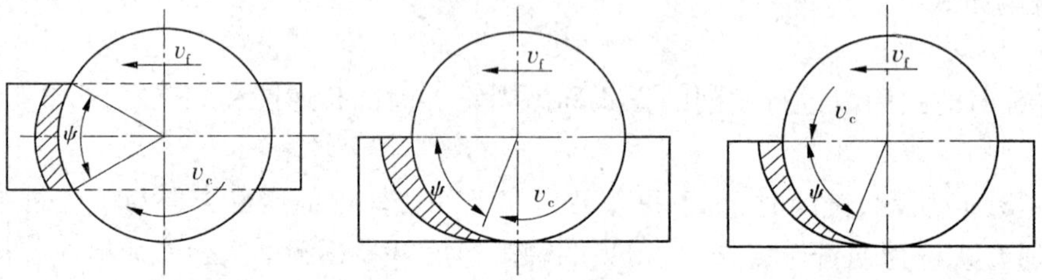

(a)对称铣　　　　　　(b)不对称逆铣　　　　　　(c)不对称顺铣

图 5-74　端铣方式

1)对称铣

如图 5-74(a)所示,铣刀轴线位于铣削弧长的对称中心位置,铣刀每个刀齿切入和切离工件时切削厚度相等,称为对称铣。对称铣削具有最大的平均切削厚度,可避免铣刀切入时对工件表面的挤压、滑行,铣刀耐用度高。对称铣适用于工件宽度接近面铣刀的直径且铣刀刀齿较多的情况。

2)不对称逆铣

如图 5-74(b)所示,铣刀轴线偏置于铣削弧长的对称位置且逆铣部分大于顺铣部分的铣削方式,称为不对称逆铣。不对称逆铣切削平稳,切入时切削厚度小,减小了冲击,从而使刀具耐用度和加工表面质量得到提高。不对称逆铣适合于加工碳钢和低合金钢及较窄的工件。

3)不对称顺铣

如图 5-74(c)所示,不对称顺铣的特征与不对称逆铣正好相反。这种切削方式一般很少采用,但用于铣削不锈钢和耐热合金钢时,可减少硬质合金刀具剥落磨损。

上述的周铣和端铣,是由于在铣削过程中采用不同类型的铣刀而产生的不同铣削方式,两种铣削方式相比,端铣具有铣削较平稳、加工质量及刀具耐用度均较高的特点,且端铣用的面铣刀易镶硬质合金刀齿,可采用大的切削用量,实现高速切削,生产率高。但端铣适应性差,主要用于平面铣削。周铣的铣削性能虽然不如端铣,但周铣能用多种铣刀,铣平面、沟槽、齿形和成形表面等，适应范围广，因此生产中应用较多。

四、平面磨削加工

对于精度要求高的平面及淬火零件的平面加工，需要采用平面磨削方法。平面磨削主要在平面磨床上进行。平面磨削时，对于形状简单的铁磁性材料工件，采用电磁吸盘装夹工件，操作简单方便，能同时装夹多个工件，而且能保证定位面与加工面的平行度要求。对于形状复杂或非铁磁性材料的工件，可采用精密平口虎钳或专用夹具装夹，然后用电磁吸盘或真空吸盘吸牢。

(一)平面磨削方式

根据砂轮工作面的不同，平面磨削分为周磨和端磨两类。

1. 周磨

如图5-75(a)、(b)所示，周磨是采用砂轮的圆周面对工件平面进行磨削。对于这种磨削方式，砂轮与工件的接触面积小，磨削力小，磨削热小，冷却和排屑条件较好，而且砂轮磨损均匀。

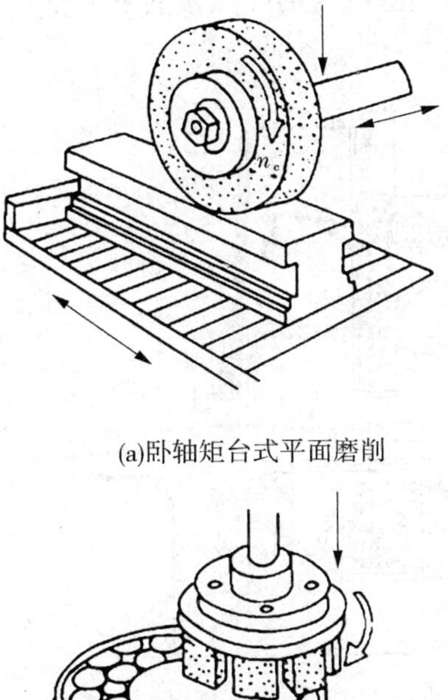

(a)卧轴矩台式平面磨削

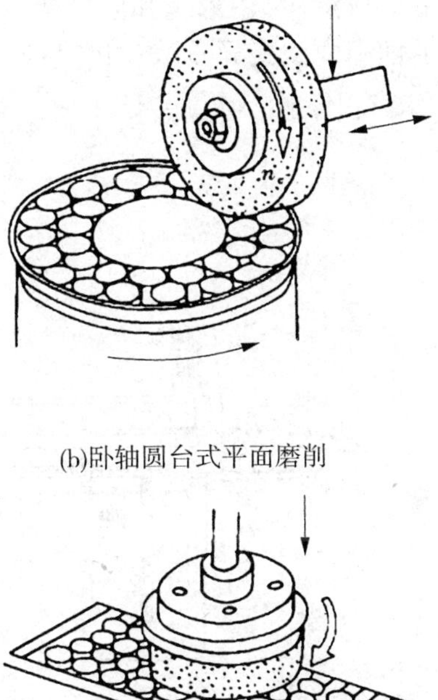

(b)卧轴圆台式平面磨削

(c)立轴圆台式平面磨削

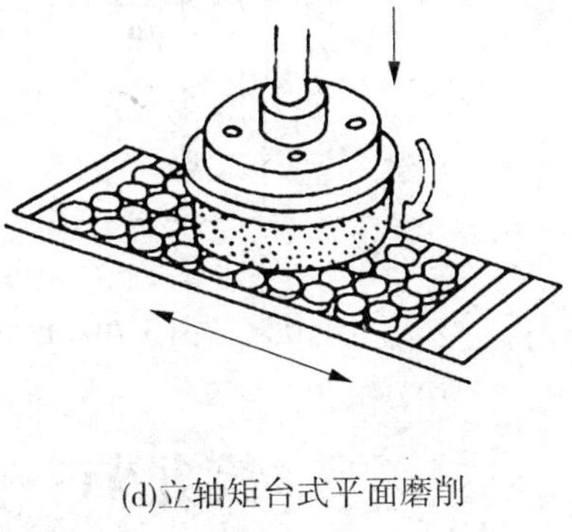

(d)立轴矩台式平面磨削

图5-75 平面磨床加工示意

2. 端磨

如图5-75(c)、(d)所示，端磨是采用砂轮端面对工件平面进行磨削。对于这种磨削方式，砂轮与工件的接触面积大，磨削力大，磨削热多，冷却和排屑条件差，工件受热变形大。此外，由于砂轮端面径向各点的圆周速度不相等，砂轮磨损不均匀。

(二)平面磨床的类型及特点

根据平面磨床工作台的形状和砂轮工作面的不同，普通平面磨床可分为四种类型：卧轴矩台式平面磨床（见图5-75(a)）、卧轴圆台式平面磨床（见图5-75(b)）、立轴圆台式平面磨床（见图5-75(c)）、立轴矩台式平面磨床（见图5-75(d)）。

上述四种平面磨床中，用砂轮端面磨削的平面磨床与用砂轮圆周面磨削的平面磨床相比，由于端面磨削的砂轮直径往往比较大，磨削出工件的宽度的同时，磨削面积大，同时砂轮悬伸长度短，刚性好，可采用较大的磨削用量，生产率较高。但砂轮散热、冷却、排屑条件差，所以加工精度和表面质量不高，一般用于粗磨。而用圆周面磨削的平面磨床，加工质量较高，但这种平面磨床生产效率低，适合于精磨。圆台式平面磨床和矩台式平面磨床相比，由于圆台式是连续进给，生产效率高，适用于磨削小零件和大直径的环行零件端面，不能磨削长零件。矩台式平面磨床，可方便磨削各种常用零件，包括直径小于工作台面宽度的环行零件。生产中常用的是卧轴矩台式平面磨床和立轴圆台式平面磨床。图5-76是卧轴矩台式平面磨床外形图。工作台2沿床身1纵向导轨的往复直线进给运动，由液压传动或手动进行调整。工件用电磁吸盘式夹具装夹在工作台上。砂轮架3可沿滑座4的燕尾导轨做横向间歇进给（手动或液动）。滑座和砂轮架一起可沿立柱5的导轨做间歇的垂直切入运动（手动）。砂轮主轴由内装式异步电动机直接驱动。

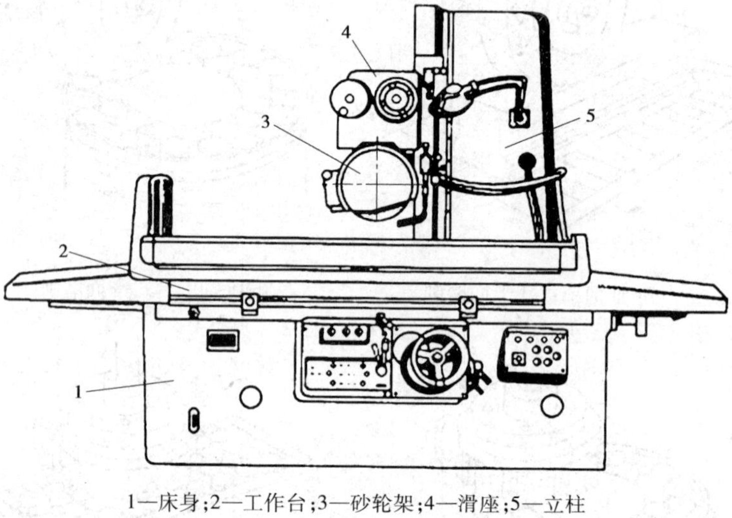

1—床身；2—工作台；3—砂轮架；4—滑座；5—立柱

图5-76　卧式矩台平面磨床外形

第九节　圆柱齿轮加工

齿轮是用来传递运动和动力的重要零件，目前大多数机械都应用它。常用的齿轮有圆柱齿轮、圆锥齿轮及蜗轮等，以圆柱齿轮应用最广。

齿轮齿形的加工，按加工原理不同分为成形法和范成法。成形法是用与被切齿轮齿间形状相符的成形铣刀切出齿轮齿形的方法，这种方法制造出来的齿轮精度较低，只能用于低速的齿轮传动。范成法是利用齿轮刀具与被切齿轮的啮合运动而切出齿轮齿形的方法，利用这种方法制造出来的齿轮精度高,但需要专用机床,常见的有滚齿机、插齿机、刨齿机和磨齿机等。

一、成形法(仿形法)加工齿轮

在万能铣床上铣制圆柱齿轮,这种铣齿方法属于成形法。铣制时,工件安装在铣床的分度头上,用一定模数的盘状(或指状)铣刀对齿轮齿间进行铣削。当加工完一个齿间后,进行分度,再铣下一个齿间,如图 5-77 所示。

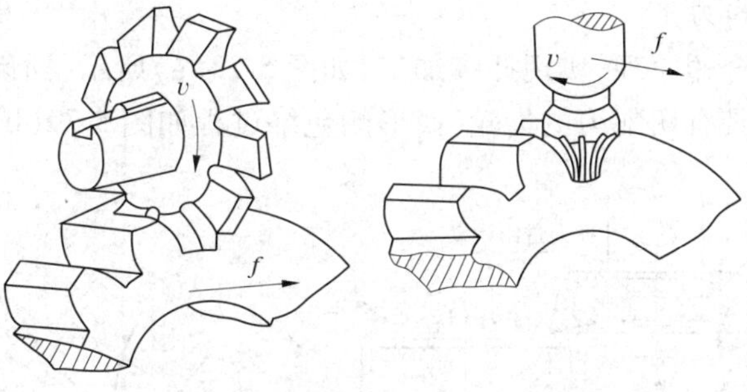

图 5-77　成形法加工齿轮示意图

这种加工方法的特点是:设备简单(用普通的铣床即可),刀具成本低,生产率低(因为铣刀每切一齿都要重复消耗一段切入、切出、退刀和分度等辅助时间),加工齿轮的精度低(因为铣制同一模数不同齿数的齿轮所用的铣刀,一般只有 8 个刀号,每个刀号的铣刀有它规定的铣齿范围,见表 5-20)。

表 5-20　齿轮铣刀分号

铣刀号数	1	2	3	4	5	6	7	8
能铣制的齿数范围	12 ~ 13	14 ~ 16	17 ~ 20	21 ~ 55	26 ~ 34	35 ~ 54	55 ~ 134	135 以上

二、范成法(展成法)加工齿轮

范成法是利用齿轮刀具与被切齿轮的啮合运动而切出齿轮齿形的方法,利用这种方法制造出来的齿轮精度高,但需要专用机床,常见的有滚齿机、插齿机、刨齿机和磨齿机等。

(一)在滚齿机上加工圆柱齿轮

滚齿加工是根据展成形原理——类似于蜗杆与蜗轮的啮合来加工齿轮的,所用的刀具称为滚刀。滚刀的轮廓形状与蜗杆相似,它是围绕刀具圆柱面上形成的螺旋槽及垂直于螺旋槽方向切出的沟槽相交而形成切削刃的,该切削刃近似于齿条的齿形。

齿条与同模数的任何齿数的齿轮都能正确啮合,因此用滚刀滚切同一模数任何齿数的齿轮时,都能获得要求的齿形。

但把齿条当做刀具来切齿轮时,有着被切齿轮齿数较多和齿条长度有限的矛盾。将齿条刀的刀齿有规律地分布在圆柱体的螺旋面上,如图 5-78 所示,就得到滚刀的外形。

滚齿是齿形加工中生产率较高、应用较广的一种齿轮加工方法。它的主要特点是:

(1)与铣齿相比,不但齿形精度高,而且分度的精度也高。

(2)滚齿法可用同一模数的滚刀加工相同模数、不同齿数的圆柱齿轮。

(3)连续切削,生产率高。

(4)应用范围广泛,不但能滚直齿圆柱齿轮,还可以滚斜齿圆柱齿轮、蜗轮等。

(5)一般不能加工内齿轮和相距太近的多联齿轮。

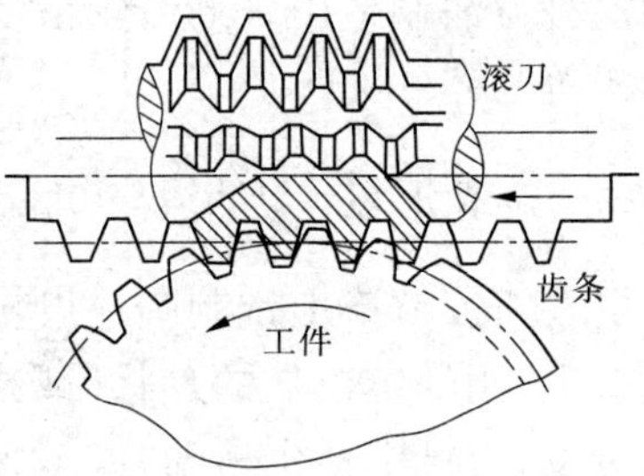

图 5-78 滚刀

(二)在插齿机上加工圆柱齿轮

1. 插齿原理与插齿刀

利用一对齿轮啮合的原理,实现插齿加工,如图 5-79(a)所示,插齿刀就是一个在轮齿上磨出前角和后角而具有切削刃的齿轮,齿形的包络过程如图 5-79(b)所示。

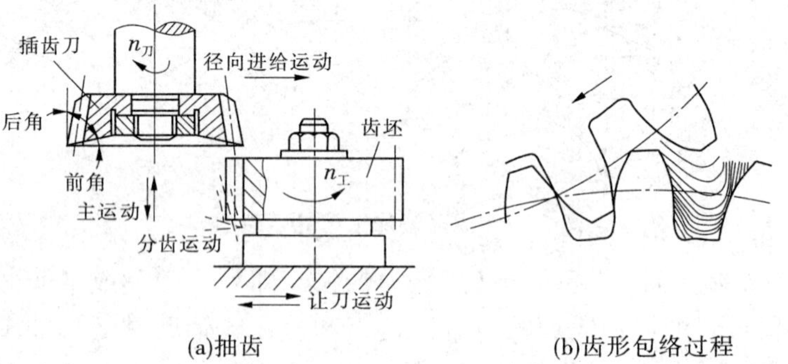

图 5-79 插齿加工

从插齿原理上分析,插齿刀与工件相当于一对平行轴的圆柱直齿轮啮合,把其中一个齿轮磨出前角和后角,形成切削刃的齿轮,而齿坯则作为另一个齿轮。

插齿时,刀具沿工件轴线做高速的往复直线运动,形成切削加工的主运动,同时还与工件做无间隙的啮合运动,在工件上加工出全部轮齿的齿廓。在加工过程中,刀具每往复一次仅切出工件齿槽的很小的一部分,工件齿槽的齿面曲线是由插齿刀切削刃多次切削的包络线组成的。

2. 插齿加工的特点

插齿加工具有如下的工艺特点:

(1)插齿加工精度较高。由于插齿刀的制造、刃磨和检验均较滚刀简便,易于保证制造精度,因此可保证插齿的齿形精度高。

(2)插齿生产率比滚齿低。插齿刀的切削速度受往复运动惯性限制,难以提高,此外空行程损失大,因此生产率低于滚齿加工。

(3)插齿加工的齿面粗糙度值较小。由于插齿刀是沿轮齿全长连续切下切屑,因此插齿加工的齿面粗糙度优于滚齿。

(4)同一模数所用的插刀可加工模数相同齿数不同的圆柱齿轮。

(5)插齿加工可用于加工滚齿难以加工的内齿轮、双联或多联齿轮,但加工斜齿轮不如滚齿方便。

三、齿形的精加工简介

滚齿和插齿加工的齿轮精度较低,对于高精度的齿轮,或者淬火后的硬齿面加工,往往需要在滚齿、插齿之后经热处理再进行精加工,常用的齿面精加工方法有剃齿、珩齿和磨齿等。其中对不淬火的较软齿轮,可以用剃齿做精加工;对需要淬火的较硬齿轮可采用珩齿和磨齿等做精加工。

第十节　螺纹加工

各种机械零件中,螺纹的应用很广泛。根据用途不同,螺纹分为两大类:一类是连接螺纹,用于零件间的固定连接,常用的有普通螺纹和管螺纹等,螺纹牙型一般为三角形,例如各种螺栓和螺钉的螺纹等;另一类是传动螺纹,用于传递动力、运动或位移,螺纹牙形一般为梯形或锯齿形,例如丝杠和测微螺杆的螺纹等。

螺纹的加工方法很多,生产中应根据工件结构形状、螺纹牙型、螺纹的尺寸和精度、工件材料、热处理及生产类型等因素来选择加工方案。常用螺纹的加工方法如表 5-21 所示。

表 5-21　常用螺纹的加工方法

加工方法	中径公差等级	表面粗糙度 R_a(μm)	加工方法	中径公差等级	表面粗糙度 R_a(μm)
攻螺纹(攻丝)	6~8	6.3~1.6	搓螺纹(搓丝)	5~8	1.6~0.4
套螺纹(套丝)	7~8	3.2~1.6	滚螺纹(滚丝)	4~5	0.8~0.2
车削	4~8	1.6~0.4	磨削	4~6	0.4~0.1
铣刀铣削	6~8	6.3~3.2	研削	4	0.1

一、车螺纹

车螺纹是螺纹加工的基本方法,其主要特点是使用通用设备,刀具简单,可加工各种形状、尺寸及精度的内、外螺纹,特别适于加工尺寸较大的螺纹,适应性广。但是,车螺纹的生产率低,螺纹的加工质量取决于机床、刀具的精度及工人的技术水平,故适于单件小批量生产。

当生产批量较大时,常采用螺纹梳刀进行车削螺纹,如图 5-80 所示。梳刀实质上是一种多齿的螺纹车刀,只需一次走刀就能车出全部螺纹,故生产率高。

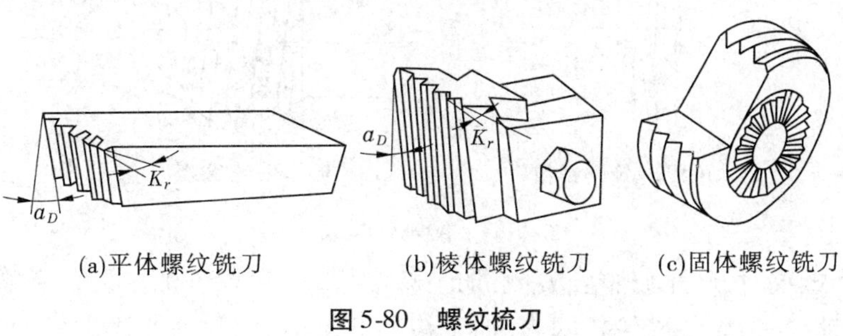

(a)平体螺纹铣刀　(b)棱体螺纹铣刀　(c)固体螺纹铣刀

图 5-80　螺纹梳刀

二、铣螺纹

铣螺纹的生产率比车螺纹高，在成批和大量生产中应用很广。铣螺纹一般是在专门的螺纹铣床上进行，根据所用铣刀的结构不同，可分为以下两种方法。

（一）盘形螺纹铣刀铣削

如图 5-81 所示，盘形螺纹铣刀铣削的加工精度较低，一般只适于粗加工尺寸较大的传动螺纹，而精加工需采用车削或磨削。

（二）梳形螺纹铣刀铣削

如图 5-82 所示，梳形螺纹铣刀铣削加工时，工件只需转一转多一些即可切出全部螺纹，故生产率较高，但加工精度较低，一般用于加工短而螺距不大的三角形内、外螺纹。

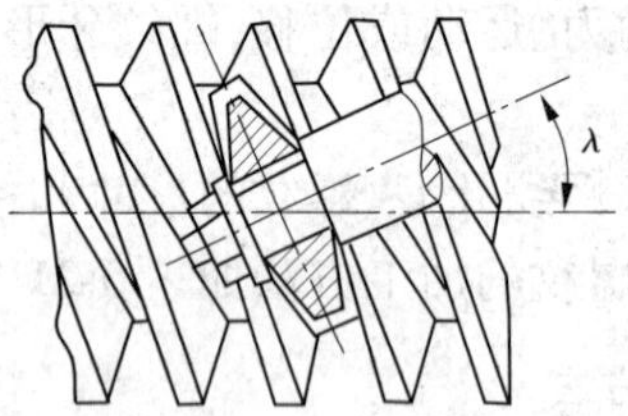

图 5-81　盘形螺纹铣刀铣螺纹

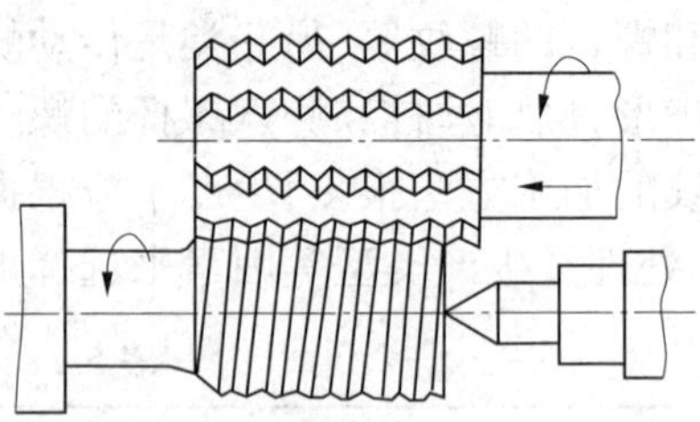

图 5-82　梳形螺纹铣刀铣螺纹

三、磨螺纹

螺纹磨削一般在螺纹磨床上进行，常用于淬硬螺纹的精加工，以便修正热处理引起的变形，提高加工精度，例如丝锥、螺纹量规、滚丝轮及精密传动螺杆上的螺纹等。螺纹在磨削前，一般应采用车、铣等方法进行粗加工，对小尺寸的螺纹，也可不经粗加工而直接磨出。磨外螺纹时，根据所用的砂轮形状不同，可分为单线砂轮磨削和梳形砂轮磨削，如图 5-83 所示。

(a)单线砂轮磨螺纹　　(b)梳形砂轮磨螺纹

图 5-83　磨削外螺纹

单线砂轮磨螺纹时，砂轮修整较方便，加工精度较高，并且可加工较长和螺距较大的螺纹；梳形砂轮磨螺纹时，修整砂轮较困难，加工精度低于前者，只适于磨削升角较小、长度较短的螺纹。但用梳形砂轮磨削时，工件转 1.3～1.5 转就可完成加工，生产率比单线砂轮高。

四、攻螺纹与套螺纹

单件小批生产中，用手用丝锥攻丝；批量较大时，用机用丝锥在车床、钻床或攻丝机上攻丝。对小尺寸的内螺纹，攻丝几乎是唯一有效的加工方法。套丝的螺纹直径一般小于 16 mm，既可手工套丝，也可在机床上进行。攻螺纹与套螺纹如图 5-84 所示。

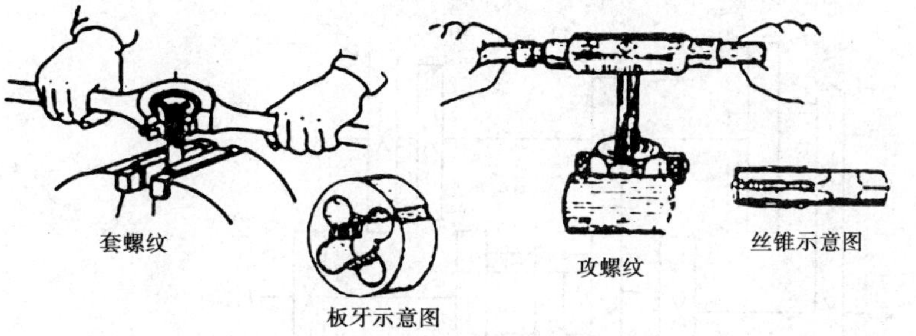

图 5-84 攻螺纹与套螺纹

由于攻丝和套丝的加工精度低，故广泛用于加工精度不高的普通螺纹。

复习与思考题

1. 切削加工由哪些运动组成？它们各有什么作用？

2. 切削用量三要素是什么？它们的单位各是什么？

3. 车外圆时，工件加工前直径为 62 mm，加工后直径为 56 mm，工件转速为 4 r/s，刀具每秒钟沿工件轴向移动 2 mm，求 v_c、f、α_p。

4. 刀具正交平面参考系由哪些平面组成？它们是如何定义的？

5. 常用刀具的材料有哪几类？各适用于制造哪些刀具？

6. 切屑类型有哪四类？各有哪些特点？

7. 切削热是如何产生的？它对切削过程有什么影响？

8. 试述背吃刀量 α_p、进给量 f 对切削温度的影响规律。

9. 简述刀具磨损的原因。高速钢刀具、硬质合金刀具在中速、高速时产生磨损的主要原因是什么？

10. 切削变形、切削力、切削温度、刀具磨损和刀具寿命之间存在着什么关系？

11. 说明前角和后角的大小对切削过程的影响。

12. 说明刃倾角的作用。

13. 常用的切削液有哪几种？各适用什么场合？

14. 按加工性质和所用刀具不同，机床可分为哪几类？

15. 通用机床的型号包含哪些内容？

16. 说明下列机床型号的意义：

X6132，X5032，C6132，Z3040，T6112，Y3150，C1312，B2010A。

17. 何谓外联系传动链？何谓内联系传动链？对这两种传动链有何不同要求？试举例说明。

18. 根据图 5-85 所示传动系统图，要求：

(1)分别列出图(a)、图(b)的传动路线表达式。

(2)分析图(a)Ⅲ轴、图(b)Ⅴ轴的转速级数。

(3)分别计算图(a)Ⅲ轴、图(b)Ⅴ轴的最高转速和最低转速。

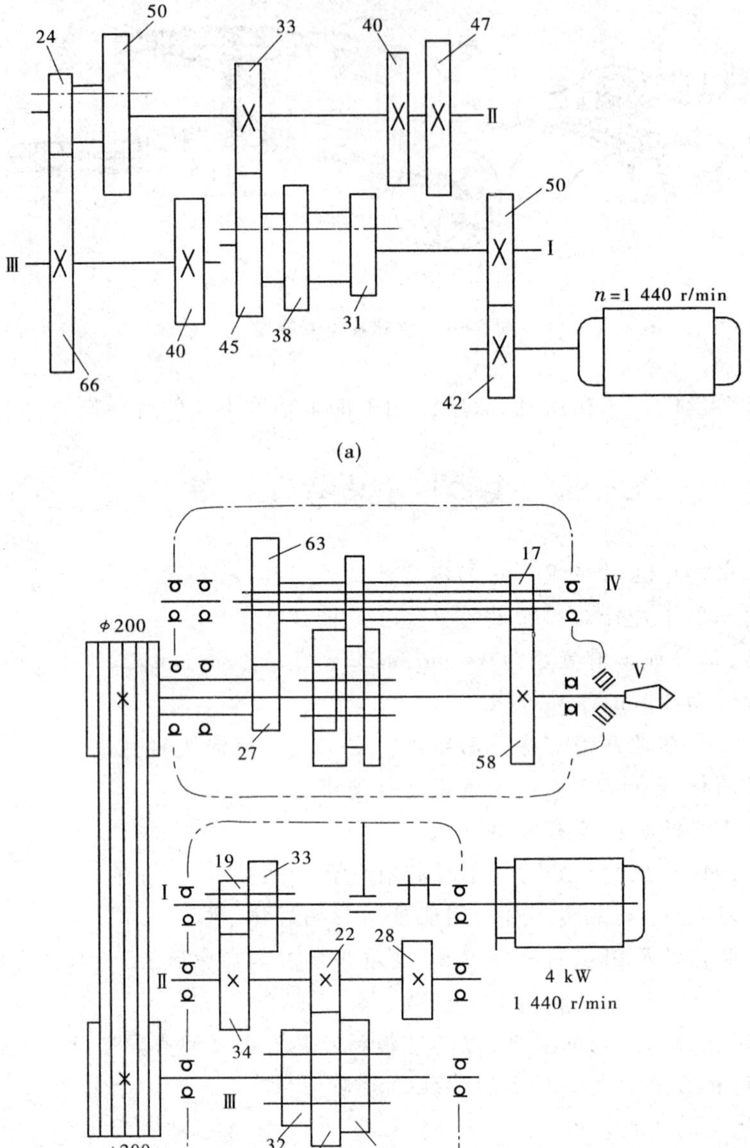

图 5-85　传动系统

19. 外圆表面常用加工方法有哪些？如何选用？

20. 砂轮的特征主要取决于哪些因素？如何进行选择？

21. 外圆磨削有哪几种方式？各有何特点？各适用于什么场合？

22. 简述无心外圆磨削的特点及磨削方法。

23. 简述 M1432A 型万能外圆磨床具备哪些运动？

24. 万能外圆磨床上磨削锥面有哪几种方法？各适用于何种场合？机床应如何调整？

25. 内圆表面常用加工方法有哪些？如何选用？

26. 标准高速钢麻花钻由哪几部分组成？切削部分包括哪些几何参数？

27. 标准麻花钻的缺点是什么？

28. 试分析钻孔、扩孔和铰孔三种孔加工方法的工艺特点，并说明这三种孔加工工艺之间的联系。

29. 试分析比较外排屑、内排屑和喷吸式深孔钻的工作原理、优缺点和使用范围。

30. 镗削加工有何特点？常用的镗刀有哪几种类型？其结构和特点如何？

31. 卧式镗床有哪些成形运动？它能完成哪些加工工作？

32. 试述拉削工艺的特点和应用。

33. 拉削有时要将工件端面靠在球面垫上，为什么？

34. 常用圆孔拉刀的结构由哪几部分组成？各部分起什么作用？

35. 试述内圆磨削的工艺特点及应用范围。

36. 试述刨削的工艺特点和应用。

37. 常用刨床有哪几种？它们的应用有何不同？

38. 试述铣削加工的工艺范围及特点。

39. 常用铣床及铣床附件有哪几种？各自的主要用途是什么？

40. 铣削为什么比其他切削加工方法容易产生振动？

41. 端铣与周铣、逆铣与顺铣各有何特点？应用如何？

42. 试分析磨平面时，端磨法与周磨法各自的特点。

43. 平面磨床有哪几种类型？常用的是哪种类型？

44. 电磁吸盘装夹工件有何优点？磨削非磁性材料及薄片工件平面时，应如何装夹？

第六章　机械加工工艺规程

制订机械加工工艺是机械制造企业工艺技术人员的一项主要工作内容。机械加工工艺规程的制订与生产实际有着密切的联系，它要求工艺规程制订者具有一定的生产实践知识和专业基础知识。本章主要介绍工艺规程的基本概念、机械加工工艺过程的组成、生产纲领与生产类型、机械加工工艺规程制订、典型零件机械加工工艺过程等。

学习任务

1. 了解工艺过程与工艺规程的概念和机械加工工艺过程的组成。
2. 理解机械加工工艺规程制订和零件的结构工艺性。
3. 掌握典型的轴类零件加工工艺、套类零件加工工艺及箱类零件加工工艺。

第一节　工艺过程与工艺规程

在实际生产中，由于零件的结构形状、几何精度、技术条件和生产数量等要求不同，一个零件往往要经过一定的加工过程才能将其由图样变成成品零件。因此，机械加工工艺人员必须从工厂现有的生产条件和零件的生产数量出发，根据零件的具体要求，在保证加工质量、提高生产效率和降低生产成本的前提下，对零件上的各加工表面选择适宜的加工方法，合理地安排加工顺序，科学地拟定加工工艺过程，才能获得合格的机械零件。

一、概述

（一）工艺过程的概念

在生产过程中，那些与由原材料转变为产品直接相关的过程称为工艺过程。它包括毛坯制造、零件加工、热处理、质量检验和机器装配等。而为保证工艺过程正常进行所需要的刀具、夹具制造，机床调整维修等则属于辅助过程。在工艺过程中，以机械加工方法按一定顺序逐步地改变毛坯形状、尺寸、相对位置和性能等，直至成为合格零件的那部分过程称为机械加工工艺过程。

（二）工艺规程的概念

技术人员根据产品数量、设备条件和工人素质等情况，确定采用的工艺过程，并将有关内容写成工艺文件，这种文件就称为工艺规程。它是在具体的生产条件下，以较合理的工艺过程和操作方法，并按规定的形式书写成工艺文件，经审批后用来指导生产的。其内容主要包括零件加工工序内容、切削用量、工时定额及各工序所采用的设备和工艺装备等。

（三）工艺规程的作用

工艺规程是机械制造厂最主要的技术文件之一，是工厂规章条例的重要组成部分。其具体作用如下。

1. 它是指导生产的主要技术文件

工艺规程是最合理的工艺过程的表格化，是在工艺理论和实践经验的基础上制订的。

工人只有按照工艺规程进行生产,才能保证产品质量和较高的生产率及较好的经济效果。

2. 它是组织和管理生产的基本依据

在产品投产前,要根据工艺规程进行有关的技术准备和生产准备工作,如安排原材料的供应、通用工装设备的准备、专用工装设备的设计及核算等工作。生产中对工人业务的考核也是以工艺规程为主要依据的。

3. 它是新建和扩建工厂的基本资料

新建(或扩建)工厂(或车间)时,要根据工艺规程来确定所需要的机床设备的品种和数量、机床的布置、占地面积、辅助部门的安排等。

4. 它是进行技术交流,开展技术革新的基本资料

典型和标准的工艺规程能缩短生产的准备时间,提高经济效益。先进的工艺规程必须广泛吸取合理化建议,不断交流工作经验,才能适应科学技术的不断发展。工艺规程则是开展技术革新和技术交流必不可少的技术语言和基本资料。

(四)机械加工工艺规程的格式

将工艺规程的各项内容填入一定格式的卡片,即成为生产准备和施工所依据的工艺文件。经常使用的工艺文件有下列两种。

1. 机械加工工艺过程卡片

过程卡片是以工序为单位,简要说明零件机械加工过程的一种工艺文件,主要用于单件小批生产和中批生产的零件。该卡片是生产管理方面的工艺文件。工艺过程卡片的格式如表 6-1 所示。

表 6-1 机械加工工艺过程卡片的格式

<table>
<tr><td colspan="2" rowspan="2">工厂</td><td colspan="8" rowspan="2">机械加工工艺过程卡片</td><td colspan="2">产品型号</td><td></td><td colspan="2">零(部)件图号</td><td></td><td colspan="2">共 页</td></tr>
<tr><td colspan="2">产品名称</td><td></td><td colspan="2">零(部)件名称</td><td></td><td colspan="2">第 页</td></tr>
<tr><td colspan="2">材料牌号</td><td colspan="2"></td><td colspan="2">毛坯种类</td><td></td><td colspan="2">毛坯外形尺寸</td><td colspan="2"></td><td>每毛坯件数</td><td></td><td>每台件数</td><td></td><td>备注</td><td></td></tr>
<tr><td rowspan="2">工序号</td><td rowspan="2">工序名称</td><td colspan="8" rowspan="2">工序内容</td><td rowspan="2">车间</td><td rowspan="2">工段</td><td rowspan="2">设备</td><td colspan="3" rowspan="2">工艺装备</td><td colspan="2">工时</td></tr>
<tr><td>准终</td><td>单件</td></tr>
<tr><td></td><td></td><td colspan="8"></td><td></td><td></td><td></td><td colspan="3"></td><td></td><td></td></tr>
<tr><td></td><td></td><td></td><td></td><td></td><td></td><td></td><td></td><td></td><td></td><td rowspan="2" colspan="3">编制(日期)</td><td>审核(日期)</td><td colspan="2">会签(日期)</td><td></td><td></td></tr>
<tr><td></td><td></td><td></td><td></td><td></td><td></td><td></td><td></td><td></td><td></td><td></td><td colspan="2"></td><td></td><td></td></tr>
<tr><td>标记</td><td>处记</td><td>更改文件号</td><td>签字</td><td>日期</td><td>标记</td><td>处记</td><td>更改文件号</td><td>签字</td><td>日期</td><td colspan="3"></td><td></td><td colspan="2"></td><td></td><td></td></tr>
</table>

2. 机械加工工序卡片

工序卡片是在工艺过程卡片或工艺卡片的基础上，按每道工序所编制的一种工艺文件，用来具体指导工人操作。其主要内容包括工序简图、该工序中每个工步的加工内容、工艺参数、操作要求及所用的设备和工艺装备等。工序卡片主要用于大批量生产中所有的零件，中批生产中复杂产品的关键零件及单件小批生产中的关键工序。工序卡片的格式如表6-2所示。

表6-2　机械加工工序卡片的格式

<table>
<tr><td rowspan="2">工厂</td><td colspan="4" rowspan="2">机械加工工序卡片</td><td>产品型号</td><td></td><td colspan="2">零(部)件图号</td><td></td><td colspan="2">共　页</td></tr>
<tr><td>产品名称</td><td></td><td colspan="2">零(部)件名称</td><td></td><td colspan="2">第　页</td></tr>
<tr><td>材料牌号</td><td></td><td>毛坯种类</td><td></td><td>毛坯外形尺寸</td><td></td><td>每毛坯件数</td><td></td><td>每台件数</td><td></td><td>备注</td><td></td></tr>
<tr><td colspan="5" rowspan="12">（工序简图）</td><td>车间</td><td colspan="2">工序号</td><td colspan="2">工序名称</td><td colspan="2">材料牌号</td></tr>
<tr><td></td><td colspan="2"></td><td colspan="2"></td><td colspan="2"></td></tr>
<tr><td>毛坯种类</td><td colspan="2">毛坯外形尺寸</td><td colspan="2">每坯件数</td><td colspan="2">每台件数</td></tr>
<tr><td></td><td colspan="2"></td><td colspan="2"></td><td colspan="2"></td></tr>
<tr><td>设备名称</td><td colspan="2">设备型号</td><td colspan="2">设备编号</td><td colspan="2">同时加工件数</td></tr>
<tr><td></td><td colspan="2"></td><td colspan="2"></td><td colspan="2"></td></tr>
<tr><td colspan="2">夹具编号</td><td colspan="2">夹具名称</td><td colspan="3">冷却液</td></tr>
<tr><td colspan="2" rowspan="5"></td><td colspan="2" rowspan="5"></td><td colspan="3"></td></tr>
<tr><td colspan="3">工序工时</td></tr>
<tr><td>准备</td><td colspan="2">单件</td></tr>
<tr><td></td><td colspan="2"></td></tr>
<tr><td></td><td colspan="2"></td></tr>
<tr><td rowspan="2">工步号</td><td rowspan="2">工步内容</td><td rowspan="2">工艺装备</td><td rowspan="2">主轴转速（r/min）</td><td rowspan="2">切削速度（m/min）</td><td rowspan="2">进给量（mm/r）</td><td rowspan="2">切削深度（mm）</td><td rowspan="2">进给次数</td><td colspan="2">工时定额</td></tr>
<tr><td>机动</td><td>辅助</td></tr>
<tr><td></td><td></td><td></td><td></td><td></td><td></td><td></td><td></td><td></td><td></td></tr>
<tr><td>标记</td><td>处记</td><td>更改文件号</td><td>签字</td><td>日期</td><td>标记</td><td>处记</td><td>更改文件号</td><td>签字</td><td>日期</td><td>编制（日期）</td><td>审核（日期）</td><td>会签（日期）</td><td></td></tr>
</table>

工艺文件中的工序简图可以清楚直观地表达出本工序的有关内容，其绘制方法如下：

(1)可按大概的比例缩小(或放大)，并尽可能用较少的视图绘出，视图中与本工序无关的次要结构和线条可略去不画。

(2)主视图方向尽量与工件在机床上的装夹方向一致。

(3)本工序加工表面用粗实线或红色粗实线表示，其他表面用细实线表示。

(4)图中应标注本工序加工后应达到的尺寸(即工序尺寸)及其上下偏差、加工表面粗糙度、形状和位置公差等，有时也用括号注出工件外形尺寸，作为参考用。

(5)工件的结构、尺寸要与本工序加工后的情况相符，不要将后面工序中才能形成的结构形状在本工序的工序简图中反映出来。

(6)图中应使用标准规定的定位、夹紧符号表示出工件的定位及夹紧情况。

二、机械加工工艺过程的组成

为了便于工艺规程的编制、执行和生产组织管理，需要把工艺过程划分为不同层次的单元。它们是工序、安装、工位、工步和走刀。其中，工序是工艺过程中的基本单元。零件的机械加工工艺过程由若干个工序组成。在一个工序中可能包含一个或几个安装，每一个安装可能包含一个或几个工位，每一个工位可能包含一个或几个工步，每一个工步可能包括一个或几个走刀。

(一)工序

一个或一组工人，在一个工作地对同一个或同时对几个工件所连续完成的那部分工艺过程称为工序。判断一系列的加工内容是否属于同一个工序，关键在于这些加工内容是否在同一个工作地对同一个工件连续地被完成。这里的“工作地”是指一台机床、一个钳工台或一个装配地点；“连续”是指对一个具体的工件的加工是连续进行的，中间没有插入另一个工件的加工。例如，在车床上加工一个轴类零件，尽管在加工过程中可能多次调头装夹工件及变换刀具，只要没有更换机床，也没有在加工过程中插入另一个工件的加工，则在此车床上对该轴类零件的所有加工内容都属于同一个工序。

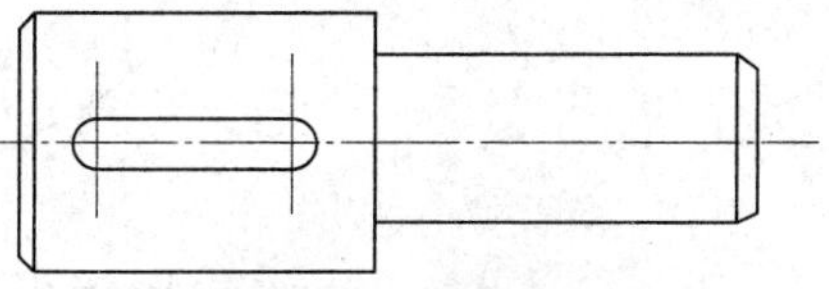
图 6-1　阶梯轴

如图 6-1 所示的阶梯轴，当生产批量较小时，其工艺过程及工序的划分如表 6-3 所示。当工件的生产批量较大时，其工艺过程及工序的划分如表 6-4 所示。

表 6-3　小批量生产的工艺过程及工序的划分

工序号	工序内容	设备
1	车一端面，钻中心孔；调头车另一端面，钻中心孔	车床
2	车大端外圆及倒角；车小端外圆及倒角	车床
3	铣键槽；去毛刺	铣床

表 6-4　大批量生产的工艺过程及工序的划分

工序号	工序内容	设 备
1	铣端面，钻中心孔	中心孔机床
2	车大端外圆及倒角	车床
3	掉头，车小端外圆及倒角	车床
4	铣键槽	键槽铣床
5	去毛刺	钳工

工序是工艺过程的基本组成部分，也是确定工时定额、配备工人、安排作业计划和进行质量检验等的基本单元。

在零件的加工工艺过程中，有一些工作并不改变零件形状、尺寸和表面质量，但却直接影响工艺过程的完成，如检验、打标记等，这些工作的工序称为辅助工序。

（二）安装

在加工前，应先使工件在机床上或夹具中占有正确的位置，这一过程称为定位；工件定位后，将其固定，使其在加工过程中保持定位位置不变的操作称为夹紧；将工件在机床或夹具中每定位、夹紧一次所完成的那一部分工序内容称为安装。一道工序中，工件可能被安装一次或多次。如表6-1中的工序1和工序2均有两次安装，表6-2中的工序只有一次安装。

在加工过程中，应尽量减少安装次数，因为在一次安装中加工多个表面，容易保证各表面间的位置精度，而且由于减少装卸工件的辅助时间，可以提高生产率。

（三）工位

为了减少安装次数，常采用回转工作台、回转夹具或移位夹具等，使工件在一次安装中，先后处于几个不同的位置进行加工。工件在机床上所占据的每一个位置，称为工位。图6-2为一利用回转工作台，在一次安装中顺次完成装卸工件、钻孔、扩孔和铰孔四工位加工的实例。采用多工位加工方法，既可以减少安装次数，提高加工精度，减轻工人的劳动强度，又可以使各工位的加工与工件的装卸同时进行，提高劳动生产率。

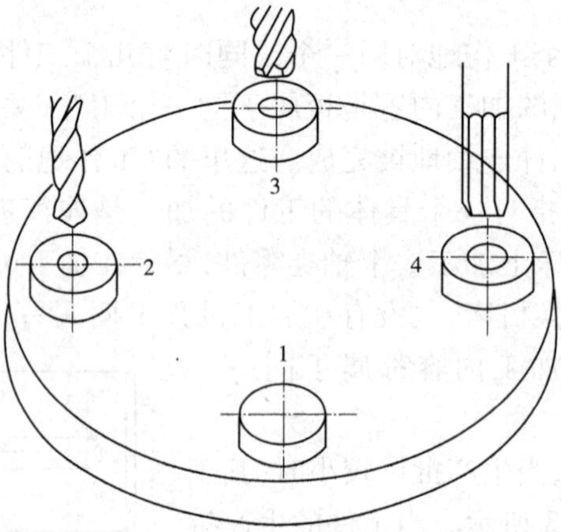

工位1—装卸工件；工位2—钻孔；工位3—扩孔；工位4—铰孔

图6-2　多工位加工

（四）工步

工步指在一个工序中，当工件的加工表面、切削刀具和切削用量中的转速与进给量均保持不变时所完成的那部分工序内容。如图6-1所示的阶梯轴，如表6-1中的工序1和工序2均加工四个表面，所以各有四个工步；表6-2中的工序4只有一个工步。

构成工步的因素有：加工表面、刀具和切削用量，它们中的任一因素改变后，一般就变成了另一工步。但是对于在一次安装中，有多个相同的工步，通常看成一个工步。例如，图6-3所示零件上4个直径15 mm孔的钻削加工，可以写成一个工步：钻4 – ϕ15 mm。

为了提高生产效率，用几把不同的刀具或复合刀具同时加工一个工件上的几个表面，也看成是一个工步，称为复合工步。

(五)走刀

在一个工步内,加工余量需要多次逐步切削,则每一次切削即为一次走刀。一个工步可以包括一次或几次走刀。

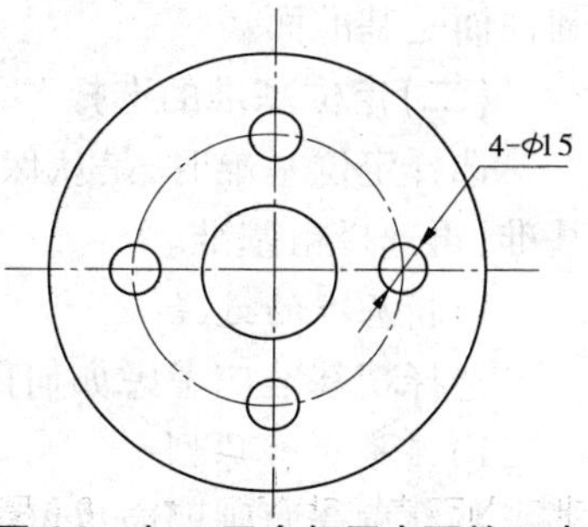

图6-3 加工四个相同表面的工步

三、工艺基准

(一)基准及其分类

基准是机械制造中应用得十分广泛的一个概念,是零件上用以确定其他点、线、面位置所依据的那些点、线、面。根据基准功用不同,可分为设计基准和工艺基准。

1. 设计基准

在零件图上用来确定其他点、线、面位置的基准,称为设计基准。如图6-4所示钻套零件,孔中心线是外圆与内孔径向圆跳动的设计基准,也是端面圆跳动的设计基准,端面 A 是端面 B、C 的设计基准。

2. 工艺基准

工艺基准是零件在加工和装配过程中所使用的基准。按用途的不同可将工艺基准分为以下四种。

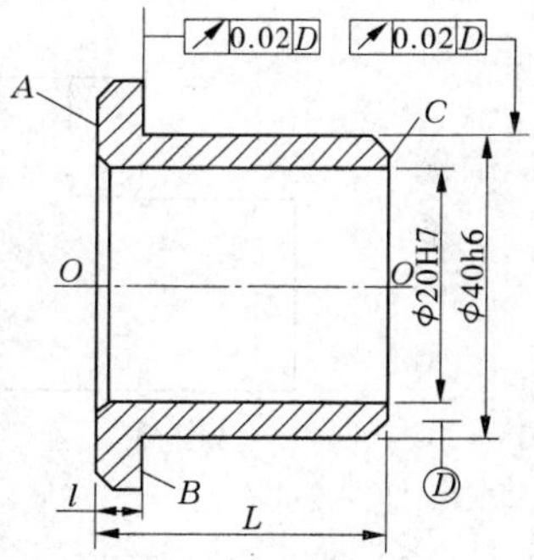

图6-4 钻套零件

1)定位基准

定位基准是加工时工件定位所用的基准。用夹具装夹时,定位基准就是工件上直接与夹具的定位元件相接触的点、线、面。例如,将图6-4所示零件套在心轴上磨削φ40h6外圆表面时,内孔中心线即是定位基准。定位基准又可分为粗基准和精基准。粗基准是指没有经过机械加工的定位基准,而已经过机械加工的定位基准则为精基准。

2)测量基准

测量基准是用以检验已加工表面形状、尺寸及位置的基准,称为测量基准。

3)工序基准

工序基准是在工序简图上用来确定本工序加工表面加工后的尺寸、形状、位置的基准。简言之,它是工序图上的基准。例如,图6-5为钻套零件的车削加工工序图,A 面即是 B、C 面的工序基准。

4)装配基准

装配时用以确定零件在部件或成品中位置的基准,称为装配基准。例如,图6-5所示钻套零件上的φ 40h6外圆柱面及端面 B 就是该钻套零件装在钻床夹具的钻模板上的孔中时的装配基准。

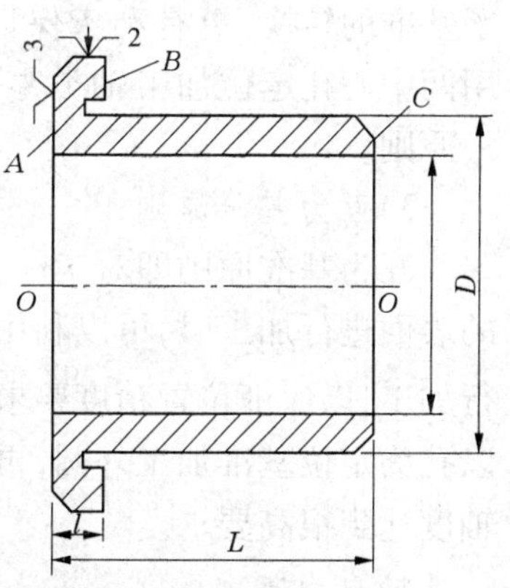

图6-5 钻套零件的车削加工工序

零件上的基准通常是零件表面具体存在的一些点、线、面,但也可以是一些假定的点、线、面,如孔或轴的中心线、槽的对称面等。这些假定的基准,必须由零件上某些相交的具体表面来体现,这样的表面称为基准面。例如,图6-5所示钻套零件的内孔中心线并不具体存在,而是由内孔圆柱面来体现的,故内孔中心线是基准,内孔圆柱面是基准面。

（二）定位基准的选择

选择定位基准时，是从保证工件加工精度要求出发的，因此定位基准的选择应先选择精基准，再选择粗基准。

1. 精基准的选择

选择精基准应考虑如何保证加工精度和装夹可靠方便，一般应遵循以下原则。

1）基准重合原则

基准重合原则即应尽可能选择设计基准作为定位基准。这样可以避免基准不重合引起的误差。图 6-6 所示为采用调整法加工 C 面，则尺寸 c 的加工误差 T_c 不仅包含本工序的加工误差 Δj，而且包括基准不重合带来的设计基准与定位基准之间的尺寸误差 T_a。如果采用如图 6-7 所示的方式安装工件，则可消除基准不重合误差。

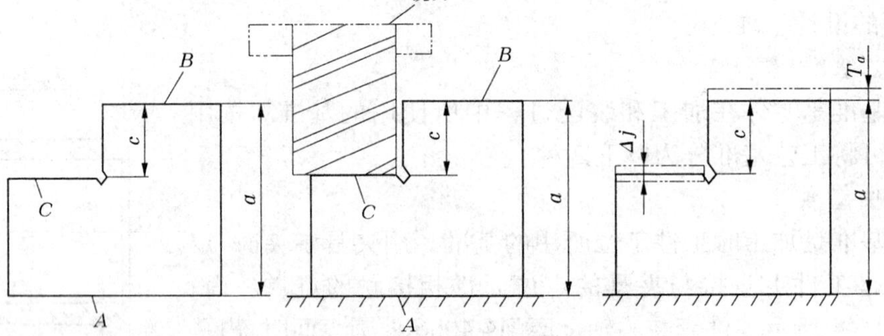

图 6-6　基准不重合误差示例

2）基准统一原则

基准统一原则即应尽可能采用同一个定位基准加工工件上的各个表面。采用基准统一原则，可以简化工艺规程的制订，减少夹具数量，节约夹具设计和制造费用；同时由于减少了基准的转换，更有利于保证各表面间的相互位置精度。利用两中心孔定位加工轴类零件的各外圆表面，即符合基准统一原则。

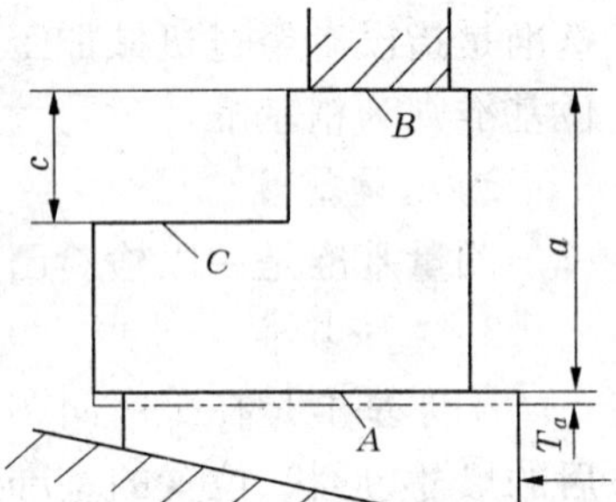

图 6-7　基准重合工件安装示意

3）互为基准原则

互为基准原则即对工件上两个相互位置精度要求比较高的表面进行加工时，可以利用两个表面互相作为基准，反复进行加工，以保证位置精度要求。例如，为保证套类零件内外圆柱面较高的同轴度要求，可先以孔为定位基准加工外圆，再以外圆为定位基准加工内孔，这样反复多次，就可使两者的同轴度达到很高要求。

4）自为基准原则

某些加工表面加工精度很高，加工余量小而均匀时，可选择加工表面本身作为定位基准。如图 6-8 所示，在导轨磨床上磨削床身导轨面时，就是以导轨面本身为基准，在磨头上装百分表来找正定位的。应用这种精基准加工工件，只能提高加工表面的尺寸精度、形状精度，不能提高表面间的相互位置精度，位置精度应由先行工序保证。例如，用浮动铰刀铰孔、用拉刀拉孔、用无心磨床磨外圆等，均为自为基准的实例。

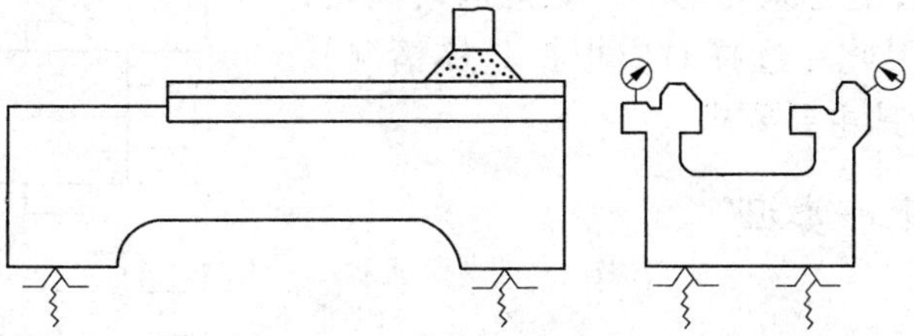

图 6-8　自为基准

5）准确可靠原则

准确可靠原则即所选基准应保证工件定位准确、安装可靠，夹具设计简单、操作方便。

2. 粗基准的选择

选择粗基准，主要要求保证各加工面有足够的余量，并尽快获得精基准面。在具体选择时应考虑下面原则。

1）以不加工表面为粗基准

以不加工表面为粗基准，可以保证不加工表面与加工表面之间的相互位置关系。例如，图 6-9 所示的毛坯，铸造时孔和外圆 *A* 有偏心，选不加工的外圆 *A* 为粗基准，从而保证孔 *B* 的壁厚均匀。若以需要加工的右端为粗基准，当毛坯右端中心线（*O*—*O*）与内孔中心线不重合时，将导致内孔壁厚不均匀，如图中虚线所示。当工件上有多个不加工表面时，选择与加工表面之间相互位置精度要求较高的不加工表面为粗基准。

2）以重要表面、余量较小的表面为粗基准

以重要表面、余量较小的表面为粗基准主要是考虑加工余量的合理分配。如图 6-10 所示的床身零件，要求导轨面应有较好的耐磨性，以保持其导向精度。由于铸造时的浇铸位置决定了导轨面处的金属组织均匀而致密，在机械加工中，为保留这一组织应使导轨面上的加工余量尽量小而均匀，因此应选择导轨面作为粗基准加工床脚，再以床脚作为精基准加工导轨面。

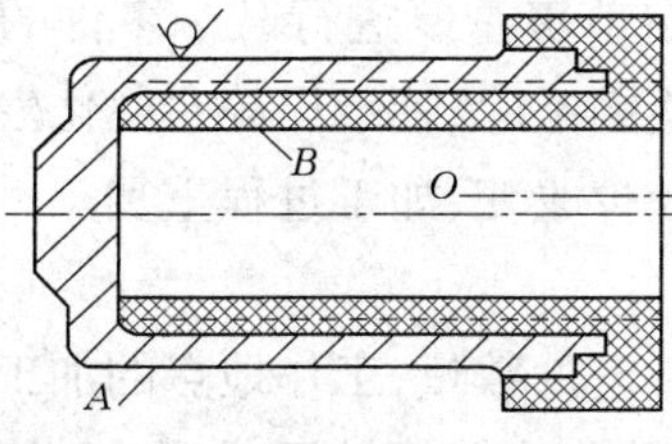

图 6-9　选择不加工表面为粗基准

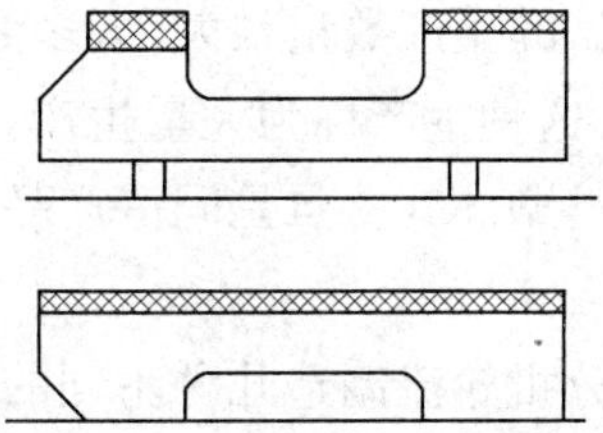

图 6-10　床身加工的粗基准选择

3）粗基准应尽量避免重复使用

在同一尺寸上（即同一自由度方向上）粗基准通常只允许使用一次，作为粗基准的毛坯表面一般比较粗糙，如二次使用，定位误差较大。因此，粗基准应避免重复使用。如图 6-11 所示的心轴，如重复使用毛坯面 *B* 定位去加工 *A* 和 *C*，则会使 *A* 和 *C* 表面的轴线产生较大的同轴度误差。

4）以质量较好的毛坯作为粗基准

应尽量选择没有飞边、浇口或其他缺陷的平整表面作为粗基准，使工件定位稳定、夹紧可靠。实际上，无论精基准还是粗基准的选择，上述原则都不一定能同时满足，有时还是互相矛盾的，因此在选择时应根据具体情况具体分析，权衡利弊，保证其主要要求。

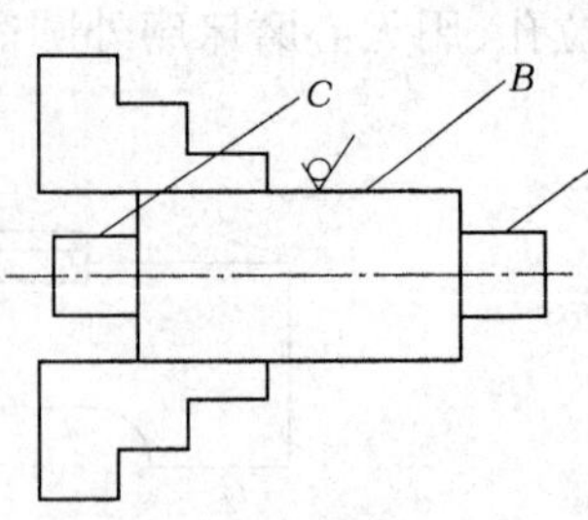

图 6-11　粗基准的重复选择

四、生产纲领与生产类型

（一）生产纲领

生产纲领是指企业在计划期内应当生产的产品产量和进度计划。计划期通常为 1 年，所以生产纲领也称为年产量。

对零件而言，产品的产量除制造机器所需要的数量外，还要包括一定的备品和废品，因此零件的生产纲领应按下式计算

$$N = Qn(1 + a\%)(1 + b\%) \tag{6-1}$$

式中　N——零件的年产量，件/年；

Q——产品的年产量，台/年；

n——每台产品中该零件的数量，件/台；

$a\%$——该零件的备品率；

$b\%$——该零件的废品率。

（二）生产类型

生产类型是指企业生产专业化程度的分类。人们按照产品的生产纲领、投入生产的批量，可将生产分为单件生产、批量生产和大量生产三种类型。

1. 单件生产

单件生产不同结构和尺寸的产品，很少重复甚至不重复，这种生产称为单件生产。如新产品试制、维修车间的配件制造和重型机械制造等都属此种生产类型。其特点是生产的产品种类较多，而同一产品的产量很小，工作地点的加工对象经常改变。

2. 大量生产

同一产品的生产数量很大，大多数工作地点经常按一定节奏重复进行某一零件的某一工序的加工，这种生产称为大量生产。如自行车制造和一些链条厂、轴承厂等专业化生产即属此种生产类型。其特点是同一产品的产量大，工作地点较少改变，加工过程重复。

3. 批量生产

一年中分批轮流制造几种不同的产品，每种产品均有一定的数量，工作地点的加工对象周期性重复，这种生产称为成批生产。如一些通用机械厂、某些农业机械厂、陶瓷机械厂、造纸机械厂、烟草机械厂等的生产即属这种生产类型。其特点是产品的种类较少，有一定的生产数量，加工对象周期性改变，加工过程周期性重复。

同一产品（或零件）每批投入生产的数量称为批量。根据批量的大小又可分为大批量生产、中批量生产和小批量生产。小批量生产的工艺特征接近单件生产，大批量生产的工艺特征接近大量生产。

根据前面公式计算的零件生产纲领，参考表 6-5 即可确定生产类型。不同生产类型的制造工艺有不同特征，各种生产类型的工艺特点见表 6-6。

表 6-5　生产类型和生产纲领的关系

生产类型		生产纲领（件/年或台/年）		
		重型(30 kg 以上)	中型(4～30 kg)	轻型(4 kg 以下)
单件生产		5 以下	10 以下	100 以下
批量生产	小批量生产	5～100	10～200	100～500
	中批量生产	100～300	200～500	500～5 000
	大批量生产	300～1 000	500～5 000	5 000～50 000
大量生产		1 000 以上	5 000 以上	50 000 以上

表 6-6　各种生产类型的工艺特点

工艺特点	单件生产	批量生产	大量生产
毛坯的制造方法	铸件用木模手工造型，锻件用自由锻	铸件用金属模造型，部分锻件用模锻	铸件广泛用金属模机器造型，锻件用模锻
零件互换性	无需互换、互配零件可成对制造，广泛用修配法装配	大部分零件有互换性，少数用修配法装配	全部零件有互换性，某些要求精度高的配合，采用分组装配
机床设备及其布置	采用通用机床；按机床类别和规格采用“机群式”排列	部分采用通用机床，部分采用专用机床；按零件加工分“工段”排列	广泛采用生产率高的专用机床和自动机床；按流水线形式排列
夹具	很少用专用夹具，由划线和试切法达到设计要求	广泛采用专用夹具，部分用划线法进行加工	广泛用专用夹具，用调整法达到精度要求
刀具和量具	采用通用刀具和万能量具	较多采用专用刀具和专用量具	广泛采用高生产率的刀具和量具
对技术工人的要求	需要技术熟练的工人	各工种需要一定熟练程度的技术工人	对机床调整工人技术要求高，对机床操作工人技术要求低
对工艺文件的要求	只有简单的工艺过程卡	有详细的工艺过程卡片或工艺卡片，零件的关键工序有详细的工序卡片	有工艺过程卡片、工艺卡片和工序卡片等详细的工艺文件

五、机械加工工艺规程制订

(一)制订工艺规程的原则

制订工艺规程时，必须遵循以下原则：

(1)必须充分利用本企业现有的生产条件。

(2)必须可靠地加工出符合图纸要求的零件，保证产品质量。

(3)保证良好的劳动条件，提高劳动生产率。

(4)在保证产品质量的前提下，尽可能降低消耗、降低成本。

(5)应尽可能采用国内外先进工艺技术。

由于工艺规程是直接指导生产和操作的技术文件,因此工艺规程还应做到清晰、正确、完整和统一,所用术语、符号、编码、计量单位等都必须符合相关标准。

(二)制订工艺规程的主要依据

制订工艺规程时,必须依据如下原始资料:

(1)产品的装配图和零件的工作图。

(2)产品的生产纲领。

(3)本企业现有的生产条件,包括毛坯的生产条件或协作关系、工艺装备和专用设备及其制造能力、工人的技术水平以及各种工艺资料和标准等。

(4)产品验收的质量标准。

(5)国内外同类产品的新技术、新工艺及其发展前景等的相关信息。

(三)制订机械加工工艺规程的步骤

制订机械加工工艺规程的步骤如下:

(1)分析零件图和产品装配图。

(2)选择毛坯。

(3)选择定位基准。

(4)拟定工艺路线。

(5)确定加工余量和工序尺寸。

(6)确定切削用量及工时定额。

(7)确定各工序的设备、刀夹量具和辅助工具。

(8)确定各工序的技术要求及检验方法。

(9)填写工艺文件。

六、工艺规程技术经济分析

制订的根本任务在于在保证产品质量的前提下,提高劳动生产率和降低成本,即做到高产、优质、低消耗。要达到这一目的,制订工艺规程时,还必须对工艺过程认真开展技术经济分析,有效地采取提高机械加工生产率的工艺措施。

制订机械加工工艺规程时,通常应提出几种方案。这些方案应都能满足零件的设计要求,但成本则会有所不同。为了选取最佳方案,需要进行技术经济分析。

(一)生产成本和工艺成本

制造一个零件或一件产品所必需的一切费用的总和,称为该零件或产品的生产成本。生产成本实际上包括与工艺过程有关的费用和与工艺过程无关的费用两类。因此,对不同的工艺方案进行经济分析和评价时,只需分析、评价与工艺过程直接相关的生产费用,即所谓工艺成本。

在进行经济分析时,应首先统计出每一方案的工艺成本,再对各方案的工艺成本进行比较，以其中成本最低、见效最快的为最佳方案。

工艺成本由两部分构成，即可变成本 V 和不变成本 S。

可变成本 V 是指与生产纲领 N 直接有关，并随生产纲领呈正比例变化的费用。它包括工件材料（或毛坯）费用、操作工人工资、机床电费、通用机床的折旧费和维修费、通用工艺装备的折旧费和维修费等。

不变成本 S 是指与生产纲领 N 无直接关系，不随生产纲领的变化而变化的费用。它包括调整工人的工资、专用机床的折旧费和维修费、专用工艺装备的折旧费和维修费等。

零件加工的全年工艺成本 E 为

$$E = V \cdot N + S \tag{6-2}$$

此式为直线方程，其坐标关系如图 6-12 所示，可以看出，E 与 N 是线性关系，即全年工艺成本与生产纲领呈正比，直线的斜率为工件的可变费用，直线的起点为工件的不变费用，当生产纲领产生 ΔN 的变化时，则年工艺成本的变化为 ΔE。

单件工艺成本 E_d 可由式(6-3)变换得到，即

$$E_d = V + S/N \tag{6-3}$$

由图 6-13 可知，E_d 与 N 呈双曲线关系，当 N 增大时，E_d 逐渐减小，极限值接近可变费用。

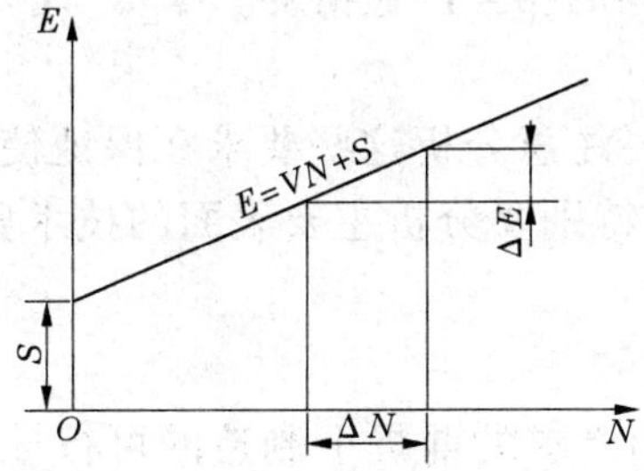

图 6-12　全年工艺成本与生产纲领的关系

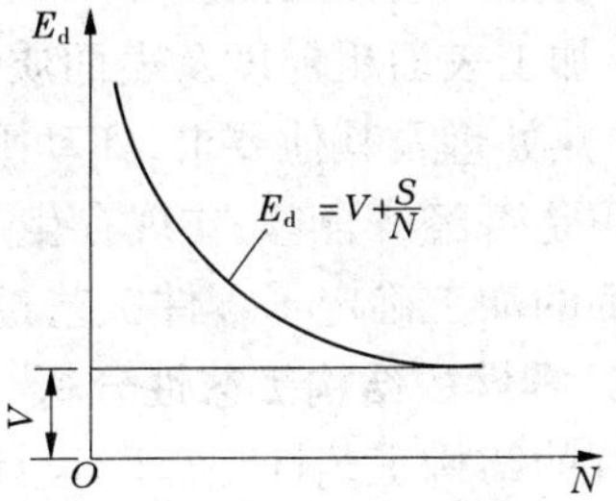

图 6-13　单件工艺成本与生产纲领的关系

（二）不同工艺方案的经济性比较

在进行不同工艺方案的经济分析时，常对零件或产品的全年工艺成本进行比较，这是因为全年工艺成本与生产纲领呈线性关系，容易比较。设两种不同方案分别为Ⅰ和Ⅱ，它们的全年工艺成本分别为

$$E_1 = V_1 N + S_1 \tag{6-4}$$

$$E_2 = V_2 N + S_2 \tag{6-5}$$

两种方案比较时，往往一种方案的可变费用较大时，另一种方案的不变费用就会较大。如果某方案的可变费用和不变费用均较大，那么该方案在经济上是不可取的。

现在同一坐标图上分别画出方案Ⅰ和方案Ⅱ全年的工艺成本与年产量的关系，如图 6-14所示。由图可知，两条直线相交于 $N = N_K$ 处，N_K 称为临界产量，在此年产量时，两种工艺路线的全年工艺成本相等。由 $V_1 N_K + S_1 = V_2 N_K + S_2$ 可得

$$N_K = (S_1 - S_2)/(V_2 - V_1) \tag{6-6}$$

当 $N < N_K$ 时，宜采用方案Ⅱ，即年产量小时，宜采用不变费用较少的方案；当 $N > N_K$ 时，则宜采用方案Ⅰ，即年产量大时，宜采用可变费用较少的方案。

如果需要比较的工艺方案中基本投资差额较大，还应考虑不同方案的基本投资差额的回收期。投资回收期必须满足以下要求：

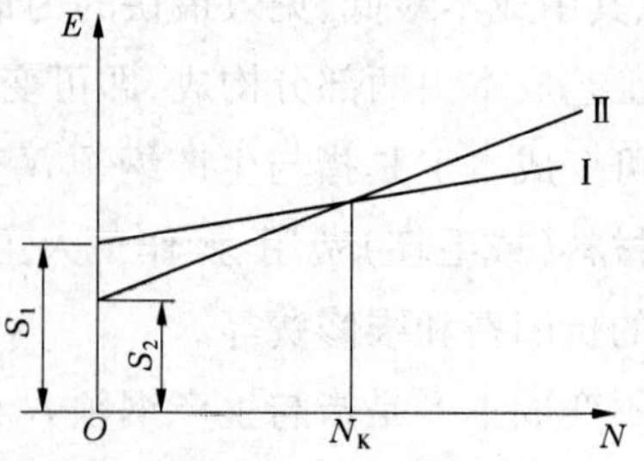

图 6-14　两种方案全年工艺成本的比较

(1)小于采用设备和工艺装备的使用年限。

(2)小于该产品由于结构性能或市场需求等因素所决定的生产年限。

(3)小于国家规定的标准回收期，即新设备的回收期应小于 4 ~ 6 年，新夹具的回收期应小于 2 ~ 3 年。

七、零件的结构工艺性

制造零件的机械加工工艺过程，首先要对零件进行工艺分析。对零件工艺分析，主要包括零件的技术要求分析和结构工艺性分析两方面。

(一)零件的技术要求分析

零件的技术要求分析包括以下几个方面：

(1)加工表面的尺寸精度和性状精度。

(2)各加工表面之间及加工表面和不加工表面之间的相互位置精度。

(3)加工表面粗糙度及表面质量方面的其他要求。

(4)热处理及其他要求，如动平衡、配适切削等。要注意分析这些要求在保证使用性能的前提下是否经济合理，在现存生产条件下能否实现，特别要分析主要表面的技术要求，因主要表面的加工确定了零件工艺过程的大致轮廓。

(二)零件的结构工艺性分析

零件的结构工艺性是指所设计的零件在满足使用要求的前提下制造的可行性和经济性。它包括零件的整个工艺过程的工艺性，如铸造、锻造、冲压、焊接、切削加工等的工艺性，涉及面很广，具有综合性。而且在不同的生产类型和生产条件下，同样一种零件制造的可行性和经济性可能不同。所以，在对零件进行工艺分析时，必须根据具体的生产类型和生产条件，全面、具体、综合地分析。在制订机械加工工艺规程时，主要进行零件的切削加工工艺性分析，它涉及的主要内容如下：

(1)工件应便于机床或夹具上装夹，并尽量减少装夹次数。

(2)刀具易于接近加工部位，便于进刀、退刀、越程和测量，以及便于观察切削情况等。

(3)尽量减少刀具调整和走刀次数。

(4)尽量减少加工面积及空行程，提高生产率。

(5)便于采用标准刀具，尽可能减少刀具种类。

(6)尽量减少工件和刀具的受力变形。

(7)改善加工条件，便于加工，必要时应便于采用多刀、多件加工。

(8)有适宜的定位基准且定位基准至加工面的标柱尺寸应便于测量。表 6-7 是一些常见的零件结构工艺性示例。

表 6-7　一些常见的零件结构工艺性示例

序号	零件结构			
	工艺性不好		工艺性好	
1	车螺纹时，螺纹根部易打刀，且不能清根	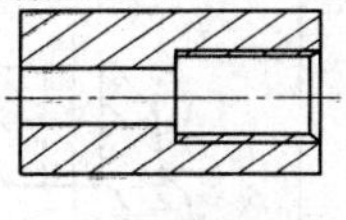	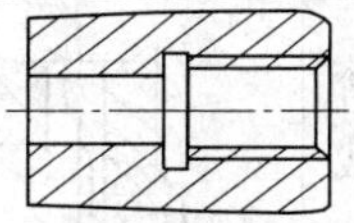	留有退刀槽，可使螺纹清根，可避免打刀
2	插键槽的底部无退刀空间，易打刀	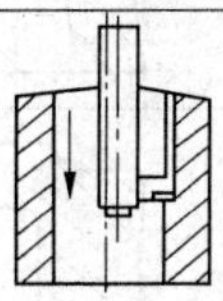	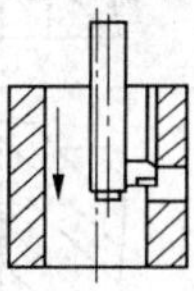	留有退刀空间，避免打刀
3	键槽底与左孔母线齐平，插键槽时易划伤左孔表面	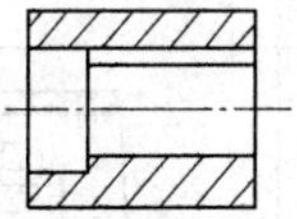	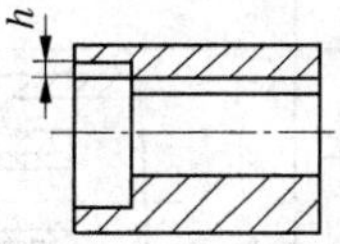	左孔尺寸稍大，可避免划伤左孔表面，操作方便
4	小齿轮无法加工，无插齿退刀槽	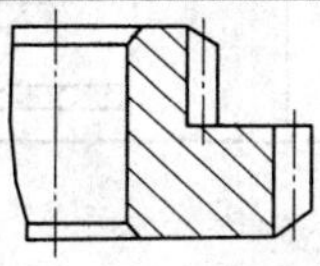	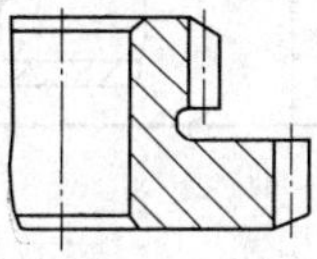	大齿轮可滚齿或插齿，小齿轮可以插齿加工
5	三个退刀槽的宽度有三种尺寸，需用三把不同尺寸刀具加工	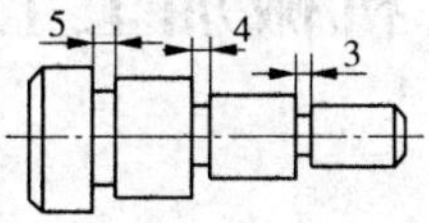	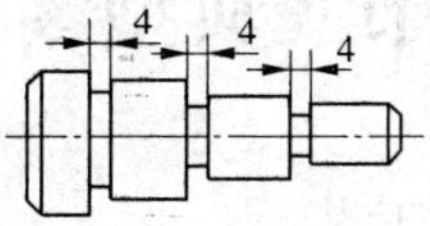	同一个宽度尺寸的退刀槽，使用一把刀具即可加工
6	键槽设置在阶梯轴90°方向上需两次装夹加工	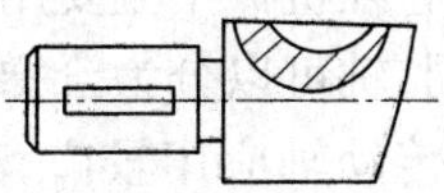	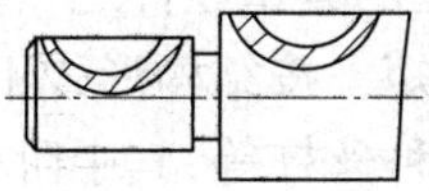	将阶梯轴的两个键槽设计在同一方向上，一次装夹即可对两个键槽加工
7	加工面大、加工时间长，并且零件尺寸越大，平面度误差越大	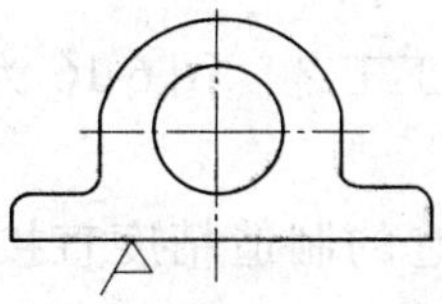	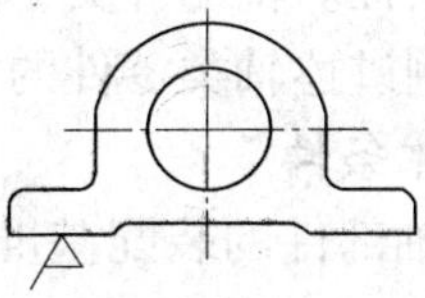	加工面减小，节省工时，减少刀具损耗，并且容易保证平面度要求
8	孔离箱壁太近：①钻头在圆角处易引偏；②箱壁高度尺寸大，需加长钻头方能钻孔	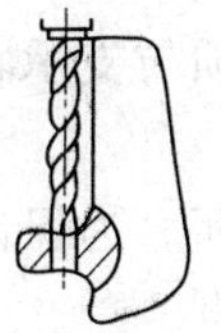	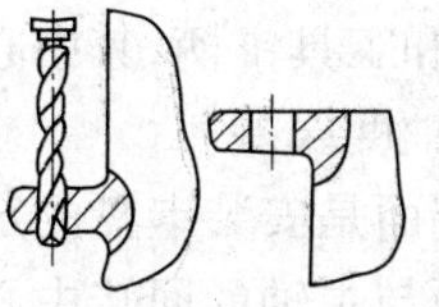	①加长箱耳，不需加长钻头可钻孔；②只要使用上允许，将箱耳设计在某一端，则不需中长箱耳，即可方便加工
9	斜面钻孔，钻头易引偏	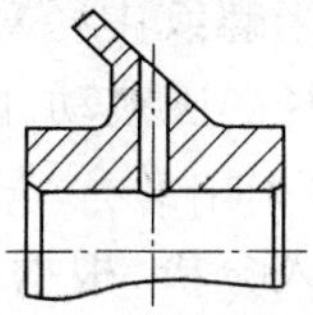	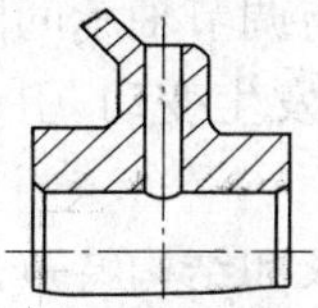	只要结构允许，留出平台可直接钻孔

续表 6-7

序号	零件结构			
	工艺性不好		工艺性好	
10	内壁孔出口处有阶梯面,钻孔时易钻偏或钻头折断	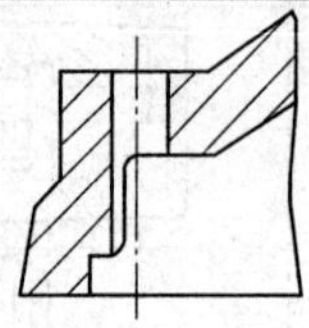	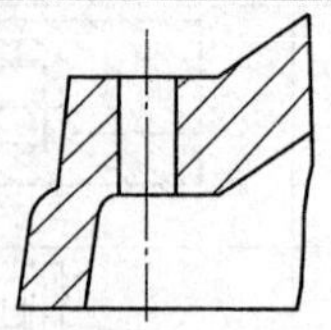	内壁孔出口处平整,钻孔方便,容易保证孔中心位置度
11	钻孔过深,加工时间长,钻头耗损大,并且钻头易偏斜	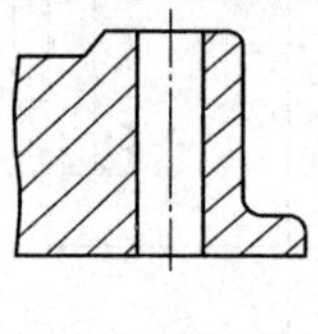	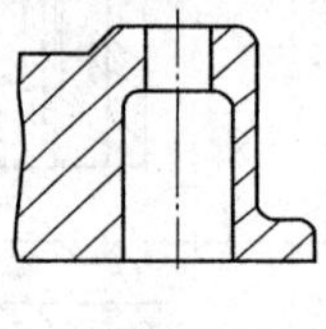	钻孔的一端留空,钻孔时间短,钻头寿命长,不易引偏
12	加工面设计在箱体内,加工时调整刀具不方便,观察也困难	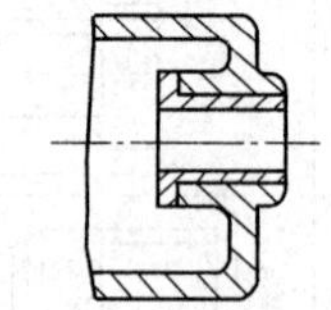	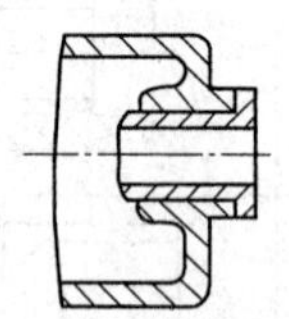	加工面设计在箱体外部,加工方便

第二节　典型零件机械加工工艺过程

一、轴类零件加工工艺

轴是机械加工中常见的典型零件之一。它在机械中主要用于支承齿轮、带轮、凸轮以及连杆等传动件,以传递扭矩。按结构形式不同,轴可以分为阶梯轴、锥度心轴、光轴、空心轴、曲轴、凸轮轴、偏心轴、各种丝杠等,其中阶梯传动轴应用较广,其加工工艺能较全面地反映轴类零件的加工规律和共性。轴的种类见图 6-15。

下面以空心主轴为例讲述轴类零件的加工工艺。图 6-16 为车床主轴零件简图。

(一)主轴的主要技术条件

支承轴颈 A、B 是主轴部件的装配基准,它的制造精度直接影响主轴部件的回转精度,故对它提出的要求很高。

主轴锥孔安装顶尖和工具锥柄,其中心线必须与支承轴颈的中心线严格同轴,否则会使工件产生圆度误差和同轴度误差。

主轴前端圆锥面、端面是安装卡盘的定位表面。为保证卡盘的定心精度,主轴前端圆锥面与支承轴颈同轴,端面与主轴的回转中心线垂直。

主轴上的螺纹是固定与调节轴承间隙的。当螺纹中径对支承轴颈歪斜时,会引起锁紧螺母的端面跳动,轴承位置发生变动,引起主轴径向圆跳动,因此对螺纹的要求高。

(二)加工工艺过程

通过对主轴的技术要求和结构特点进行深入分析,根据生产批量、设备条件、工人技术水平等因素,就可以拟订其机械加工工艺过程,见表 6-8。

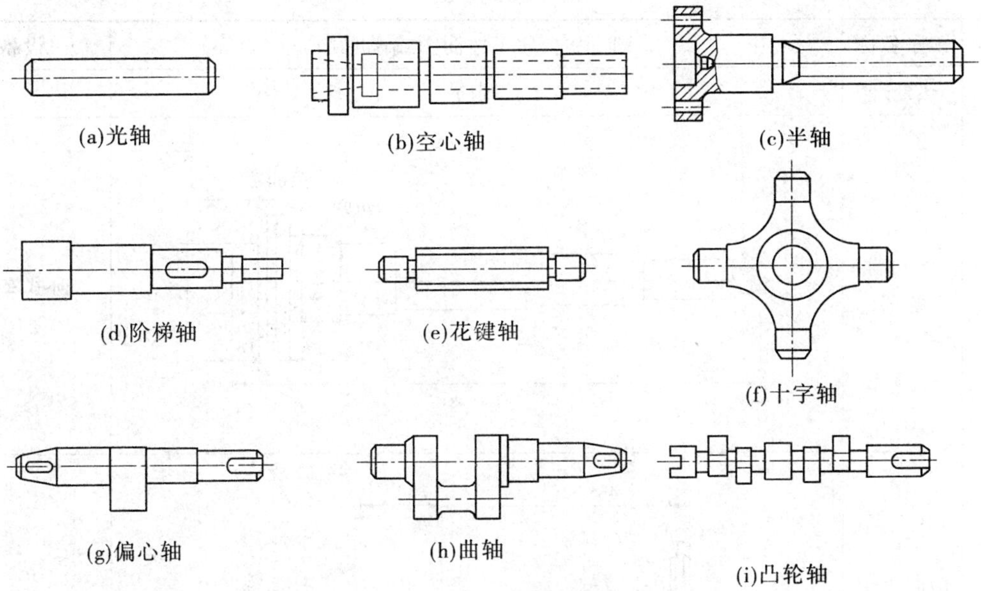

图 6-15　轴的种类

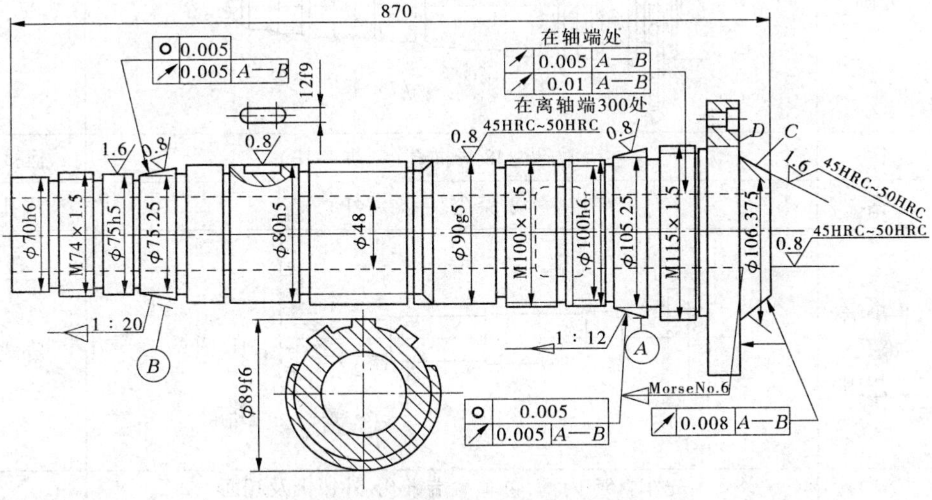

图 6-16　车床主轴零件简图

表 6-8　CA6140 型车床主轴加工工艺过程

序号	工序名称	工序内容(工序简图或说明)	设备
1	备料		
2	锻造	自由锻,大端用胎模锻	立式精锻机
3	热处理	正火	
4	锯头	锯小端,保持总长 878 ±1.5	
5	铣钻	同时铣两端面、钻两端中心孔(外圆柱面定位并夹紧)	中心孔机床
6	荒车	车各外圆(一夹一顶)	卧式车床

续表 6-8

序号	工序名称	工序内容(工序简图或说明)	设备
7	热处理	调质	
8	车大端各部	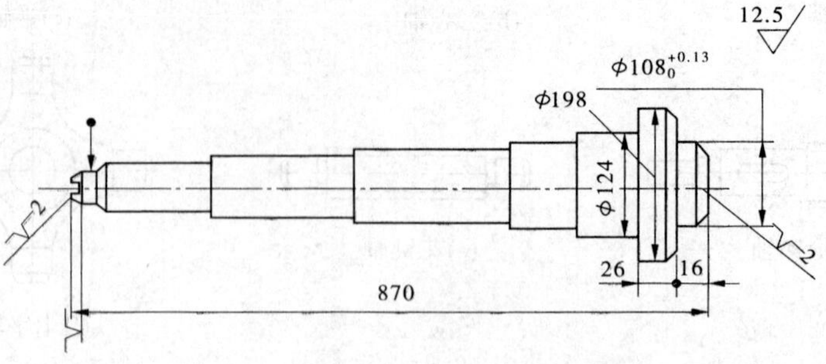	卧式车床
9	仿形车小端各部外圆	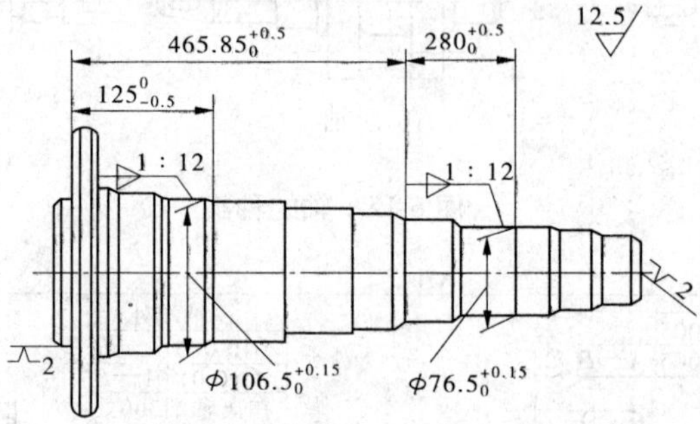	仿形车床
10	钻	在大端钻ϕ48 导向孔(一夹一托)	卧式车床
11	钻	钻ϕ48 深孔(一夹一托)	深孔钻床
12	车小端锥孔(工艺用)	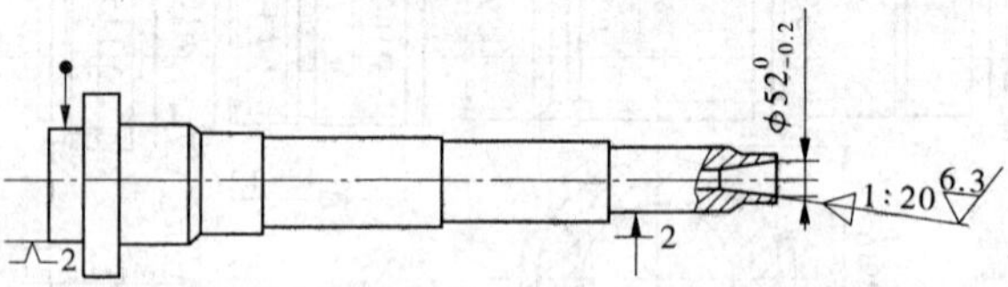配1：20锥堵用	卧式车床
13	车大端锥孔	先车ϕ56 内槽,再车大端锥孔、外短锥及端面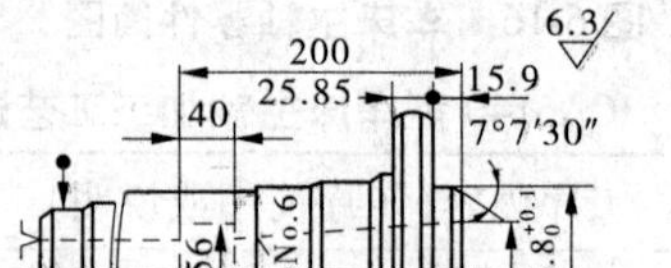(锥孔配莫氏6号锥堵用)	卧式车床
14	钻	钻大端面各孔(用钻模)	摇臂钻床
15	热处理	局部高频感应淬火 52HRC(90g5、短锥及莫氏 6 号锥孔)	高频淬火设备

续表 6-8

序号	工序名称	工序内容(工序简图或说明)	设备
16	精车	精车小端各外圆并切槽(两端配锥堵后用两顶尖装夹)	数控车床
17	检验	检验	
18	研磨	修研中心孔	卧式车床
19	磨二段外圆	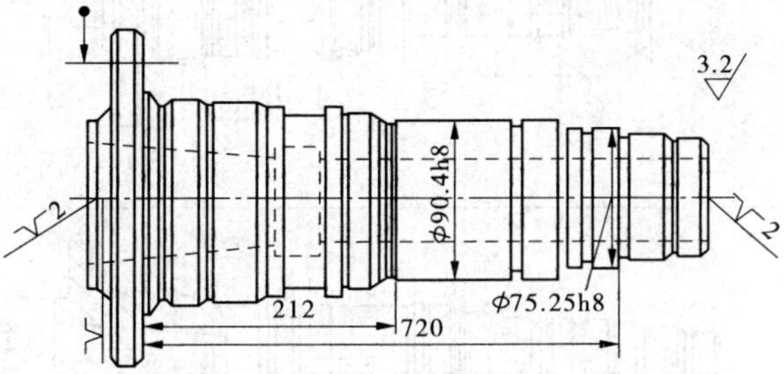	外圆磨床
20	粗磨莫氏 6 号锥孔	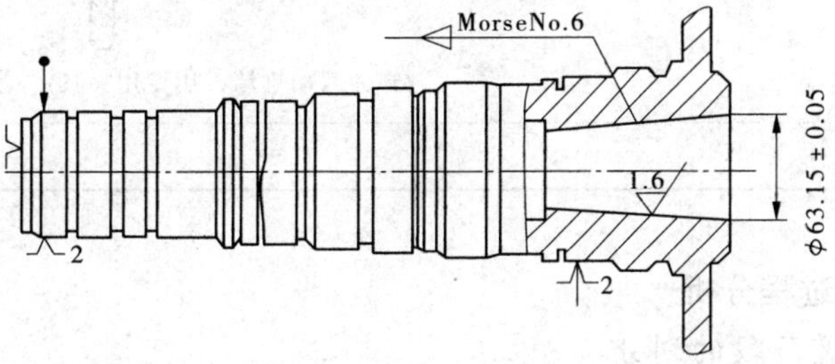 (卸去锥堵)	内圆磨床
21	检验	检验	
22	铣	铣花键(两端再配锥堵后用两顶尖装夹)	花键铣床
23	铣键槽	铣 12f9 键槽(专用夹具,以φ50h5 外圆定位)	立式铣床
24	车	车大端内侧面和三处螺纹(配螺母)(两顶尖装夹)	卧式车床
25	研磨	修研中心孔	卧式车床
26	磨各外圆柱面至尺寸	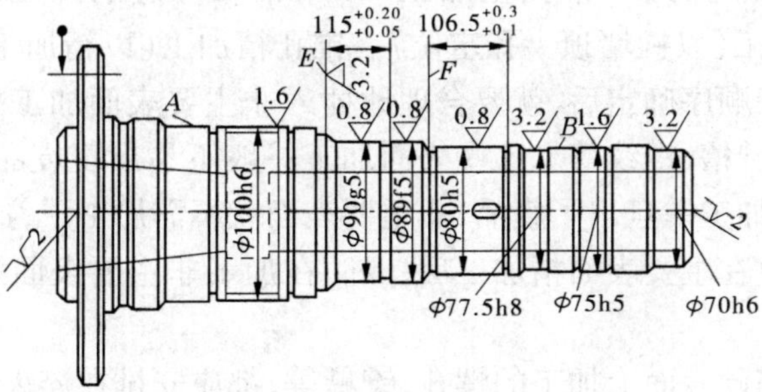	外圆磨床

续表 6-8

序号	工序名称	工序内容(工序简图或说明)	设备
27	磨三段外圆锥面至尺寸,靠磨大端面 D	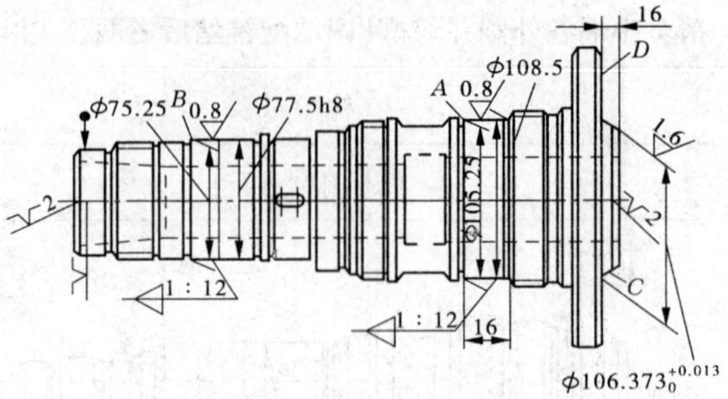	专用磨床
28	精磨莫氏 6 号内锥孔	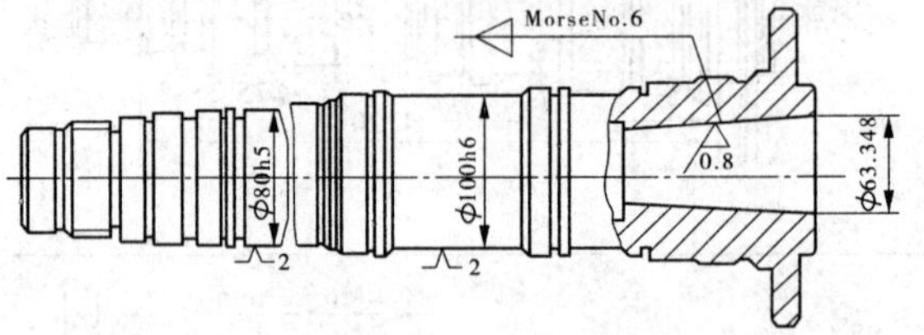 (卸去两端锥堵，用专用夹具)	专用磨床
29	检验		

(三)加工工艺过程分析

1. 主轴加工工艺阶段的划分

主轴加工工艺过程可划分为三个加工阶段,即粗加工阶段(包括铣端面、加工顶尖孔、粗车外圆等)、半精加工阶段(半精车外圆,钻通孔,车锥面、锥孔,钻大头端面各孔,精车外圆等)、精加工阶段(包括精铣键槽,粗磨、精磨外圆、锥面、锥孔等)。

在机械加工工序中间尚需插入必要的热处理工序,这就决定了主轴加工各主要表面总是循着以下顺序的进行,即粗车→调质(预备热处理)→半精车→精车→淬火→回火(最终热处理)→粗磨→精磨。

综上所述,主轴主要表面的加工顺序安排如下:

外圆表面粗加工(以顶尖孔定位)→外圆表面半精加工(以顶尖孔定位)→钻通孔(以半精加工过的外圆表面定位)→锥孔粗加工(以半精加工过的外圆表面定位,加工后配锥堵)→外圆表面精加工(以锥堵顶尖孔定位)→锥孔精加工(以精加工外圆面定位)。

当主要表面加工顺序确定后,就要合理地插入非主要表面加工工序。对主轴来说非主要表面指的是螺孔、键槽、螺纹等。这些表面加工一般不易出现废品,所以尽量安排在后面工序进行,主要表面加工一旦出了废品,非主要表面就不需加工了,这样可以避免浪费工时。但这些表面也不能放在主要表面精加工后,以防在加工非主要表面过程中损伤已精加工过的主要表面。

对凡是需要在淬硬表面上加工的螺孔、键槽等,都应安排在淬火前加工。非淬硬表面上螺孔、键槽等一般在外圆精车之后、精磨之前进行加工。主轴螺纹,因它与主轴支承轴颈之间有一定的同轴度要求,所以螺纹安排在以非淬火 - 回火为最终热处理工序之后的精加工阶段进行，这样半精加工后残余应力所引起的变形和热处理后的变形，就不会影响螺纹的加工精度。

2. 定位基准的选择

轴类零件的定位基准，最常用的是两中心孔。因为轴类零件各外圆表面、锥孔、螺纹等表面的设计基准都是轴的中心线，采用两中心孔定位，既符合基准重合原则又符合基准统一原则。

不能用中心孔或粗加工时，采用轴的外圆表面或外圆表面与中心孔组合作为定位基准。磨、车锥孔时采用主轴的装配基准——前后支承轴颈定位，符合基准重合原则。

由于主轴是带通孔的零件，作为定位基准的中心孔，因钻出通孔而消失。为了在通孔加工之后还能使用中心孔作为定位基准，常采用带有中心孔的锥堵或锥套心轴。

采用锥堵应注意以下几点：锥堵应具有较高的精度，其中心孔既是锥堵本身制造的定位基准，又是磨削主轴的精基准，因而必须保证锥堵的锥面与中心孔有较高的同轴度。另外，在使用锥堵时，应尽量减少锥堵装夹次数。这是因为工件锥孔与锥堵的锥角不可能完全一样，重新装夹势必引起安装误差，故中、小批生产时，锥堵安装后一般不中途更换。

综上所述，空心主轴零件定位基准的使用与转换大致采用这样的方式：开始时以外圆作粗基准铣端面钻中心孔，为粗车外圆准备好定位基准。粗车外圆又为深孔加工准备好定位基准，钻深孔时采用一夹（夹一头外圆）一托（托一头外圆）的装夹方式。之后即加工好前后锥孔，以便安装锥堵，为半精加工和精加工外圆准备好定位基准。终磨锥孔之前，必须磨好轴颈表面，以便用支承轴颈定位来磨锥孔，从而保证锥孔的精度。

3. 工序顺序的安排

安排主轴加工工序的顺序时应注意以下几点：

（1）基准先行。在安排机械加工工艺时，总是先加工好定位基准面，即基准先行。主轴加工也总是首先安排铣端面钻中心孔，以便为后续工序准备好定位基准。

（2）深孔加工的安排。为了使中心孔能够在多道工序中使用，希望深孔加工安排在最后。但是，深孔加工属粗加工，余量大，发热多，变形也大，会使得加工精度难以保持，故不能放到最后。一般深孔加工安排在外圆粗车之后，以便有一个较为精确的轴颈作定位基准用来搭中心架，这样加工出的孔容易保证主轴壁厚均匀。

（3）先外后内与先大后小。先加工外圆，再以外圆定位加工内孔。如上述主轴锥孔安排在轴颈精磨之后再进行精磨；加工阶梯外圆时，先加工直径较大的，后加工直径较小的，这样可避免过早地削弱工件的刚度。加工阶梯深孔时，先加工直径较大的，后加工直径较小的，这样便于使用刚度较大的孔加工工具。

（4）次要表面加工的安排。主轴上的花键、键槽、螺纹等次要表面加工，通常均安排在外圆精车或粗磨之后、精磨外圆之前进行。如果精车前就铣出键槽，精车时因断续切削而易产生振动，既影响加工质量，又容易损坏刀具，也难控制键槽的深度。这些加工也不能放到主要表面精磨之后，否则会破坏主要表面已获得的精度。

4. 主轴中心通孔的加工

主轴的中心通孔一般是深孔（长度与直径之比 l/d 大于 5）。深孔比一般孔的加工要困难和复杂得多。针对深孔加工的不利条件，要解决好刀具引导、顺利排屑和充分润滑三个关键问题。一般采取下列措施：

(1)采用工件旋转、刀具送进的加工方式,使钻头有自定中心能力,防止孔中心线偏斜。

(2)采用特殊结构的刀具——深孔钻,以增加其导向的稳定性和断屑性能。

(3)在工件上预先加工出一段精确的导向孔,保证钻头从一开始就不引偏。

(4)采用压力输送的冷却润滑液,利用压力将冷却润滑液送入切削区域,对钻头起冷却润滑作用,并带着切屑排出。

这里要说明轴类零件加工时退刀槽的作用:为了便于进刀和退刀,应保留有退刀槽或者要留有足够的退刀长度。对于台阶轴来说,螺纹刀具不能加工到台阶底部。如果没有退刀槽,装配时就会不到位,产生干涉。有了退刀槽,就解决了装配干涉的问题。

二、套类零件加工工艺

套筒类零件简称套类零件,是机械中常见的一种零件,它的应用范围很广。如支承旋转轴的各种形式的滑动轴承、夹具上引导刀具的导向套、内燃机气缸套、液压系统中的液压缸及一般用途的套筒,如图 6-17 所示。由于其功用不同,套筒类零件的结构和尺寸有着很大的差别,但其结构上仍有共同点,即零件的主要表面为同轴度要求较高的内外圆表面,零件壁的厚度较薄且易变形,零件长度一般大于直径等。

套筒类零件的加工工艺根据其功用、结构形状、材料和热处理及尺寸大小的不同而异。就其结构形状来划分,大体可以分为短套筒和长套筒两类。它们在加工中,装夹方法和加工方法都有很大的差别。

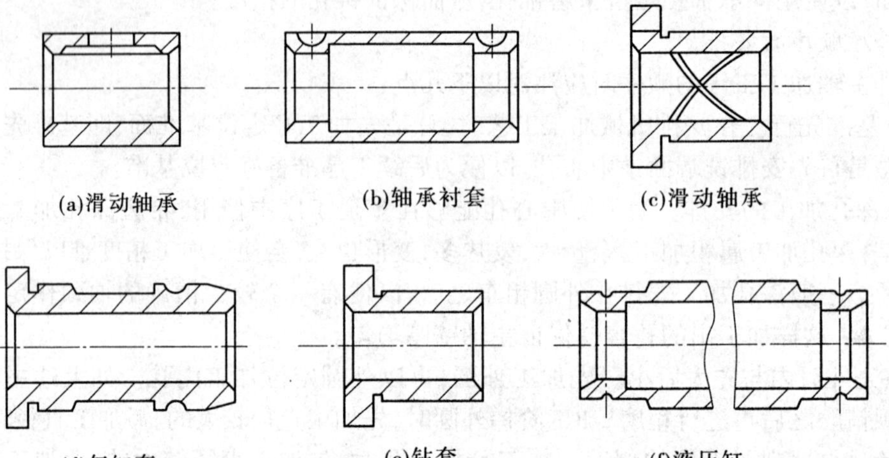

(a)滑动轴承 (b)轴承衬套 (c)滑动轴承

(d)气缸套 (e)钻套 (f)液压缸

图 6-17 筒类零件

各种套筒类零件虽然结构和尺寸有很大差异,但却具有以下共同特点:

(1)外圆直径 d 一般小于其长度 l,通常长度与直径比 l/d 小于 5。

(2)内孔与外圆直径之差较小,即零件壁厚较小,易变形。

(3)内外圆回转表面的同轴度公差很小。

(4)结构比较简单。

下面以轴承套为例讲述套类零件的加工工艺。如图 6-18 所示的轴承套,材料为 ZQSn6－6－3,每批数量为 200 件。

(一)轴承套的技术条件和工艺分析

该轴承套属于短套筒,材料为锡青铜轴承套。其主要技术要求为:ϕ34js7 外圆对ϕ22H7 孔的径向圆跳动公差为0.01 mm;左端面对ϕ22H7 孔轴线的垂直度公差为0.01 mm。轴承套外圆为IT7 级精度,采用精车可以满足要求;内孔精度也为IT7 级,采用铰孔可以满足要求。内孔的加工顺序为钻孔—车孔—铰孔。

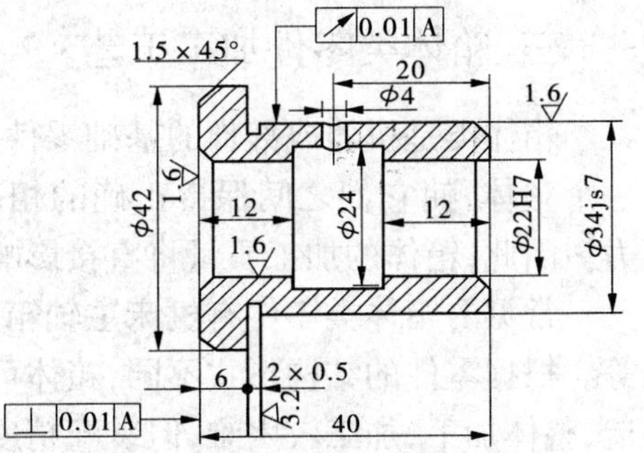

图 6-18 轴承套

由于外圆对内孔的径向圆跳动要求在0.01 mm内,用软卡爪装夹无法保证,因此精车外圆时应以内孔为定位基准,使轴承套在小锥度心轴上定位,用两顶尖装夹。这样可使加工基准和测量基准一致,容易达到图纸要求。

车铰内孔时,应与端面在一次装夹中加工出,以保证端面与内孔轴线的垂直度在0.01 mm 以内。

(二)轴承套的加工工艺

表6-9 为轴承套的加工工艺过程。粗车外圆时,可采取同时加工五件的方法来提高生产率。

表6-9 轴承套的加工工艺过程

序号	工艺名称	工艺内容	定位与夹紧
1	备料	棒料,按5 件合一加工下料	
2	钻中心孔	车端面,钻中心孔 调头车另一端面,钻中心孔	三爪夹外圆
3	粗车	车外圆ϕ42 长度为6.5 mm,车外圆ϕ34js7 长度为ϕ35 mm,车空刀槽2 ×0.5 mm,取总长40.5 mm,车分割槽ϕ20 ×3 mm,两端倒角1.5 ×45°,5 件同加工,尺寸均相同	中心孔
4	钻	钻孔ϕ22H7 至ϕ22 mm 成单件	软爪夹ϕ42 mm 外圆
5	车、铰	车内槽ϕ24 ×16 mm 至尺寸 铰孔ϕ22H7 mm 至尺寸 孔两端倒角	软爪夹ϕ42 mm 外圆
6	精车	车ϕ34js7(±0.012)mm 至尺寸	ϕ22H7 孔心轴
7	钻	钻径向油孔ϕ4 mm	ϕ34 mm 外圆及端面
8	检查		

三、箱体类零件加工工艺

箱体类是机器或部件的基础零件，它将机器或部件中的轴、套、齿轮等有关零件组装成一个整体，使它们之间保持正确的相互位置，并按照一定的传动关系协调地传递运动或动力。因此，箱体的加工质量将直接影响机器或部件的精度、性能和寿命。

常见的箱体类零件有机床主轴箱、机床进给箱、变速箱体、减速箱体、发动机缸体和机座等。根据零件的结构形式不同，箱体可分为整体式箱体和分离式箱体两类。前者是整体铸造、整体加工，加工较困难，但装配精度高；后者可分别制造，便于加工和装配，但增加了装配工作量。

下面以减速箱为例讲述箱类零件的加工工艺。一般减速箱，为了制造与装配的方便，常做成可分离的，如图 6-19 所示。箱盖如图 6-20 所示，底座如图 6-21 所示，箱体合装后如图 6-19所示。箱盖、底座和合箱后的加工工艺过程分别见表 6-10 ~ 表 6-12。

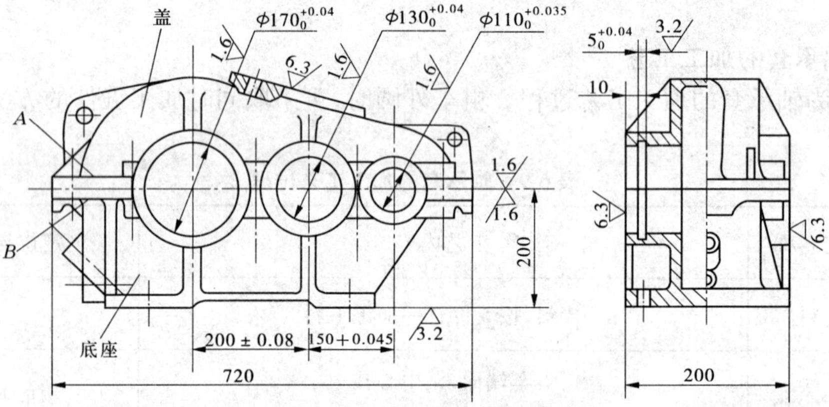

图 6-19　分离式箱体

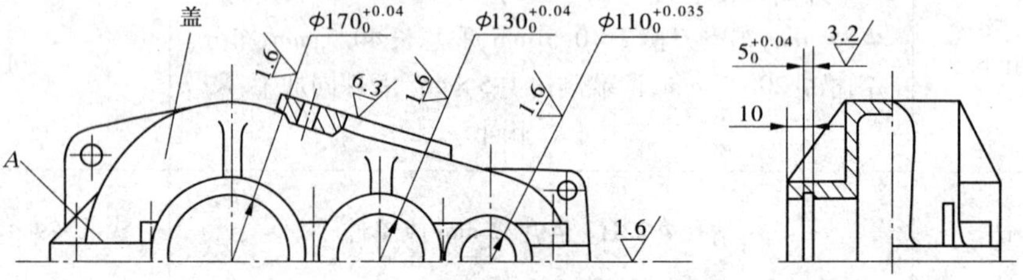

图 6-20　箱盖

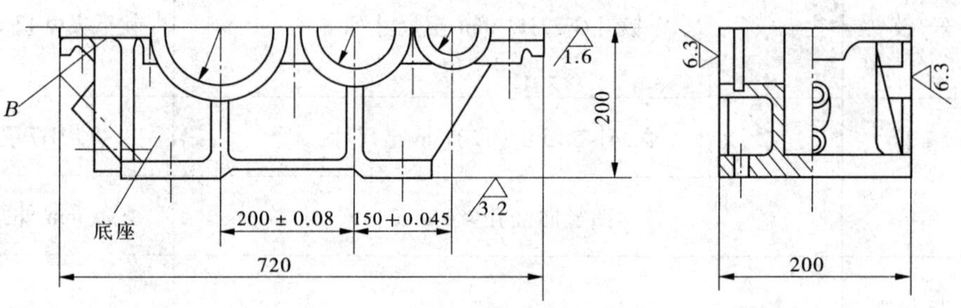

图 6-21　底座

表 6-10　箱盖的工艺过程

序号	工艺内容	定位基准
10	铸造	
20	时效	
30	涂底漆	
40	粗刨对合面	凸缘 B 面
50	刨底面	对合面
60	钻底面 4 孔、锪沉孔、铰 2 个工艺孔	对合面、端面、侧面
70	钻侧面测油孔、放油孔、螺纹底孔、锪沉孔、攻螺纹	底面、二孔
80	磨对合面	底面
90	检验	

表 6-11　底座的工艺过程

序号	工艺内容	定位基准
10	铸造	
20	时效	
30	涂底漆	
40	粗刨对合面	凸缘 B 面
50	刨底面	对合面
60	钻底面 4 孔、锪沉孔、铰 2 个工艺孔	对合面、端面、侧面
70	钻侧面测油孔、放油孔、螺纹底孔、锪沉孔、攻螺纹	底面、二孔
80	磨对合面	底面
90	检验	

表 6-12　箱体合装后的工艺过程

序号	工艺内容	定位基准
10	将盖与底座对准合笼夹紧、配钻、铰二定位销孔，打入锥销，根据盖配钻底座，结合面的连接孔，锪沉孔	
20	拆开盖与底座，修毛刺、重新装配箱体，打入锥销，拧紧螺栓	
30	铣两端面	底面及两孔
40	粗镗轴承支承孔，割孔内槽	底面及两孔
50	精镗轴承支承孔，割孔内槽	底面及两孔
60	去毛刺、清洗、打标记	
70	检验	

分离式箱体的主要技术要求：

(1)对合面对底座的平行度误差不超过0.5/1 000。

(2)对合面的表面粗糙度 R_a 值小于1.6 μm，两对合面的接合间隙不超过0.03 mm。

(3)轴承支承孔必须在对合面上，误差不超过±0.2 mm。

(4)轴承支承孔的尺寸公差为H7，表面粗糙度 R_a 值小于1.6 μm，圆柱度误差不超过孔径公差的一半，孔距精度误差为±0.05～0.08 mm。

由表6-10～表6-12可见，分离式箱体虽然遵循一般箱体的加工原则，但是由于结构上的可分离性，因而在工艺路线的拟订和定位基准的选择方面均有一些特点。

(一)加工路线

分离式箱体工艺路线与整体式箱体工艺路线的主要区别在于：整个加工过程分为两个大的阶段。第一阶段先对箱盖和底座分别进行加工，主要完成对合面及其他平面、紧固孔和定位孔的加工，为箱体的合装做准备；第二阶段在合装好的箱体上加工孔及其端面。在两个阶段之间安排钳工工序，将箱盖和底座合装成箱体，并用两销定位，使其保持一定的位置关系，以保证轴承孔的加工精度和拆装后的重复精度。

(二)定位基准

1. 粗基准的选择

分离式箱体最先加工的是箱盖和箱座的对合面。分离式箱体一般不能以轴承孔的毛坯面作为粗基准，而是以凸缘不加工面为粗基准，即箱盖以凸缘 *A* 面、底座以凸缘 *B* 面为粗基准。这样可以保证对合面凸缘厚薄均匀，减少箱体合装时对合面的变形。

2. 精基准的选择

分离式箱体的对合面与底面(装配基面)有一定的尺寸精度和相互位置精度要求；轴承孔轴线应在对合面上，与底面也有一定的尺寸精度和相互位置精度要求。为了保证以上几项要求，加工底座的对合面时，应以底面为精基准，使对合面加工时的定位基准与设计基准重合；箱体合装后加工轴承孔时，仍以底面为主要定位基准，并与底面上的两定位孔组成典型的"一面两孔"定位方式。这样，轴承孔的加工，其定位基准既符合"基准统一"原则，也符合"基准重合"原则，有利于保证轴承孔轴线与对合面的重合度及与装配基面的尺寸精度和平行度。

复习与思考题

1. 什么是工艺过程、工序、安装、工位、工步和走刀？

2. 在加工中可通过哪些方法保证工件的尺寸精度、形状精度及位置精度？

3. 试简述机械加工工艺规程的制订原则、内容及制订步骤。

4. 什么是零件的结构工艺性？试指出图6-22中在结构工艺性方面存在的问题，并提出改进意见。

5. 精基准、粗基准的选择原则有哪些？

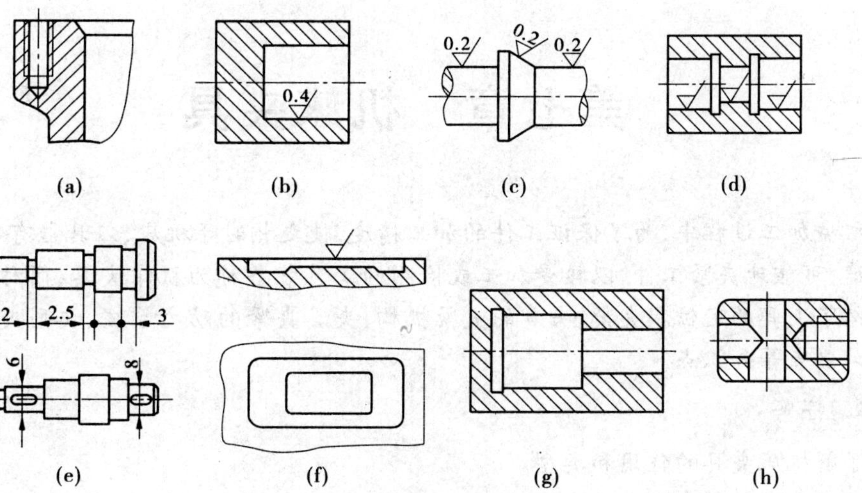

图 6-22　题 4 图

第七章　机床夹具

在机械加工过程中，为了保证工件的加工精度，使之相对于机床、刀具占有确定的位置，并能迅速、可靠地夹紧工件，以接受加工或检测的工艺装备称为机床夹具，简称夹具。本章主要介绍了夹具的定位和夹紧、夹具的夹紧机构、夹具夹紧的动力系统、典型夹具的结构分析与设计要点等知识点。

学习任务

1. 了解机床夹具的作用和类型。
2. 理解夹具的定位和夹紧、夹具的夹紧机构及夹具夹紧的动力系统。
3. 掌握典型夹具的结构与设计方法。

第一节　概　述

机床夹具是机床上用以装夹工件(和引导刀具)的一种装置。其作用是将工件定位，以使工件获得相对于机床和刀具的正确位置，并把工件可靠地夹紧。

一、机床夹具的作用

(一)保证工件的加工精度

采用夹具后，工件各有关表面的相互位置精度是由夹具来保证的，比画线找正所达到的精度高很多，并且质量稳定。

(二)提高劳动生产率

采用夹具后，能使工件迅速地定位和夹紧，不仅省去了画线找正所花费的大量时间，而且简化了工件的安装工作，显著地提高了劳动生产率。

(三)改善工人劳动条件，保障生产安全

用夹具装夹工件方便、省力、安全。用气动、液动等夹紧装置，可大大减轻工人的劳动强度。夹具在设计时采取了安全保证措施，用以保证操作者的人身安全。

(四)降低生产成本

在批量生产中使用夹具时，劳动生产率提高，并且允许使用技术等级较低的工人操作，可显著降低生产成本。

(五)扩大机床工艺范围

采用夹具可使本来不能在某些机床上加工的工件变为可能，以减轻生产条件受限的压力。如图 7-1(a)所示的异形杠杆零件，如果不采用专用夹具，ϕ 10H7 孔在车床上将无法加工。现采用如图 7-1(b)所示的专用夹具，工件以ϕ 20h7 外圆为定位基准面，在 V 形块 2 上定位，用可调 V 形块 6 作辅助支承，采用铰链压板 1 和两个螺钉 5 夹紧，保证尺寸 50 ±0.01 mm 和平行度公差的要求。

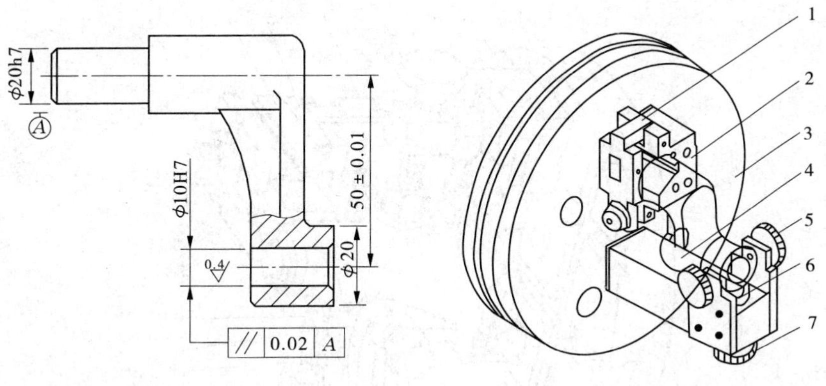

(a)异形杠杆简图　　(b)专用夹具

1—铰链压板；2—V形块；3—夹具体；4—支架；5—螺钉；6—可调V形块；7—螺杆

图7-1　加工杠杆零件的车床夹具

二、机床夹具的分类

(一)按夹具的通用特性分类

1. 通用夹具

通用夹具是指结构、尺寸已规格化，具有一定通用性的夹具，如三爪卡盘、四爪卡盘、平口虎钳、万能分度头、顶尖、中心架、电磁吸盘等，这类夹具由专门生产厂家生产和供应，其特点是使用方便、通用性强，但加工精度不高，生产率较低，且难以装夹形状复杂的工件，仅适用于单件小批量生产。

2. 专用夹具

专用夹具是针对某一工件某一工序的加工要求专门设计和制造的夹具，其特点是针对性很强，没有通用性。在批量较大生产和形状复杂、精度要求高的工件加工中，常用各种专用夹具，可获得较高的生产率和加工精度。

3. 可调夹具

可调夹具是针对通用夹具和专用夹具的不足而发展起来的一类夹具。对不同类型和尺寸的工件，只需调整或更换原来夹具上的个别定位元件和夹紧元件便可使用。它一般又分为通用可调夹具和成组夹具两种。例如，图7-2所示是生产系列化产品所用的铣销轴端部台肩的夹具。台肩尺寸相同但长度规格不同的销轴可用一个可调夹具加工。

4. 组合夹具

组合夹具是一种模块化的夹具。标准的模块化元件具有较高的精度和耐磨性，可组装成各种夹具，夹具使用完后即可拆卸，留待组装新的夹具。图7-3为车削管状工件的组合夹具，组装时选用90°圆形基础板1为夹具体，以长、圆形支承4、6、9和直角槽方支承2、筒式方支承5等组合成夹具的支架，工件在支承9、10和V形支承8上定位，用螺钉3、11夹紧，各主要元件由平键和槽通过方头螺钉紧固连接成一体。

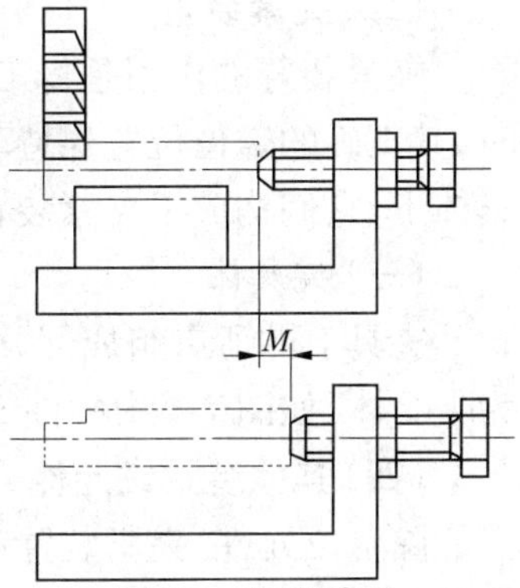

图7-2　可调夹具

(二)按夹具的使用机床分类

按夹具的使用机床分类是专用夹具设计所用的分类方法。

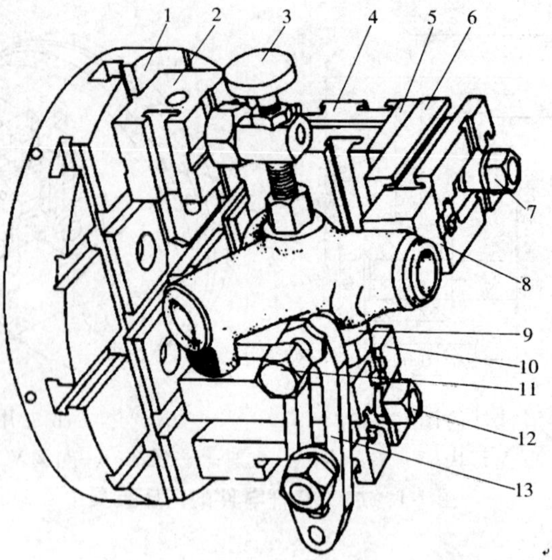

1—90°圆形基础板；2—直角槽方支承；3、11—螺钉；4、6、9、10—长、圆形支承；
5—简式方支承；7、12—螺母；8—V 形支承；13—连接板

图 7-3　车前管状工件的组合夹具

如在车床、铣床、钻床、镗床等机床上使用的夹具，就称为车床夹具、铣床夹具、钻床夹具、镗床夹具等。

（三）按夹具的动力源分类

按夹具所使用的动力源可分为手动夹具、气动夹具、液动夹具、气液夹具、电动夹具、电磁夹具等。各种夹具不论结构如何，其基本原理都是一致的。本章主要介绍专用夹具的结构设计原理。

三、机床夹具的组成

（一）定位元件

由于夹具的首要任务是对工件进行定位和夹紧，因此无论何种夹具都必须有用以确定工件正确加工位置的定位元件。如图 7-4 中的圆柱销 5、菱形销 9 和支承板 4 都是定位元件，通过它们使工件在夹具中占据了正确位置。

（二）夹紧装置

夹紧装置的作用是将工件在夹具中压紧夹牢，保证工件在加工过程中当受到外力作用时，其正确的定位位置保持不变。图 7-4 中的夹具就利用压板、螺栓、螺母将工件压紧在夹具体上，它们构成了夹紧装置。

（三）夹具体

夹具上的所有组成部分都需要通过一个基础件使其联结成为一个整体，这个基础件称为夹具体，如图 7-4 中的件 3。

（四）其他装置或元件

除定位元件、夹紧装置和夹具体外，各种夹具还根据需要设置一些其他装置或元件，如分度装置、引导装置、对刀元件等。图 7-4 中的钻套 1 和钻模板 2 就是为了引导钻头而设置

的引导装置。

四、夹具在机床上的安装

(一)夹具在机床工作台上的安装

安装在工作台平面上的夹具,其夹具体的底面便是夹具的安装基准面,因而应经过比较精密的加工,以保证良好的接触并为其他表面提供良好的工艺基准。另外,对于像铣床类夹具在加工有方向性要求的表面时,为了保证夹具的定位元件相对于切削运动有准确的方向,需要在夹具体上安装定位键,这样夹具安装到机床上时就不需要找正便可确定它的正确位置,然后紧固。

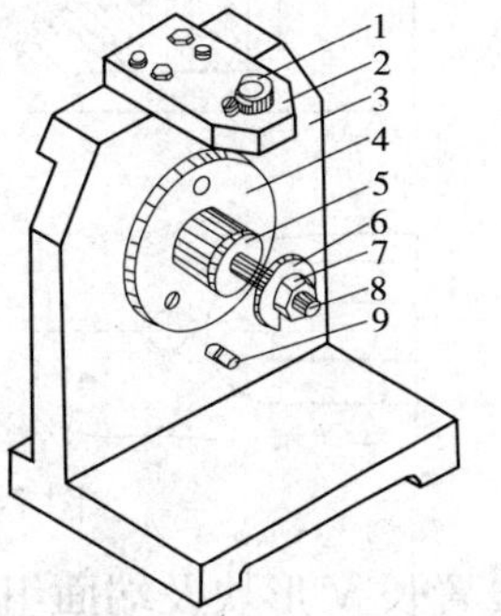

1—钻套;2—钻模板;3—夹具体;4—支承板;5—圆柱销;6—开口垫圈;7—螺母;8—螺杆;9—菱形销

图 7-4 后盖钻夹具

定位键的结构如图 7-5 所示。有 A 型和 B 型两种,它们的上部与夹具体底面上的槽相配合,并用螺钉紧固在夹具体上。A 型定位键的下部与机床工作台上的 T 形槽按 h6 或 h8 配合,B 型定位键的下部预留 0.5 mm 余量,按 T 形槽实际尺寸配合,极限偏差取 h6 或 h8。键与槽的配合情况如图 7-5(c)所示。由于定位键在键槽中总是有间隙的,所以在安装时,可将定位键靠在 T 形槽的一侧,以提高导向精度。

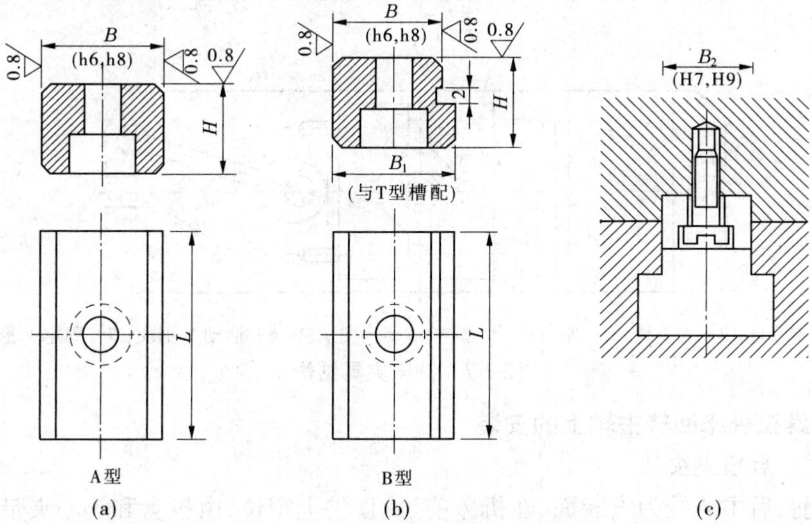

图 7-5 定位键

夹具安装时也可以不设定位键,而采用找正的方法来确定夹具的安装方向,这时夹具上应加工出比较精密的找正基面。这种方法定位精度较高,但夹具每次安装均需要找正。

夹具在机床工作台上定位后还要紧固。对于铣床或镗床夹具,加工时由于切削力较大,所以常在夹具体上设 2 ~ 4 个开口耳座,如图 7-6 所示,用 T 形螺栓和螺母进行夹紧。钻床夹具一般不需定位键,可以直接利用螺钉压板机构将夹具压紧在钻床工作台上。

图 7-7 为一铣削套筒工件上端面通槽的铣床夹具,根据工件的外形特点及加工精度要

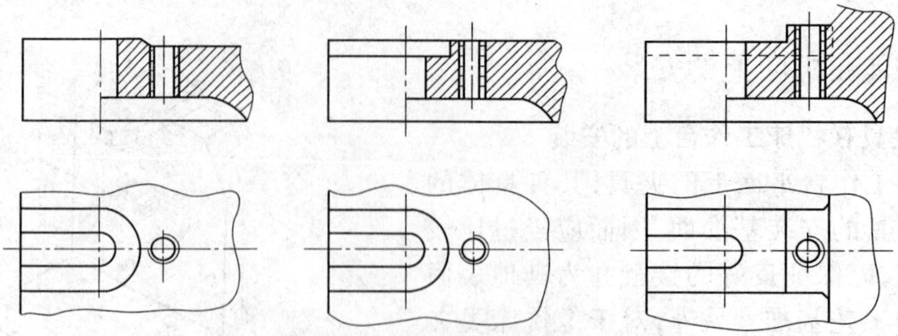

图 7-6　夹具体上的定位键槽和开口耳座

求，夹具设置长 V 形块及端面组合定位。扳动手柄，带动夹紧偏心轮 3 转动，可使活动 V 形块 6 进行左右移动，从而将工件夹紧和松开。为完成快速调刀，夹具上设置有对刀块 2。利用安装在夹具体底面槽内的一对定位键 4 与工作台 T 形槽的配合，可以保证定位 V 形块对称中心面相对工作台纵向导轨的平行。夹具体两端设有耳座，用来固定夹具。

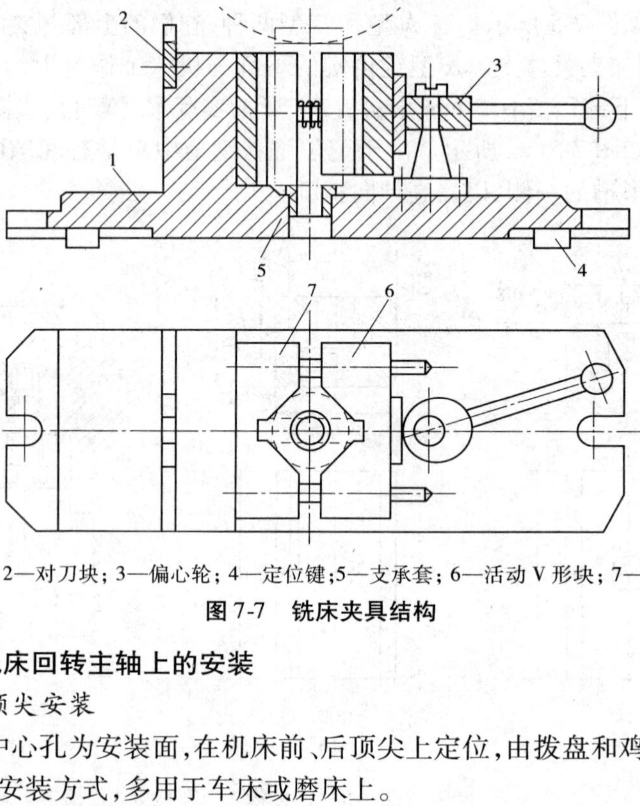

1—夹具体；2—对刀块；3—偏心轮；4—定位键；5—支承套；6—活动 V 形块；7—固定 V 形块

图 7-7　铣床夹具结构

(二) 夹具在机床回转主轴上的安装

1. 利用前、后顶尖安装

夹具以前、后中心孔为安装面，在机床前、后顶尖上定位，由拨盘和鸡心夹带动。较长定位心轴常采用这种安装方式，多用于车床或磨床上。

2. 利用主轴莫氏锥孔安装

夹具以莫氏锥柄为安装面，在机床主轴的莫氏锥孔中定位，用拉杆从主轴尾部将其拉紧，起防松保护作用。这种方式定位精度高，安装迅速方便，但刚度低，只适于在车床上安装小型夹具。

3. 夹具与机床主轴端部直接连接

这种连接方式定位精度高，接触刚性好，但有过定位，所以要求连接部位定位面之间的尺寸和位置精度很高。

4. 利用过渡盘安装

对于尺寸较大的车床类夹具，常常通过过渡盘与机床主轴连接。过渡盘装在机床主轴的端部，它们之间的连接方式随主轴端部结构而异，夹具以夹具体上的端面和止口为安装面装在过渡盘上，用螺钉紧固。此法简化了夹具体的结构，提高了其通用性。

图 7-8 为加工轴承座孔的角铁式车床夹具。工件 9 以一面两孔在夹具的支承板、圆柱销 2 和削边销 1 上定位，用两副螺钉压板 8 将工件夹紧；导向套 6 在精镗轴承孔时作单支承镗杆的前导套；调整平衡块 7 用来消除夹具回转时的不平衡现象；角铁状的夹具体左端以止口、端面与过渡盘 3 相连，过渡盘 3 再将整个夹具连接在车床主轴轴端，过渡盘尾部加工出 2 个螺孔，以便安装安全挡块。

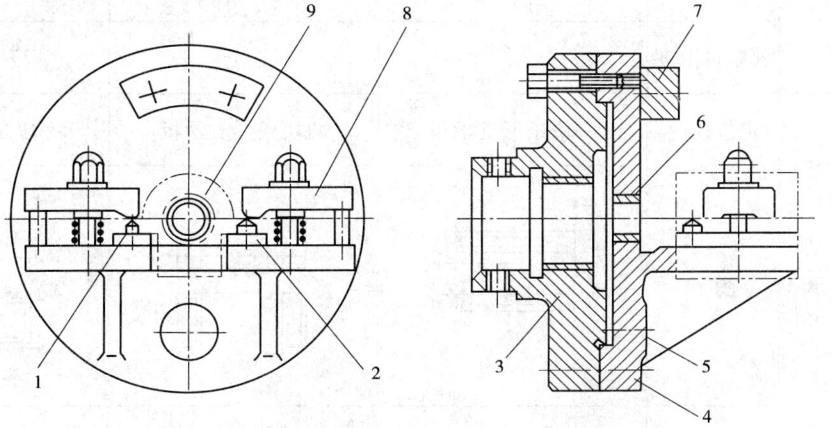

1—削边销；2—圆柱销；3—过渡盘；4—夹具体；

5—定程基面；6—导向套；7—平衡块；8—压板；9—工件

图 7-8　角铁式车床夹具

设计这类夹具时应注意夹具与机床主轴的连接应保证其回转轴线与主轴轴线有较高的同轴度，结构应尽量紧凑，悬伸长度要短，夹具应制成圆形并基本平衡，夹具上各个元件包括工件在内不应伸出夹具体的圆形轮廓之外，以免碰伤操作者。还应注意切屑缠绕和冷却液飞溅等问题，必要时应设置防护罩。

第二节　夹具的定位和夹紧

一、夹具的定位

（一）夹具定位分析

工件在夹具中定位时，起定位支承点作用的是一定形状的定位元件。不同的定位元件所能提供的限制自由度也不同，所以必须根据工件定位所需限制的自由度数目和工件的结构，合理选择定位元件。当一个定位元件所提供的支承点不能满足定位要求时，则必须考虑多个定位元件的合理搭配，使之既能满足定位要求，又不能过定位，而且结构应简单、工艺性好。表 7-1列出了常用定位元件的结构形式及所对应的限制自由度，供设计夹具定位方案时参考。

表 7-1　常用定位元件的结构形式及所对应的限制自由度

工件的定位面	夹具的定位元件				
平面	支承钉	定位情况	一个支承钉	两个支承钉	三个支承钉
		图示	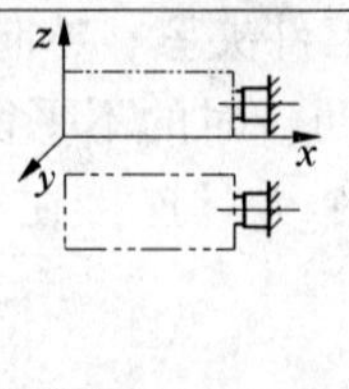	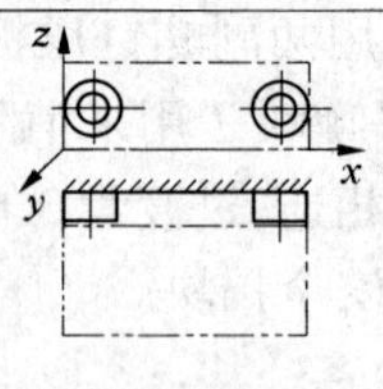	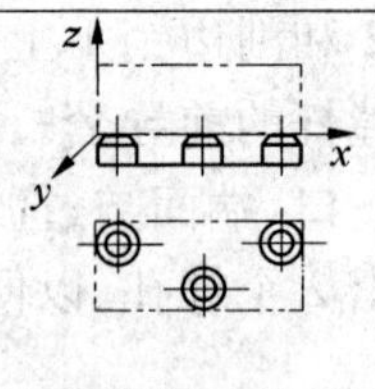
		限制自由度	$\vec{X}$	$\vec{Y}$ $\overset{\frown}{Z}$	$\vec{Z}$ $\overset{\frown}{X}$ $\overset{\frown}{Y}$
平面	支承板	定位情况	一块条形支承板	两块条形支承板	一块矩形支承板
		图示	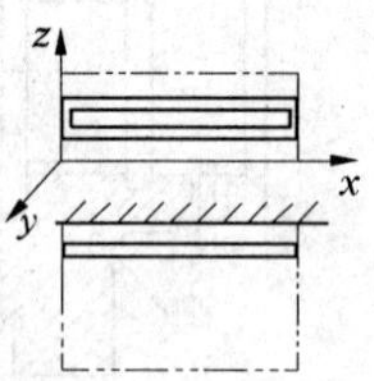	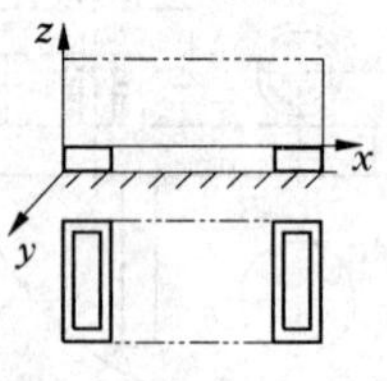	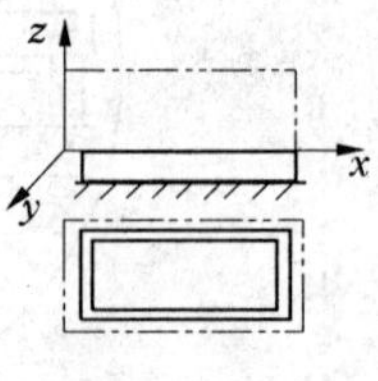
		限制自由度	$\vec{Y}$ $\overset{\frown}{Z}$	$\vec{Z}$ $\overset{\frown}{X}$ $\overset{\frown}{Y}$	$\vec{Z}$ $\overset{\frown}{X}$ $\overset{\frown}{Y}$
圆	圆柱销	定位情况	短圆柱销	长圆柱销	两段短圆柱销
		图示	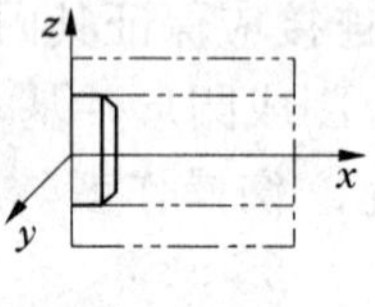	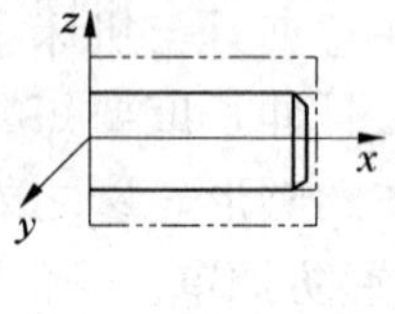	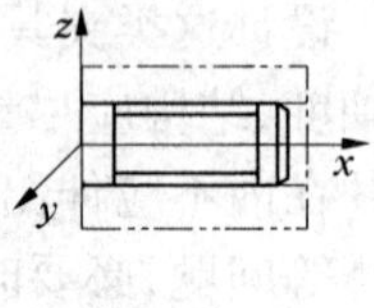
		限制自由度	$\vec{Y}$ $\vec{Z}$	$\vec{Y}$ $\vec{Z}$ $\overset{\frown}{X}$ $\overset{\frown}{Y}$	$\vec{Y}$ $\vec{Z}$ $\overset{\frown}{X}$ $\overset{\frown}{Y}$
		定位情况	菱形销	长销小平面组合	短销大平面组合
		图示	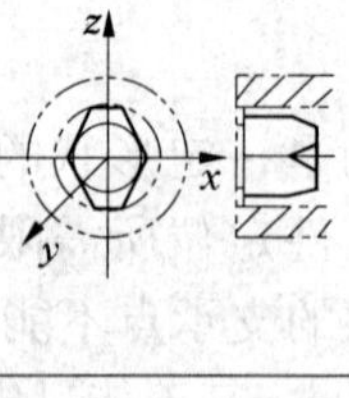	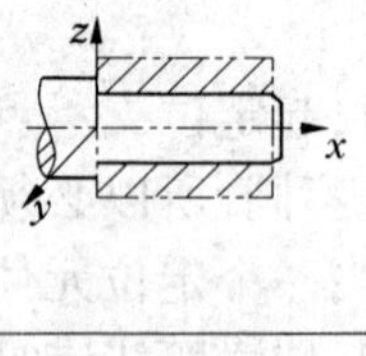	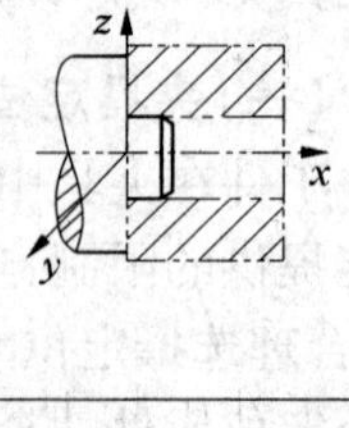
		限制自由度	$\vec{Z}$	$\vec{X}$ $\vec{Y}$ $\vec{Z}$ $\overset{\frown}{Y}$	$\vec{X}$ $\vec{Y}$ $\vec{Z}$ $\overset{\frown}{Y}$

续表 7-1

工件的定位面	夹具的定位元件				
孔	圆锥销	定位情况	固定锥销	浮动锥销	固定锥销和浮动锥销组合
		图示	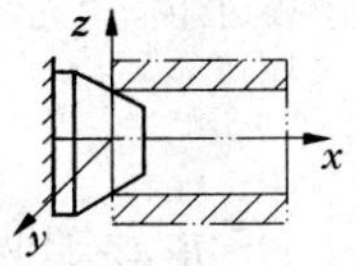	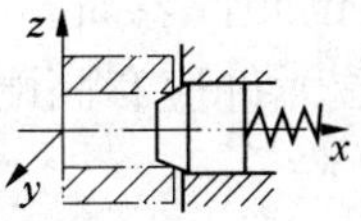	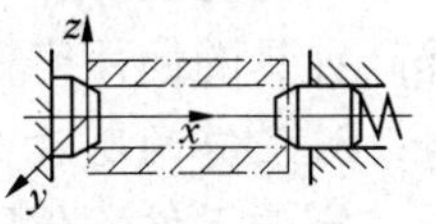
		限制自由度	$\overrightarrow{X}\ \overrightarrow{Y}\ \overrightarrow{Z}$	$\overrightarrow{Y}\ \overrightarrow{Z}$	$\overrightarrow{X}\ \overrightarrow{Y}\ \overrightarrow{Z}\ \widehat{Y}\ \widehat{Z}$
外圆柱面	V形块	定位情况	一块短 V 形块	两块短 V 形块	一块长 V 形块
		图示	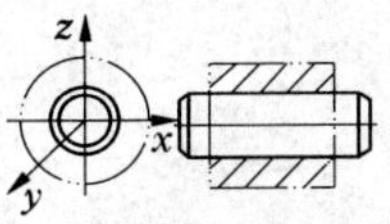	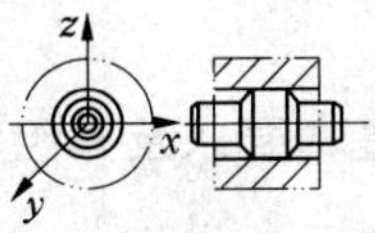	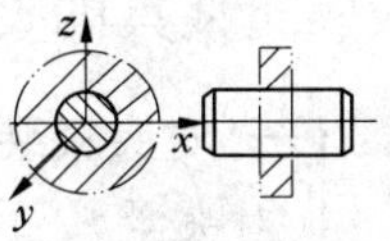
		限制自由度	$\overrightarrow{X}\ \overrightarrow{Z}$	$\overrightarrow{X}\ \overrightarrow{Z}\ \widehat{X}\ \widehat{Z}$	$\overrightarrow{X}\ \overrightarrow{Z}\ \widehat{X}\ \widehat{Z}$
	定位套	定位情况	一个短定位套	两个短定位套	一个长定位套
		图示	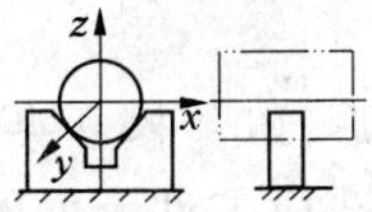	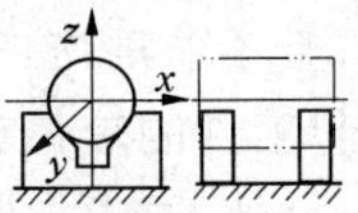	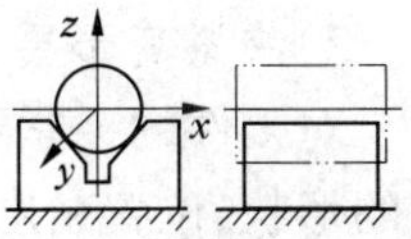
		限制自由度	$\overrightarrow{X}\ \overrightarrow{Z}$	$\overrightarrow{X}\ \overrightarrow{Z}\ \widehat{X}\ \widehat{Z}$	$\overrightarrow{X}\ \overrightarrow{Z}\ \widehat{X}\ \widehat{Z}$
圆锥孔	锥顶尖和锥度心轴	定位情况	固定顶尖	浮动顶尖	锥度心轴
		图示	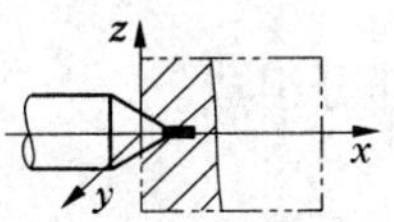	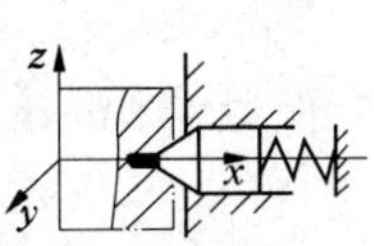	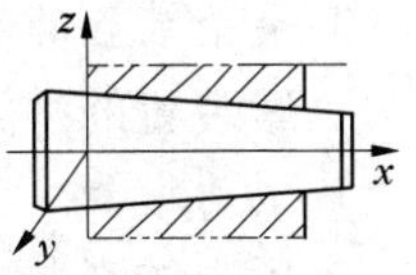
		限制自由度	$\overrightarrow{X}\ \overrightarrow{Y}\ \overrightarrow{Z}$	$\overrightarrow{Y}\ \overrightarrow{Z}$	$\overrightarrow{X}\ \overrightarrow{Y}\ \overrightarrow{Z}\ \widehat{Y}\ \widehat{Z}$

(二)对定位元件的基本要求

工件在夹具中定位时，一般不允许将工件直接放在夹具体上，而应放在定位元件上，因而对定位元件提出下列要求。

1. 高精度

定位元件的精度直接影响工件定位误差的大小。一般来说，定位元件的制造公差应比工件上相应尺寸的公差小，否则会降低定位精度，但也要注意不能定得太严格，否则会给加工带来困难。

2. 高耐磨性

工件的装卸会磨损定位元件表面，导致定位精度下降。为了延长定位元件的更换周期，提高夹具的使用寿命，定位元件应有高耐磨性。

3. 足够的刚度和强度

定位元件不仅限制工件的自由度，还要支承工件、承受夹紧力和切削力，因此应有足够的强度和刚度，以免使用中变形或损坏。

4. 良好的工艺性

定位元件的结构应力求简单，便于加工、装配和更换。定位元件在夹具中的布置要合理、适当，以保证工件的定位可靠、稳定。

二、夹具的夹紧

（一）对夹紧装置的基本要求及其组成

1. 对夹紧装置的基本要求

1）夹紧要可靠

夹紧装置的基本功能是夹固工件，以使工件在各种外力作用下仍能稳固地维持其定位位置不动，保证切削加工的顺利、安全进行。故夹紧可靠是对夹紧装置所提出的首要要求。夹紧不允许破坏定位夹紧应保证维持工件的精确定位，而不允许破坏工件的原有定位状态。

2）夹紧变形要尽量小，且不能压伤工件

对工件的夹紧不应引起工件的较大夹紧变形，以免松开夹紧后的弹性恢复造成加工表面的形状、位置精度下降。另外，要求夹紧不能造成工件表面的压伤，以免影响工件表面质量。当夹紧力较大时，应选择适当的压紧点或采用垫块、压脚等结构，以防压溃工件表面。

3）操作要方便

夹具的操作机构应力求方便、省力、安全，有利于快速装卸工件，减轻工人的劳动强度，提高工作效率。

2. 夹紧装置的组成

夹紧装置的种类很多，但其结构一般由两部分组成。

1）动力装置

夹紧力的来源，一是人力，二是某种装置所产生的力。能产生力的装置称为夹具的动力装置。常用的动力装置有气动装置、液压装置、电动装置、电磁装置、气－液联动装置和真空装置等。由于手动夹具的夹紧力来自人力，所以它没有动力装置。

2）夹紧机构

夹紧机构指接受和传递原始作用力使之变为夹紧力并执行夹紧任务的部分，一般由下列机构组成：

（1）接受原始作用力的机构，如手柄、螺母或用来连接气缸活塞杆的机构等。

（2）中间传力机构，如铰链、杠杆等。

(3)夹紧元件,如各种螺钉、压板等。

其中,中间传力机构在传递原始作用力至夹紧元件的过程中,可以起到诸如改变作用力的方向、大小及自锁等作用。

(二)实施夹紧力和布置夹紧点的基本原则

1. 夹紧力的方向和作用点

1)夹紧力应朝向主要基准面

对工件只施加一个夹紧力,或施加几个方向相同的夹紧力时,夹紧力的方向应尽可能朝向主要基准面。例如图 7-9 所示,其中图 7-9(a)为加工工件的工序简图,工件上被镗的孔与左端面有一定的垂直度要求,因此夹紧力应朝向主要基准面 A,以有利于保证镗孔轴线与 A 面垂直。如果按图 7-9(b)、(c)所示布置,则由于工件左端面与底面的夹角误差,夹紧时将破坏工件的定位或引起工件的变形,影响孔与左端面的垂直度要求。

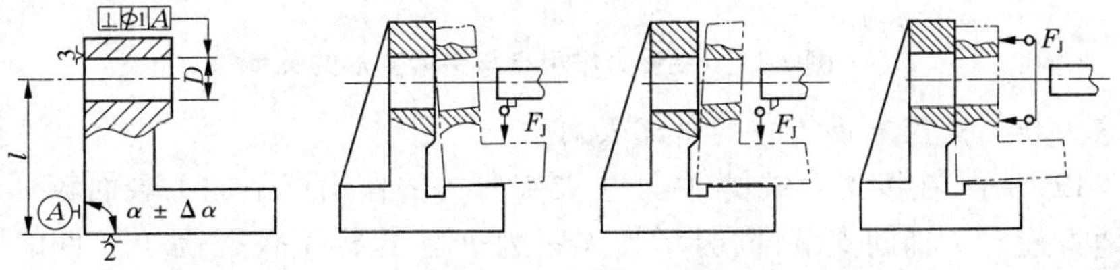

(a)工序简图　(b)错误　(c)错误　(d)正确

图 7-9　夹紧力应指向主要基准面

2)夹紧力的作用点应落在定位支承范围内

如图 7-10 所示,夹紧力的作用点如果落到了定位元件的支承范围外,夹紧时夹紧力与支反力形成了翻转力偶,将破坏工件的定位,因而是错误的。

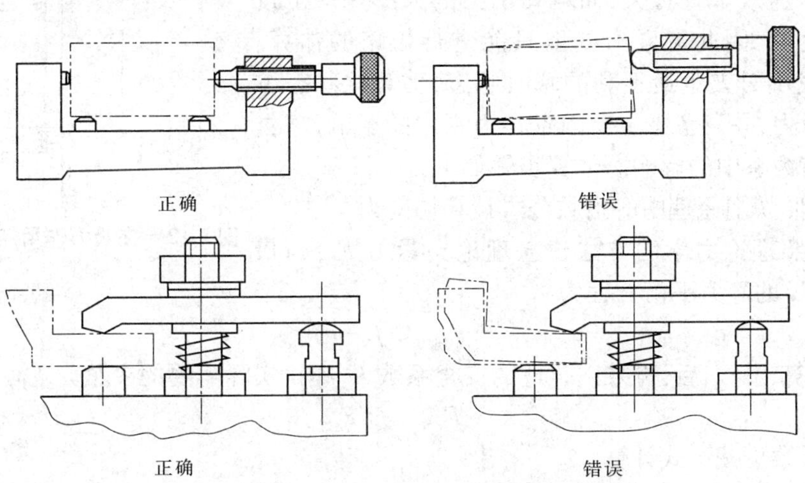

图 7-10　作用点与定位支承的位置关系

3)夹紧力的作用点应落在工件刚度较好的方向和部位

为了使工件受“拉压”力而不受“弯矩”作用,夹紧力的作用点应落在工件刚度高的方向和部位,这一原则对刚度低的工件特别重要。例如,如图 7-11(a)所示,薄壁套的轴向刚度比径向高,沿轴向施加夹紧力变形就会小得多;夹紧如图 7-11(b)所示薄壁箱体时,夹紧力应作用在刚度较好的凸边上；箱体没有凸边时，可如图 7-11(c)所示的那样将单点夹紧改为三点夹紧，使着力点落在刚度较好的箱壁上。

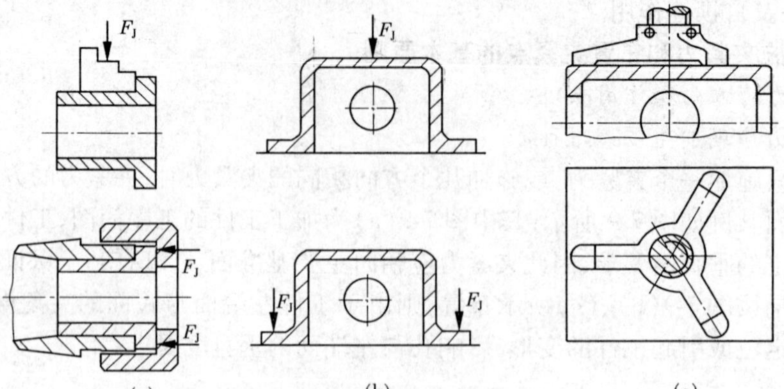

图 7-11　夹紧力作用点与夹紧变形的关系

4）夹紧力作用点应靠近工件的加工表面

如图 7-12 所示，在拨叉上铣槽，由于主要夹紧力的作用点距加工表面较远，故在靠近加工表面的地方设置了辅助支承，同时增加夹紧力 F_J'。这样不仅提高了工件的装夹刚度，还可减少加工时工件的振动。

2. 夹紧力大小的估算

在加工过程中，工件受到切削力、离心力、惯性力及重力的作用，理论上夹紧力的作用应与上述力（矩）的作用平衡，而实际上夹紧力的大小还与工艺系统的刚度、夹紧机构的传递效率等有关，而且切削力的大小在加工过程中是变化的，因此夹紧力一般只能进行粗略的估算。估算时应找出对夹紧最不利的瞬时状态，估算此状态下所需的夹紧力，并只考虑主要因素在力系中的影响，略去次要因素在力系中的影响。估算步骤如下：

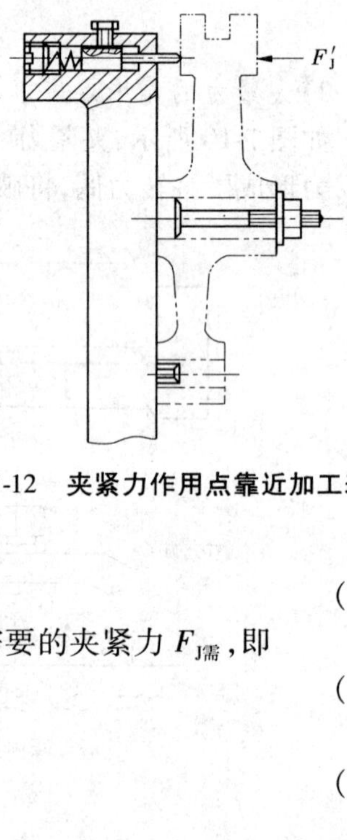

图 7-12　夹紧力作用点靠近加工表面

（1）按照切削原理中的指数公式计算切削力。

（2）按照理论力学的方法建立理论夹紧力 $F_{J理}$ 与最大切削力 F_C 的静力平衡方程为

$$F_{J理} = f(F_C) \tag{7-1}$$

（3）计算出 $F_{J理}$ 后，再乘以合适的安全系数 K，即得实际需要的夹紧力 $F_{J需}$，即

$$F_{J需} = KF_{J理} \tag{7-2}$$

安全系数可按下式计算

$$K = K_0K_1K_2K_3 \tag{7-3}$$

各种因素的安全系数见表 7-2。

（4）校核夹紧机构产生的夹紧力 F_J：夹紧力 F_J 应满足 $F_J \geqslant F_{J需}$。

由于实际加工中切削力是一个变值，并且计算切削力大小的公式也与实际不可能完全一致，故夹紧力不可能通过这种计算而得到准确的结果。生产中也可根据一定生产经验用类比的方法估算夹紧力，如果是一些关键性的夹具，则往往还需要通过试验的方法来确定所

需要的夹紧力。

表 7-2　各种因素的安全系数

考虑因素		系数值
K_0—基本安全系数(考虑工件材质,余量是否均匀)		1.2 ~ 1.5
K_1—加工性质系数	粗加工	1.2
	精加工	1.0
K_2—刀具钝化系数		1.1 ~ 1.3
K_3—切削特点系数	连续切削	1.0
	断续切削	1.2

第三节　夹具的夹紧机构

工件定位后将其固定,使其在加工过程中保持定位位置不变的装置,称为夹紧装置。下面介绍几种常用的夹紧机构。

一、斜楔夹紧机构

采用斜楔作为传力元件或夹紧元件的夹紧机构称为斜楔夹紧机构。图 7-13 为几种常用斜楔夹紧机构夹紧工件的实例。图 7-13(a)所示是在工件上钻互相垂直的ϕ8F8、ϕ5F8 两组孔。工件装入后,锤击斜楔大头或小头,即可夹紧或松开工件。由于用斜楔直接夹紧工件的夹紧力较小,且操作费时,所以实际生产中应用不多,多数情况下是将斜楔与其他机构联合起来使用。图 7-13(b)所示是将斜楔与滑柱组合使用的一种夹紧机构,既可以手动,也可以气压驱动。图 7-13(c)所示是由端面斜楔与压板组合而成的夹紧机构。

直接采用斜楔夹紧时可获得的夹紧力为

$$F_J = \frac{F_s}{\tan\varphi_1 + \tan(\alpha + \varphi_2)} \tag{7-4}$$

式中　F_J——可获得的夹紧力,N;

F_s——作用在斜楔上的原始力,N;

φ_1——斜楔与工件之间的摩擦角,(°);

φ_2——斜楔与夹具之间的摩擦角,(°);

α——斜楔的夹角,(°)。

为了保证加在斜楔上的作用力去除后,工件仍能可靠地被夹紧而不松开,必须使夹紧机构具有自锁能力。斜楔的自锁条件是:斜楔的升角小于斜楔与工件、斜楔与夹具体之间的摩擦角之和,即 $\alpha \leqslant \varphi_1 + \varphi_2$。

为保证自锁可靠,手动夹紧机构一般取 $\alpha = 6° \sim 8°$。用气压或液压装置驱动的斜楔不需要自锁,可取 $\alpha = 15° \sim 35°$。

斜楔夹紧具有结构简单、增力比大、自锁性能好等特点,因此获得了广泛应用。

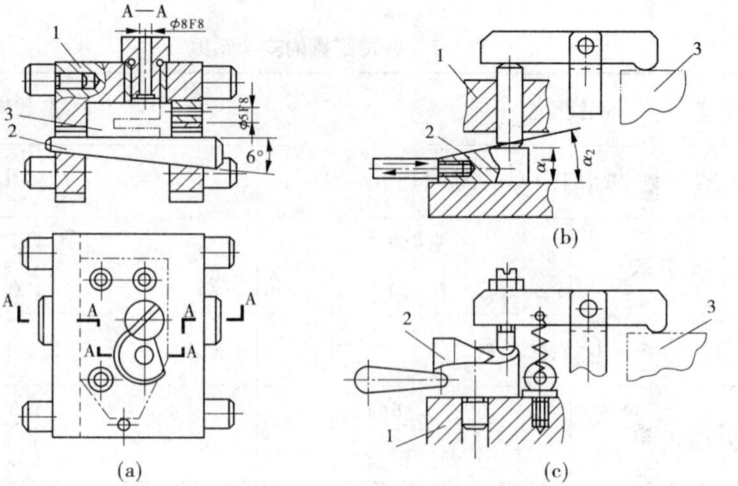

1—夹具体；2—斜楔；3—工件

图 7-13　斜楔夹紧机构

二、螺旋夹紧机构

(一) 单个螺旋夹紧机构

图 7-14(a)、(b)是直接用螺钉或螺母夹紧工件的机构，称为单个螺旋夹紧机构。在图 7-14(a)中，螺钉头直接与工件表面接触，螺钉转动时可能损伤工件表面或带动工件旋转。克服这一缺点的方法是在螺钉头部装上如图 7-15 所示的摆动压块。当摆动压块与工件接触后，由于压块与工件间的摩擦力矩大于压块与螺钉间的摩擦力矩，因而压块不会随螺钉一起转动。图 7-15(a)中所示的压块端面是光滑的，用于夹紧已加工表面；图 7-15(b)中所示的端面有齿纹，用于夹紧毛坯面；当要求螺钉只移动不转动时，可采用图 7-15(c)所示的结构。

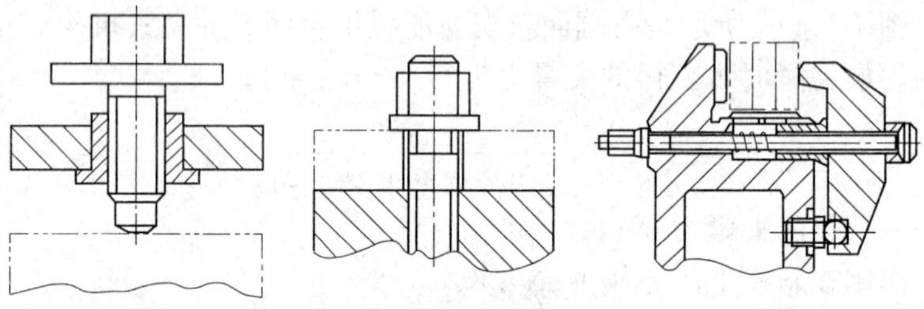

图 7-14　螺旋夹紧机构

为了克服单个螺旋夹紧机构夹紧动作慢、工件装卸费时的缺点，常采用各种快速接近、退离工件的方法。图 7-16 列出了常见的几种快速螺旋夹紧机构。其中，图 7-16(a)使用了开口垫圈；图 7-16(b)中，夹紧轴 1 上的直槽连着螺旋槽，先推动手柄 2，使摆动压块迅速靠近工件，继而转动手柄，用螺旋槽段夹紧工件并自锁；图 7-16(c)采用了快卸螺母；图 7-16(d)中的手柄 5 带动螺母 4 旋转时，因补偿块手柄 6 的限制，螺母不能右移，致使螺杆带着摆动压块 3 往左移动，从而夹紧工件，松开时，只要反转手柄 5，稍微松开后，即可使补偿块手柄 6 摆开，为手柄 5 的快速右移让出空间。

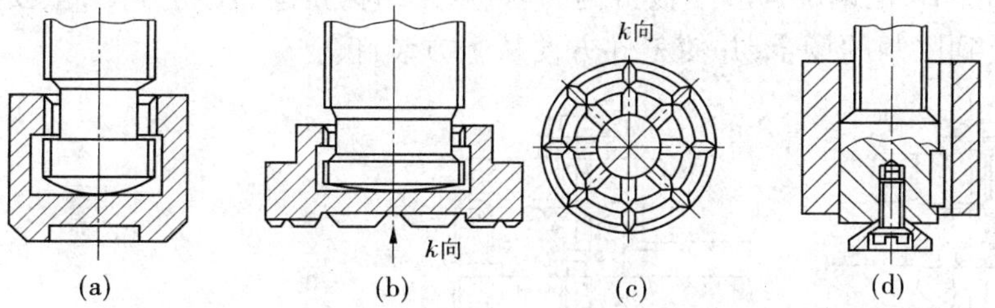

图 7-15　摆动压块

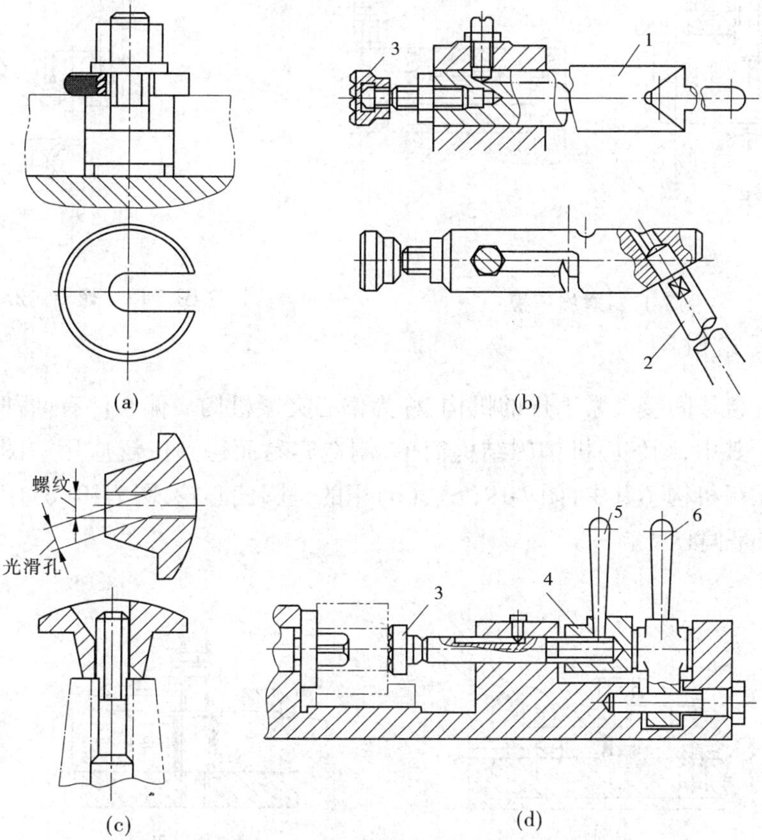

1—夹紧轴；2、5—手柄；3—摆动压块；4—螺母；6—补偿块手柄

图 7-16　快速螺旋夹紧机构

(二)螺旋压板机构

在夹紧机构中,螺旋压板的使用是非常普遍的。图 7-17 是几种常见的螺旋压板的典型结构。其中图 7-17(a)、(b)是移动压板,在这两种机构中,其施力螺钉位置不同:图 7-17(a)为螺钉夹紧方式,可通过压板的移动来调整压板的杠杆比,实现增大夹紧力和夹紧行程的目的；图 7-17(b)为螺母夹紧方式,夹紧力小于作用力,主要用于夹紧力不大和夹紧行程需调节的场合；图 7-17(c)为回转压板,使用方便；图 7-17(d)是铰链压板机构,主要用于增大夹

紧力的场合。图 7-18 是螺旋钩形压板机构，其特点是结构紧凑，使用方便，主要用于安装夹紧机构的位置受到限制的场合，并使工件方便从上方装卸。

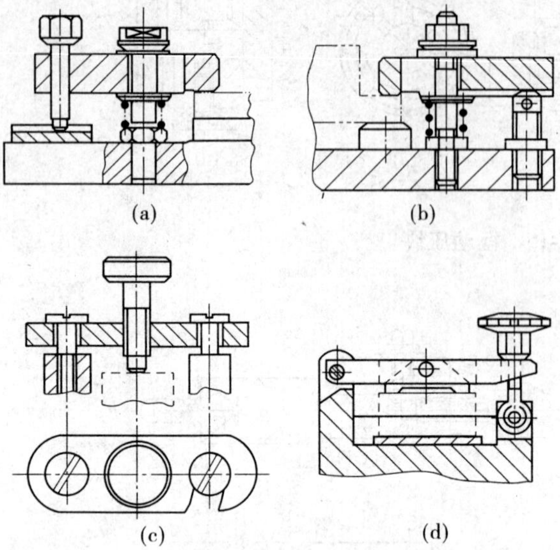

图 7-17　螺旋压板

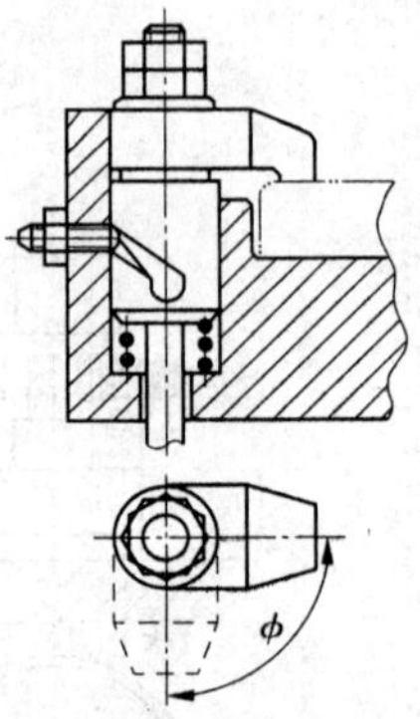

图 7-18　螺旋钩形压板机构

三、偏心夹紧机构

用偏心件直接或间接夹紧工件的机构，称为偏心夹紧机构。偏心件有两种形式，即圆偏心和曲线偏心。其中，圆偏心机构因结构简单、制造容易而得到广泛应用。图 7-19 是几种常见的圆偏心压板机构。其中，图 7-19(a)、(b)用的是圆偏心轮，图 7-19(c)用的是偏心轴，图 7-19(d)用的是偏心叉。

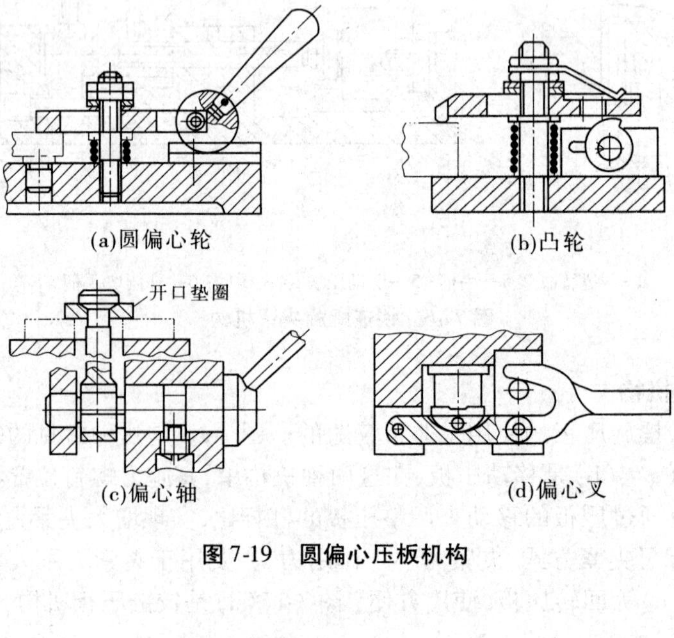

图 7-19　圆偏心压板机构

偏心轮的夹紧原理如图 7-20 所示，O_1 为偏心轮的几何中心，O_2 为回转中心。若以回转中心 O_2 为圆心，r 为半径画圆（虚线圆），这个圆所表示的部分可以称为“基圆盘”，偏心轮剩余部分是对称的两个弧形楔。当偏心轮绕回转中心 O_2 顺时针方向旋转时，相当于一个弧形楔逐渐楔入“基圆盘”和工件之间，从而夹紧工件。所以，偏心夹紧的自锁条件与斜楔夹紧应该是相同的。

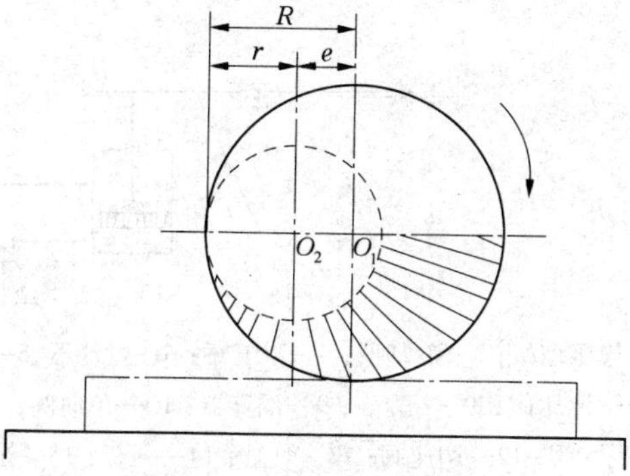

图 7-20　偏心轮的夹紧原理

偏心夹紧机构操作方便，夹紧迅速，缺点是夹紧力和夹紧行程都小，一般用于切削力不大、振动小、没有离心力影响的加工中。

第四节　夹具夹紧的动力系统

夹具夹紧力的来源，一是人力，二是某种装置所产生的力。能产生力的装置称为夹具的动力系统。常用的动力装置有气动装置、液压装置、电动装置、电磁装置、气－液联动装置和真空装置等。

近年来，随着自动化加工技术迅猛发展，尤其是在数控机床、加工中心及由高度自动化设备构成的加工系统中，以压缩空气和液压力为动力源的机床夹具得到了广泛使用。在气动和液动夹具中，采用动力传动装置代替人力进行夹紧，这样的夹紧称为机动夹紧。机动夹紧时，原始夹紧力可以连续使用，夹紧可靠，机构可以不必自锁。

一、气压传动装置

气压传动装置的组成如图 7-21 所示。它包括三个部分：第一部分为气源，包括空气压缩机 2、冷却器 3、贮气罐 4、过滤器 5 等，这一部分一般集中在压缩空气站内；第二部分为控制部分，包括分水滤气器 6（降低湿度）、调压阀 7、油雾器 9（将油雾化润滑元件）、单向阀 10、配气阀 11、调速阀 12 等，这些气压元件一般安装在机床附近或机床上；第三部分为执行部分，如气缸 13 等，它们通常直接装在机床夹具上与夹紧机构相连。在气压传动装置中，各元件的结构和尺寸都已标准化、系列化和规格化，设计时可查阅有关设计资料和设计手册。

图 7-22 是镗削衬套上阶梯孔的气动夹具。工件以ϕ100 外圆及端面在夹具定位套的内孔和端面上定位。回转气缸（图中未画出）通过连杆 1 安装在主轴末端，加工时，卡盘和回

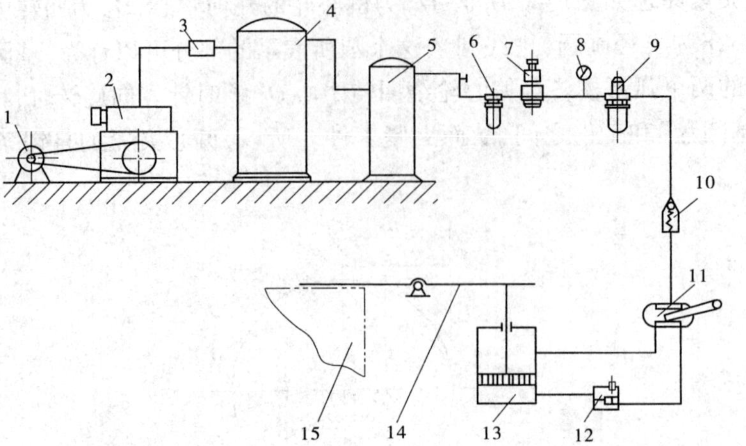

1—电机；2—空气压缩机；3—冷却器；4—贮气罐；5—过滤器；6—分水滤气器；

7—调压阀；8—压力表；9—油雾器；10—单向阀；

11—配气阀；12—调速阀；13—气缸；14—压板；15—工件

图 7-21　气压传动装置的组成

转气缸随主轴一起旋转。

二、液压装置

用于机床夹具的液压系统一般有两种驱动方式：一种是随机驱动方式，即由机床自身的液压系统分出一个支路，通过一个液压阀传给夹具；另一种是独立驱动方式，即为一台或多台夹具设置一个液压系统。

图 7-23(a)是 YJZ 型液压泵站外形图，图 7-23(b)为其油路系统，油液经滤油器 12 进入柱塞泵 8，通过单向阀 7 与快换接头 3 进入夹具液压缸 1。液压泵站输出的液压油油压高(最高工作压力为 16～23 MPa)，工作液压缸直径尺寸小。

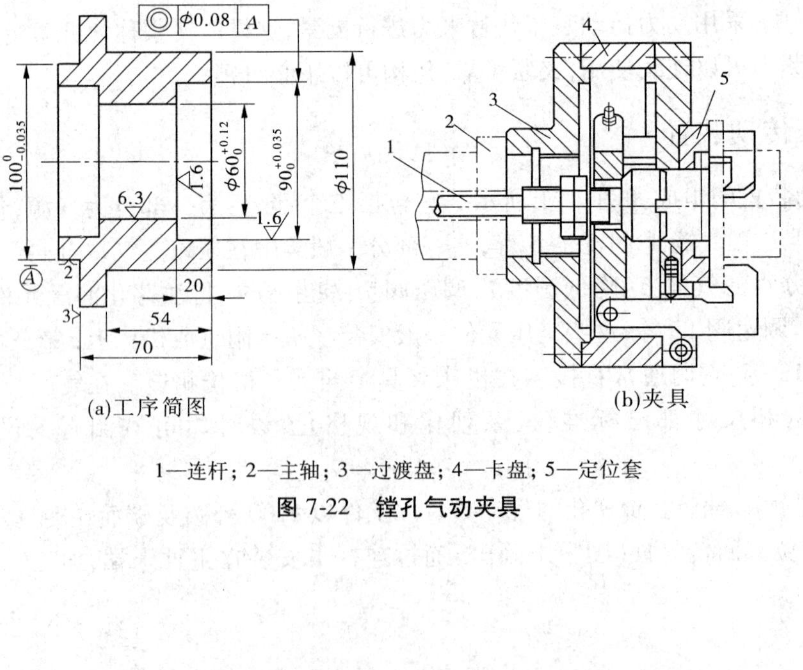

1—连杆；2—主轴；3—过渡盘；4—卡盘；5—定位套

图 7-22　镗孔气动夹具

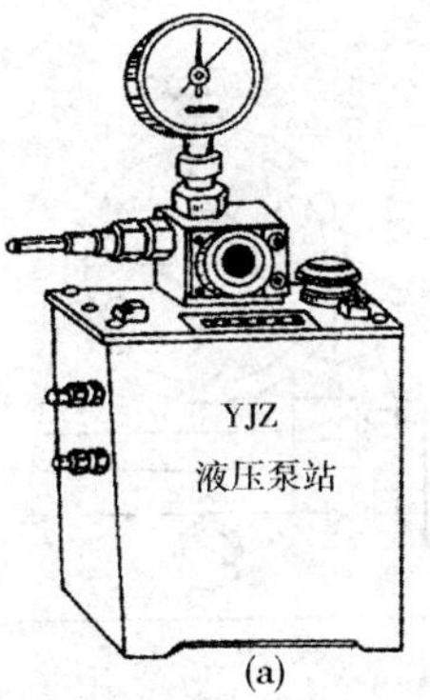

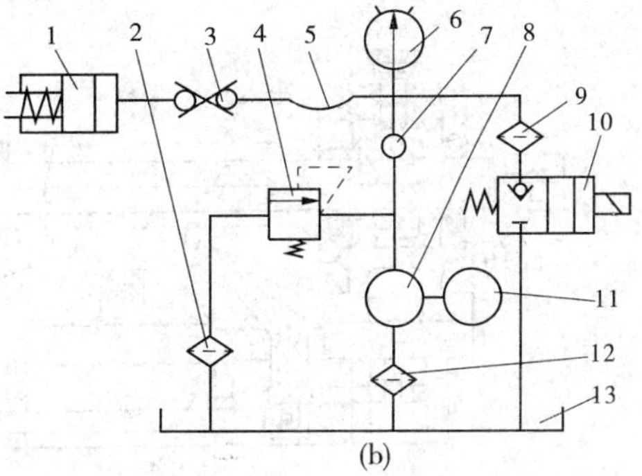

1—夹具液压缸；2、9、12—滤油器；3—快换接头；4—溢流阀；5—高压软管；6—电接点压力表；
7—单向阀；8—柱塞泵；10—电磁卸荷阀；11—电动机；13—油箱

图 7-23　YJZ 型液压泵站

第五节　夹具的其他装置

一、导向装置

夹具的导向装置一般用来引导刀具进入正确的加工位置，并在加工过程中防止或减少由于切削力等因素引起的刀具偏移，尤其是对于一些刀具刚性较差的加工场合，比如钻孔和镗孔。因此，在钻床夹具和镗床夹具上都设有导向装置。

图 7-24 为一钻床夹具，用其加工工件上均布的六个径向孔，将工件安装在可以回转分度的心轴 3 上，心轴及分度盘由锁紧螺母 7 锁紧，固定在夹具体 6 上的钻模板 1 上装有钻套 2，它作为刀具的导向装置，其作用就是引导钻头进入正确的加工位置，并防止刀具在加工过程中发生偏斜或振动，从而保证工件的加工质量。

图 7-25 为一典型的镗床夹具，它与钻床夹具非常相似，除具有一般夹具的各种元件外，也采用了引导刀具的导套——镗套 2，同时增加刀杆的刚性，防止弯曲变形。不论是钻套还是镗套，它们都是按照被加工工件孔的坐标位置安置在导向支架上，这个支架零件在钻床夹具中称为钻模板，在镗床夹具中称为镗模架。

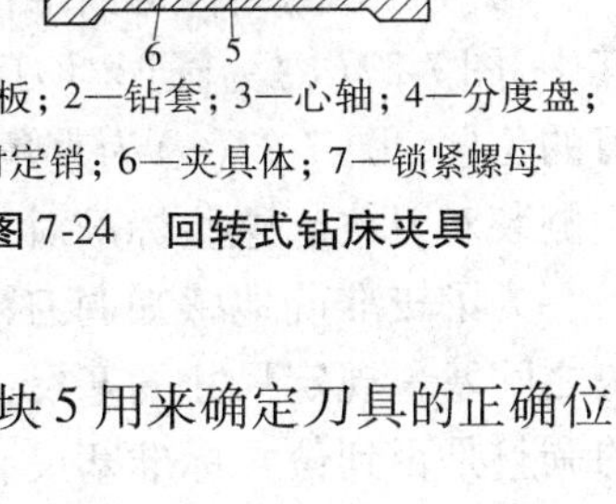

1—钻模板；2—钻套；3—心轴；4—分度盘；
5—对定销；6—夹具体；7—锁紧螺母

图 7-24　回转式钻床夹具

二、对刀装置

在铣床和刨床夹具中，大多数都有对刀装置，以便快速地调整刀具的相对位置。图 7-26 为加工壳体零件两侧面所用铣床夹具，工件以一面两孔作为定位基准在夹具的定位销 6 和削边销 10 上定位，夹具的一侧设置了一个对刀块 5 用来确定刀具的正确位置，可以实现快速对刀。

对刀装置主要由基座、专用对刀块和对刀塞尺组成。基座是整个装置的安装基础，可根据具体结构和高度来专门设计，对刀块和对刀塞尺均已经标准化。

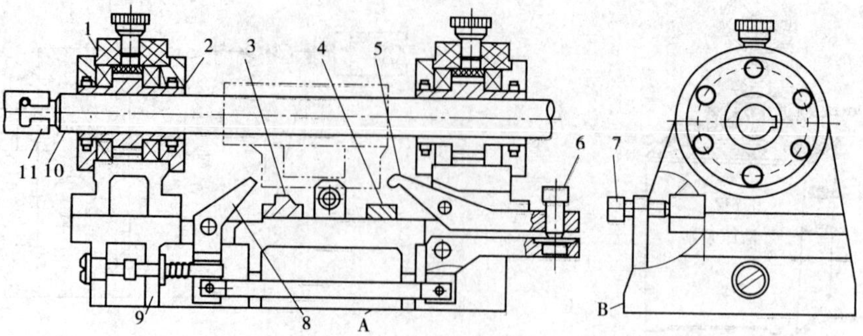

1—镗模架；2—镗套；3、4—定位板；5、8—压板；6—夹紧螺钉；
7—可调支承钉；9—镗模底座；10—镗刀杆；11—浮动接头

图 7-25　车床尾座孔镗模

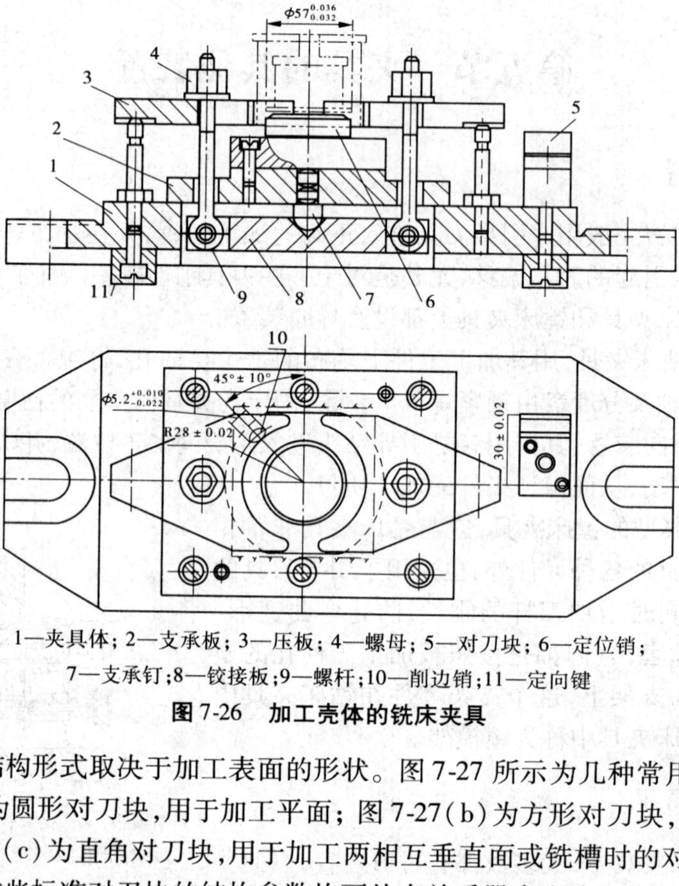

1—夹具体；2—支承板；3—压板；4—螺母；5—对刀块；6—定位销；
7—支承钉；8—铰接板；9—螺杆；10—削边销；11—定向键

图 7-26　加工壳体的铣床夹具

对刀装置的结构形式取决于加工表面的形状。图 7-27 所示为几种常用的标准对刀块，其中，图 7-27(a)为圆形对刀块，用于加工平面；图 7-27(b)为方形对刀块，用于调整组合铣刀的位置；图 7-27(c)为直角对刀块，用于加工两相互垂直面或铣槽时的对刀；图 7-27(d)为侧装对刀块。这些标准对刀块的结构参数均可从有关手册中查取。

为了较准确地感知调刀精确位置，并防止对刀时碰伤刀刃和对刀块，一般在刀具和对刀块之间塞一规定尺寸的塞尺，通过抽动塞尺并感觉塞尺和刀具接触的松紧程度来判断刀具的调整是否到位。标准塞尺有平塞尺和圆柱塞尺，如图 7-28 所示。平塞尺有 1 mm、2 mm、3 mm、4 mm 和 5 mm 五种规格，圆柱塞尺有 3 mm 和 5 mm 两种规格。图 7-29 为各种对刀装置。

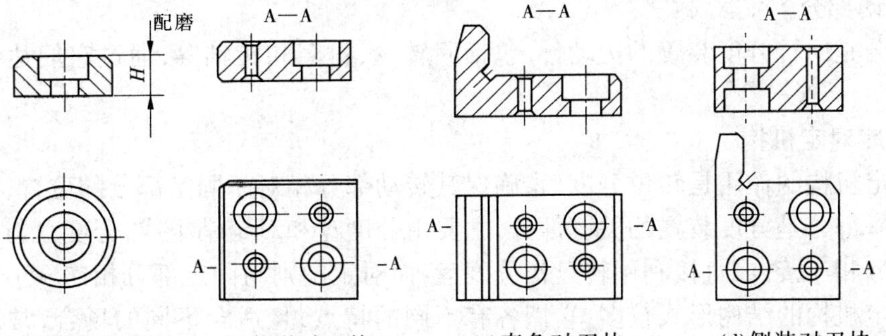

(a)圆形对刀块　(b)方形对刀块　(c)直角对刀块　(d)侧装对刀块

图 7-27　标准对刀块

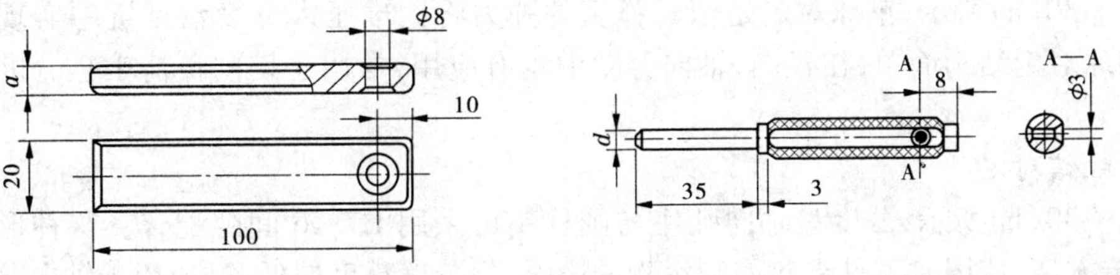

(a)平塞尺　(b)圆柱塞尺

图 7-28　标准塞尺

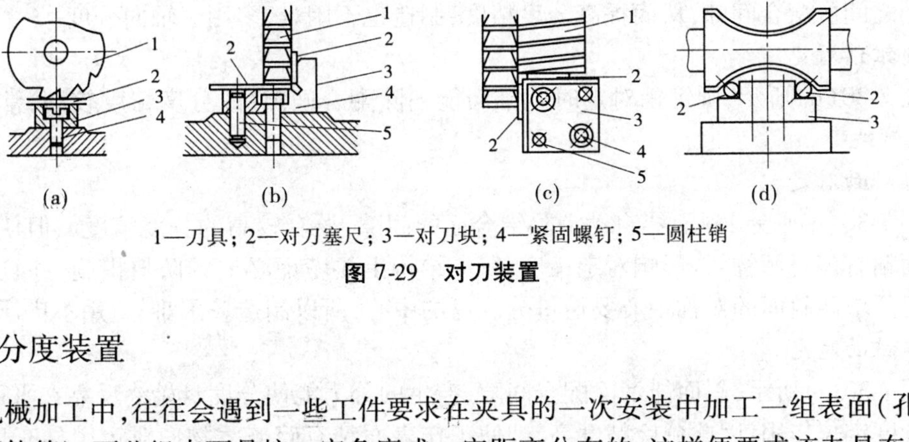

(a)　(b)　(c)　(d)

1—刀具；2—对刀塞尺；3—对刀块；4—紧固螺钉；5—圆柱销

图 7-29　对刀装置

三、分度装置

在机械加工中，往往会遇到一些工件要求在夹具的一次安装中加工一组表面（孔系、槽系或多面体等），而此组表面是按一定角度或一定距离分布的，这样便要求该夹具在工件加工过程中能进行分度，也就是说，夹具中应有相应的分度装置。

分度装置可分为两大类：回转分度装置及直线分度装置。由于这两类分度装置的结构原理和设计中要考虑的问题基本相同，而生产中又以回转分度装置应用较多，故这里主要讨论回转分度装置。

分度装置由固定部分、转动部分、分度对定机构、抬起与锁紧机构及润滑部分等组成。

（一）固定部分

固定部分是分度装置的基体，其他各部分都装在这个基体上。在专用夹具中往往就利用夹具体作为分度机构的固定部分。

(二)转动部分

转动部分是回转分度装置的运动件,包括回转盘、衬套和转轴等,通过它们达到转位的目的。

(三)分度对定机构

分度对定机构的作用是转位分度后,确保其转动部分相对于固定部分的位置,得到正确的定位。这一部分是分度装置的关键部分,主要由分度盘和对定销组成,分度盘与分度装置中的转动部分相连接,或直接利用转盘作分度盘,而对定销则与固定部分相连。

分度对定机构的结构形式较多,它们各有不同的特点,且适合不同的场合,常用的有下面几种。

1. 钢球对定

如图 7-30(a)所示,钢球对定是依靠弹簧的弹力将钢球压入分度盘锥坑中实现分度对定的。钢球对定结构简单,在径向、轴向分度中均有应用,常用于切削负荷小且分度精度较低的场合。

2. 圆柱销对定

如图 7-30(b)所示,分度盘轴向孔座与圆柱销可采用 H7/g6 间隙配合。这种形式结构简单、制造方便,使用时不易受碎屑和污物的影响,但分度精度较低,一般用于轴向分度。

3. 削边销对定

如图 7-30(c)所示,削边销对定就是将圆柱销削边,补偿分度盘分度孔的中心距误差,减小孔销之间的配合间隙,从而提高分度精度,制造也不困难,多用于轴向分度。

4. 圆锥销对定

如图 7-30(d)所示,圆锥销对定时圆锥面能消除配合间隙,故分度精度较高,常用于轴向分度。

5. 双斜面对定

如图 7-30(e)所示,斜面能自动消除结合面的间隙,故有较高的分度精度。但使用时如果工作面粘有碎屑污物,将影响对定精度,所以结构上要考虑必要的防屑措施,并且双斜面槽加工时要求两斜面的对称中心要通过分度盘的中心,所以制造较困难,应用不广泛。

6. 单斜面对定

如图 7-30(f)所示,斜面能消除配合间隙,产生的分力能使分度盘始终反靠在平面上,直侧面起分度定位作用,因此分度精度高,即使工作表面粘有碎屑污物使对定销稍有后退,也不影响分度精度,这种形式常用于径向精密分度。

7. 正多面体对定

如图 7-30(g)所示,正多面体对定的分度盘为正多面体,利用其侧面进行分度,用斜楔加以对定,其特点是制造容易、刚度高,常用于分度精度要求不高、分度数不多的径向分度。

分度对定机构的操作,可分为机动和手动两种。图 7-31(a)为结构已标准化的手拉式定位操作机构,操作时将捏手 5 向外拉,即可将对定销 1 从分度盘衬套 2 的孔中拔出。当横销 4 脱离槽 *B* 后,可将捏手转过 90°,使横销 4 搁在导套 3 的面 *A* 上,此时即可转位分度。本机构结构简单,工作可靠。

图 7-31(b)为齿轮齿条式操纵机构。转动小齿轮 7,即可移动对定销 6 进行分度,它操纵方便,工作可靠。为了分度时转动灵活、省力并减少接触面间的摩擦,尤其是对于较大规

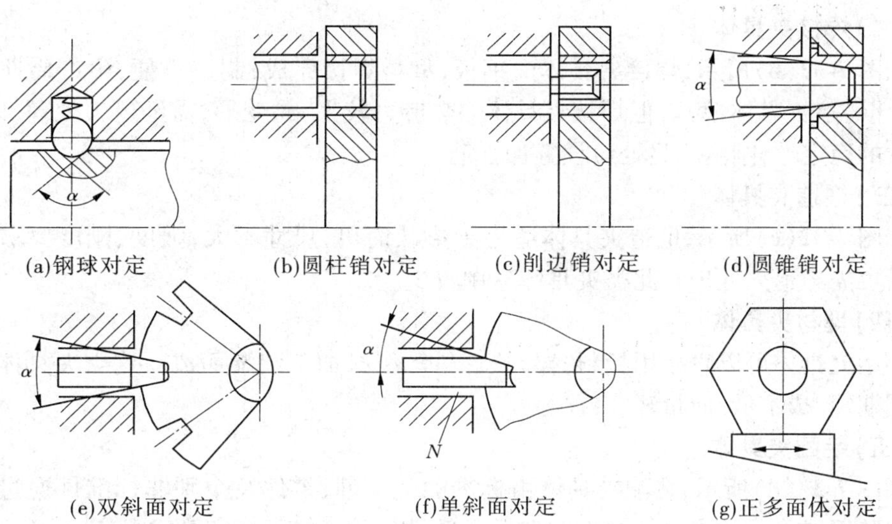

图 7-30　分度对定机构

格的立轴式回转分度装置，在分度前，需将回转盘稍微抬起，在分度结束后，则应将转盘锁紧，以增强分度装置的刚度和稳定性，此时夹具中可以设置抬起和锁紧装置，设计时可参考夹具手册或其他相关资料。

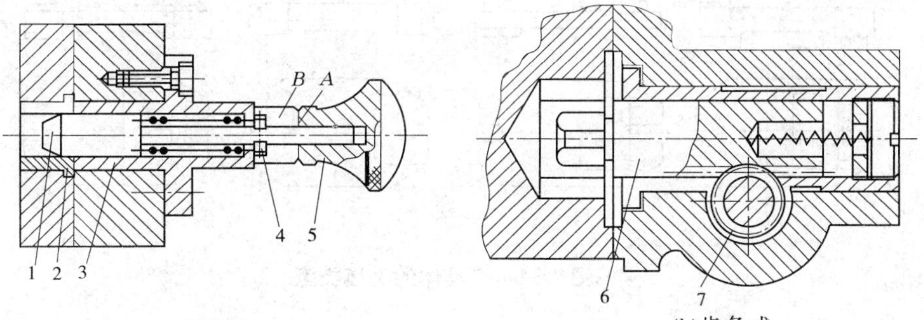

1、6—对定销；2—衬套；3—导套；4—横销；5—捏手；7—小齿轮

图 7-31　分度对定的操纵机构

四、夹具体

夹具体上的重要表面，如安装定位元件的表面、安装对刀或导向元件的表面及夹具体与机床相连接的表面等，应有适当的尺寸和形状精度，它们之间应有适当的位置精度。为使夹具体尺寸稳定，铸造夹具体要进行时效处理，焊接和锻造夹具体要进行退火处理。

（一）铸造夹具体

铸造夹具体如图 7-32（a）所示。目前，铸造夹具体应用最广，其优点是工艺性好，可铸出各种复杂形状，具有较好的抗压强度、刚度和抗振性，但生产周期较长，需进行时效处理，以消除内应力。常用材料为灰铸铁（如 HT200），要求强度高时用铸钢（如 ZG35），要求质量轻时用铸铝（如 ZL104）。

(二)焊接夹具体

如图 7-32(b)所示,焊接夹具体由钢板、型材焊接而成,制造方便,生产周期短,质量轻(壁厚比铸造夹具体薄)。但焊接夹具体的热应力较大,易变形,需经退火处理,以保证夹具体尺寸的稳定性,刚度不足处应设置加强筋。

(三)锻造夹具体

如图 7-32(c)所示,锻造夹具体适用于形状简单,尺寸不大,强度、刚度要求大的场合,锻造后也需经退火处理。此类夹具体应用较少。

(四)型材夹具体

小型夹具体可以直接用板料、棒料、管料等型材加工装配而成。这类夹具体取材方便、生产周期短、成本低、质量轻。

(五)装配夹具体

如图 7-32(d)所示,装配夹具体由标准的毛坯件、零件及个别非标准件通过螺钉、销钉连接组装而成。此类夹具体具有制造成本低、周期短、精度稳定等优点,有利于夹具标准化、系列化,也便于夹具的计算机辅助设计。

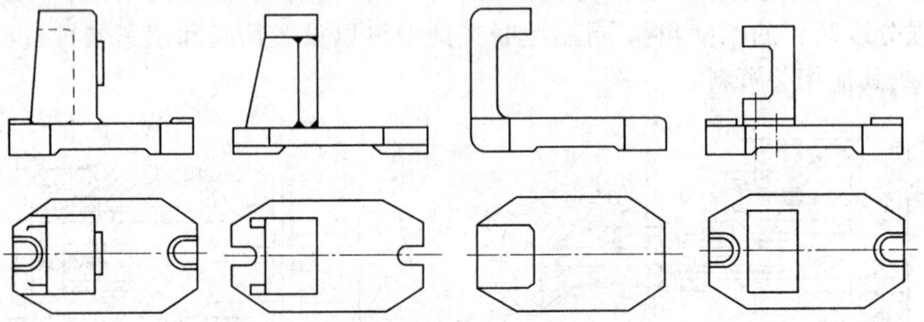

(a) (b) (c) (d)

图 7-32 夹具体的毛坯类型

第六节 典型夹具的结构分析与设计要点

一、对机床夹具的基本要求

(一)保证工件的加工质量

保证工件加工质量的关键在于正确选择定位基准、定位方法、定位元件及夹具中其他影响加工质量的部件的结构,并进行误差分析计算。

(二)提高劳动生产率,降低成本

夹具应最大程度地提高生产率,同时尽量采用标准元件及标准结构,力求结构简单、制造方便,以求最佳技术经济效果。

(三)操作方便,使用安全

夹具在机床上应容易安装、调试,并注意使工件装卸方便、迅速省力,以减轻工人的劳动强度,确保操作者安全。

(四)有良好的结构工艺性

所设计的夹具结构应尽量简单,便于制造、装配、检验和维修。

二、专用夹具的设计步骤

(一)收集有关资料,明确设计任务

收集有关资料,明确设计任务是具体设计前的准备阶段。首先分析研究工件的结构特点,工艺规程,材料,生产规模和本工序加工表面、加工余量及加工要求,然后收集加工中所用设备、刀具及与夹具设计有关的资料,并了解工厂制造、使用夹具的情况及国内外新技术、新工艺的应用,以便吸收其先进技术并应用于生产。

(二)拟订夹具结构方案,绘制结构草图

拟订结构方案时要解决如下问题:

(1)确定工件的定位方案,选择定位装置。

(2)确定工件的夹紧方案,选择夹紧装置。

(3)确定其他元件及装置的结构形式,如对刀装置、导引装置、分度装置、定向键等。

(4)考虑各种装置、元件的布局和连接方法,确定夹具体的总体结构。

对夹具的总体结构,最好考虑几个方案,绘出草图,经过分析比较,从中选取最合理的方案。

(三)绘制夹具总装图

夹具总装图应遵循国家制图标准来绘制,绘图比例尽量采用1:1。总图必须能够清楚地表达夹具的工作原理和整体结构,表示各种装置、元件相互位置等。主视图应取操作者实际工作时的位置,以作为装配时的依据并供使用时参考。

绘制总图的顺序一般是:工件→定位元件→引导元件→夹紧装置→其他装置→夹具体。

需要说明的是,夹具中工件的轮廓应用双点画线画出,并视为假想透明体,不影响其他元件的绘制。

(四)确定并标注有关尺寸和夹具的技术条件

有关尺寸一般包括下面几个方面:

(1)最大轮廓尺寸。指夹具的长、宽、高的最大值或最大回转直径和厚度。如果夹具中有活动部分,应用双点画线标出最大活动范围。

(2)影响定位精度的尺寸和公差。主要指工件与定位元件的配合尺寸和公差及定位元件之间的尺寸和公差。

(3)影响对刀精度的尺寸和公差。主要是指刀具与对刀元件(如对刀块)或刀具与导向元件(如钻套、镗套)之间的尺寸和公差。

(4)影响夹具精度的尺寸和公差。主要是指定位元件、对刀或导向元件、夹具安装基面三者之间的位置尺寸和公差。

(5)影响夹具在机床上安装精度的尺寸和公差。它们主要是指夹具安装基面与机床相应的配合表面之间的尺寸和公差。如铣床夹具中的定位键与夹具体和机床工作台T形槽的配合尺寸和公差、车床夹具安装基面和主轴配合表面的配合尺寸和精度等。

(6)其他重要尺寸和公差。主要是指一般机械设计中应标注的一些尺寸、公差,如铰链轴和孔的配合、钻套的衬套和钻模板之间的配合等。

上述应在夹具总图上标注的尺寸和位置公差项目中的(2)~(5)项均会直接影响工件

的加工精度，其公差取值应根据产量大小、加工精度要求的高低，按下面公式选取

$$T_K = (1/5 \sim 1/2)T_G \tag{7-5}$$

式中 T_K——夹具装配图上标注尺寸或位置公差；

T_G——与 T_K 相应的工件上的尺寸或位置公差。

另外，有些在夹具装配图中无法用符号标注而又必须给予说明的问题，可作为技术要求用文字写在总图的空白处，如几个支承钉采用装配后再磨削达到等高、夹具使用时的操作顺序、装配时修磨调整垫圈等。

（五）夹具精度分析

当夹具的结构方案确定后，就应对夹具的方案进行精度分析和估算，以确保工件的加工精度。在夹具总装图设计完成之后，有必要根据夹具有关元件在总装图上的配合性质和技术要求等，再进行一次详细复算，这也是夹具校核者必须进行的一项工作，尤其是对于关键工序所使用的夹具。

工件在夹具中加工时，影响加工精度的因素主要包括：定位误差 Δ_D、对刀误差 Δ_T、夹具安装误差 Δ_A、夹具本身误差 Δ_J 及加工方法误差 Δ_G，其中前四项均与夹具有关，可分别计算，第五项一般根据经验取工件公差 T_G 的 1/3，这样，在夹具中加工某工件时的总误差 $\sum\Delta$ 为上述各项误差之和。所以，保证该工序加工精度的条件是

$$\sum\Delta = \sqrt{\Delta_D^2 + \Delta_T^2 + \Delta_A^2 + \Delta_J^2 + \Delta_G^2} < T_G \tag{7-6}$$

即工件的总加工误差应小于工件加工尺寸公差 T_G。满足上述条件，说明夹具的精度是能满足工序加工精度要求的，否则就要重新确定夹具的制造精度甚至更改方案。

（六）编写零件明细表和标题栏

一般来说，加工工件填写在明细表下方，标准件、装配件填写在明细表上方。标题栏中包括图号、名称和比例等。

（七）绘制夹具零件图

夹具中非标准零件都需绘制零件图，在确定这些零件的尺寸、公差或技术要求时，应注意使其满足夹具总图的要求。

三、专用夹具设计举例

图 7-33 为小连杆铣槽工序简图，生产类型为中批生产，现设计铣槽的专用夹具，并通过这个例子进一步说明机床夹具设计时主要解决的问题和设计思路。

（一）明确设计要求，对工件及工序图进行分析

本工序要求铣连杆大头两端面上的 8 个槽，槽宽 $10_0^{+0.2}$ mm，槽深 $3.2_0^{+0.4}$ mm，槽的中心线与两孔中心连线呈 $45° \pm 30'$角，表面粗糙度 R_a 为 3.2 μm。

工序图上标明，该工序的定位基准为已经加工过的两孔及工件孔端的两个端平面，加工时选用三面刃铣刀，在卧式铣床上加工，槽宽由铣刀尺寸保证，槽深和角度位置由夹具和调整对刀来保证。

（二）确定定位方案和结构设计

前已述及，定位基准的选择应尽量符合基准重合原则，对于工件槽深 $3.2_0^{+0.4}$ mm 要求来说，按照图中的工序基准就应该选择所铣键槽所在的端平面为定位基准，但这样夹具上的定

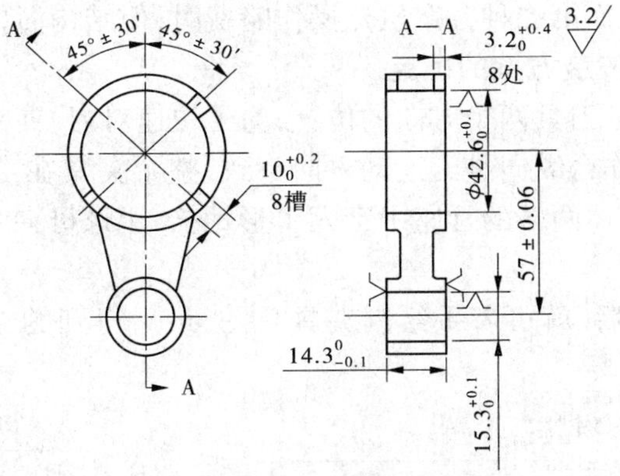

图 7-33　小连杆铣槽工序简图

位表面就必然设计成朝下方才能在工件的定位基准所在的端面上开槽，显然工件定位夹紧机构会非常复杂，操作也不方便。如果选择与所加工槽相对的另一端面为定位基准，则会引起基准不重合误差 Δ_B，Δ_B 的值为两端面间的尺寸公差 0.1 mm。由于所加工的槽深公差规定为 0.4 mm，根据经验估计，这样选择可以保证槽深的要求，而且夹具的整体结构会非常简单，操作也很方便，所以决定采用后一种定位方案。

对于槽的角度位置 45° ±30′的要求方面，工序要求是以大孔中心为基准，并与两孔连线呈 45° ±30′角。现在以两孔为定位基准，在大孔中采用圆柱销配合定位，小孔中用菱形销定位（如图 7-34 所示），完全符合基准重合，定位精度较高。

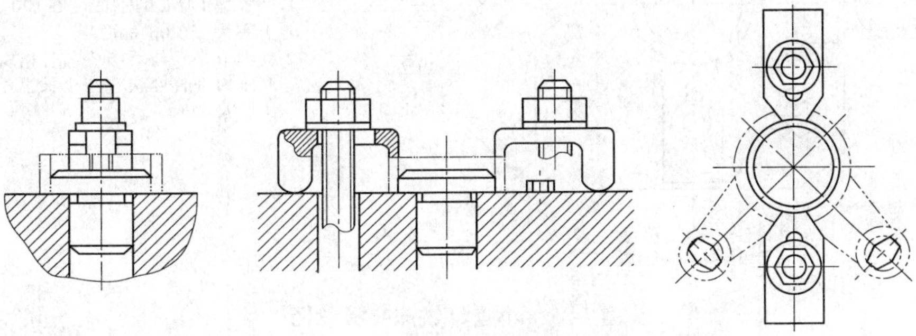

图 7-34　铣槽夹具的设计过程

（三）夹紧方案的确定及结构设计

夹紧机构设计时，应考虑动作快速可靠，不碰刀，同时为了保证加工的稳定性，夹紧点应尽量接近被加工部位。因此，此工件的夹紧点应选择在大孔端面，同时考虑到生产批量不大，采用两个手动螺旋压板，虽然夹紧略费时间，但结构简单，标准件多，且夹紧可靠，另外在压板外侧设有防转销，使用也很方便，能满足生产要求。

（四）分度机构的设计

由于该工序要求在每个端面铣 4 个槽，所以就要考虑加工中的分度问题。针对此例可以有两种方案：一是采用分度装置，当加工完一对槽后，将分度盘连同工件一起转过 90°，再加工另一对槽，然后翻转工件加工另一面；另一种方案是在夹具体上安装两个相差 90°的菱形销，如图 7-34 所示，加工完一对槽后卸下工件，将其转过 90°再安装在另一个菱形销上，重新夹紧加工另一对槽，之后再翻转工件按同样方法加工另一面的 4 个槽。显然有分度装置的夹具结构要复杂很多,而第二种方案虽然操作略费时,但结构简单,也是可行的。

(五)对刀及夹具的安装方案的确定

由于槽的加工要保证刀具两个方向的位置,为了快速对刀,夹具上安装了对刀块。为了保证对刀块的方向与工作台纵向进给运动方向一致,整个夹具在工作台上安装时采用的是一对定位键定向,在夹具体两端的耳座中穿入T形螺栓,用螺母夹紧。

(六)绘制夹具总图

夹具结构方案确定后,就可着手绘制夹具总图,最后得到的夹具总图如图7-35所示。步骤如下:

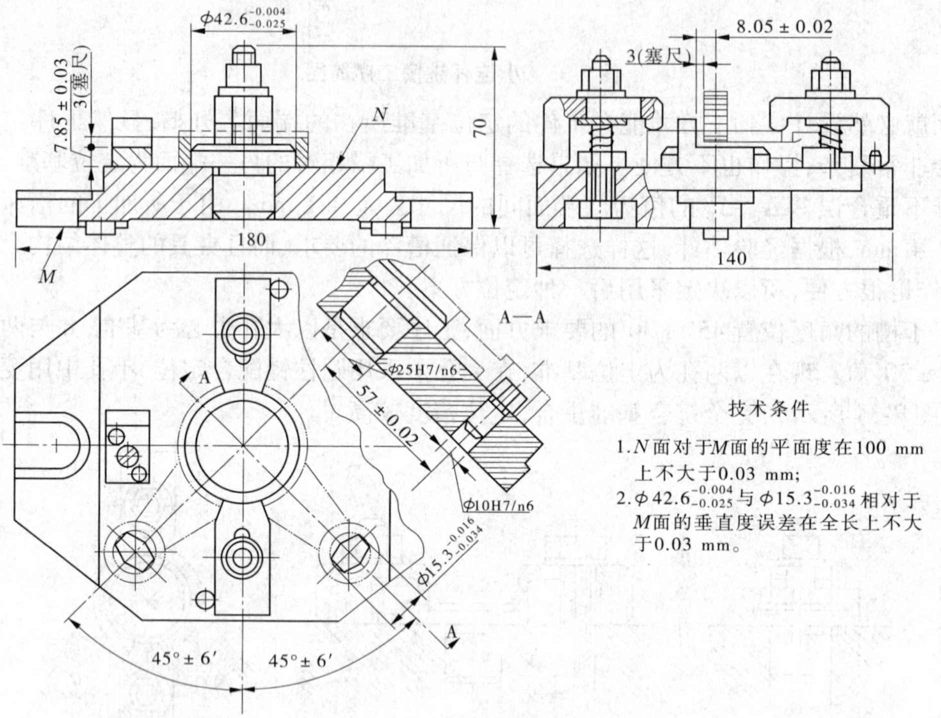

图7-35　小连杆铣床夹具总图

(1)用双点画线绘出零件在加工位置的外形轮廓。

(2)绘制定位元件。

(3)绘制夹紧装置。

(4)绘制对刀块、夹具体。

(5)绘制定位键,并绘出连接件,把各元件连接在一起。

(七)标注尺寸和技术要求

按照前述夹具总图上应标注的技术要求应逐一进行标注,如图7-35所示(此图中只标注了部分主要的技术要求),现对其中几项主要内容分析如下:

(1)外形尺寸:180×140×70。

(2)两定位销直径及公差、两定位销之间的距离及公差:圆柱定位销直径按g6选取为$\phi42.6^{-0.009}_{-0.025}$ mm;菱形销定位圆柱部分按f7选取为$\phi15.3^{-0.016}_{-0.034}$ mm;两定位销间的距离尺寸与公差按连杆相应尺寸公差±0.06的1/3取值为±0.02,所以该尺寸标注为57±0.02;为了保证槽的角度要求,两菱形销安装位置的角度公差可取严一些,为工件相应角度公差±

30′的 1/5,即 ±6′,所以图上该角度标注为 45° ±6′。

(3)定位平面 N 到对刀块底面之间的尺寸关系到槽深精度,而连杆上相应的这个尺寸是由尺寸 $3.2_{0}^{+0.4}$ mm 和 $14.3_{-0.1}^{0}$ mm 间接决定的,经过尺寸链的换算($3.2_{0}^{+0.4}$ mm 是封闭环),得到这个尺寸为 $11.1_{-0.4}^{-0.1}$ mm 。因为夹具的工序尺寸是按要保证的槽深相应尺寸的平均值标注,将上面算得的尺寸改写为 10.85 ±0.15 mm,然后减去塞尺的厚度 3 mm,得 7.85 mm,此尺寸的公差取为工件上尺寸公差(±0.15)的 1/5 ~1/2,最终取 ±0.03,所以最终夹具总图上对刀块到定位面 N 的距离应标注为 7.85 ±0.03。

考虑到塞尺的尺寸,对刀块水平方向的工作表面到定位圆柱销中心的距离为 8.05 ±0.02(取工件相应尺寸公差的 1/5 ~1/2),如图 7-35 中所注。

(4)在夹具总图上还应标注以下技术要求:定位平面 N 对夹具体底面 M 的平行度允许差为 100:0.03 mm, 两定位销中心线与 N 面的垂直度允差在全长上不大于 0.03 mm。

此外,夹具装配图上还应标注定位键工作侧面与对刀块垂直面的平行度(图中未注出)、定位键与安装槽之间的配合(图中未注出),以及其他一些机械设计时应标注的尺寸及公差(如图中的$\phi 10\,\dfrac{H7}{n6}$、$\phi 25\,\dfrac{H7}{n6}$)等。

复习与思考题

1. 夹具的基本组成。
2. 工件在夹具中定位、夹紧的任务是什么?它们的目的有何不同?
3. 试分析图 7-36 所示各夹紧方案是否合理?若有不合理之处,应如何改进?

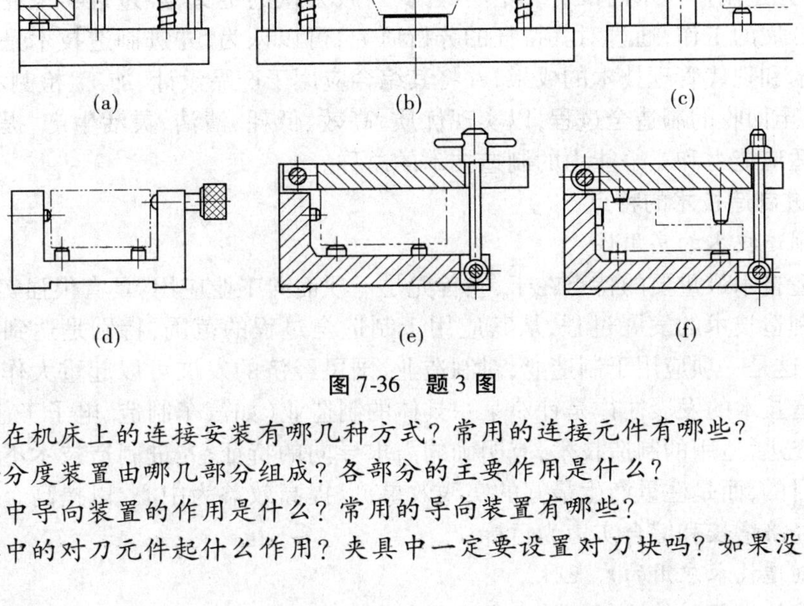

图 7-36　题 3 图

4. 夹具在机床上的连接安装有哪几种方式?常用的连接元件有哪些?
5. 回转分度装置由哪几部分组成?各部分的主要作用是什么?
6. 夹具中导向装置的作用是什么?常用的导向装置有哪些?
7. 夹具中的对刀元件起什么作用?夹具中一定要设置对刀块吗?如果没有对刀块,应如何对刀?
8. 夹具设计的步骤是什么?在夹具总图上应标注哪些尺寸和技术要求?

第八章　先进制造技术简介

人们往往用AMT来概括由于微电子技术、自动化技术、信息技术等给传统制造技术带来的种种变化与新型系统。先进制造技术，具体地说，就是指集机械工程技术、电子技术、自动化技术、信息技术等多种技术为一体所产生的技术、设备和系统的总称。本章主要介绍了先进制造技术的特点、先进制造技术的体系结构及发展趋势、机械制造系统的自动化技术、精密加工与超精密加工。

学习任务

1. 了解先进技术的特点和发展趋势。
2. 认识机械制造系统的常用自动化技术。
3. 理解常见精密加工技术与超精密加工技术。

第一节　概　述

一、先进制造技术的特点

随着社会需求个性化、多样化的发展，生产规模沿小批量—大批量—多品种变批量的方向发展，以及以计算机为代表的高技术和现代化管理技术的引入、渗透与融化，不断地改变着传统制造技术的面貌和内涵，从而形成了先进制造技术。

(一)先进制造技术的内涵

目前，对先进制造技术尚没有一个明确的、一致公认的定义，经过近年来在发展先进制造技术方面开展的工作，通过对其特征的分析研究，可以认为，先进制造技术是制造业不断吸收信息技术和现代管理技术的成果，并将其综合应用于产品设计、加工、检测、管理、销售、使用、服务乃至回收的制造全过程，以实现优质、高效、低耗、清洁、灵活生产，提高对动态多变的市场的适应能力和竞争能力的制造技术的总称。

(二)先进制造技术的特点

1. 先进制造技术的实用性

先进制造技术最重要的特点在于，它首先是一项面向工业应用，具有很强实用性的新技术。从先进制造技术的发展过程，从其应用于制造全过程的范围，特别是达到的目标与效果，无不反映这是一项应用于制造业，对制造业、国民经济的发展可以起重大作用的实用技术。先进制造技术的发展往往是针对某一具体的制造业(如汽车制造、电子工业)的需求而发展起来的先进，适用的制造技术，有明确的需求导向的特征；先进制造技术不是以追求技术的高新为目的，而是注重产生最好的实践效果，以提高效益为中心，以提高企业的竞争力和促进国家经济增长和综合实力为目标。

2. 先进制造技术应用的广泛性

先进制造技术相对传统制造技术在应用范围上的一个很大不同点在于，传统制造技术通常只是指各种将原材料变成成品的加工工艺，而先进制造技术虽然仍大量应用于加工和装配过程，但由于其组成中包括了设计技术、自动化技术、系统管理技术，因而将其综合应用于制造的全过程，覆盖了产品设计、生产准备、加工与装配、销售使用、维修服务甚至回收再生的整个过程。

3. 先进制造技术的动态特征

由于先进制造技术本身是针对一定的应用目标，不断地吸收各种高新技术逐渐形成、发展的新技术，因而其内涵不是绝对的和一成不变的。反映在不同的时期，先进制造技术有其自身的特点；也反映在不同的国家和地区，先进制造技术有其本身重点发展的目标和内容，通过重点内容的发展以实现这个国家和地区制造技术的跨越式发展。

4. 先进制造技术的集成性

传统制造技术的学科、专业单一独立，相互间的界限分明；先进制造技术由于专业和学科间的不断渗透、交叉、融合，界线逐渐淡化甚至消失，技术趋于系统化、集成化，已发展成为集机械、电子、信息、材料和管理技术为一体的新型交叉学科。因此，可以称其为“制造工程”。

5. 先进制造技术的系统性

传统制造技术一般只能驾驭生产过程中的物质流和能量流。随着微电子、信息技术的引入，使先进制造技术还能驾驭信息生成、采集、传递、反馈、调整的信息流动过程。先进制造技术是可以驾驭生产过程的物质流、能量流和信息流的系统工程。

一项先进制造技术的产生往往要系统地考虑到制造的全过程，如并行工程就是集成地、并行地设计产品及其零部件和相关各种过程的一种系统方法。这种方法要求产品开发人员与其他人员一起共同工作，在设计的开始就考虑产品整个生命周期中从概念形成到产品报废处理等所有因素，包括质量、成本、进度计划和用户要求等。一种先进的制造模式除考虑产品的设计、制造全过程外，还需要更好地考虑到整个的制造组织。

6. 先进制造技术强调的是实现优质、高效、低耗、清洁、灵活的生产

先进制造技术的核心是优质、高效、低耗、清洁等基础制造技术，它是从传统的制造工艺发展起来的，并与新技术实现了局部或系统集成，其重要的特征是实现优质、高效、低耗、清洁、灵活的生产。这意味着先进制造技术除通常追求的优质、高效外，还要针对21世纪人类面临的有限资源与日益增长的环保压力的挑战，实现可持续发展，要求实现低耗、清洁。此外，先进制造技术也必须面临人类在21世纪消费观念变革的挑战，满足对日益“挑剔”的市场的需求，实现灵活生产。

7. 先进制造技术最终的目标是要提高对动态多变的产品市场的适应能力和竞争能力

为确保生产和经济效益持续稳步的提高，能对市场变化作出更灵捷的反应，以及对最佳技术效益的追求，提高企业的竞争能力，先进制造技术比传统的制造技术更加重视技术与管理的结合，更加重视制造过程组织和管理体制的简化及合理化，从而产生了一系列先进的制造模式。随着世界自由贸易体制的进一步完善，以及全球交通运输体系和通信网络的建立，制造业将形成全球化与一体化的格局，新的先进制造技术也必将是全球化的模式。

二、先进制造技术的体系结构

对先进制造技术的体系结构认识很不统一。在此提供两种先进制造体系结构以供参考。机械科学研究院（AMST）提出的先进制造技术由多层次技术群构成的体系图，强调了

先进制造技术从基础制造技术、新型制造单元技术到先进制造集成技术的发展过程,也表明了在新型产业及市场需求的带动之下,在各种高新技术(如能源技术、材料技术、微电子技术和计算机技术及系统工程和管理科学)的推动下先进制造技术的发展过程。美国联邦科学、工程和技术协调委员会(FCCSET)下属的工业和技术委员会先进制造技术工作组提出了先进制造技术由主体技术群、支撑技术群、制造基础设施组成的三位一体的体系结构。这种体系不是从技术学科内涵的角度来描绘先进制造技术,而是着重从比较宏观组成的角度来描绘了先进制造技术的组成及各个部分在制造技术发展过程中的作用。

图 8-1 为美国机械科学研究院(AMST)提出的先进制造技术体系图。由图 8-1 可见,它由多层次技术群构成,并以优质、高效、低耗、清洁、灵活的基础制造技术为核心,主要包括以下三个层次。

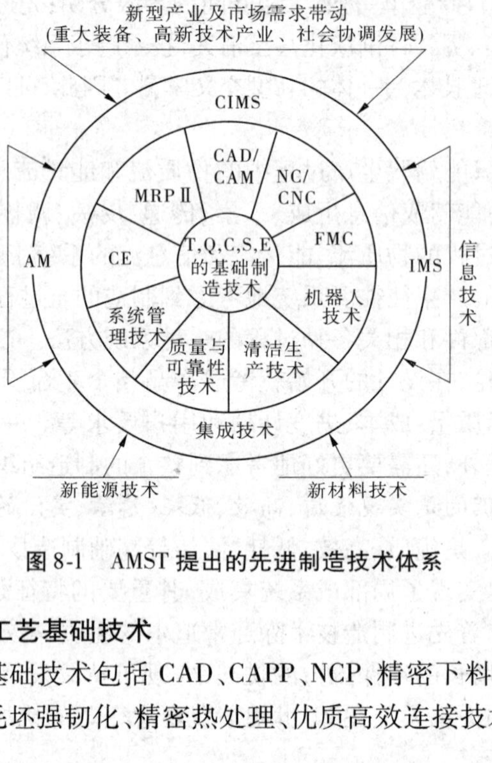

图 8-1　AMST 提出的先进制造技术体系

(一)现代设计、制造工艺基础技术

现代设计、制造工艺基础技术包括 CAD、CAPP、NCP、精密下料、精密塑性成形、精密铸造、精密加工、精密测量、毛坯强韧化、精密热处理、优质高效连接技术、功能性防护涂层等。

(二)制造单元技术

制造单元技术包括制造自动化单元技术、极限加工技术、质量与可靠性技术、系统管理技术、CAD/CAE/CAPP/CAM、清洁生产技术、新材料成形加工技术、激光与高密度能源加工技术、工艺模拟及工艺设计优化技术等。

(三)系统集成技术

系统集成技术包括网络与数据库、系统管理技术,FMS、CIMS、IMS 及虚拟制造技术等。

以上三个层次都是先进制造技术的组成部分,但其中每一个层次都不等于先进制造技术的全部。它强调了先进制造技术从基础制造技术、新型制造单元技术到先进制造集成技术的发展过程,也表明了在新型产业及市场需求的带动下,在各种高新技术的推动下先进制造技术的发展过程。

三、先进制造技术的发展趋势

质量、成本和效率是推动现代机械制造技术发展的三个永恒主题,同时环保和服务业渐渐成为人们关注的目标。为实现这些目标,现代机械制造技术的总趋势是向全球化、网络化、虚拟化、自动化、绿色化方向发展。

(一)全球化

一方面,国际和国内市场上的竞争越来越激烈,如在机械制造业中,国内外已有不少企业,甚至是知名度很高的企业,在这种无情的竞争中纷纷落败,有的倒闭,有的被兼并,不少暂时还在国内市场上占有份额的企业,不得不扩展新的市场;另一方面,网络通信技术的快速成长推动了企业向着既竞争又合作的方向成长,这种成长进一步激化了国际间市场的竞争。这两个因素的相互作用,已成为全球化制造业成长的动力。全球化制造的第一个技术基础是网络化,网络通信技术使制造的全球化得以实现。

(二)网络化

网络通信技术的迅速成长和普及,给企业的生产和经营活动带来了革命性的变革。产品设计、物料选择、零件制造、市场开拓与产品销售都可以异地或跨越国界开展。此外,网络通信技术的快速成长,加速技术资讯的交流、加强产品开发的合作和经营管理的学习,推动了企业向着既竞争又合作的方向成长。

(三)虚拟化

制造过程中的虚拟技术是指面向产品生产过程的模拟和检验。检验产品的可加工性、加工方法和工艺的合理性,以优化产品的制造工艺、保证产品品质、生产周期和最低成本为目标,开展生产过程计划、组织管理、车间调度、供应链及物流设计的建模和仿真。虚拟化的核心是计算机仿真,通过仿真软件来模拟真实系统,以保证产品设计和产品工艺的合理性,保证产品制造的成功和生产周期,发现设计、生产中不可避免的缺陷和错误。

(四)自动化

自动化是一个动态概念,目前它的研究主要表现在制造系统中的集成技术和系统技术、人机一体化制造系统、制造单元技术、制造过程的计划和调度、柔性制造技术和适应现代生产模式的制造环境等方面。制造自动化技术的成长趋势是制造全球化、制造敏捷化、制造网络化、制造虚拟化、制造智能化。

(五)绿色化

绿色制造指通过绿色生产过程 、绿色设计、绿色材料、绿色设备、绿色工艺、绿色包装、绿色管理等生产出绿色产品,产品使用完以后再通过绿色处理加以回收利用。采用绿色制造能最大限度地减少制造对环境的负面影响,同时使原材料和能源的利用效率达到最高。

第二节　机械制造系统的自动化技术

一、成组技术

随着传统的单一品种的大批量生产方式在制造中比重的逐步下降,多品种小批量生产不断增加。产生了新的生产模式——大批量定制生产(简称 MCP)。成组技术(简称 GT)可作为一种有效的工具,在小批生产中获得了大批生产的良好效果。

成组技术是一门生产技术科学和管理科学,它研究如何识别和开发生产过程中有关事物的相似性,并充分利用各种问题的相似性,将其归类集合成组,然后寻求解决这一组问题的相对统一的最优方案,以取得所期望的经济效果。

成组技术用于机械制造领域,就是利用零件的相似性,将其分类成组,并以这些零件组为基础组织生产,以实现多品种、中小批量生产的产品设计、制造工艺和生产管理的合理化。

由上述定义可见,机械制造中成组技术的基本原理是将零件按其相似性分类成组,使同一类零件分散的小批量生产,汇合成较大批量的成组生产(见图 8-2),从而使多品种、中小批量生产可以获得接近大批量生产的经济效果。

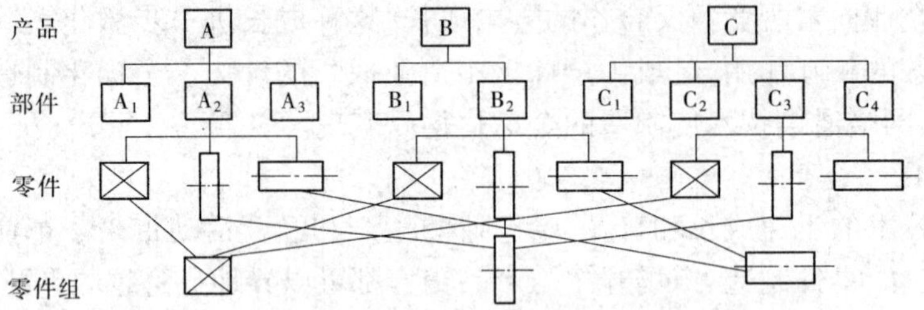

图 8-2 成组技术基本原理

在机械制造中实施成组技术有其客观基础,主要有两方面:

(1)机械零件之间存在着相似性,这种相似性主要表现在零件结构特征(零件形状、形状要素及其布置、尺寸、精度等)相似性,零件材料特征(零件材质、毛坯、热处理等)相似性和零件制造工艺(加工方法、加工过程、加工设备等)相似性三个方面。前两者是零件所固有的,因此又称为“一次相似性”;后者取决于前两者,因此又称为“二次相似性”。

(2)机械产品中零件出现频率有明显的规律性和稳定性。机械零件按其复杂程度可分为简单件、复杂件和相似件三类,大量调查统计表明这三类零件在机械产品中出现的频率有明显的规律性和稳定性(见图 8-3)。机械产品中 5% ~10% 的零件属于复杂件,例如机床中的床身、主轴箱、溜板等。这类零件为数不多,但复杂程度较高,制造难度较大,再现性低。此类零件多为决定机械产品性能的重要零件,故又称为关键件。机械产品中 20% ~25% 的零件属于简单件和标准件,如螺钉、螺母、销、键等。这类零件的特点是结构简单,再用性高,多数已标准化和已形成大批量生产。机械产品中约占 70% 的零件属于中等复杂程度的

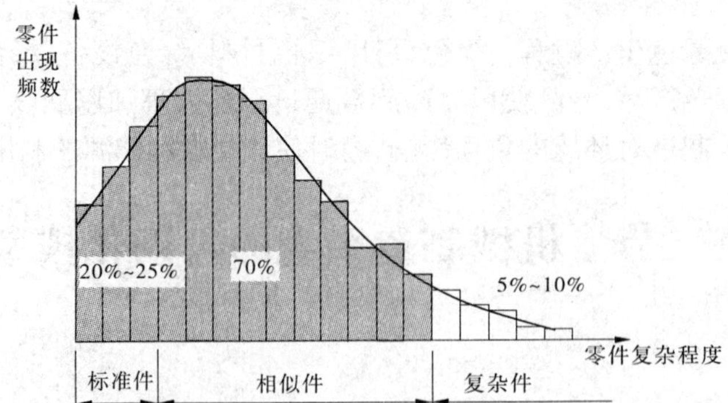

图 8-3 不同复杂程度的零件在机械产品中出现的规律

零件,如轴、齿轮、法兰盘、盖板、支座等。这类零件数量较大,彼此之间存在着显著的相似性,故称为相似件。正是由于机械产品中大多数零件是相似件,成组技术才有可能得以实施。

二、计算机集成制造(CIM)

CIM(计算机集成制造)一词首先于 1974 年由美国 Joseph Harrington 博士提出。20 世纪 80 年代初,美国国家标准局(NBS)下属的"自动化制造研究试验基地"(AMRF)建立了世界上第一个 CIMS(计算机集成制造系统)试验系统。

CIM 是信息技术和生产技术的综合应用,旨在提高制造型企业的生产率和响应能力。企业所有功能、信息、组织管理等方面都是集成起来的整体的各个部分。CIM 是一种制造哲理、是一种思想;CIMS 是 CIM 制造哲理的具体体现。也有人将 CIMS 定义为是一个计算机控制的闭环反馈系统,其输入的是产品的需求和概念,输出的是合格的产品。

(一)CIMS 的体系结构

作为一个系统,CIMS 由若干个相互联系的部分(分系统)组成,通常 CIMS 可划分为以下 5 个分系统(见图 8-4)。

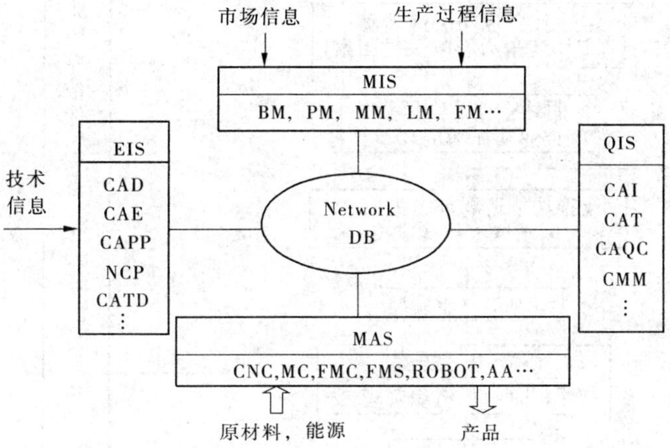

图 8-4　CIMS 结构

1. 工程技术信息分系统(EIS 或 TIS)

工程技术信息分系统包括计算机辅助设计(CAD)、计算机辅助工程分析(CAE)、计算机辅助工艺过程设计(CAPP)、计算机辅助工装设计(CATD)、数控程序编制(NCP)等。

2. 管理信息分系统(MIS)

管理信息分系统包括经营管理(BM)、生产管理(PM)、物料管理(MM)、人事管理(LM)、财务管理(FM)等。

3. 制造自动化分系统(MAS)

制造自动化分系统包括各种自动化设备和系统,如计算机数控(CNC)、加工中心(MC)、柔性制造单元(FMC)、柔性制造系统(FMS)、工业机器人(ROBOT)、自动装配(AA)等。

4. 质量信息分系统(QIS)

质量信息分系统包括计算机辅助检验(CAI)、计算机辅助测试(CAT)、计算机辅助质量控制(CAQC)、三坐标测量机(CMM)等。

5. 计算机网络与数据库分系统(Network & DB)

计算机网络与数据库分系统是一个支持系统,用于将上述几个分系统联系起来,以实现各分系统信息的集成。

由于 CIMS 是一个复杂的大系统,需要将其分成几个层次进行控制。通常可将 CIMS 分为五个层次,分别是工厂级、车间级、单元级、工作站级和设备级。

(二)实施 CIMS 的基本步骤

由于 CIMS 是一项庞大、高投资、高风险的工程,为减小风险,提高成功率,应分阶段进行。通常分为以下五个阶段:①可行性论证;②系统初步设计;③系统详细设计;④系统实施;⑤系统运行与维护。CIMS 设计的逻辑步骤一般从功能需求分析开始,在此基础上确定实施 CIMS 的技术方案,见图 8-5。

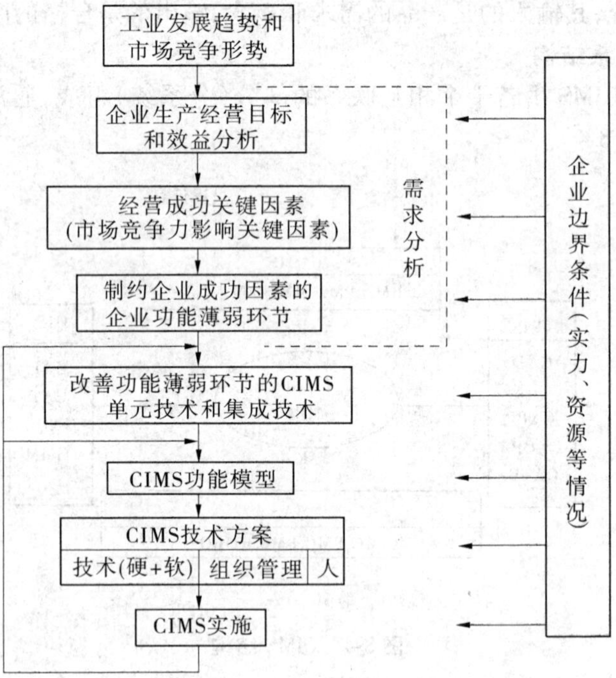

图 8-5　CIMS 系统设计逻辑步骤

三、并行工程

并行工程(CE)与计算机集成制造(CIM)具有相同的历史背景,都是在激烈的市场竞争中,企业为了求得生存和发展而采取的有效方法。

美国国防部防卫分析研究所(IDA)在 R338 报告中对并行工程所作的定义如下:并行工程(CE)是对产品及其相关过程(包括制造过程和支持过程)进行并行、一体化设计的一种系统化的工作模式。这种工作模式力图使开发者从一开始就考虑到产品整个生命周期(从概念形成到产品报废)中所有的因素,包括质量、成本、进度与用户需求。

上面关于并行工程定义中所说的支持过程包括对制造过程的支持(如原材料的获取、中间产品库存、工艺过程设计、生产计划等)和对使用过程的支持(如产品销售、使用维护、售后服务、产品报废后的处理等)。

并行工程的核心是实现产品及其相关过程设计的集成。传统的顺序设计方法与并行设计方法的比较见图8-6。由图8-6可见，所谓并行设计不可能实现完全的并行，而只能是在一定程度上的并行，但这足以使新产品开发时间大大缩短。

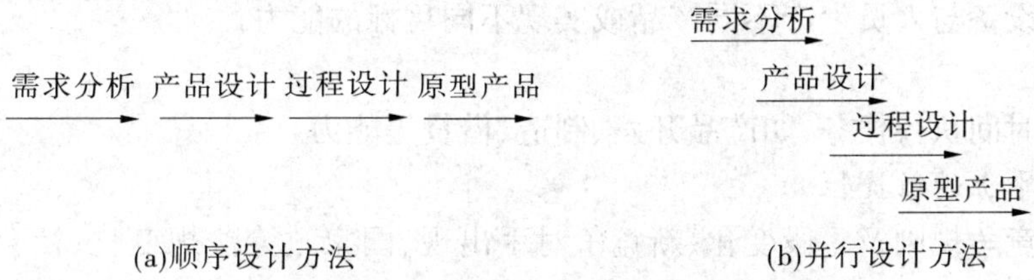

图8-6　顺序设计方法与并行设计方法比较

并行工程的基本方法是依赖于产品开发中各学科、各职能部门人员的相互合作，相互信任和共享信息，通过彼此间有效的通信和交流，尽早考虑产品全生命周期中各种因素，尽早发现和解决问题，以达到各项工作协调一致。

实施并行工程可以获得明显的经济效益。据统计，实施并行工程可以使新产品开发周期缩短40%～60%，早期生产中工程变更次数减少一半以上，产品报废及反复工作减少75%，产品制造成本下降30%～40%。

图8-7显示了支持并行运营的企业矩阵式组织形式。在这种组织形式中，基本的管理单元是项目小组。项目小组由项目经理直接领导，项目经理直接对总经理负责。这种矩阵式组织形式是在吸收了建筑业管理模式的基础上发展起来的，它的特点是管理层次少，管理工作直接、简单、有效。

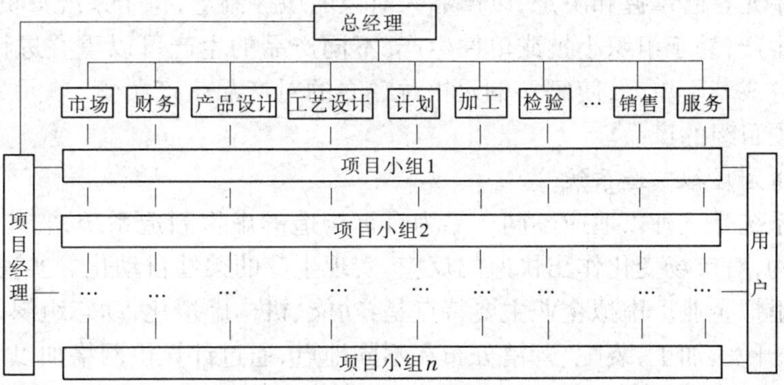

图8-7　支持并行运营的企业矩阵式组织形式

为使项目小组有效地工作，小组人数一般以8～12人为宜。对于复杂的任务可由若干个项目小组联合而成，也可采取“组中有组”的方式，或将任务分解，每一部分由一个小组负责，而每一部分又可再进行细分。

四、敏捷制造

(一)敏捷制造的含义

敏捷制造就是指制造系统在满足低成本和高质量的同时，对变幻莫测的市场需求的快速反应。因此，敏捷制造企业的敏捷能力应当反映在以下六个方面。

1.对市场的快速反应能力

判断和预见市场变化并对其快速地作出反应的能力。

2. 竞争力

企业获得一定生产力、效率和有效参与竞争所需的技能。

3. 柔性

以同样的设备与人员生产不同产品或实现不同目标的能力。

4. 快速

以最短的时间执行任务,如产品开发、制造、借贷等能力。

5. 企业策略上的敏捷性

企业针对竞争规则及手段变化、新竞争对手出现、国家政策法规变化、社会形态变化等作出快速反应的能力。

6. 企业日常运行的敏捷性

影响企业日常运行的各种变化,如用户对产品规格、配置及售后要求的变化,定货量、供货时间变化,原料供货出现问题及设备出现故障等做出快速反应的能力。

敏捷制造的基本思想是通过把动态灵活的虚拟组织结构、先进的柔性生产技术和高素质的人员进行全方位的集成,从而使企业能够从容应付快速变化和不可预测的市场需求。它是一种提高企业竞争能力的全新制造组织模式。

(二)敏捷制造的特点

敏捷制造有以下基本特点。

1. 敏捷制造是自主制造系统

敏捷制造系统具有自主、简单、易行、有效的特点。每个工件的加工过程、设备利用及人员投入都由本单元自己掌握和决定;以产品为对象的敏捷制造,每个系统只负责一个或若干个同类产品的生产,易于组织小批或单件生产,不同产品的生产可以重叠进行;可将产品较复杂的项目组分成若干单元,使每一单元相对独立的对产品生产负责,单元之间分工明确,协调完成一个项目组的产品。

2. 敏捷制造是虚拟制造系统

敏捷制造系统是一种以适应不同产品为目标构造的虚拟制造系统,它能够随环境变化迅速地动态重构,对市场变化作出快速的反应,实现生产的柔性自动化。实现产品目标的主要途径是组建虚拟企业。虚拟企业主要特点是:功能、机构虚拟化,动态组织柔性虚拟化,地域虚拟化,产品开发、加工、装配、营销分布在不同地点,通过计算机网络加以协调和连接。

3. 敏捷制造是可重构的制造系统

敏捷制造系统设计过程不是预先按规定需求范围建立的过程,而是使制造系统从组织结构上具有可重构、可重用和可扩充三方面的能力。通过对制造系统硬件重构和扩充,适应新的生产过程,完成预计变化的活动,要求软件可重用,能对新制造活动进行指挥、调度与控制。

第三节　精密加工与超精密加工

一、概述

(一)精密加工与超精密加工的范畴

精密加工与超精密加工主要是根据加工精度和表面质量两项指标来划分的。精密加工是指某一历史时期,零件的加工精度和表面质量达到最高程度的加工工艺。超精密加工是指加工精度和表面质量超过当前所用公差标准中最高程度的加工工艺。精密加工与超精密加工的界限不是固定不变的,随着科学技术的进步而逐渐向前推移。目前,零件加工的精密程度可划分为普通加工、精密加工和超精密加工。

1. 普通加工

普通加工指加工精度为 10 μm 左右,尺寸公差等级为 IT5 ~ IT7,表面粗糙度 R_a 为 0.2 ~ 0.8 μm 的加工方法,如车、铣、刨、磨、铰、拉等工艺方法。适用于汽车制造、拖拉机制造和机床制造等制造工业。

2. 精密加工

精密加工指加工精度为 1 ~ 0.1 μm,尺寸公差等级为 IT3 ~ IT5,表面粗糙度值 R_a 为 0.1 μm 以下的加工方法,如金刚石车削、金刚镗、珩磨、研磨、超精加工、砂带磨削和镜面磨削等。它在机械制造业中具有十分重要的地位,常用于精密丝杠、精密齿轮、精密蜗轮、精密导轨和精密轴承等关键零件的加工。

3. 超精密加工

超精密加工指工件的加工精度高于 0.1 μm,表面粗糙度 R_a 小于 0.025 μm 的加工方法,如金刚石精密切削、超精密磨料加工和原子、分子加工单位的加工等。超精密加工多用于精密元件制造、大规模和超大规模集成电路制造和计量标准元件的制造等。目前,超精密加工的水平已达到纳米级,它是国家制造工业水平的重要标志之一。

(二)加工精度与年代之间的关系

传统的机械加工方法(普通加工)与精密和超精密加工方法一样,随着新技术、新工艺、新设备及新的测试技术和仪器的采用,其加工精度都在不断地提高。加工精度的不断提高,反映了加工工件时材料的分割水平不断由宏观进入微观世界的发展趋势。随着时间的进展,原来认为是难以达到的加工精度会变得相对容易。因此,普通加工、精密加工和超精密加工只是一个相对概念,其间的界限随着时间的推移不断变化。已有资料显示:普通加工所达到的精度是 1 μm(称为微米加工),精密加工所达到的精度是 0.1 ~ 0.01 μm(称为亚微米加工),而超精密加工所达到的精度是 0.001 μm(称为纳米加工)。

(三)提高机械加工精度的技术基础

加工精度的提高主要有两种表现形式:一是机械加工精度的不断改进,二是各种非传统(非机械)加工方法的使用。而机械加工精度的提高有赖于以下技术的发展:

(1)新的机械加工工艺方法的研究与应用,如现在已创造出单刃金刚石刀具精密、超精密车削及铣削的新工艺,砂带磨削工艺等。

(2)新型刀具材料的研制和采用,如应用涂层硬质合金、聚晶立方氮化硼、人造金刚石材料和单晶金刚石刀具等。

(3)新型超精密加工机床的使用,该类机床多采用空气轴承,一般具备低速进给机构和微量进刀机构,并具有优越的抗热、抗振特性。

(4)新的测量手段和测量方法的应用,精密加工和超精密加工的实现有赖于相应测量手段和测量方法的使用。例如,应用光学的或电磁的计量方法,可在加工过程中对加工精度进行自动监控。而以亚微米级加工精度为计量对象的非接触测量系统的研制和使用,是近些年里实现自动化精密加工的重大研究课题。

图 8-8 是采用激光高速扫描的尺寸计量系统。它采用平行光管透镜将激光准确地调整到多角形旋转扫描镜上聚焦。通过激光扫描被测工件两端,根据扫描镜旋转角、扫描镜旋转速度、扫描镜和透镜之间的间隔即透镜焦点距离等数据计算出被测工件的尺寸。

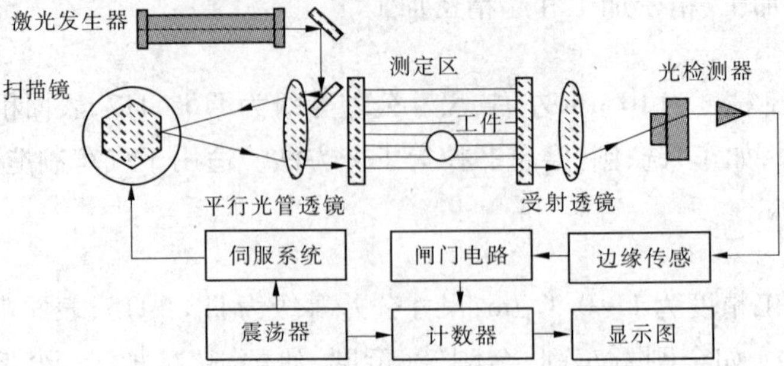

图 8-8　激光高速扫描的尺寸计量系统

二、精密和超精密切削加工

(一)精密和超精密切削加工工作原理

精密和超精密切削加工的工作原理与普通切削加工一样,都是通过一个或有次序的多个刀刃在被加工表面的切削形成工件形状。但不同的是,加工所用的刀具不一样,加工使用的机床性能不一样,从而切削用量也不一样。

(二)精密和超精密切削加工刀具

在精密加工中,常用的刀具材料有:硬质合金和涂层硬质合金、立方氮化硼(CBN)和人造聚晶金刚石。在超精密切削加工中,最常用的刀具材料是天然或人造单晶金刚石。

金刚石车削主要用于铜、铝及其合金等软金属零件的精密加工。例如,用于车削铝合金磁盘基片,表面粗糙度 R_a 可达 0.003 μm,平面度可达 0.2 μm;金刚石数控车削可加工非球面光学金属反射镜;金刚石镜面铣削可加工多棱体光学金属反射镜等。

(三)精密和超精密切削加工机床

实现金刚石超精密切削,对机床的要求主要是具有很高的主轴回转精度、导轨运动精度和精细走刀的平稳性,对环境的要求是恒温、净化和防振隔振。

图 8-9 所示为美国 Moore 公司的 Moore 金刚石车床,采用卧式主轴、空气轴承,有很高的动、静刚度。金刚石刀具装在回转工作台上,加工各种曲面时,刀具始终垂直于加工表面,提高了加工精度和表面质量。表 8-1 给出了当前一种有代表性的金刚石车床的技术参数。

表 8-1　金刚石车床的技术参数

最大车削直径(mm)	400	主轴轴向圆跳动(μm)		<0.1
最大车削长度(mm)	100	滑台运动的直线度(mm/mm)		<0.001/150
最高转速(r/min)	3 000 ~ 20 000	滑台对主轴的垂直度(mm/mm)		<0.002/100
最大进给速度(mm/min)	5 000	主轴前静压轴承刚度(φ100)(N/μm)	径向	1 140
数控系统分辨率(μm)	0.1 ~ 0.05		轴向	1 020
重复精度(±2σ)(mm)	<0.000 2/100	主轴后静压轴承刚度(φ80)(N/μm)		640
主轴径向圆跳动(μm)	<0.1	纵、横滑台的静压支承刚度(N/μm)		720

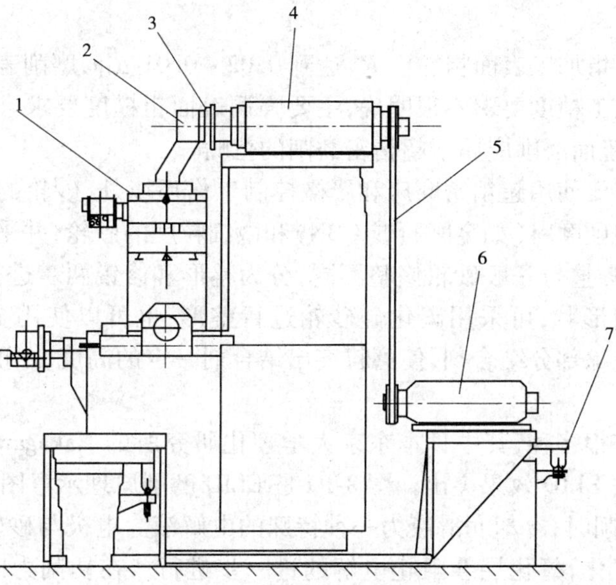

1—精密回转工作台;2—夹持工具;3—金刚石刀具;4—精密空气轴承主轴;
5—传动带;6—主轴电机;7—空气垫

图 8-9 Moore 金刚石车床

三、精密磨料加工

精密磨料加工主要用于黑色金属及玻璃、陶瓷等脆性材料的精密加工和超精密加工。在精密磨料加工中,除常规的研磨、珩磨、超精研磨及抛光外,近年来相继推出了两种新的工艺:塑性磨削和镜面磨削。

(一)塑性磨削

塑性磨削主要是针对脆性材料而言,其命名来源于该种工艺的切屑形成机制,即磨削脆性材料时,切屑形成与塑性材料相似,切屑通过剪切的形式被磨粒从基体上切除下来。磨削后的表面呈有规则的纹理,没有裂纹形成,也没有脆性剥落时的凹凸不平现象产生。

塑性磨削的机制至今仍不十分清楚,在切屑形成由脆断向塑性剪切转变的理论上存在各种看法。大多数研究者认为,当磨粒的切削深度小到一定程度时,切屑就由脆断转变为塑断,这一切削深度被称为临界切削深度,它与工件材料特性和磨粒的几何形状有关。一般来说,临界切削深度在 1 μm 以下,因而这种磨削方法也被称为纳米磨削。

另一种观点认为,切削深度不是形成塑性磨削的唯一因素,只有磨削温度才是切屑由脆性向塑性转变的关键。从理论上讲,当磨粒与工件接触点的温度高到一定程度时,工件材料的局部物理特性会发生变化,导致了切屑形成机制的变化。

(二)超精密磨削和镜面磨削

超精密磨削通常是指加工精度高于 0.1 μm、表面粗糙度 R_a 低于 0.025 μm 的磨削方法。超精密磨削技术主要是为了弥补金刚石精密车削技术的不足而发展起来的。因为金刚石刀具在切削钢、铁材料时易于产生“扩散磨损”;在微量切削陶瓷、玻璃等硬脆材料时,由于巨大的切应力又易于产生较大的机械磨损。因此,对于这些材料,超精密磨削成为一种理想的加工方法。

镜面磨削一般是指加工表面粗糙度 R_a 达到0.02~0.01 μm,磨削表面光泽如镜的磨削方法。镜面磨削对加工精度要求不很明确,主要强调表面粗糙度要求。从精度和表面粗糙度统一的观点理解,镜面磨削应属于超精密磨削的范畴。

超精密磨削除需要使用超精密磨床和严格控制工作环境外,砂轮的选用和修整是十分重要的。通常采用超硬磨料(如金刚石或CBN)和微细粒度的砂轮,并采用金属结合剂。金刚石或CBN砂轮的修整与一般砂轮修整不同,分为整形和修锐两步进行:①整形——使砂轮获得所要求的几何形状,可采用碳化硅砂轮进行整形,也可以使用金刚石笔进行整形。②修锐——目的是去除部分结合剂,使磨粒突出结合剂一定的高度,一般为磨粒尺寸的1/3左右。

砂轮修锐方法有很多种,其中日本东京大学理化研究所的Nakagawa和Ohmori教授发明的电解在线修锐法ELID效果突出。图8-10是ELID磨削原理示意图。

在使用ELID磨削时,冷却润滑液为一种特殊的电解液。电极与砂轮之间接上电压时,砂轮的结合剂发生氧化,氧化层会阻止电解的进一步进行。在切削力的作用下,氧化层脱落,从而露出了新的锋利的磨粒。由于电解修整在整个磨削过程中是连续进行的,所以能保证砂轮在整个磨削过程中保持同一锋利状态。

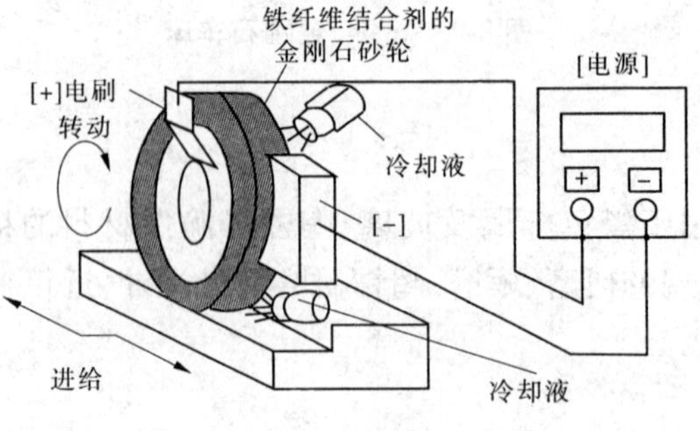

图8-10 ELID磨削原理示意

(三)精密砂带抛光

模具是现代制造业使用越来越多的一种工具,模具型腔表面的加工精度直接影响制造工件的精度。特别是各种塑料模具,模具型腔表面的粗糙度将直接影响工件的外观质量。为进行模具型腔等复杂曲面的超精抛光加工,多采用精密砂带抛光机进行终加工。用细粒度磨料制成的砂带加工出的表面粗糙度 R_a 可达0.02 μm。目前,砂带的带基用聚氨酯薄膜材料,有极高的强度,用静电植砂法制作的砂带,砂粒的等高性和切削性能更好。精密砂带抛光一般采用开式砂带加工方式。与闭合环形砂带高速循环磨削不同,砂带由卷带轮低速卷绕。始终有新砂带缓慢进入加工区,砂带经一次性使用即报废。这种开式砂带加工方法保持了加工工况的一致性,从而提高了生产过程中加工表面质量的稳定性。

四、微细加工技术

(一)微细加工的概念

一般把尺寸在微米至毫米范围内的零件的加工都归属为微细加工。由于尺寸微小,相应的尺寸公差和形位公差都很小,通常在100 nm范围内,而表面粗糙度值更是小于10 nm。

因此,细微加工同时具备精密和超精密加工的特征。

微细加工与一般尺寸加工有许多不同,主要表现在:

(1)精度表示方法不同。一般尺寸加工的精度用其加工误差与加工尺寸的比值来表示,这就是精度等级的概念。在微细加工时,由于加工尺寸很小,需要用误差尺寸的绝对值来表示加工精度,即用去除一块材料的大小来表示,从而引入了"加工单位"的概念。在微细加工中,加工单位可以小到分子级和原子级。

(2)加工机制不同。微细加工时,由于切屑很小,切削在晶粒内进行,晶粒作为一个个不连续体而被切削。这与一般尺寸加工完全不同,一般尺寸加工时,由于吃刀量较大,晶粒大小可以忽略而作为一个连续体来看待。因而,常规的切削理论对微细加工不适用。

(3)加工特征不同。一般尺寸加工以获得一定的尺寸、形状、位置精度为加工特征,而微细加工则以分离或结合分子或原子为特征,并常以能量束加工为基础,采用许多有别于传统机械加工的方法进行加工。

(二)微细加工方法

目前使用的微细加工方法主要有以下几种:

(1)采用微型化的定形整体刀具或非定形磨料工具进行机械加工。如车削、钻削、铣削和磨削。由于刀具具有清晰明显的界限,因此可以方便地定义刀具路径,加工出各种三维形状的轮廓。

(2)采用电加工或在其基础上的复合加工,如微细电火花加工(MEDM)、线放电磨削加工(WEDG)、线电化磨削(WECG)、电化加工(ECM,又称电解液射流或微细喷射制模)等。

(3)采用光、声等能量法加工。如微细激光束加工(MLBM)、微细超声加工等。

(4)采用光化掩膜法加工。如光刻法、LIGA 法(X 射线蚀刻和电铸制模成形法)等。

(5)采用层积增生法加工。如曲面的磁膜镀覆、多层薄膜镀覆(用于 SMA 微型线圈制造)和液滴层积等。

(三)微细机械加工工艺

对于工件的平面、内腔、孔或相对较大直径外圆的加工,由于工件尺寸相对较大,有一定的刚度,因此可用切削加工的方法进行加工,包括铣、钻和车三种形式。车或铣多用单晶金刚石车刀或铣刀。对于孔加工,孔的直径取决于钻头的直径。现在用于微细加工的麻花钻的直径可小到 50 μm,如加工更小直径的孔,可采用自制的扁钻。

(四)微细电加工工艺

对于一些刚度小的工件和特别微小的工件,用机械加工的方法很难实现。必须使用电加工、光刻化学加工或生物加工的方法。如线放电磨削(WEDG)和线电化磨削(WECG)。图 8-11 所示为用 WEDG 方法加工微型轴的原理图。在图中,用做加工工具的电极丝在导丝器导向槽的夹持下靠近工件,在工件和电极丝之间加有放电介质。加工时,电极丝一面在导向槽中低速滑动(0.1 ~0.2 mm/s),通过脉冲电源使电极丝和工件之间不断放电,去除工件的加工余量。利用数字控制导丝器和工件之间的相对运动,可加工出不同的工件形状,如图 8-12 所示。

(五)光刻加工

光刻加工是微细加工中广泛使用的一种加工方法,主要用于制作半导体集成电路,其工作原理见图 8-13。光刻加工的主要过程如下。

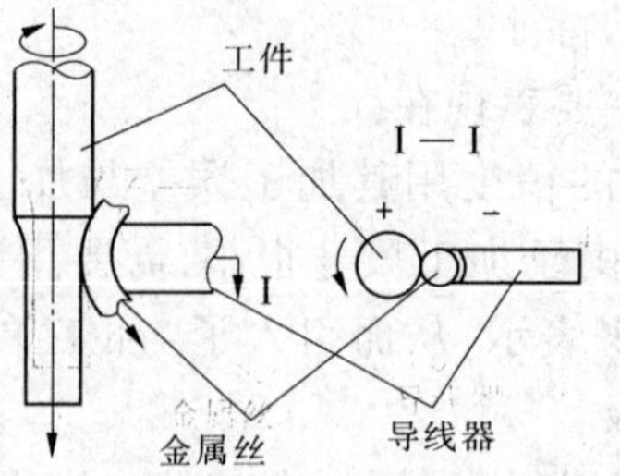

图 8-11　线放电磨削(WEDG)工作原理

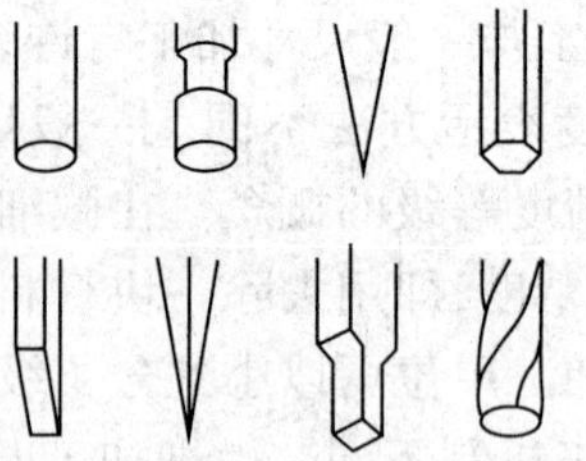

图 8-12　利用线放电磨削加工的各种工件

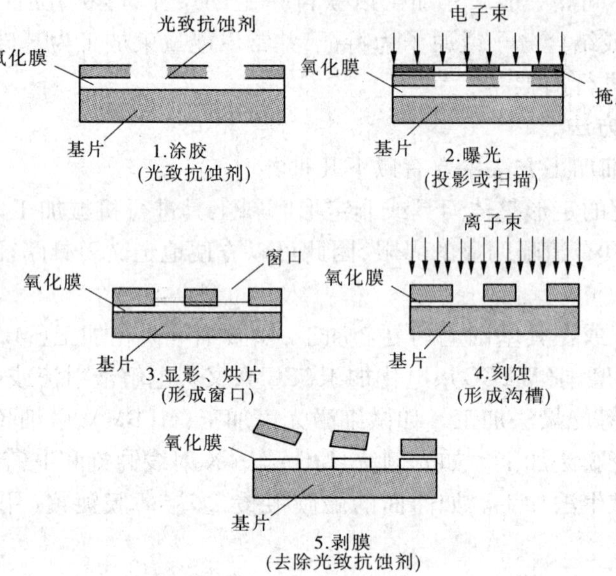

图 8-13　电子束光刻大规模集成电路加工过程

1. 涂胶

涂胶是把光致抗蚀剂涂敷在已镀有氧化膜的半导体基片上。

2. 曝光

曝光通常有两种方法:①由光源发出的光束,经掩膜在光致抗蚀剂涂层上成像,称为投影曝光;②将光束聚焦形成细小束斑,通过扫描在光致抗蚀剂涂层上绘制图形,称为扫描曝光。常用的光源有电子束、离子束等。

3. 显影与烘片

曝光后的光致抗蚀剂在一定的溶剂中将曝光图形显示出来,称为显影。显影后进行200～250 ℃的高温处理,以提高光致抗蚀剂的强度,称为烘片。

4. 刻蚀

刻蚀是利用化学或物理方法,将没有光致抗蚀剂部分的氧化膜除去。常用的刻蚀方法有化学刻蚀、离子刻蚀、电解刻蚀等。

5. 剥膜(去胶)

剥膜即用剥膜液去除光致抗蚀剂。剥膜后需进行水洗和干燥处理。

(六)微细加工设备

微细加工机床的结构有以下特点：

(1)微小位移机构。为达到很小的单位去除率(UR),需要各轴能实现足够小的微量移动,微量移动可小至几十纳米,电加工的UR最小极限取决于脉冲放电的能量。

(2)高灵敏的伺服进给系统。它要求低摩擦的传动系统和导轨支承系统,以及高跟踪精度的伺服系统。

(3)高平稳性的进给运动,尽量减少由于制造和装配误差引起各轴的运动误差。

(4)高的定位精度和重复定位精度。

(5)低热变形结构设计。

(6)刀具的稳固夹持和高的安装精度。

(7)高的主轴转速及动平衡。

(8)稳固的床身构件并隔绝外界的振动干扰。

(9)具有刀具破损检测的监控系统。

图8-14为日本FANUC公司开发的能进行车、铣、磨和电火花加工的多功能微型超精密加工机床的结构示意图。该机床有X、Z、C、B四个轴,在B轴回转工作台上增加A轴转台后,可实现5轴控制,数控系统的最小设定单位为1 nm。

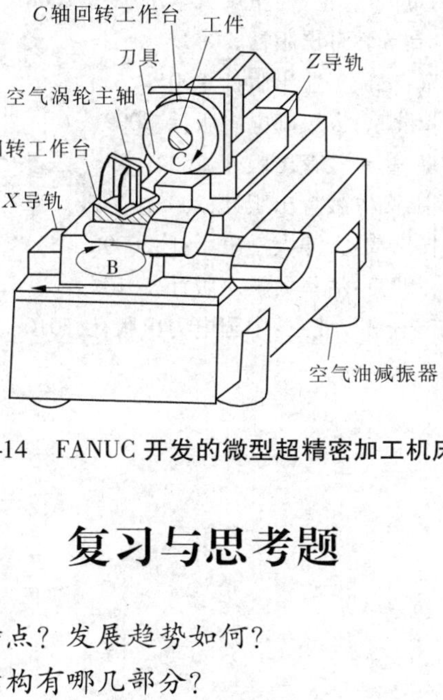

图8-14　FANUC开发的微型超精密加工机床

复习与思考题

1. 现代制造技术有哪些特点？发展趋势如何？
2. 先进制造技术的体系结构有哪几部分？
3. 简述成组技术的概念及应用。
4. 简述CIMS(计算机集成制造系统)和实施步骤。
5. 传统的顺序设计方法与并行设计方法有何区别？
6. 制造企业的敏捷能力主要反映在哪几个方面？
7. 超精密磨削和镜面磨削加工精度如何实现？

参 考 文 献

[1] 乔世民. 机械制造基础[M]. 北京:高等教育出版社,2008.
[2] 潘展,黄经元. 机械制造基础[M]. 北京:科学出版社,2006.
[3] 刘世荣. 金属学与热处理[M]. 北京:机械工业出版社,1985.
[4] 严绍华. 材料成型工艺基础[M]. 长沙:中南工业大学出版社,1996.
[5] 张绪祥,李望云. 机械制造基础[M]. 北京:高等教育出版社,2007.
[6] 丁树膜. 机械工程学[M]. 北京:机械工业出版社,2004.
[7] 王纪安. 工程材料与材料成形[M]. 北京:高等教育出版社,2004.
[8] 许德珠. 机械工程材料[M]. 北京:高等教育出版社,2001.
[9] 何世松,寿兵. 机械制造基础[M]. 哈尔滨:哈尔滨工程大学出版社,2009.
[10] 侯书林. 机械制造基础(上册)——工程材料及热加工工艺基础[M]. 北京:中国林业出版社,2006.
[11] 姜大源. 职业教育学研究新论[M]. 北京:教育科学出版社,2007.
[12] 赵玉齐. 机械制造基础与实训[M]. 北京:机械工业出版社,2008.
[13] 张旭祥,王军. 机械制造工艺[M]. 北京:高等教育出版社,2007.
[14] 吴拓. 机械制造工艺与机床夹具[M]. 北京:机械工业出版社,2006.
[15] 邹吉权. 公差配合与技术测量[M]. 重庆:重庆大学出版社,2008.
[16] 刘力. 机械制图[M]. 北京:高等教育出版社,2008.
[17] 胡建生. 机械制图[M]. 北京:机械工业出版社,2005.
[18] 谭雪松. 机械制造基础[M]. 北京:人民邮电出版社,2009.
[19] 寇世瑶. 机械制图[M]. 北京:高等教育出版社,2004.
[20] 钱可强. 机械制图[M]. 北京:高等教育出版社,2005.
[21] 王艳戎. 机械制造基础[M]. 天津:天津大学出版社,2009.
[22] 张玉玺. 机械制造基础[M]. 北京:清华大学出版社,2010.
[23] 郭彩萍. 工程材料与成型工艺[M]. 北京:中国电力出版社,2010.